普通高等教育计算机类专业系列教材

Linux 操作系统原理与应用

（第二版）

张　玲　编著

西安电子科技大学出版社

内 容 简 介

本书以理论结合实践、注重应用为原则，全面、系统地讲述操作系统的基本原理，并将其与 Linux 的实现和应用技术紧密结合。全书内容分为三部分：第一部分为基础篇，包括操作系统概述、Linux 操作基础以及 vi 文本编辑器；第二部分为原理篇，介绍操作系统的基本原理和 Linux 内核实现技术，包括进程管理、存储管理、文件管理、设备管理和操作系统接口；第三部分为应用篇，包括 Shell 程序设计和 Linux 系统管理。

本书文字通俗易懂，举例充分，内容循序渐进。书中配有难度适中且实用性强的示例和习题，可以帮助读者加深对操作系统原理的理解，同时掌握 Linux 操作系统的应用技术和基本开发技能。

本书适合作为高等院校计算机专业和信息类专业本科生操作系统课程的教材，也可作为 Linux 应用开发人员的自学教材。

图书在版编目(CIP)数据

Linux 操作系统原理与应用 / 张玲编著. —2 版.—西安：西安电子科技大学出版社，2021.12(2025.1 重印)

ISBN 978–7–5606–6080–6

Ⅰ. ① L… Ⅱ. ① 张… Ⅲ. ① Linux 操作系统—高等学校—教材 Ⅳ. ① TP316.85

中国版本图书馆 CIP 数据核字(2021)第 096127 号

责任编辑　秦志峰
出版发行　西安电子科技大学出版社(西安市太白南路 2 号)
电　　话　(029) 88202421　88201467　　　邮　　编　710071
网　　址　www.xduph.com　　　　　　　　电子邮箱　xdupfxb001@163.com
经　　销　新华书店
印刷单位　陕西天意印务有限责任公司
版　　次　2021 年 12 月第 2 版　　2025 年 1 月第 3 次印刷
开　　本　787 毫米×1092 毫米　1/16　印张 20.25
字　　数　479 千字
定　　价　55.00 元
ISBN　978–7–5606–6080–6

XDUP 6382002–3

***如有印装问题可调换

前　言

Linux 是一个优秀的操作系统，它具有强大的功能、出色的性能以及高度的可靠性，应用前景十分广阔。此外，Linux 还是一个源代码开放的操作系统，这给操作系统的学习带来了一种新的途径。结合 Linux 学习操作系统，不仅可以通过其源代码了解操作系统的实现技术，使抽象的理论和概念具体化，还可掌握一个实用操作系统的应用技术。

操作系统的设计思想和实现技术一直处于快速发展中。自本书第一版出版以来，Linux 的内核与应用技术都已更新换代。为了避免操作系统教学与实际相脱离，教材的更新势在必行。本书第二版是对第一版的全面修订，舍弃了过时的或非主流的技术与概念，力求反映当代操作系统的先进技术和思想，以及 Linux 新内核（4.20 版后）的技术特色。

本书从计算机应用的角度出发，全面系统地介绍操作系统的基本原理与概念，并把它与 Linux 应用实践紧密结合在一起。全书分为三部分，即基础篇、原理篇和应用篇，循序渐进地引导读者理解和掌握操作系统的原理以及 Linux 系统的实现和应用技术。

基础篇用于帮助读者认识操作系统和 Linux，使其熟悉 Linux 环境并掌握一些基本的操作。基础篇包括第 1～3 章。第 1 章介绍操作系统的概况，Linux 系统的起源、特点以及现状等，使读者能够从总体上对 Linux 系统有所了解；第 2 章介绍 Linux 系统的操作基础，包括登录与退出以及常用的 Linux 命令，重点介绍 Linux 系统的文件和目录的基本操作；第 3 章介绍 vi 文本编辑器，因为它是从事实验、开发和系统管理的基本工具。

原理篇介绍操作系统的原理以及 Linux 内核的实现技术。原理篇包括第 4～8 章，分别对应操作系统的 5 大功能，即进程管理、存储管理、文件管理、设备管理以及操作系统接口。各章均首先介绍操作系统有关方面的原理、概念和技术，然后针对 Linux 内核分析具体的实现技术，在内容上突出对基本原理和概念的分析，并注重解释它们的实际意义。

应用篇针对 Linux 系统的使用和管理技术进行介绍。应用篇包括 9～10 章。第 9 章介绍 Shell 程序设计；第 10 章介绍 Linux 系统管理技术。通过这部分内容的学习，读者能够掌握在 Linux 下开展工作的基本方法和手段，更加有效地使用 Linux。

附录 A 介绍了 Linux 系统的安装，供初学者参照使用。附录 B 介绍了 Linux C 编程的基础知识、工具和开发步骤，可作为上机实验的预备知识。

本书安排了丰富的示例，直观地演示出 Linux 操作系统的各种功能、特色和操作。示例程序均按照实用性和可操作性设计，避免使用晦涩或不常用的用法。通过运行这些示例读者可以加深对课程内容的理解，增强对 Linux 系统的体验，并熟悉正确的系统操作方法。建议教师采用虚拟机的方式在教学机上安装 Linux，这样可以方便地切换到 Linux 系统，对教材中的示例进行课堂示范。

本书面向高等院校计算机应用相关专业的学生，要求读者具有计算机软硬件方面的初步知识和 C 语言基础。本书将操作系统原理与 Linux 操作系统应用合为一体，学校若采用本书作为教材，则不需要另外开设操作系统先修课程。全书内容适合安排 50~60 学时，教师可以根据课程大纲和学时数的需求对内容进行选择。

感谢参考资料的作者以及互联网上的许多无名作者，他们为本书的写作提供了极有价值的信息资源。感谢为此书付出辛勤劳动的人们，希望我们的努力能对所有渴望学习和应用 Linux 操作系统的读者有所帮助。由于编写时间仓促，加之水平所限，不妥之处在所难免，敬请读者批评指正。

作　者
2021 年 8 月

目 录

第一部分 基础篇

第二部分 原理篇

第三部分　应用篇

第一部分　基础篇

第 1 章 操作系统概述

使用计算机必然会接触操作系统。一般用户只需了解操作系统的基本用法即可轻松地使用计算机。但对于从事计算机应用相关专业的用户来说，更加深入地理解操作系统的原理和运行机制，才能更有效地利用计算机为自己的专业服务。

1.1 认识操作系统

1.1.1 操作系统的概念

计算机系统由硬件和软件两部分组成。硬件是组成一台计算机的各个部件，包括中央处理器（Central Processing Unit，CPU）、内存和设备。软件包括系统软件和应用软件。软件的静态形式是存储在存储设备中的程序、数据和文档信息；软件的动态形式是运行于 CPU 和内存中的指令流。在计算机系统中，硬件与软件相互依赖：硬件提供了执行计算的能力，软件控制和使用硬件完成特定的计算任务。

从资源的角度看，计算机系统内的所有硬件以及存储设备中的数据都被看作资源。计算机系统的用户和系统中运行的程序都是这些资源的使用者。计算机系统的资源分为 4 类，如图 1-1 所示。其中，CPU、内存和设备均为硬件资源，而文件则是数据资源。

图 1-1　计算机系统的资源

计算机系统是一个十分复杂的系统，包含了数量庞大、种类繁多的资源，用户很难直接操作和管理这些资源。而对资源的调度或使用方法有任何不当都会直接影响系统效能的发挥。因此，如何有效地管理和使用系统资源是计算机系统设计的一个关键问题。解决方案是用软件来完成全部资源的管理工作，这个软件就是操作系统。

操作系统（Operating System）是计算机系统中最基本的软件。它直接管理和控制计算机的资源，合理地调度资源，使之得到充分的利用，并为用户使用这些资源提供一个方便的操作环境和良好的用户界面。

从资源角度看，操作系统是管理和控制计算机资源的软件。一台没有安装操作系统的计算机称为裸机，裸机上的资源是无法被利用的。

从用户角度看，操作系统是用户与计算机之间的接口。操作系统屏蔽了硬件的细节，扩展了硬件的能力，为用户构造出一台更便于使用的抽象的计算机。

从系统结构上看，操作系统是在硬件之上的第一层软件。操作系统包裹了整个硬件，用户和其他软件只有通过操作系统才可以使用硬件资源以及存储在硬件中的数据资源。在操作系统之上运行的是系统软件和应用软件。系统软件是指那些为发挥硬件和系统的功能，方便其使用而配备的软件，如编译系统、数据库管理系统、各种通信软件等。应用软件是为解决某应用问题而设计的软件，如办公、财会、信息管理、科学计算、多媒体、游戏、社交应用等软件。

可以看出，操作系统在计算机系统中起到支撑应用程序运行以及提供用户操作环境的作用，它是计算机系统的核心与基石。所有其他软件都要倚赖操作系统才能运行。图 1-2 示意了操作系统在计算机系统中的重要地位。

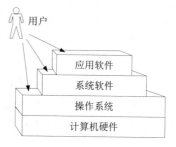

图 1-2　操作系统在计算机系统中的地位

1.1.2　操作系统的功能

操作系统作为计算机系统的资源管理器，它的功能就是管理系统资源。操作系统作为系统与用户之间的接口，它要为用户提供一个良好的使用环境。这些功能可以归纳为以下 5 项：

（1）CPU 管理。CPU 是计算机硬件的核心。计算机系统中同时有多个程序在运行，它们都要占用 CPU 进行计算。CPU 管理的功能是在多道程序之间调度 CPU，协调各程序的运行，并最大限度地发挥 CPU 的功效。

（2）存储管理。存储器指的是计算机的内存，是计算机中比较宝贵的资源。当多个程序运行时，它们都需要一定的内存空间来存放程序代码和运行数据。存储管理的功能是合理地管理有限的内存空间，为多道程序分配内存，并对各程序的内存区域进行保护，防止互相干扰，并实现内存的扩充。

（3）文件管理。文件是程序和数据在存储设备中的存放形式。文件管理的任务是有效地组织、管理和存储文件，方便用户检索和使用文件，并对文件实施共享、保密和保护措施。

（4）设备管理。设备是实现计算机与外界交换数据功能的部件，因此也称为 I/O（Input/Output）设备。设备分为终端设备、存储设备（也称为外部存储器或外存）、通信设备等几大类。设备管理的功能是有效地管理各种设备，合理地给要求使用的程序分配设备，并控制设备完成数据传输操作。

（5）用户接口。用户接口的功能是向用户提供一个使用系统的良好环境，使用户能方便有效地利用系统完成自己的工作。操作系统通常提供 3 类用户接口，即命令接口、图形接口和程序接口。前两者是供用户在终端上使用的操作界面，后者是供程序员在编制程序时使用的系统调用界面。

本书将在第 4~8 章中分别介绍这 5 项功能的设计原理与实现技术。

1.2 操作系统的发展与现状

1.2.1 操作系统的发展

自计算机诞生以来，操作系统经历了从无到有、由弱到强的发展过程。了解操作系统的发展史可以帮助我们发现操作系统发展背后的原因、动机和技术的来龙去脉，从而加深对操作系统本质的认识。

操作系统的发展与计算机硬件体系结构和工艺技术的发展分不开。按照计算机硬件的 4 个时代的划分，操作系统的发展经历了以下几个阶段。

1. 第一代计算机（20 世纪 40 年代中至 50 年代末）

第一代计算机采用电子管器件设计，体积庞大，运行速度也很慢，主要用于数值计算。这个时期的机器没有操作系统，采用机器语言编写程序，完全靠手工方式来操作。具体的操作方式有手工操作和手工批处理操作两种。

1）手工操作

最初的程序通过插板上的连接线来编程。运行时将连线板插入机器中，再在控制台上用扳键设置参数，然后按下按钮启动机器运行直到程序停止。程序运行中，用户通过控制板上的开关和状态灯来调试程序。后来出现了读卡机和纸带机，取代了连线板。用户将机器语言的程序和数据打在卡片或纸带上，再用读卡机或纸带机将程序读入机器。

在用户进行手工操作期间，计算机处于空闲等待的状态，因此系统的效率极低。另外，手工操作的难度很大，只有专家级用户才能胜任。

2）手工批处理操作

20 世纪 50 年代初期，汇编语言和磁带机诞生，计算机操作进入手工批处理操作阶段。此时，用户可以事先将一批程序录在磁带上，然后启动机器顺序地读入和执行各个程序。磁带机的传输速度高，缩短了程序加载的时间，而批处理方式又缩短了手工装卸程序的时间，这使系统效率有所提高。

2. 第二代计算机（20 世纪 50 年代末至 60 年代中）

20 世纪 50 年代末，计算机进入了晶体管时代，计算机的运行速度和可靠性都有了明显的提高，大型机诞生，并开始进入实际应用领域，如少数大型公司、政府部门和大学等。这个时期的计算机主要用于科学和工程计算，大多用 FORTRAN 语言和汇编语言编程。由于机器价格昂贵，因此减少处理器的空闲等待时间成为这个时期主要的研究目标。解决方案就是批处理系统和执行程序系统。

1）批处理系统

批处理的含义就是把用户提交的作业（作业是指需要计算机完成的一项计算任务，包括程序、数据和控制命令）编成序列，成批地录在磁带机上，由常驻内存的"监督程序"（monitor）控制一批作业依次运行。这个监督程序就是操作系统的雏形，它标志着操作系统的诞生。

批处理系统实现了作业间自动转接，缩短了作业交替时 CPU 的等待时间。但当作业进行 I/O 操作时，仍会造成 CPU 大量的空闲等待时间，因而系统效率还是很低。

2） 执行程序系统

20 世纪 60 年代初期，硬件技术取得突破性进展，通道和中断技术出现。通道是一种专门用于控制外部设备传输数据的硬件，中断机制则允许 CPU 与通道并行工作。这样，CPU 可以将数据传输工作交给通道，在通道控制设备传输数据的同时，CPU 继续执行运算。这在很大程度上实现了 CPU 与设备的并行操作，系统效率因而大大提高。此时的 I/O 控制与中断处理程序统称为"执行程序"（executor）。执行程序就是早期的操作系统。

3. 第三代计算机（20 世纪 60 年代中至 70 年代初）

计算机进入集成电路时代后，系统体积明显减小，系统性能进一步提高，价格逐渐降低。此时，大型机开始进入商业领域，小型机也逐渐崛起，高级语言诞生。这一时期也是操作系统的兴盛期，涌现出大批操作系统，包括多道批处理系统、分时系统和实时系统。这些奠定了现代操作系统的基础框架。

1） 多道批处理系统

由于大型机造价很高，机时十分昂贵，因此充分利用系统资源，缩短作业周转时间，提高系统吞吐量成为操作系统的一个重要设计目标。

早期的批处理系统是单道的，即每次只调入一个用户作业运行，因此系统资源的利用率很低。而多道批处理系统可同时容纳多个作业运行，通过合理搭配作业，使 CPU 与 I/O 设备资源都得到充分的利用，从而极大地提高了系统效率。

2） 分时系统

随着计算机应用逐渐普及，越来越多的普通用户开始使用计算机来完成日常的工作。为了满足用户与系统交互的需要，同时又尽可能地充分利用尚且昂贵的系统资源，分时系统应运而生。分时系统允许多个用户共享一台计算机的资源，即在一台计算机上连接几台甚至几十台终端机，每个用户都通过各自的终端机直接与计算机交互，运行程序。分时系统则负责调度 CPU，按固定的时间片轮流为各个终端服务。

3） 实时系统

随着计算机性能和可靠性的不断提高，价格也在不断降低，计算机开始进入自动控制等领域。这就要求计算机具备实时处理的能力。实时是指对于特定的输入事件，系统能够在限定的时间内作出响应并完成对该事件的处理。实时系统就是具有实时响应能力的系统。实时系统主要用于过程控制及实时信息处理。

4. 第四代计算机（20 世纪 70 年代初至今）

20 世纪 70 年代初，计算机进入大规模集成电路时代，20 世纪 80 年代又进入超大规模集成电路时代。此时计算机的性能和可靠性大幅提高，体积和价格大幅下降。这些因素促使个人计算机和嵌入式设备飞速地发展和普及，同时计算机网络也在兴起和迅速扩大。伴随这些发展，操作系统向着个人计算、网络与分布式计算、移动计算方向高速发展。操作系统的理论日益完善，性能愈加稳定，操作更为方便。

1） PC 操作系统

20 世纪 80 年代初，基于 Intel 处理器的个人计算机——PC 机（Personal Computer）诞生，并逐步进入人们的日常工作和生活中。PC 操作系统就是专为 PC 机设计的单用户操作系统，主要供个人用户完成日常工作、办公和娱乐使用。早期的 PC 操作系统（如

DOS）是采用字符命令界面的单用户单任务系统。20 世纪 80 年代末，显示技术的发展使显示设备的成本降低，PC 操作系统开始提供图形用户界面。而后随着 PC 机硬件技术的升级，PC 操作系统又引入了多任务机制，从而大大提升了系统的性能和易用性。

　　2）　网络操作系统

　　从 20 世纪 80 年代中期开始，计算机网络飞速发展，计算机不再是孤立存在的，而通过网络相互连接，交流和共享信息资源。网络操作系统在传统操作系统之上增加了对网络设备和网络协议的支持，实现计算机之间的通信和资源共享。

　　在网络发展的早期，网络规模较小，网络操作系统的应用局限在局域网范围，使用的协议也不尽兼容。20 世纪 90 年代初，随着广域网和互联网时代的到来，网络操作系统逐步走向统一和开放。它们都采用标准的 TCP/IP 通信协议和标准的网络服务协议，从而消除了系统间的通信障碍，实现了全球网络的信息交流与资源共享。

　　3）　嵌入式操作系统

　　20 世纪 90 年代末期，ARM 处理器诞生。以 ARM 芯片为 CPU 的嵌入式系统开始渗入传统的电子控制领域，广泛用于工业制造、仪器仪表、家用电器等的智能控制。进入 21 世纪后，随着互联网和移动通信技术的发展，基于 ARM 处理器的平板电脑和智能手机等个人移动设备迅速普及。支持这类嵌入式系统运行的操作系统称为嵌入式操作系统。目前的嵌入式操作系统除了具备 PC 操作系统的功能外，在屏幕操控、无线通信和节能优化等方面独具特色，为用户带来了全新的操作体验。

　　纵观操作系统的发展历史，可以看到主导其发展的两条主要线索，即硬件和应用。早期操作系统的发展紧密依赖于硬件，动力在于提高昂贵的硬件资源的利用率。而随着硬件价格的下降，操作系统更加注重系统的易用性，致力于构造方便、安全和可靠的应用环境。值得注意的是，近年来操作系统的发展已逐渐走出依附于硬件发展的局面，形成自身的一套理论体系，并推动整个软件产业走向成熟。

1.2.2　操作系统的分类与现状

　　操作系统的分类主要有以下几种方式。

　　1.　按处理方式分

　　1）　多道批处理系统

　　多道批处理系统（Batch Processing OS）主要用于大型机系统。多道是指在内存中存在多个作业，同时处于运行状态，共享系统资源。当一个作业等待 I/O 操作时，CPU 不是空闲等待，而是转去执行其他作业。批处理是指在系统外存（如磁盘、磁带等）中存在大量的后备作业，可随时调入内存。作业的执行完全由作业控制语言控制，系统不与用户交互。所以，有时也称批处理系统为脱机系统。

　　多道批处理系统的设计目标是充分利用系统资源，缩短作业周转时间，提高系统吞吐量。其代表是 IBM 大型机操作系统 VM、MVS 和 OS/390。

　　2）　分时操作系统

　　多道批处理系统追求的目标是充分地利用系统资源。但从用户的角度看，多道批处理系统的使用很不方便，它有以下缺点：

　　（1）用户响应时间长。从用户提交作业到拿回运行结果可能需等待很长时间。

（2）用户无法干预运行中出现的状况。

分时操作系统（Time Sharing OS）的思想是让多个用户使用各自独立的终端共享一台计算机。系统把 CPU 的运行时间分为很短的时间片，按时间片轮转法将 CPU 轮流分配给各个用户作业使用。从微观上看，多个用户的程序是在交替地运行，但由于时间片划分得很小，因此用户感觉不到这种交替。所以，从宏观上看，各个用户的程序是在同时运行的。

分时操作系统具有以下特点：

（1）多路性：多个用户同时使用一台主机，各用户的作业都在同时进行着。

（2）独立性：多个用户作业之间互不干扰，用户感觉好像是在独立使用计算机。

（3）及时性：系统对用户有足够快的响应时间，用户觉察不出作业的停顿。

（4）交互性：用户直接与系统交互，发布命令，观察作业的运行状态和结果。

分时操作系统具有强大的交互、会话与事务处理能力，因而具有很强的通用性，可用于商业、教育、办公等各种领域。分时操作系统的代表是 UNIX，主要应用在大、中、小各型计算机和工作站中。

3）实时操作系统

实时操作系统（Real Time OS）是指具有一定实时资源调度能力的操作系统。实时是指对特定事件的响应和处理时间是可预知的，在任何情况下都不会超出操作系统所承诺的上限。实时系统的响应时间比分时系统更短，更苛刻，往往要达到毫秒或微秒级。

实时操作系统主要关注系统的响应性。它的交互能力比较差，不强调资源利用率，但对响应时间和可靠性的要求很高，通常应用在需要精细的过程控制能力的领域，如航空航天、军事、医疗和工业控制。常用的实时操作系统有 QNX、VxWorks、实时 Linux 等。

2. 按规模和用途分

1）主机操作系统

主机操作系统（Mainframe OS）通常是指运行在 IBM 公司的大型机以及其他厂商制造的兼容主机上的操作系统。大型机与其他计算机的区别是其强大的 I/O 能力以及极高的可靠性。大型机的 I/O 吞吐量高达每秒数万兆字节，而系统的可用性可达 100%。为了有效地利用系统资源，大型机上的操作以批处理作业为主，主要用在金融、统计和大型企业的高端数据中心中，运行着各领域中最关键、最核心的那部分业务。

目前的主机操作系统有 OS/390、z/OS 等专用系统以及少数 UNIX 和 Linux 系统。近年来，Linux 系统开始进入主机系统，它所带来的自由理念和价格冲击给沉寂的大型机软件领域注入了活力。

2）通用操作系统

最常用的操作系统是通用操作系统（General Purpose OS），它是分时操作系统与批处理系统的结合。通用操作系统的原则是分时优先，批处理在后，即在"前台"以分时方式响应用户的交互作业，在"后台"以批处理方式处理时间性要求不强的作业。

通用操作系统可以运行在各种具有标准化体系架构的通用机型上，包括中小型机、工作站和 PC 服务器。其应用范围覆盖了大部分的工程、科学和商业应用。由于这类计算机都是以服务器方式运行的，所以这类操作系统也称为服务器操作系统（Server OS）。最常用的服务器操作系统是 UNIX、Linux 和 Windows。

3） 个人操作系统

个人操作系统（Personal OS）是为个人应用而设计的操作系统，通常是单用户多任务系统。与其他操作系统相比，个人操作系统更注重的是系统的易用性，而不是系统的利用率。它们的交互界面都十分美观且便于操作，强调对多媒体和网络访问功能的支持，以满足用户日常办公、学习和娱乐等方面的需求。

个人操作系统根据运行平台的不同分为几类，主要包括运行在 PC 台式机和笔记本电脑上的桌面操作系统（Desktop OS）、运行在平板电脑上的平板操作系统（Tablet OS）和运行在手机上的手机操作系统（Mobile OS）。相比之下，桌面系统更强调功能上的全面性和性能上的优势，可以胜任较复杂的事务处理和开发任务；平板和手机系统则更注重用户的操作体验，通常都具备触摸控制、手写输入、语音识别、位置感应等智能化交互功能。

Microsoft 公司的 Windows 是目前最流行的桌面操作系统，在全球桌面系统中占有九成以上的市场份额。Apple 公司的 Mac 系统因其美观的界面和出色的多媒体质量而在图形工作站上位居龙头地位。在平板/手机操作系统领域，目前的主要品牌是 Google 公司的 Android 和 Apple 公司的 iOS。Android 是基于 Linux 内核的系统，其品牌阵营最大，发展也最为迅速。

3. 按体系结构分

1） 网络操作系统

网络操作系统（Network OS）是指运行在网络服务器上的操作系统，因此也称为服务器操作系统。网络操作系统在内核上支持网络设备驱动和网络协议，具备较强的网络通信能力，同时提供包括文件传输、远程登录、数据库访问、电子邮件、信息检索等服务，使网络用户能够方便地利用网络上的各种资源。由于运行在开放的网络环境中，因此开放性、并发性、安全性和可靠性都是网络操作系统的重要指标。

网络操作系统主要有 UNIX、Linux 和 Windows。UNIX 主要应用于高端服务器，如大型数据库系统和关键事务应用系统等。Windows 主要应用于中低端服务器，如 Web 服务器等。Linux 的应用范围非常广泛，适合作为从低端到高端的各种服务器。

2） 分布式操作系统

分布式系统由若干台计算机组成，它们通过高速局域网互连，形成一个紧密耦合的集群，在同一操作系统的控制下运行，这个操作系统就是分布式操作系统（Distributed OS）。分布式操作系统负责管理分布式系统的各个节点的资源，并控制分布式程序的运行。在分布式操作系统的控制下，各节点机协同工作，并行计算，相互可以充分共享资源，均衡负载，从而获得极高的整体运算能力。分布式操作系统的另一个优势是它的可靠性。机群中的一个节点失效，不会影响整个系统的运作。

目前，分布式系统的性能和可靠性已经可以媲美一些大型机系统，而造价却低得多。因此，它已被看作是未来大型计算系统的一个发展方向。但目前的分布式操作系统还没有进入真正实用的阶段。它的研究是操作系统的一个热门领域。其中，利用 Linux 构造分布式系统也是目前的研究方向之一。

3） 嵌入式操作系统

嵌入式操作系统（Embeded OS）是运行在嵌入式系统环境中，对整个嵌入式系统的资源进行调度和控制的系统。嵌入式操作系统具有以下特点：

（1）体积小。嵌入式系统大多使用闪存（flash memory）作为存储介质。因此，嵌入式操作系统必须结构紧凑、体积微小才能在有限空间中运行。

（2）可靠性高。嵌入式系统大多工作在较差的环境中。因此，嵌入式操作系统应具备处理各种事件（如断电、误操作等）的能力，在各种条件下保持正常运行。

（3）实时性强。大多数用于过程控制的嵌入式操作系统都是实时系统，很多还是强实时多任务系统。

（4）智能化。嵌入式系统通常内建地具有支持设备各项智能特性的能力，如触摸感应、遥控、GPS 和无线通信等。

目前流行的个人嵌入式操作系统主要是 iOS 和 Android。其他常用的嵌入式操作系统还包括 Palm OS、VxWorks、Windows 以及各种嵌入式 Linux 等。嵌入式 Linux（包括基于 Linux 的 Android）具有源码开放、效率高等特点，是开发嵌入式系统的理想平台。

1.3 Linux 操作系统概述

1.3.1 Linux 的发展背景与历史

1. Linux 的背景

Linux 的诞生和发展与 UNIX 系统、Minix 系统、Internet、GNU 计划有着不可分割的关系，它们对于 Linux 有着深刻的影响和促进作用。

1）UNIX 系统

1971 年，UNIX 操作系统正式诞生于 AT&T 公司的 Bell 实验室。它是一个多用户多任务的分时操作系统。在那个年代，操作系统都是用汇编语言编写的，追求大而全的设计，使得系统异常庞大和复杂。而此时出现的 UNIX 是第一个用高级语言（C 语言）写成的，它的内核短小精悍，性能却非常优异，令研究者如获至宝。更为重要的是，UNIX 的源代码是公开的，而且在整个 20 世纪 70 年代都是免费的，这使它很快就在大学和研究机构中流行起来，随后又被广泛地移植到各种硬件平台上。经过不断地发展和演变，UNIX 的应用范围现已覆盖了大中小型计算机、工作站以及 PC 服务器，尤其是在中小型机及工作站上始终占据统治地位。至今，UNIX 已具有数十年的稳定运行历史，以高可靠性、高效率著称，主要用于重要的商务运算和关键事务处理。

UNIX 堪称操作系统设计的典范。它的许多优秀的设计思想和理念对后来的操作系统产生了深刻的影响。Linux 就是许多类 UNIX 系统中的一个佼佼者。由于 Linux 的开发者都具有各种 UNIX 的背景，因此 Linux 继承了 UNIX 的优秀设计思想，也集中了 UNIX 的各种优点。

2）Minix 系统

UNIX 是一个商用软件，虽然它的源代码是公开的，但不是免费的。UNIX 高昂的源码许可证费用令普通用户无法接受。另外，UNIX 对硬件平台的要求也比较高，这限制了它在教学和研究领域的使用。

1987 年，荷兰教授 Andrew 设计了一个微型的 UNIX 操作系统——Minix，用于操作系统的研究和教学。Minix 非常小巧，运行在廉价的微型机上。它的源码是免费的，任何一个学生都可以得到它、研究它和使用它。Linux 的作者 Linus 就是通过研究 Minix 系统起步，开发了最初的 Linux 内核。

3）Internet

20 世纪 80 年代中期，互联网 Internet 逐渐形成，它将全球计算机网络连接在一起，使世界各地的用户能够通过 Internet 交流和获取信息。在互联网的早期用户中，很大一部分是软件从业者和爱好者，他们通过 Internet 切磋技术、协同工作、发布和获取软件代码，逐渐形成一种植根于互联网的独特的"黑客"文化。

Linux 就是这样一个诞生于互联网时代的产物，它的开发者是遍布世界各地的无数个软件高手，是网络把他们的力量汇聚在一起，推动 Linux 不断地发展和壮大起来。如果没有 Internet，Linux 还只是个人手中的一个实验程序。

4）GNU

20 世纪 80 年代初，自由软件（free software）运动兴起。自由软件运动的目标是减少对软件使用上的限制，使软件的发展更具灵活性。自由软件提倡四大自由，即运行软件的自由、获取源代码修改软件的自由、发布（免费/少许收费）软件的自由以及发布后修改软件的自由。

1983 年，自由软件运动的领导者 Richard Stallman 提出 GNU（GNU's Not Unix）计划。GNU 计划致力于开发一个自由的类 UNIX 操作系统，包括内核、系统工具和各种应用程序。GNU 系统中的每一个构件都是自由软件，但不都是免费发布的，如 X Window 系统等。为了保证 GNU 计划的软件能够被广泛地共享，Stallman 又为 GNU 计划创作了通用软件许可证（General Public License，GPL）。GPL 是一个针对免费发布软件的具体发布条款。对于遵照 GPL 许可发布的软件，用户可以免费得到软件的源代码和永久使用权，可以任意复制和修改，同时也有义务公开修改后的代码。这种开放源代码的软件也称为开源软件（open source software）。

到 1991 年，GNU 已经完成了除系统内核外的几乎所有必备软件的开发，其中大部分是按 GPL 许可发布的。此时，Linux 内核也正式发布了。Linux 内核虽然不是 GNU 计划的一部分，但它是基于 GPL 许可发布的。也就是说，它被奉献给了 GNU 作为系统内核。自然地，各种 GNU 软件被组合到了 Linux 内核上，构成了 GNU/Linux 这一完整的自由操作系统。

GPL 许可与 Internet 相结合，改变了传统的以公司为主体的封闭式软件开发模式，代之以源代码开放和全球范围协作的全新开发模式。这种开发模式激发了世界各地的软件开发者的热情和创造力，推动自由软件迅速地发展和壮大。

2. Linux 的发展历史

1991 年初，芬兰赫尔辛基大学的学生 Linus Torvalds 出于个人爱好，决定自己编写一个类似 Minix 的操作系统。他在 PC 机上学习和研究 Minix，并参照它开发出最初的 Linux 内核。1991 年 9 月，Linus 通过 Internet 正式公布了他的第一个"作品"——Linux 0.01 版。这个系统在网上一出现，立即吸引了许多软件高手投入到开发工作中。到 1993 年，有 100 余名程序员参与了 Linux 内核的编写和修改工作。在众多爱好者的帮助下，Linux

的完整内核被迅速开发出来。

1994 年 3 月，Linux1.0 内核发布。该内核具备了完整的类 UNIX 操作系统的本质特性，不同的是，Linux 是按免费自由软件的 GPL 许可发行的，这是促进 Linux 快速发展的决定性因素。更多开发者开始投入 Linux 内核的开发和测试工作。还有许多人将 GNU 项目已开发出的 C 库、gcc、emacs、bash 等移植到 Linux 内核上来，使之成为一个完整可用的系统。

1996 年 6 月，Linux 2.0 内核发布。此时的 Linux 已经进入了实用阶段。Red Hat 等一些软件公司看好 Linux 的前景，纷纷介入其中。他们把内核、源代码及应用程序整合在一起，又增加了一些实用工具和图形界面，形成各种发行版并开始广泛发行。

20 世纪 90 年代后期，Linux 逐渐获得商业认同。很多实力雄厚的商业软硬件公司，如 IBM、Intel、Sun、Novell、Oracle 等纷纷宣布对 Linux 的投资和支持计划。这奠定了 Linux 作为服务器操作系统在实际应用领域中的地位。自此，Linux 迎来了迅猛发展的阶段。

进入 21 世纪后，Linux 的市场份额不断上升。特别是近几年以来，一些新兴的互联网企业，如 Google、Amazon、Facebook 等，均对 Linux 情有独钟。在它们的推动下，Linux 被植入各种个人移动设备，从而走进人们的日常工作和生活。

短短二十多年的发展历史表明，凭借其优秀的设计、不凡的性能和开源的优势，加上知名企业的大力支持，Linux 已从一个为满足个人爱好而设计的产物成长为一个充满竞争力和活力的主流操作系统。

1.3.2 Linux 操作系统的特点

总的来说，Linux 是一个遵循 POSIX 标准的，多用户、多任务的自由操作系统。与其他操作系统相比，它有以下显著特点：

（1）基于 UNIX 设计，性能出色。Linux 继承了 UNIX 的优秀品质，具有出色的性能、可靠性和稳定性，为系统的安全运行提供了保证。Linux 系统可以胜任 7×24 小时不间断的工作，除非硬件出问题，系统出现死机的概率很小。

（2）遵照 GPL 许可，是自由软件。Linux 遵循 GNU 的 GPL 许可证，是自由软件家族中最重要的一员。用户可以免费地获得和使用 Linux，并且在 GPL 许可的范围内自由地修改和传播，因而是学习、应用、开发操作系统及其他软件的理想平台。

（3）符合 POSIX 标准，兼容性好。POSIX 是基于 UNIX 制定的针对操作系统应用接口的国际标准，目的是获得不同操作系统在源代码级上的软件兼容性。Linux 是一个符合 POSIX 标准的操作系统。这就是说，基于 POSIX 标准编写的应用程序，包括大多数 UNIX、类 UNIX 系统的应用程序，都可以方便地移植到 Linux 系统上，反之亦然。

（4）可移植性好。可移植性是指将操作系统从一种计算机硬件平台转移到另一种计算机硬件平台后仍能正常运行的能力。Linux 的内核只有不到 10% 的代码采用了汇编语言，其余均采用 C 语言编写，因此具备高度可移植性。目前，Linux 可以在包括 x86/x64、Sparc、Alpha、Mips、PowerPC 等在内的各种计算机平台上运行。

（5）网络功能强大。Linux 是在互联网上发展起来的，它有着与生俱来的强大的网络功能。其网络协议内置在内核中，性能强，兼容性好，可以轻松地与各种网络集成在一起。Linux 核外的网络应用功能也十分强大，可以运行各类网络服务。

（6）安全性好。Linux 系统是针对多用户和网络环境设计的，在设计之初就充分考虑了安全性。Linux 内核中采取了许多保障系统资源安全的措施，如文件权限控制、审计跟踪、核心授权等，使得 Linux 可以十分安全地运行在开放网络环境中。

尽管有这些优秀的特性，但 Linux 系统还是存在一些问题。目前的主要问题是：入门要求比较高，普及率受到限制；发行版本比较多，各版本间不尽兼容；许多自由软件的开发者大部分不是盈利型团体，缺乏技术支持。

1.3.3 Linux 操作系统的组成

Linux 的基本系统由 3 个主要部分组成：

- 内核：运行程序和管理基本硬件设备的核心程序。
- Shell：系统的命令行用户界面，负责接收、解释和执行用户输入的命令。
- 文件系统：按一定的组织结构存放在磁盘上的文件集合。

以上部分构成的基本系统是 Linux 系统的最小配置，它使用户可以运行程序、管理文件和使用设备。在基本系统之上，用户可以通过有选择地附加一些系统和应用软件（如 X 图形用户界面、系统工具软件、应用软件等）来扩展系统，使其满足不同的应用需求。图 1-3 描述了 Linux 系统的基本结构，其中 Shell、内核和硬件设施（包括存有文件系统的磁盘）构成了系统的最基本配置。

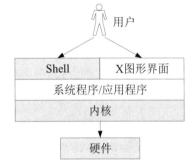

图 1-3　Linux 系统的基本结构示意图

1.3.4 Linux 操作系统的版本

Linux 的开发和发布模式是：内核程序由 Linus 带领的核心组成员负责更新和发布，驱动程序和应用软件由软件开发商、系统集成商、社团组织以及众多 Linux 爱好者自行开发或移植。因此，Linux 的版本也有两类，即 Linux 内核版本与 Linux 系统版本。内核版本是指由内核团队维护和发布的内核的版本；系统版本是指以 Linux 内核为基础构造的、由各发行商或社团组织维护和发布的完整的操作系统的版本，也称为发行版本。

1．Linux 内核版本

Linux 内核版本号由三或四个数字表示，基本格式是"主版本号.次版本号.修订号"，如 4.10.26。主版本号和次版本号标识了一个内核的系列，如 4.10 内核系列。内核系列的升级标志着在结构上或功能上有重要的更新。修订号代表修改的次数。修订号的升级表示内核在缺陷修正及驱动程序等方面的更新。

2．Linux 发行版本

Linux 的知名发行版本多达几百种，可谓是百花齐放。每种发行版本都在 Linux 内核的基础上集成了图形界面、各种系统工具和应用程序。由于在设计理念、发展策略及面向的目标等方面的差异，发行版本均各具特色，带给用户的体验也各不相同。

目前流行的发行版本主要有以下几种：

1）Red Hat、Fedora 和 CentOS

Red Hat 公司是最资深也是最有实力的 Linux 发行商。Red Hat Linux 最初发布于 1994 年，1998 年后获得了 IBM、Oracle、Dell 等企业巨头的支持，进入商业应用领域并发展壮大。Red Hat Linux 的特点是功能强大、运行稳定，具有雄厚的技术开发和支持力量。Red Hat Linux 拥有数量庞大的企业用户群，在 Linux 企业服务器领域占据龙头地位。它还拥有许多企业级的核心技术，对推进 Linux 的发展功不可没。

2004 年，Red Hat 公司停止了免费版的开发工作，将原 Red Hat Linux 拆分为两个系列：面向企业的商业化版本 Red Hat Enterprise Linux（RHEL）和面向个人的社区化版本 Fedora。RHEL 由 Red Hat 公司开发并提供收费的技术服务，产品测试充分，创新性、兼容性与稳定性俱佳，主要用作企业级服务器系统。Fedora 则采用了由 Red Hat 主办、社区支持的开源项目的形式进行开发，任何用户可免费使用，但不提供稳定性和技术支持保证。Fedora 是当今最具创新性的发行版之一。它拥有强大的开发实力，版本更新周期短，是体验 Linux 前沿技术的平台。所有用到 RHEL 版的技术都要先在 Fedora 上试验。也许是由于这层关系，Fedora 的关注点更倾向于企业特性，而非桌面体验。

Red Hat 的另一个重要衍生版是 CentOS。CentOS（Community Enterprise OS）是 RHEL 的一个"克隆"版本，它是将 RHEL 发行的源代码重新编译后形成的一个免费发行版本。根据 GPL 条例，CentOS 可以合法地获得 RHEL 的所有功能，使用起来和 RHEL 几乎没有区别。但 CentOS 不提供商业技术支持和升级服务，用户当然也不必为此而付费。

2）Debian、Ubuntu 和 Linux Mint

Debian 是最纯正的自由软件 Linux 发行版，它的所有软件包都是自由软件，大部分来自于 GNU 工程，因此也称为 GNU/Linux。从 1994 年发布至今，Debian 始终坚守 GNU 的精神，完全由分布在世界各地的社区志愿者维护发行。Debian 以高性能和高稳定性著称，它的版本发布周期较长，但软件资源十分丰富，有许多高品质软件包供用户选择，这是其他 Linux 发行版所不能比拟的。

Debian 还是最有影响力的发行版。约 2/3 的活跃发行版是基于 Debian 开发的，包括知名的 Ubuntu、Linux Mint 等。这归功于 Debian 的丰富的软件包和最大度的开放性。利用 Debian 提供的原始工具和软件资源，用户可以方便地定制出具有各种风格和特色的系统。所以它很适合于个人爱好者研究把玩，或开发团队打造新的衍生版。可以说，是 Debian 造就了 Linux 丰富多彩的生态环境。

Ubuntu 是一个由 Debian 衍生出的版本，于 2004 年首次发行。Ubuntu 的目标是打造一个高效且容易使用的 Linux 版本。它从 Debian 中精选出许多高质量的软件包，根据一般个人和企业应用的需求对系统进行定制，再配以精美的桌面和详细的帮助信息，使得普通用户也可以轻松地使用。Ubuntu 的出现改变了许多潜在用户的看法：Linux 不再是一个深奥的服务器系统，它也可以被普通用户接受。如今的 Ubuntu 已成为最流行的 Linux 发行版之一，适合于从企业到个人的各类用户，尤其适合初学者使用。

Linux Mint 是基于 Ubuntu 项目开发的一个年轻的版本，于 2006 年开始发行。Linux Mint 的目标是打造一个比 Ubuntu 更易用、更完美的桌面系统。它继承了 Ubuntu 的诸多优点，在某些方面则更胜一筹。Linux Mint 的桌面环境更加精美，安装配置过程更为简单。这些特点给使用者带来了非常亲和的体验，从而迅速赢得了个人用户的青睐，跻身于全球使用最多的桌面操作系统的行列。不过 Linux Mint 仅有桌面版，不适用于服务器。

3）SUSE Linux 和 openSUSE

SUSE Linux 是 SUSE 公司的 Linux 发行版，于 1996 年开始发布。SUSE Linux 定位于构建企业级数据中心和服务器平台。它运行稳定，可靠性高，兼容性好，且拥有强大的技术支持力量，颇受业界好评。目前，SUSE 的商业版本 SLES（SUSE Linux Enterprise Server）已成为 Red Hat 商用 Linux 版本 RHEL 的最主要竞争者。

2005 年后，SUSE Linux 的开发策略发生重大修改，推出了 openSUSE 计划。openSUSE 是采用开源社区模式开发的 SUSE 免费版本，其目的是吸引更多的人参与开发和测试，从而推动 SUSE Linux 的普及和发展。目前的商业版 SLES 都是在 openSUSE 的基础上，经过企业级应用平台的严格认证测试后发布的。openSUSE 的应用软件和开发工具都很齐全，桌面尤其美观，而且易学易用。openSUSE 还是商业版 SLES 的新技术试验床，就如同 Fedora 之于 RHEL。

4）Slackware

Slackware 发布于 1993 年，是最古老最独特的 Linux 发行版。它恪守 UNIX 的传统风格，使用文本命令的操作方式，不迎合易用性需求，也不追求频繁的更新。Slackware 在老牌 Linux 用户中最为流行，其突出特点是简洁优雅，配置灵活。此外，Slackware 还拥有一套很完善的程序库，是开发自由软件的理想平台。

5）Arch 和 Manjaro

Arch Linux 是一个以轻量简洁为设计理念的 Linux 发行版，最初发布于 2002 年。Arch 的设计理念非常独特，它放弃了"用户友好"（user-friendly）的宗旨，而代之以"以用户为中心"（user-centered），也就是将系统的控制权以及责任完整地赋予用户。Arch 的默认系统配置简单到只有基础软件、字符界面和一套简单的维护工具，其他的一切听凭用户设置，因而深受专业用户的青睐。Arch 的另一特点是它的滚动发布模式，可以连续更新和升级系统，在第一时间获得最新的软件。

Manjaro 是基于 Arch 的一个优秀衍生版，发布于 2011 年。它天生具有 Arch 的所有优点，关键是它还配了一个美观易用的用户界面，便于用户安装和配置系统。所以 Manjaro 最适合于那些想要尝试 Arch 的新手使用。

3. 选择 Linux 版本

虽然同属一个家族，但各个发行版却样貌不同，性格各异。它们彼此间既相互参照，又各自独立，构成 Linux 独有的生态环境。这种多样性带来的选择自由会使有经验的用户受益，但却常给初学者带来困惑。这里仅对初学者给出一般化的建议。对于本教材的内容来说，哪个版本都是适用的。

选择发行版的主要权衡因素是易用性和可配置性，两者往往是对立的。在几个具有代表性的 Linux 发行版中，Ubuntu 和 Mint 无疑是最容易上手的，几乎不需学习即可使用。如果是为了日常应用或入门学习的话，它们应是最适宜的选择。Slackware 和 Arch 具有高度的可配置性，可将系统的效能与个性发挥到极致，但手工配置的难度会令许多初学者望而却步。所以它们更适合于那些有经验的用户和技术爱好者使用。openSUSE、CentOS、

Fedora、Debian 和 Manjaro 介于上述两类之间。它们兼顾易用性与可配置性，适合用于教学、研究和各种应用场合。如果是用于教学，Fedora 比较适合初学者入门和进阶；如果想深入了解 Linux 的运行机制，Debian 和 Manjaro 都是不错的进阶和深造版本；如果是为就职做准备，openSUSE、Fedora、CentOS 都是企业级应用的理想实践平台。

除了以上这些主流版本外，还有许多别具特色的小版本也很优秀。比如，可以令老旧笔记本电脑焕发新生的轻量级版本 Lubuntu 和 LXLE，擅长媒体设计的 Ubuntu Studio，专注隐私和安全保护的 Qubes OS 等，用户可按需选用。

1.3.5 Linux 操作系统的应用与发展

经历短短二十多年的发展，如今的 Linux 系统已是遍地开花，从手机到大型机都可以看到 Linux 的成功应用。Linux 是 IBM 超级计算机 Blue Gene 的主要操作系统，并在超级计算机系统领域中占有高达 90%以上的份额。Linux 在嵌入式系统领域中的占有率位居第一，基于 Linux 的智能设备，包括 Android 手机、Archos 平板电脑、TiVo 机顶盒等，已渗透到人们生活的各个方面。然而，Linux 系统的最主要应用领域是中高端服务器系统。作为高性能、高可靠性的网络和应用服务器，Linux 已成为互联网和大中型企业信息系统的支柱，广泛应用于通信、交通、金融、商业和军事等领域。

由于源代码公开且免费，Linux 系统已经广泛地融入了操作系统的教学、研究和个人应用领域。对于研究者来说，通过源代码可以剖析系统的内核，合法地修改它以适应研究的需要。对于学习者来说，通过 Linux 可以深入了解操作系统的原理和实现，并动手实践所学习的知识。对于普通用户来说，使用 Linux 可以获得免费软件带来的自由。

近年来，由互联网和移动通信引发的新技术浪潮正在推动信息产业的更新换代，为 Linux 系统开辟了更广阔的应用领域。以 Linux 内核为基础搭建的高性能分布式服务器集群正在取代传统的服务器模式，成为云计算中心（如亚马逊云、Google 云、阿里云等）和大数据平台（hadoop、Spark 等）的基础架构。此外，基于 Linux 内核的嵌入式系统是 Linux 的另一个发展趋势，这方面的研究推动着 Linux 向实时、便携、移动和智能交互的方向发展，在物联网、虚拟现实、人工智能等新技术领域起到重要的支柱作用。

习 题

1-1 什么是操作系统？它的基本功能是什么？

1-2 操作系统在计算机系统中处于什么地位？

1-3 什么是 GNU 计划？Linux 与 GNU 有什么关系？

1-4 Linux 系统有哪些特点？

1-5 Linux 基本系统由哪几部分组成？Linux 内核的功能是什么？

1-6 浏览 www.kernel.org 网站，当前最新内核的版本号是多少？

1-7 参照附录 A，自己动手安装一个 Linux 系统。

第 2 章 Linux 操作基础

要了解一个操作系统，应该从使用它开始。对 Linux 系统来说尤其如此。Linux 系统的桌面环境很易用，无须特别学习。但它最基本、最有效的操作方式确是命令方式，这是初学者需要通过学习才能掌握的操作方式。本章将介绍 Linux 系统的操作基础，包括各项基本操作的相关概念以及常用命令的用法。

2.1 Linux 基本操作

在使用 Linux 系统前，首先需要了解和掌握一些基本的操作，包括如何登录和退出系统、如何修改口令以及关闭和重启系统。

2.1.1 登录

Linux 系统是一个多用户操作系统，系统的每个合法用户都拥有一个账号，包括用户名和口令等信息。任何用户在使用 Linux 系统前必须先登录（login）。登录过程就是系统对用户进行认证和授权的过程。登录时须提供用户名和口令。如果输入有误则不能进入系统。

每个 Linux 系统都有一个特殊的用户，称为超级用户（super user）。超级用户的用户名是 root。root 具有对系统的完全控制权限，非必要时应避免使用 root 登录。

1. 终端

终端（terminal）是指用户用来与系统交互的设备，包括显示器、键盘和鼠标等。每个用户都需要通过一个终端来使用系统。

根据显示模式的不同，终端分为字符终端和图形终端。字符终端只能显示字符界面，接收键盘输入的命令；图形终端可以显示图形界面并支持鼠标操作。根据连接方式的不同，终端又分为本地终端和远程终端。本地终端是直接与系统相连的，供系统本地用户使用的终端，习惯上称之为控制台（console）；远程终端指用户通过网络或其他通信方式远程地使用系统时所用的终端，可能是专门的终端机，更多的是 PC 机。根据实现方式的不同，终端可分为物理终端、虚拟终端和伪终端。物理终端是实际存在的终端设备；虚拟终端（virtual terminal）是在物理终端上构造出的逻辑上的终端，目的是将一个物理终端转化为多个可用的逻辑终端；伪终端（pseudo terminal）是用软件仿真出来的终端，它不与任何终端设备直接对应，只是一个运行在图形界面中的仿真字符终端的应用窗口。

对 PC 机来说，系统通常只有一个物理终端，但 Linux 系统用切换的方式将其转化为至多 12 个虚拟终端，通过组合键 Ctrl+Alt+Fn 进行切换，其中 Fn 为 12 个功能键。系统启动时默认在前几个虚拟终端上启动 1 个图形终端和多个字符终端。用户可以根据需要启动其他终端。在图形界面启动仿真终端程序（如 Terminal、XTerm 等）就可以打开一个伪终端。

2. 登录方式

Linux 系统的登录方式可分为本地登录和远程登录。

1）本地登录

本地登录就是在系统自身的虚拟终端上登录。系统启动后，会在每个启动了的虚拟终端上显示登录界面。Linux 允许同一用户在不同的终端上以相同身份或不同身份多次登录，同时进行几项工作。各个终端上的活动是相互独立的。例如，一个系统管理员拥有 root 账号和一个普通用户的账号，他可以在一个终端上以普通用户身份登录，进行一些日常工作，在另一个终端上以 root 身份登录进行需要特权的系统管理工作。

通常，桌面版的系统启动后会默认地将显示屏切换到图形终端，并在其上启动一个图形登录界面。在登录界面中选择用户名并输入口令，系统验证通过后即进入图形桌面环境。若要从字符终端登录，可将显示屏切换到一个字符终端，就会看到系统登录提示符。在"login:"提示符后面输入用户名，在"password:"提示符后面输入口令。注意：Linux 系统严格区分大小写，无论是用户名、口令还是文件名等，都是如此。登录成功后，系统显示 Shell 命令提示符，表示用户可以输入命令了。

以用户 cherry 为例，登录过程如下：

```
login: cherry
Password: （输入口令，不显示）
Last login: Sat May 20 15:50:56 on tty4
$ _
```

注：本书约定，示例中粗体为用户输入的内容，非粗体为系统的输出，括号"（）"内为说明信息。

2）远程登录

远程用户可以从远程终端登录到 Linux 系统上，像本地用户一样与系统交互，发布命令、运行程序并得到显示结果。允许远程登录标志着 Linux 是一个真正意义上的多用户操作系统。系统可以同时为多个远程的和本地的用户服务，对登录用户数也没有限制。

从 PC 机上远程登录 Linux 系统的方法是：使用仿真终端软件（如 putty 等），通过网络与 Linux 系统建立 SSH 连接，连通后即可看到 Linux 系统的登录提示符"login:"。

2.1.2 修改口令

用户在初次登录系统时使用的是超级用户 root 为其设置的初始口令，登录后应及时修改口令。此后，为安全起见，用户还应定期修改登录口令。在桌面环境下，可以在系统菜单中找到修改口令的界面。在字符终端界面修改口令应使用 passwd 命令。过程如下：

```
$ passwd
Change password for user cherry.
New password: （输入新口令，无显示）
Retype new password: （重复输入新口令，无显示）
passwd: all authentication tokens updated successfully.
$ _
```

2.1.3 退出

退出（logout）就是终止用户与系统的当前交互过程。操作完成后及时退出系统是一个良好的习惯，即使是暂时离开也应如此。

在桌面上可以找到退出系统的按钮或菜单项。在字符界面可用 exit 命令或 Ctrl+d 键退出系统。退出后，系统回到登录界面，用户可以重新登录系统。

2.1.4 系统的关闭与重启

当系统需要关机时，应使用关机命令来关闭系统。另外，若修改了系统的某一配置，或者安装了新的软件，有时需要重新启动系统使修改生效。在多用户系统中，关闭和重启系统会影响到所有已登录的用户，因而执行此操作需要有 root 权限。不过，为方便个人应用，Linux 桌面系统默认允许普通用户关闭和重启系统。

在桌面环境下关机或重启很简单，只要点击桌面上相应的按钮即可。在字符命令界面要使用命令来关闭或重启系统。

常用的关机命令是：

```
# shutdown now
```

常用的重启命令是：

```
# reboot
```

2.2 Linux 命令

Linux 系统为用户提供了一套完备的命令，使用这些命令可以有效地完成各种工作。Linux 的命令由 Shell 程序解释执行，所以也称为 Shell 命令。在使用 Linux 命令前首先要启动 Shell 程序。

启动 Shell 的方式有多种，通常的方式是：

- 在字符终端登录，登录成功后 Shell 将自动启动；
- 登录到图形桌面上，启动"终端"（Terminal）工具。Terminal 是一个字符终端仿真软件，用于提供一个运行在图形界面上的字符终端窗口。打开窗口，Shell 也随之启动。

Shell 启动完成后，显示命令提示符，提示用户可以输入命令了。对于普通用户，系统默认的提示符是"$"；对于 root 用户，系统默认的提示符是"#"。

2.2.1 命令的格式

一条 Shell 命令是由一到多个项组成的命令行，命令各项之间用空格分隔。命令的一般格式如下：

命令名 [选项 1] [选项 2]...[参数 1] [参数 2]...

其中，命令名是命令的名称，表示要执行的操作，通常为小写；选项是对命令的特别定义，指出命令的操作方式；参数是命令操作的对象或操作数据；方括号括起的部分表明该项是可选的。例如：命令行 rm -i abc 中，rm 是命令名，表示删除文件操作；-i 是命令的选项，表示删除前要提示用户确认；abc 是命令参数，表示要删除的文件。

几乎每个命令都定义有多种选项，各选项的含义由命令自行定义和解释，格式一般是：单个字符的选项以"-"开始，如 rm -i abc；多个字符的选项以"--"开始，如 rm --help。有些命令的选项格式可能略为复杂些，比如选项自身还带有参数等。另外，当一个命令行中带有多个单字符选项时，可以将这些选项合并。例如，rm -i -v abc 可以写成 rm -iv abc。

命令行的后面可以带注释，用"#"字符打头，如 rm -i abc # delete a file。注释部分不会被 Shell 解释和执行。

2.2.2 命令的输入与执行

Shell 的命令有时会很长，输入命令时可以使用一些编辑键来修改输入错误，简化命令的输入。例如，当要输入的命令名或文件名较长时，只要输入前几个字符，再按一下 Tab 键，Shell 便会在可能的命令或文件名中找到相匹配的项，自动补齐其余部分。利用上下箭头键"↑"和"↓"可以翻找出前面曾经执行过的命令，避免重复的命令输入。表 2-1 是常用的 Shell 命令编辑键。

表 2-1 常用的 Shell 命令编辑键

按键	功能
Backspace、Delete、Ctrl+h	删除字符
Ctrl+u、Ctrl+k	删除光标前、后的所有字符
\	续行符，用于跨行输入长命令
Tab	补齐命令
↑、↓	翻找命令的历史记录
→、←	前后移动光标

命令输入完成后，就可按 Enter 键提交给 Shell 运行。运行结果通常显示在屏幕上。运行完毕后，Shell 重新显示命令提示符，准备接收下一条命令。

在命令的执行过程中，如果输出的信息太多太快，可以按 Ctrl+s 键暂停滚屏，之后按下任意键即恢复滚屏。若要终止命令的运行，可以按 Ctrl+c 键。表 2-2 所示为常用的 Shell 命令运行控制键。

表 2-2 常用的 Shell 命令运行控制键

按键	功能
Enter、Ctrl+j、Ctrl+m	提交命令运行
Ctrl+c	终止命令的运行
Ctrl+s	暂停屏幕输出

2.2.3 几个简单命令

按照命令的功能分类，Shell 命令可以大致分为文件与目录操作、文本编辑、备份压缩、系统监控等几类。其中，文件与目录操作和文本编辑是每一个 Linux 用户都要掌握的基本操作。本章将重点介绍常用的文件和目录操作命令，在第 3 章中介绍文本编辑命令，其余命令将在后续章节中陆续介绍。

作为入门，本节首先介绍几个简单而又常用的命令。

who 命令

【功能】显示已登录的用户。

【格式】who [选项]

【选项】

 -H 　　　显示各列的标题。

 -q 　　　显示登录的用户名和用户数。

【说明】默认输出格式是每个登录用户的信息占一行，每行 4 列，格式是：

 　用户名　 登录的终端名　 登录时间　 备注

例 2.1 who 命令用法示例。

```
$ who -H
NAME        LINE      TIME            COMMENT
root        tty3      May 21 08:05
cherry      :0        May 22 11:39    (:0)
zhao        tty4      May 22 09:12
$ who -q
root cherry zhao
# users=3
$_
```

第 1 个 who 命令的输出显示目前系统中有 root、cherry 和 zhao 用户登录，其中 root 在终端 tty3 登录，zhao 在终端 tty4 登录，cherry 在 0 号伪终端登录。第 2 个 who 命令显示了目前登录的用户名和用户数。

echo 命令

【功能】显示字符串。

【格式】echo [选项] 字符串 …

【选项】

 　　-n 　　　输出字符串后光标不换行。

【说明】参数字符串可以有多个。多个字符串之间的空格被看作分隔符，echo 将依次输出这些字符串，中间用一个空格隔开。如果要输出含有空格符的字符串，需用引号将其括起来。引号括起的字符串被 echo 视为一个字符串，它将按原样输出这个字符串。

例 2.2 echo 命令用法示例。

```
$ echo Hello!
 Hello!
$ echo -n Hello!
 Hello! $ echo

$ echo Hello    world!
 Hello world!
$ echo 'Hello    world!'
 Hello    world!
$_
```

第 2 个 echo 命令输出字符串后没有换行，使后面的 Shell 提示符显示在它的输出后面了。第 3 个 echo 命令没有带字符串参数，它显示了一个空行。第 4 个 echo 命令带了 2 个字符串参数，尽管这两个字符串中间有多个空格分隔，但它们只被看作参数分隔符，而不是字符串的组成部分。echo 依次输出了这两个字符串，中间用一个空格分隔。第 5 个 echo 命令带了

1 个字符串参数，它原样输出了这个字符串。

date 命令

【功能】显示、设置系统日期和时间。

【格式】date [选项] [+格式]

【选项】

  -s   设置时间和日期。

  -u   使用格林威治时间。

【参数】格式是由格式控制字符和其他字符构成的字符串，用于控制输出的格式。当格式字符串中有空格时，要用引号将格式字符串括起来。常用的格式控制字符如下：

  %r   用 hh:mm:ss AM/PM（时:分:秒 上/下午）的形式显示 12 小时制时间。

  %T   用 hh:mm:ss（时:分:秒）的形式显示 24 小时制时间。

  %a   显示星期的缩写，如 Mon。

  %A   显示星期的全称，如 Monday。

  %b   显示月份的缩写，如 Jan。

  %B   显示月份的全称，如 January。

  %m   用 2 位数字显示月份。

  %d   用 2 位数字显示日期。

  %D   用 mm/dd/yy（月/日/年）的形式显示日期，如 02/21/09。

  %y   用 2 位数显示年份。

  %Y   用 4 位数显示年份。

  %Z   显示时区。

【说明】不带选项和格式参数时显示当前日期与本地当前时间。显示格式是：

  星期 月 日 时间 时区 年

例 2.3 date 命令用法示例。

```
$ date
 Fri  Sep  18  20:04:34  CST  2020
$ date '+Today is %D, now is %r'
 Today is 09/18/20, now is 08:14:36 PM
$ date '+%B %d, %Y'
 September 18, 2020
$ _
```

第 1 个 date 命令使用了默认的显示格式，后 2 个 date 命令用了指定的显示格式。

2.2.4 联机帮助

Linux 命令多达数千个，其中常用的和比较常用的命令也有几百个，每个命令还有许多选项。不过，用户通常只需掌握几十个常用命令及其常用选项，其他的命令及详细用法可以在必要的时候查看命令的联机帮助。

获得联机帮助的最简单方式是用命令选项。许多 Linux 命令都提供了一个--help 选项，执行带有--help 选项的命令将显示该命令的帮助信息。例如：date --help 将显示 date 命令的帮助信息。如果某命令没有提供--help 选项，或提供的帮助信息不够详细，就需要查看系统的联机手册了。

　　Linux 系统配有一个联机手册（manual），每条 Linux 命令都对应有相关的手册页（manual page）。手册页是对命令的最详细、最权威的解释，因此是学习和使用 Linux 命令的必不可少的工具。

　　命令的手册页主要包括以下几部分内容：

- NAME：命令的名称和功能。
- SYNOPSIS：命令的语法格式，所有可用的选项及参数。
- DESCRIPTION：命令的详细用法及每个选项的功能。
- OPTIONS：对命令的每个选项的详细说明。

　　查看联机手册页的命令是 man（manual）命令。

man 命令

【功能】查询并显示指定的手册页。

【格式】man 命令名

【说明】在浏览手册页时，用以下按键翻页、查找或退出：

PageUp、b	向上翻一页。
PageDown、Space	向下翻一页。
↑	向上滚一行。
↓、Enter	向下滚一行。
/*string*	在手册页中查找字符串 string。
n	查找下一个匹配的字符串。
q	退出。

2.3　Linux 文件操作

　　文件系统是 Linux 系统的基本组成部分。Linux 系统运行所依赖的各种程序和数据都以文件形式存储在磁盘上，由文件系统统一管理。

　　文件系统用文件名来标识文件，用户通过文件名来访问和使用文件。文件以目录的形式组织和存放。目录是一种特殊的文件，其内容是该目录下的所有文件及子目录的信息。目录将所有的文件分层、分枝地组织在一起，形成文件系统的树形结构。

　　文件操作是使用 Linux 系统的基本操作。Linux 系统提供了便利的图形化操作工具，但最基本和有效的操作方式是使用命令。因此，用户应熟练掌握用命令操作文件的方法。

2.3.1　Linux 系统的文件

1. 文件的命名

　　Linux 文件名的最大长度是 255 个字符，通常由字母、数字和"."""_"　"-"字符组成。以"."开头的文件名是隐含文件，即在通常的文件列表中不显示。例如：myfile、readme.txt、list_12、backup07-12 都是常规的文件名，而.profile 就是一个隐含文件的文件名。

　　文件名中不能含有斜杠"/"和空字符"\0"，因为它们对 Linux 内核具有特殊含义。文件名中也不应含有空格、制表符、控制符及以下字符，因为它们对 Shell 具有特殊含义：

; | < > ` " ' $! % & * ? \ ( ) [ ]

与 Windows 系统的文件名不同，Linux 的文件名是区分大小写的，大小写不同的文件名被认为是不同的文件。例如：Readme 与 readme 是不同的文件。

2. 文件名通配符

1）模式与通配符

当一个命令需要对多个文件进行操作时，逐个写出每个文件名是件很麻烦的事。在这种情况下，使用模式可以简化对文件名的描述。

模式是对一类事物的概括性描述。当需要指定具有某种特征的多个文件名时，可以用一个表示文件名的字符串模式来描述。字符串模式由普通字符和一些具有特殊含义的字符组成，这些具有特殊含义的字符称为通配符（wildcard）。通配符不代表某个具体的字符，而是代表多种选择。因此，带有通配符的字符串模式可以与多个文件名相匹配，这样就不必在命令行中写出每个文件的名字了。

2）基本的通配符与匹配规则

以下是在构造模式时常用的基本通配符：

（1）问号"?"：匹配任意的单个字符。例如：模式"abc??"匹配所有以 abc 开始，后面是 2 个任意字符的字符串。

（2）星号"*"：匹配 0 或多个任意字符，隐含文件的前缀"."字符除外。例如：模式"abc*"匹配所有以 abc 开始的字符串，模式"*abc"匹配所有以 abc 结尾的字符串，但不匹配".abc"。

（3）方括号"[]"：匹配方括号中列出的字符集合中的任何单个字符。方括号与问号相似，只匹配单个字符。不同的是，问号与任何一个字符匹配，而方括号只与括号内字符集合中的一个相匹配。字符集合的描述方法有以下几种：

- 列举：逐个列出各个字符，如[abc]表示由 a、b、c 三个字符构成的字符集合。
- 范围：用"-"描述字符范围，如[a-z]表示由所有小写字母构成的集合。注意，范围内的字符按升序排列，因而[z-a]是无效的。可指定多个范围，如[A-Za-z]表示所有英文字母。
- 排除：用"!"排除字符，如[!A-Z]表示除大写字母之外的所有字符构成的字符集合。

例如：模式"abc[123]"匹配所有以 abc 开始，后面是 1、2 或 3 的字符串；模式"abc[0-9]"匹配所有以 abc 开始，后面是一个数字的字符串；模式"abc[!0-9]"匹配所有以 abc 开始，后面是一个非数字字符的字符串。

例 2.4 设现有的字符串是 12 个月份的英文单词，它们与以下模式匹配的结果是：

模式"Ju??"	匹配以 Ju 开头，后接两个字符的字符串，即 June 和 July。
模式"???"	匹配长度为 3 的字符串，即 May。
模式"*ber"	匹配以 ber 结尾的字符串，即 September、October、November 和 December。
模式"?[ce]*"	匹配第 2 个字符是 c 或 e 的字符串，即 February、September、October 和 December。

3）命令参数的模式置换

当命令的参数中出现通配符时，Shell 并不把该参数直接传递给命令，而是把它看作一个文件名模式字符串。Shell 首先将现有的文件逐个与这个模式进行匹配比较，然后用所有匹配的文件名替换命令行中的模式字符串，然后再启动命令执行。因此，当命令执行时，它得到的实际参数是所有匹配的文件名的序列，可以是 0 至多个文件名，中间用空格分隔。

以 echo 命令为例，它的功能是显示参数字符串。当其参数字符串中有通配符时，它显示的不是字符串本身，而是与该模式字符串相匹配的所有文件名，如例 2.5 所示。

例 2.5 设当前的目录下现有的文件是 hoc、hoc.c、hoc.h、hoc.o、init.c、init.o、math.c、math.o、makefile，则经过模式置换的 echo 命令的输出结果如下：

```
$ echo *.c                        #实际运行 echo hoc.c init.c math.c
  hoc.c   init.c   math.c
$_
```

这个 echo 命令的输出不是参数字符串 "*.c"，而是所有以.c 结尾的文件名。这是因为当完成模式替换后，这个 echo 命令的实际运行参数是 "hoc.c init.c math.c"。

例 2.6 设当前的目录下存放了一部书稿的所有文件。书稿分为 12 章，每章分为若干节，每节对应一个文件，文件的命名规则为 "ch 章号.节号"，如 ch1.1，ch1.2，ch1.3，…，ch2.1，ch2.2，…，ch12.1，ch12.2，…。则以下 echo 命令执行的结果是：

```
$ echo ch*                        #显示全书的所有文件名；
$ echo ch3.*                      #显示第 3 章的所有文件名；
$ echo ch?.*                      #显示 1~9 章的所有文件名；
$ echo ch??.*                     #显示 10~12 章的所有文件名；
$ echo ch[146-8]*                 #显示第 1、4、6、7、8、10、11、12 章的所有文件名；
$ echo ch*.1                      #显示所有章的第 1 节的文件名。
```

3. 文件的类型

通常意义上的文件是那些用于保存数据的文件，如由文字字符构成的文本文件、由应用程序产生的数据文件，如文档、数据库表、图片、视频等，以及由编译程序生成的可执行文件等。此外，Linux 系统还定义了一些特殊类型的文件，它们在系统中具有特殊的用途。

Linux 系统支持以下文件类型，括号内是表示该类型的字符：

● 普通文件（-）：普通意义上的文件，用于保存文本、数据或程序。

● 目录文件（d）：一种特殊文件，用于构成文件系统的树形结构。

● 设备文件（c、b）：代表设备的特殊文件。Linux 系统将设备看作文件。设备文件分为字符设备文件（c）和块设备文件（b）两类。

● 符号链接文件（l）：一种特殊文件，它的内容是到另一个文件的链接。

● 管道文件（p）：一种特殊文件，用于在运行的程序间传递数据。

4. 文件的归属关系

Linux 是一个多用户的系统，每个用户都要在系统中存放自己的文件。为了管理的需要，系统要能够区分文件的归属关系。Linux 系统中的每个文件都有两个描述其归属关系的属性，这就是属主（owner）和属组（group owner）。文件的属主就是文件的所有者，通常是建立该文件的用户。属主以用户的用户名标识。例如，用户 zhao 建立的文件的属主默认就是 zhao。

为便于管理，Linux 系统将用户划分为用户组。文件的属组就是该文件所归属的用户组，通常是文件属主所在的用户组。属组以用户组的组名来标识。例如：用户 zhao 所在的用户组是 guest，则他所建立的文件的属组默认就是 guest。

5. 文件的访问权限

在多用户的系统中，文件的保密和安全至关重要。为防止文件被非法地使用或破坏，系统使用权限来限制用户对文件的访问。

1）文件的访问权限

文件权限用于规定对于一个文件所能进行的操作。通常访问文件的操作分为读（浏览文件内容）、写（修改文件内容）和执行（执行文件）。相应地，Linux 对文件定义了几种访问权限，见表 2-3。当对一个文件执行一个未被授权的操作时，系统会拒绝执行，并显示"Permission denied"的消息。

表 2-3 文件和访问权限及表示

访问权限	字符表示	含义
读权限	r	可读取其内容
写权限	w	可修改其内容
执行权限	x	可执行其内容
无权限	-	不能作相应操作

2）文件权限的分配范围

在 Linux 系统中，一个文件可能会被多个用户使用。如果不加区分地设置文件权限则难以满足不同用户对文件的不同需求和权力。因此，Linux 系统采用了分类授权的权限分配方式，即允许对不同类型的用户赋予不同的文件访问权限。

Linux 系统将每个文件的用户分为属主（user）、组用户（group）和其他人（other）3 类，权限范围的划分及字符表示如表 2-4 所示。在为文件设置访问权限时可以针对不同的权限范围分别设置。注意：root 用户不受访问权限的限制。

表 2-4 文件的权限范围划分及字符表示

权限范围	针对的用户	字符表示
属主	文件的拥有者	u
组用户	文件的属组中的用户	g
其他人	除文件属主和组用户外的其他用户	o
所有人	以上 3 类用户的总和	a

需要说明的是，按 u、g、o 划分权限范围的方式是 Linux 系统的基本文件访问控制机制。从更高的安全标准来看，这种划分方式还不够细致。比如，文件的属主和属组成员之外的所有用户都享有同样的"其他人"类的权限，无法为其中的某个或某些用户单独赋权。目前许多 Linux 系统都启用了更为强大的文件访问控制机制，即访问控制列表（Access Control List，ACL）。ACL 除了可以设置属主、组用户和其他人的权限之外，还允许针对个别用户或用户组额外地设定权限。这样就使得权限的分配更为精确、细致和灵活。有关 ACL 机制的应用方法介绍请参考 ACL 的联机手册（man acl）。

3）文件类型与权限表示法

文件的类型与权限通常采用字符法表示，即用十个字符的字符串表示文件的类型和权限。其中，第 1 个字符表示文件的类型，后 9 个字符表示文件的访问权限。字符权限的表达规则如图 2-1 所示。

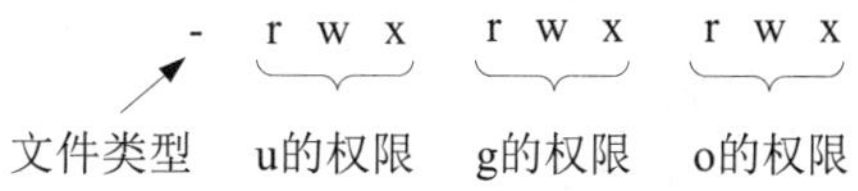

图 2-1 文件类型与访问权限的表示

文件类型的取值是"-""d""c""b""l"和"p"，分别代表普通文件、目录、字符设备、块设备、符号链接和管道。文件权限以 3 位为一组，分别表示 u、g 和 o 的读、写和执行权限。若某权限范围的用户有某权限，则对应的位上有该权限字符"r""w"或"x"，没有该权限则用"-"表示。

例如，某文件的类型和权限字符串是 drwxr-x---，表明这是一个目录文件，它的属主对应的 3 位字符是 rwx，表示属主有读、写和执行权限；组用户对应的 3 位字符是 r-x，表示组用户对该目录有读和执行权限，没有写权限；其他人对应的 3 位字符是---，表示他们对该目录没有任何权限。又如，某文件的类型和权限字符串是-rwx--x--x，表明这是一个普通文件，它的属主有读、写和执行权限；组用户及其他人对该文件只有执行权限。

文件的访问权限还有另一种表示方法，就是数字表示法。规则是：用数字 1 或 0 来表示权限字符，有相应权限的位为 1，无权限的位为 0，形成一个 9 位长的二进制数，用 3 位八进制数字来表示。例如：字符表示是 rwxr-x---，数字表示就是 750；字符表示是 rwx--x--x，数字表示就是 711。

4）文件权限的作用

文件权限限制了对文件的访问操作。正确地设置文件权限可以允许正常的访问操作，同时阻止不期望的访问。表 2-5 显示了访问权限对文件和目录的限制作用。

表 2-5 访问权限对文件和目录的限制作用

访问权限	字符表示	对文件的访问限制	对目录的访问限制
读权限	r	可读取其内容	可列出其中的文件列表
写权限	w	可修改其内容	可在其中建立、删除文件，或改文件名
执行权限	x	可执行其内容	可进入该目录,可访问该目录下的文件

访问权限对普通文件的作用容易理解，需要注意的是权限对目录的限制作用。目录其实也是一个文件，只不过它的内容不是普通数据，而是其下的文件的列表数据。因此，显示目录中的文件列表就是对目录文件的读操作；改变目录下的文件列表，如新建、删除文件及改文件名等，就是对目录文件的写操作；进入目录或其下级子目录就是对目录文件的执行操作。因此，对文件的删除权由其所在的目录的 w 权限决定（当然还要有 x 权），而不是由文件本身的 w 权限决定的。在这一点上，Linux 系统是不同于 Windows 系统的。

另外，Linux 系统规定非空目录不能删除。而空目录等同于文件，它的删除权取决于它的上一级目录的 w 权。

下面的例子说明了目录的访问权限对删除文件的限制作用。

例 2.7 设有如下 3 个目录及其各自下属的 3 个文件，这些文件的删除权如下：

```
目录 1：drwxr-x--x
    文件 1：-rwxr-xr-x      目录的属主可删除
目录 2：drwxrwxrwx
    文件 2：-rwx------      任何人可删除
目录 3：dr-x------
    文件 3：-rwxr-xr-x      只有目录属主可看到，任何人不可删
```

目录 1 的权限为 rwxr-xr-x，则目录的属主可以完全控制这个目录，其他人只能进入目录和显示文件列表，只有目录属主有权删除文件 1。

目录 2 的权限为 rwxrwxrwx，即所有人可完全控制该目录。即使它下面的文件 2 的权限为 rwx------，阻止了除属主之外的人访问这个文件，但他们却可以删除它。他们还有权在此目录中建立新文件、删除目录下的任意文件和空目录，更改目录下的任意文件的文件名。所

以在 Linux 中存放文件时要小心，不要把重要文件放在所有人可完全控制的目录里，即使这个文件的权限是 000。

目录 3 的权限为 r-x------，则只有目录属主可以进入目录和看到目录中的文件列表，包括属主在内的所有人都不能在目录中建立、删除文件或改文件名。即使它下面的文件 3 赋予其他人读和执行的权限，他们因为无法进入和使用这个目录，也就无法读和执行这个文件。这是用于保管重要文件的高安全度限制。

6．新建文件的默认权限

当新建一个文件或目录时，系统会为其设置最初的权限。文件的初始权限由文件创建掩码（creation mask）决定。掩码是一个 9 位二进制数字，通常用八进制数字表示，如 022。掩码中的位与权限字符串相对应，掩码中为 1 的位限制对应的权限位的权限。例如：掩码 022 表示组用户和其他人没有 w 权限，对其他权限不做限制。

文件创建时的默认权限有以下几种情况：

（1）可执行文件：通过编译程序生成的可执行文件，它的默认权限是 777-掩码。例如：若掩码为 022，则新文件的权限就是 755。

（2）非可执行文件：对于非可执行文件，在创建时默认是没有 x 权限的。因此新建文件的权限是（777-掩码）& 666。这里的&是"按位与"运算，即先用 777-掩码求出权限，再滤掉所有 x 位。例如：若掩码为 022，则新文件的权限就是（777-022）& 666 = 644。若掩码为 003，则新文件的权限就是（777-003）& 666 = 664。

（3）目录：同可执行文件一样，新建目录的默认权限是 777-掩码。若掩码为 022，则新目录的权限就是 755。

用户登录时，系统自动地为其设置了掩码，通常是 022。用户可以用命令修改掩码，从而改变新建文件的默认权限。

7．文件的其他属性

除了文件名、文件类型、归属关系和存取权限外，文件还有其他一些属性：

● 文件的时间标签，用于记录文件的时间属性。时间标签包括：修改时间（modify time）即文件内容被修改的最后时间；访问时间（access time），即文件最近被访问的时间；变更时间（change time），即文件属性变更的最近时间。

● 文件的大小，即文件所占用的字节数。

● 文件的连接数，即此文件硬链接的数目。这是有关文件结构的一个属性。

2.3.2 Linux 系统的目录

计算机系统中存有大量的文件，为了有效地组织和管理这些文件，系统将文件分门别类地纳入目录中保存。目录如同一个文件夹，用来容纳文件。在 Linux 系统中，目录是一种特殊的文件，其内容是目录中所包含的文件和子目录的列表。在访问一个文件时，需要先找到它所在的目录，再通过目录中记录的文件信息找到文件。

1．目录结构

Linux 的文件系统采用了树形目录结构，如图 2-2 所示。文件系统的最高层目录称为根（root）目录。根目录下建有多个子目录，每个子目录下可以存放文件或下一级子目录，这样延伸下去，形成一个分层、分枝的树形结构。树的根节点为根目录，树中的分枝节点为目录，在图中用矩形表示。每个叶子节点都是普通文件，在图中用椭圆表示。

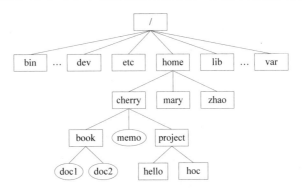

图 2-2　Linux 文件系统目录结构示意图

系统安装完成后，文件系统的初始目录结构已经建立起来。用户也可以按需要创建自己的目录，分层、分类地存放文件。

2. 根目录

根目录是一个特殊目录，用"/"表示。它是整个文件系统的唯一的根，系统中的所有文件都在它及其下属的子目录中。

3. 当前目录

用户在系统中工作时总是处在某个目录之中，此目录称作当前目录。用户可以通过改变当前目录来变换其在文件系统中的位置。当前目录用"."表示。当前目录的父目录用".."表示。每个目录（包括空目录）中都至少有".."和"."这两个隐含文件，但根目录中的".."和"."都是指其自身。

4. 路径

在指定一个文件时，除了文件名外，还必须指明文件在目录树中所处的位置，为此引入了路径的概念。路径（path）是关于一个文件的名称及位置的完整描述，用路径名（pathname）来表达。系统中的每个文件都可以用路径名来唯一地指定。路径名由若干个文件名连接起来，中间用斜杠"/"分开。路径名的前面部分是定位该文件所要经历的目录的文件名，最后面的是文件自身的文件名。例如：路径名/home/cherry/memo 是由/、home 和 cherry 这 3 个目录的文件名以及 memo 文件名构成的。注意，目录也是一种文件，其路径名是以该目录的文件名结尾的，如/home/cherry 就是 cherry 目录的路径名。

5. 绝对路经与相对路经

根据起点的不同，路经分为绝对路经和相对路经两种。绝对路径是从根目录开始沿目录树到达文件节点的路径。绝对路径名都是以"/"开头的，并且是唯一的。例如：/home/zhao、/home/cherry/project、/home/cherry/memo 等都是绝对路径名。相对路径是从当前目录沿目录树到达文件节点的路径。相对路径名与当前目录所处的位置有关，通常以"./"开头，也可以省略此前缀。例如：在图 2-2 所示的文件系统中，若当前目录是/home/cherry，则./book/doc1 与 book/doc1 都是指 doc1 文件，它的绝对路径名是/home/cherry/book/doc1；若当前目录是 book，则./doc1 与 doc1 也是指这个文件，而../memo（也就是././../memo）则是指绝对路径名为/home/cherry/memo 的那个文件。可以看出，在访问当前目录附近的文件时，使用相对路径可以简化路径的描述，尤其是在目录的层次较深的情况下。

6. 用户主目录

每个用户都有一个自己专属的目录，称为主目录（home directory）。用户登录后首先进入的就是自己的主目录。用户对自己的主目录拥有全部权限，可以在其下任意组织自己的文件。系统默认的用户主目录是/home/*user-id*，其中，*user-id* 是用户名。例如：用户 cherry 的主目录是/home/cherry。不过 root 用户是个例外，他的主目录是/root。主目录还可以用"~"表示。注意，以"~"开头的路径是绝对路径，因为它与当前目录的位置无关，在引用时它将被替换为主目录的绝对路径。

2.3.3 常用的目录操作命令

Linux 系统提供了一些专门针对目录进行操作的命令，常用的是建立、删除、查看和改变目录，如表 2-6 所示。此外，由于目录也是文件，所以许多文件操作命令，如复制、移动、删除、更改属性等，也适用于对目录进行操作。这些命令将在 2.3.4 节介绍。

表 2-6 常用的目录操作命令

功能分类	命令
建立、删除目录	mkdir、rmdir
显示、改变当前目录	pwd、cd
显示目录内容	ls

1. 显示与改变当前目录

访问当前目录中的文件时可以只用文件名，不需要其他的路径名前缀。因此，当需要集中对某个目录中的文件进行操作时，先进入这个目录，使其成为当前目录，这样就可大大简化命令的输入。要了解自己当前处在哪个目录下，可用 pwd（present working directory）命令；要改变当前目录，可用 cd（change directory）命令。

pwd 命令

【功能】显示当前目录的绝对路径。

【格式】pwd

例 **2.8** pwd 命令用法示例。

```
$ pwd
 /home/cherry
$_
```

cd 命令

【功能】改变当前目录为指定的目录。

【格式】cd [目录]

【说明】不指定目录参数时，进入用户的主目录。

例 **2.9** cd 命令用法示例。

```
$ cd /usr/bin
$ pwd
 /usr/bin
$ cd
$ pwd
 /home/cherry
$ cd ./project/hello
$ pwd
 /home/cherry/project/hello
```

```
$ cd ../../book
$ pwd
 /home/cherry/book
$_
```

2. 显示目录内容

显示目录内容就是列出目录中所包含的文件以及文件的各种相关信息，子目录也作为一个文件列出。用于显示目录中的文件列表的命令是 ls（list）命令。通常在进行文件操作前，应先用 ls 命令了解现有文件的状况。

ls 命令

【功能】显示指定文件或指定目录中的所有文件的信息。

【格式】ls [选项] [文件或目录] …

【选项】

-a	显示所有文件，包括隐含文件、"."及".."目录文件。
-A	显示所有文件，包括隐含文件，但不包括"."及".."目录文件。
-R	递归显示下层子目录。
-F	显示文件类型描述符（*为可执行的普通文件，/为目录文件）。
-d	显示目录的信息而非其内容。
-u	显示文件的最近访问时间，与-l 连用。
-c	显示文件的最近变更时间，与-l 连用。
-t	按文件修改时间排序显示。
-l	按长格式显示文件详细信息。

【说明】

（1）参数为普通文件时，显示指定的文件的信息；参数是目录时，显示指定目录下的文件列表信息（除非有-d 选项）；未指定文件或目录时，显示当前目录中的文件列表信息。

（2）不带选项时，按字母顺序列出目录中所有非隐含文件的文件名。

（3）长格式显示时，每个文件的信息占一行，格式如下：

文件类型与权限 连接数 属主名 属组名 文件大小 最近修改时间 文件名

例 2.10 ls 命令用法示例。

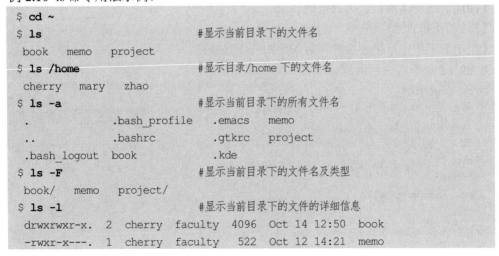

```
$ cd ~
$ ls                          #显示当前目录下的文件名
 book   memo   project
$ ls /home                    #显示目录/home 下的文件名
 cherry   mary   zhao
$ ls -a                       #显示当前目录下的所有文件名
 .              .bash_profile   .emacs    memo
 ..             .bashrc         .gtkrc    project
 .bash_logout   book            .kde
$ ls -F                       #显示当前目录下的文件名及类型
 book/   memo   project/
$ ls -l                       #显示当前目录下的文件的详细信息
 drwxrwxr-x.  2  cherry  faculty  4096  Oct 14 12:50  book
 -rwxr-x---.  1  cherry  faculty   522  Oct 12 14:21  memo
```

```
 drwxr-x---.  2  cherry   faculty  4096  May  3 10:09  project
$ ls -l memo                    #显示文件memo的详细信息
 -rwxr-x---.  1  cherry   faculty   522  Oct 12 14:21  memo
$ ls book                       #显示目录book下的文件名
 doc1    doc2
$ ls -dl book                   #显示目录book文件的信息
 drwxrwxr-x.  2  cherry   faculty  4096  Oct 14 12:50  book
$ ls memo book                  #显示文件memo目录book下的文件名
 memo
 book:
 doc1    doc2
$ ls *                          #等价于ls book memo project
 memo
 book:
 doc1    doc2
 project:
 hello   hoc
$ ls -RF                        #递归显示当前目录，显示各个文件名与类型
 .:
 book/   memo   project/
 ./book:
 doc1    doc2
 ./project:
 hello/   hoc/
 ./project/hello:
 hello*   hello.c   hello.o   makefile
 ./project/hoc:
 hoc*   hoc.c   hoc.h   init.c   math.c
$_
```

此例中的 ls *命令使用了通配符 "*" 作为参数，在命令执行前先进行参数匹配置换，"*" 被置换为当前目录下的所有文件名。

可以看到，在 ls 的长格式输出中，权限字符串后面多出了一位，这位代表的是 ACL 权限。在启用了 ACL 的系统上，文件权限字符串后面都附有 1 个扩展权限位，如 "-rwxr-x---." 或 "-rwx--x--x+"。这里 "+" 表示该文件有额外的 ACL 权限，"." 或空表示没有。ACL 权限可以针对某个用户或用户组而设立，从而实现细粒度的权限控制。查看或设置 ACL 权限需要专门的命令，在此不作赘述。

3. 创建与删除目录

为了分类保存文件，用户可以建立自己的目录。建立目录用 mkdir（make directory）命令，删除目录用 rmdir（remove directory）命令。

mkdir 命令

【功能】建立目录。

【格式】mkdir [选项] 目录…

【选项】

　　-m 权限　　按指定的权限建立目录。

　　　　-p　　　　　　　递归建立目录，即当目录的父目录不存在时，一并建立其父目录。

【说明】未指定目录权限时，默认权限为 777-创建掩码。

例 2.11 mkdir 命令用法示例。

```
$ ls
 book   memo   project
$ mkdir -m 744 temp              #建立 temp 目录，权限 744
$ ls
 book   memo   project   temp
$ ls -ld temp
 drwxr--r--.  2 cherry  faculty  4096  May 25 20:07  temp
$ mkdir -p ./backup/version1     #递归建立 ./backup/version1 目录
$ ls . backup
 .:
 backup   book   memo   project   temp
 backup:
 version1
$_
```

　　第 2 个 mkdir 命令在当前目录下的 backup 目录下建立 version1 目录。此时，若 backup 目录已存在就直接建立 version1 目录，否则就先建立 backup 目录，然后再建立 version1 目录。这也是一次建立起一个目录树的有效方法。最后的 ls 命令显示了当前目录的变化和 backup 目录的内容。

rmdir 命令

【功能】删除目录。

【格式】rmdir [选项] 目录...

【选项】

　　　　-p　　　　　　　递归删除目录，即当目录删除后其父目录为空时，一并删除父目录。

【说明】若目录不空，则删除操作不能成功。

例 2.12 rmdir 命令用法示例。

```
$ ls
 backup   book   memo   project   temp
$ rmdir temp                     #删除空目录 temp
$ ls
 backup   book   memo   project
$ rmdir project                  #删除非空目录 project
 rmdir: failed to remove 'project/': Directory not empty
$ ls
 backup   book   memo   project
$ rmdir -p ./backup/version1     #递归删除目录 ./backup/version1
$ ls
 book   memo   project
$_
```

　　第 1 个 rmdir 命令是删除当前目录下的空目录 temp，操作成功；第 2 个 rmdir 命令是删除当前目录下的非空目录 project，操作失败；第 3 个 rmdir 命令是删除 backup 目录下的空目录 version1，然后再删除变为空目录的 backup 目录。

2.3.4 常用的文件操作命令

Linux 系统提供了丰富的文件操作命令，可以完成各种各样的文件操作。而且，大部分文件操作命令也适用于目录文件。本节介绍几个常用的文件操作命令，见表 2-7。

表 2-7 常用的文件操作命令

功能分类	命令
文件显示	cat、more、less
文件复制、删除和移动	cp、rm、mv
文件内容的统计与排序	wc、sort
改变文件的存取权限	chmod
改变文件的时间标签	touch
设置文件掩码	umask
文件查找、搜索	find、grep

1. 文件的显示

阅读一个文本文件的最简单的方法就是用文件显示命令将文件内容显示在屏幕上。显示文本文件的常用命令是 cat（concatenate）、more 和 less 命令。

cat 命令

【功能】显示文件内容。

【格式】cat [选项] [文件]…

【选项】

-A　　显示所有字符，包括换行符、制表符及其他非打印字符。

-n　　对输出的所有行进行编号并显示行号。

-b　　和-n 相似，但对于空白行不编号。

-s　　将连续的空白行压缩为一个空白行。

【说明】指定多个文件时，依次显示各个文件。未指定文件时，读标准输入（默认为键盘）并显示。

例 2.13 cat 命令用法示例。

```
$ cat doc1                        #显示一个文件
 To see a world in a grain of sand,
 And a heaven in a wild flower,
 Hold infinity in the palm of your hand,
 And eternity in an hour.
$ cat -n doc1                     #显示一个文件，加行号
 1  To see a world in a grain of sand,
 2  And a heaven in a wild flower,
 3  Hold infinity in the palm of your hand,
 4  And eternity in an hour.
$ cat                             #显示标准输入内容
 This is the 1st line.
```

```
This is the 1st line.
This is the 2nd line.
This is the 2nd line.
This is the 3rd line.
This is the 3rd line.
<Ctrl+d>                              #结束输入
$ cat doc1 doc2                       #显示多个文件
To see a world in a grain of sand,
And a heaven in a wild flower,
Hold infinity in the palm of your hand,
And eternity in an hour.
A robin redbreast in a cage,
Puts all heaven in a rage.
$_
```

第 3 个 cat 命令后没带文件参数，所以在开始执行时，光标停留在下一行，等待键盘输入。用户每输入一行，cat 就显示一行，直到按 Ctrl+d 键结束输入。第 4 个 cat 命令依次读取并显示了两个文件的内容。

cat 在显示输出时不会停下来，因此对长文件不好用。要浏览长文件的内容，可以使用 more 或 less 命令。它们可根据显示屏幕的尺寸对文件的内容进行划分，一页一页地显示。显示过程中，用户可以用命令交互式地控制翻页或卷行。

more 命令

【功能】分屏显示文件内容。

【格式】more [选项] [文件]...

【选项】

-p 不滚屏，清屏。

-s 将连续的空白行压缩为一个空白行。

+n 由第 n 行开始显示。

+/str 由含有 str 字符串的地方开始显示。

【说明】在浏览文件时，用户可使用 more 提供的一组交互命令来控制浏览的过程，常用的交互命令如下：

Enter 向下翻一行。

Space 向下翻页。

b 向上翻页。

= 显示当前行的行号。

/$string$ 查找字符串 $string$。

n 查找下一个字符串。

h 显示帮助信息。

q 退出。

在用 more 浏览文件的过程中，屏幕左下角会显示 "more" 以及百分比，当浏览到末页后自动退出，无法继续浏览。浏览过程如例 2.14 所示。

例 2.14 "more"（分屏显示）一个长文件，见图 2-3。

```
$ more myproc.c
#include <stdio.h>
#define BUFSIZE 100

int main(int argc, char *argv[])
{
    FILE *fin;
    char buf[BUFSIZE];
    Int pid, popen();

--more--  (18)%█
```

```
        progname=argv[0];
        if((fin=popen(ps, "r"))==NULL)
          { printf(stderr,"can't run %s\n", ps);
            exit(1);
          }
        fgets(buf, sizeof(buf), fin);
        fprintf(stderr, "%s", buf);
        while(fgets(buf, sizeof(buf), fin)!=NULL)
          if(argc==1) {

--more--  (41%)█
```

（a）执行 more myproc.c，显示第一页　　　　（b）按 Space 键，显示下一页

```
    if((fin=popen(ps, "r"))==NULL)
      { printf(stderr,"can't run %s\n", ps);
        exit(1);
      }
    fgets(buf, sizeof(buf), fin);
    fprintf(stderr, "%s", buf);
    while(fgets(buf, sizeof(buf), fin)!=NULL)
      if(argc==1) {
        printf("Usage: hoc expr\n");

--more--  (43%)█
```

```
    if((fin=popen(ps, "r"))==NULL)
      { printf(stderr,"can't run %s\n", ps);
        exit(1);
      }
    fgets(buf, sizeof(buf), fin);
    fprintf(stderr, "%s", buf);
    while(fgets(buf, sizeof(buf), fin)!=NULL)
      if(argc==1) {
        printf("Usage: hoc expr\n");
$_
```

（c）按 Enter 键，向下翻一行　　　　　　　（d）按 q 退出

图 2-3　用 more 命令显示文件

　　more 是很经典的浏览命令，但功能比较简单。相比之下，less 命令的功能更加强大。less
的名字借用于英文短语"more or less"，在这里表示它是 more 命令的一个替代品。less 命令
的格式和用法与 more 相同，但增加了一些交互命令，使用户可以更方便地掌控浏览的过程。
比如可以用 PageUp、PageDown 控制前后翻页，用↑、↓控制上下滚行，到末页时也不会自动
退出。此外，less 还提供了一些高级选项，比如模式匹配、高亮显示等。man 命令就是采用
less 来控制浏览手册页的。总的来说，more 更经典，less 更强大，用户可以按自己的习惯选
择使用。

　　2. 文件的复制、移动与删除

　　复制文件用 cp（copy）命令，删除文件用 rm（remove）命令，移动文件和重命名文件
用 mv（move）命令。

cp 命令

【功能】复制文件。

【格式】cp [选项] 源文件 目标文件

　　　　cp [选项] 源文件… 目标目录

【选项】

　　-i　　　交互模式，当目标文件存在时，提示是否覆盖。键入 y 或 Y 覆盖，键入
　　　　　　其他字符不覆盖。

　　-r　　　递归复制目录。

　　-b　　　为被覆盖的文件建立备份。备份文件的名称是原文件名后加"~"。

	-f	强制复制，即如果目标文件存在且打不开，则先删除它，然后再复制。
	-p	保持文件原有属性。
	-v	显示操作结果。

【说明】若只有两个参数，且参数 2 不是已存在的目录，则将参数 1 指定的文件复制到参数 2 指定的文件；若参数 2 是已存在的目录，则将参数 1 指定的文件复制到该目录下，文件名不变。若多于两个参数，且最后一个参数是已存在的目录，则将前面参数指定的文件复制到该目录下，文件名不变；若多于两个参数，且最后一个参数不是已存在的目录则报错。

例 **2.15** 复制一个文件。

```
$ ls
 hello   hello.c   hello.o   makefile
$ cp hello hello.save              #在当前目录下复制一个文件
$ ls
 hello   hello.c   hello.o   hello.save   makefile
$ cp -i hello.c hello.save         #交互式复制一个文件
 cp: overwrite 'hello.save'?  y
$ ls -F ..
 hello/  hoc/
$ cp -v makefile ../hoc            #复制文件到一个已存在的目录下
 'makefile' -> '../hoc/makefile'
$ cp -v makefile ../hoc1           #复制文件到上一级目录下
 'makefile' -> '../hoc1'
$ ls .. ../hoc
 ..:
 hello   hoc   hoc1
 ../hoc:
 hoc   hoc.c   hoc.h   init.c   math.c   makefile
$_
```

第 2 个 cp 命令将 hello.c 文件复制到已存在的 hello.save 文件，-i 选项提示用户确认是否覆盖，输入 "y" 确认。第 3 个 cp 命令中，由于../hoc 是已存在的目录，所以 cp 将 makefile 文件复制到../hoc 目录下，名称不变。第 4 个 cp 命令中，../hoc1 不存在，所以 cp 将 makefile 文件复制到../目录下，文件名为 hoc1。

例 **2.16** 复制多个文件到一个目录下。

```
$ ls
 hoc    hoc.h   init.c   math.c   makefile
 hoc.c  hoc.o   init.o   math.o
$ mkdir temp
$ cp *.o temp                      #等价于 cp hoc.o init.o math.o temp
$ ls temp
 hoc.o   init.o   math.o
$ cp *.h *.c ../src                #多个参数，且最后的参数不是已有目录
 cp: target '../src' is not a directory
$_
```

第 1 个 cp 命令将当前目录下 3 个.o 文件复制到当前目录下的 temp 目录下，名称不变。第 2 个 cp 命令要将当前目录下所有.c 和.h 文件复制到上级目录下的 src 目录，但因 src 目

录不存在，故操作失败。

例 **2.17** 复制整个目录。

```
$ ls -R project
 project:
 hello    hoc
 project/hello:
 hello    hello.c    hello.o    makefile
 project/hoc:
 hoc    hoc.c    hoc.h    init.c    math.c    makefile
$ cp -r project project.bak        #递归复制 project 目录
$ ls -R project.bak
 project.bak:
 hello    hoc
 project.bak/hello:
 hello    hello.c    hello.o    makefile
 project.bak/hoc:
 hoc    hoc.c    hoc.h    init.c    math.c    makefile
$_
```

当指定-r 选项时，cp 的参数是目录文件，此时 cp 执行的是目录的复制。本例中，cp 命令将当前目录下的 project 目录完整地复制到 project.bak 目录，包括 project 下的两个子目录，以及子目录下的所有文件。

rm 命令

【功能】删除文件。

【格式】rm [选项] 文件...

【选项】

      -f   忽略不存在的文件，不作提示。

      -i   删除前提示用户确认。

      -r   递归删除目录。

      -v   显示操作结果。

【说明】若参数是目录文件，需要有-r 选项，否则报错。

例 **2.18** 用 rm 命令删除文件。

```
$ ls
 a.out    hello    hello.c    hello.o    makefile    temp
$ rm a.out                           #删除一个文件
$ ls
 hello    hello.c    hello.o    makefile    temp
$ rm -v hello                        #删除一个文件，显示结果
 removed 'hello'
$ rm -i hello.*                      #删除多个文件，逐个提示确认
 rm: remove regular file 'hello.c'? n
 rm: remove regular file 'hello.o'? y
$ ls -F
 hello.c    makefile    temp/
$ rm -r temp                         #删除一个目录
```

```
$ ls
 hello.c   makefile
$_
```

注意：用 rm 命令删除文件是永久删除，无法恢复。因此，要谨慎使用 rm 命令，尤其是用通配符时。例如：rm *.bak 命令用于删除当前目录下所有带有 ".bak" 后缀的文件。若在 "*" 后面误敲了一个空格，变成 rm * .bak，将清除当前目录下的所有文件！所以，在使用带通配符的参数时，先用 echo 验证一下参数，以免因模式写错造成不期望的结果。

mv 命令

【功能】移动文件、重命名文件。

【格式】mv [选项] 源文件 目标文件

mv [选项] 源文件... 目标目录

【选项】

-i   覆盖前提示用户确认。

-f   不提示用户确认，直接覆盖。

-b   为被覆盖的文件建立备份。备份文件的名称是原文件名后加 "~"。

-v   显示操作结果。

【说明】若只有两个参数，且参数 2 不是已存在的目录，则将参数 1 指定的文件移动到参数 2 指定的文件；若参数 2 是已存在的目录，则将参数 1 指定的文件移动到该目录下，文件名不变。若多于两个参数，且最后一个参数是已存在的目录，则将前面参数指定的文件移动到该目录下，文件名不变；若多于两个参数，且最后一个参数不是已存在的目录则报错。

例 2.19 用 mv 命令重命名文件。

```
$ ls
 hello   hello.c   hello.o   makefile   temp
$ mv hello hello.save
$ ls
 hello.c   hello.o   hello.save   makefile   temp
$_
```

在原位置将一个文件移动为另一个文件，变化的只有文件名，因此这个 mv 命令实现了文件重命名。

例 2.20 用 mv 命令移动文件。

```
$ ls
 hello.c   hello.o   hello.save   makefile   temp
$ mv -v hello.save hello.o temp
 'hello.save' -> 'temp/hello.save'
 'hello.o' -> 'temp/hello.o'
$ ls
 hello.c   makefile   temp
$ mv -v makefile temp/makefile.old
 'makefile' -> 'temp/makefile.old'
$ ls . temp
 .:
 hello.c   temp

 temp:
```

```
 hello.o   hello.save   makefile.old
$_
```

第 1 个 mv 命令将当前目录下的 hello.save 和 hello.o 文件移动到 temp 目录下，文件名不变；在第 2 个 mv 命令中，由于参数 temp/makefile.old 不是已存在的目录，所以 mv 将 makefile 文件移动到了 temp 目录下，文件名为 makefile.old。

3. 文件内容的统计与排序

Linux 提供了许多用于文件内容处理的命令，比较常用的有统计文件字数的 wc（word count）命令和对文件内容排序的 sort 命令。

wc 命令

【功能】显示文件的字节数、字数和行数。

【格式】wc [选项] [文件]...

【选项】

　　　　-c　　　　只统计字节数。

　　　　-l　　　　只统计行数。

　　　　-m　　　　只统计字符数。

　　　　-w　　　　只统计字数。

【说明】未指定选项时，显示行数、字数和字符数；未指定文件时，读标准输入文件。

例 2.21 统计一个文件的内容。

```
$ cat poem
To see a world in a grain of sand,
And a heaven in a wild flower,
Hold infinity in the palm of your hand,
And eternity in an hour.
$ wc poem
   4  29  131  poem
$_
```

此例中 wc 命令的执行结果显示：poem 文件有 4 行、29 个字、131 个字符。注意：每行后的换行符"\n"也被统计在字符数内。

例 2.22 统计标准输入的内容。

```
$ wc
This is the 1st line.
This is the 2nd line.
This is the 3rd line.
<Ctrl+d>
   3   15   66
$_
```

此例中，wc 命令开始执行时，光标停留在下一行，等待键盘输入。用户输入 3 行后，按 Ctrl+d 键结束输入。wc 随后显示结果：输入了 3 行、15 个字、66 个字符。

sort 命令

sort 命令是个常用的文字处理命令，它将文本文件的各行按 ASCII 字符顺序由小到大排序，并输出排序后的结果。

【功能】对文本文件中的各行按字符顺序排序并显示。

【格式】sort [选项] [文件]...

【选项】

-b　　　忽略开始的空白。

-d　　　只考虑字母、数字和空格。

-f　　　忽略大小写。

-k*n*　　指定从第 *n* 个字段开始的内容作为排序关键字。

-r　　　逆序排列。

【说明】未指定文件时，读标准输入文件。

例 2.23 排序一个文件的内容。

```
$ cat emp_list
Zhang Fei    430759701022003    1970/10/22
Guan Yu      342869680413001    1968/04/13
Liu Bei      210324650708001    1965/07/08
Diao Chan    651302801225012    1980/12/25
Xi Shi       120638780214006    1978/02/14
$ sort emp_list                              #按全行内容排序
Diao Chan    651302801225012    1980/12/25
Guan Yu      342869680413001    1968/04/13
Liu Bei      210324650708001    1965/07/08
Xi Shi       120638780214006    1978/02/14
Zhang Fei    430759701022003    1970/10/22
$ sort -k3 emp_list                          #按第 3 个字段开始的内容排序
Xi Shi       120638780214006    1978/02/14
Liu Bei      210324650708001    1965/07/08
Guan Yu      342869680413001    1968/04/13
Zhang Fei    430759701022003    1970/10/22
Diao Chan    651302801225012    1980/12/25
$ sort -k4 -r emp_list                       #按第 4 个字段开始的内容逆序排序
Diao Chan    651302801225012    1980/12/25
Xi Shi       120638780214006    1978/02/14
Zhang Fei    430759701022003    1970/10/22
Guan Yu      342869680413001    1968/04/13
Liu Bei      210324650708001    1965/07/08
$ _
```

emp_list 是一个员工列表，每行是一个员工的记录，包括 4 个字段：姓、名、身份证号和出生年月日。字段之间用空格分隔。第 1 个 sort 命令依次按第 1、2、3、4 字段的内容排序；第 2 个 sort 命令依次按第 3、4 字段的内容排序；第 3 个 sort 命令按第 4 字段的内容逆序排序。

例 2.24 排序标准输入的内容。

```
$ sort
Hello.
This is a test.
End.
<Ctrl+d>
```

```
End.
Hello.
This is a test.
$_
```

不带参数时，sort 命令从标准输入设备读输入内容直到按下 Ctrl+d 键，随后输出排过序的各行内容。

4. 改变文件属性

用户可以用命令修改已有文件的访问权限等属性，达到控制文件的使用的目的。改变文件的访问权限用 chmod（change mode）命令，改变文件的时间标签用 touch 命令。

chmod 命令

【功能】修改文件的存取权限。

【格式】chmod [选项] [数字权限模式] 文件…

chmod [选项] [字符权限模式表达式]… 文件…

【选项】

-R   递归地改变指定目录及其下的文件和子目录的权限属性。

【说明】

（1）字符权限模式表达式的格式是：<权限范围><操作><权限字符>

权限范围：u 属主，g 组用户，o 其他用户，a 所有用户。

操作：+ 增加权限，- 取消权限，= 赋权限。

权限字符：r 读，w 写，x 执行。

例如，u=rw 表示为文件属主赋予读写权。

（2）多个表达式之间用逗号分隔，且不能有空格，如 u=rw,g-r。

（3）只有文件的属主和 root 有权限修改文件的权限。

例 2.25 用 chmod 命令修改文件的存取权限。

```
$ ls -l testfile
-rw-r--r--.  1  zhao  guest  169  May 11 20:01  testfile
$ chmod a+x testfile            #修改 testfile 的权限，为所有人增加执行权
$ ls -l testfile
-rwxr-xr-x.  1  zhao  guest  169  May 11 20:01  testfile
$ chmod o-x testfile            #修改 testfile 的权限，取消其他用户的执行权
$ ls -l testfile
-rwxr-xr--.  1  zhao  guest  169  May 11 20:01  testfile
$ chmod g=rx,o=x testfile       #设 testfile 权限为组用户可读和执行，其他人可执行，属
主权限不变
$ ls -l testfile
-rwxr-x--x.  1  zhao  guest  169  May 11 20:01  testfile
$ chmod 664 testfile            #设 testfile 的权限为 664
$ ls -l testfile
-rw-rw-r--.  1  zhao  guest  169  May 11 20:01  testfile
$ chmod go= testfile            #取消组用户和其他用户对 testfile 的任何权限
$ ls -l testfile
-rw-------.  1  zhao  guest  169  May 11 20:01  testfile
$_
```

注意：最后一个 chmod 命令的模式表达式中没有权限字符，表示组用户（g）和其他用户（o）没有任何权限，属主（u）的权限不变。

touch 命令

【功能】修改文件的时间标签为现在时间。

【格式】touch [选项] 文件…

【选项】

　　-a　　　　　　仅改变文件的访问时间。

　　-m　　　　　　仅改变文件的修改时间。

　　-c　　　　　　文件不存在时，不创建文件。

　　-t *STAMP*　　使用 *STAMP* 指定的时间标签，而不是系统的现在时间。

【说明】若指定的文件不存在，就建立一个新的空文件（除非使用-c 选项）。

例 2.26 用 touch 命令修改文件的时间戳。

```
$ ls -l hello.c
-rw-r--r--.  1  zhao  guest  66  May 10 21:34  hello.c
$ touch hello.c                    #"touch"一个已有文件
$ date
 Wen  May  15  10:05:19  CST  2019
$ ls -l hello.c                    #显示文件的修改时间
-rw-r--r--.  1  zhao  guest  66  May 15 10:05  hello.c
$ ls -lu hello.c                   #显示文件的访问时间
-rw-r--r--.  1  zhao  guest  66  May 15 10:05  hello.c
$ touch abc                        #"touch"一个新文件
$ ls -l abc
-rw-r--r--.  1  zhao  guest  0  May 15 10:08  abc
$_
```

第 1 个 touch 命令将 hello.c 文件的最近修改和访问时间改为现在时间，这样做通常是为了促使编译程序重新生成目标代码。第 2 个 touch 命令的参数 abc 不是一个已有的文件，结果是生成了一个空文件。touch 的这个功能经常被用来快速地建立一个空文件。

5. 设置文件掩码

用户可以用 umask 命令查看和设置文件的权限掩码。

umask 命令

【功能】设置、显示新建文件的权限掩码。

【格式】umask [选项] [掩码]

【选项】

　　-S　　　　以字符形式显示掩码对应的权限。

【说明】若指定了掩码，则将该掩码作为新建文件的权限掩码。若未指定掩码，则显示现在的权限掩码。

例 2.27 umask 命令的用法示例。

```
$ umask                    #显示当前掩码
 0022
$ touch testfile1          #新建一个文本文件，权限 644
$ ls -l testfile1
```

```
 -rw-r--r--.  1  zhao   guest      0  Oct 13 11:21  testfile1
$ mkdir testdir                     #新建一个目录，权限 755
$ ls -ld testdir
 drwxr-xr-x.  2  zhao   guest   4096  Oct 13 11:25   testdir
$ umask -S 007                      #重新设置掩码为 007，用字符方式显示
 u=rwx, g=rwx, o=
$ touch testfile2                   #新建一个文本文件，权限 660
$ ls -l testfile2
 -rw-rw----.  1  zhao   guest      0  Oct 13 11:28  testfile2
$ gcc -o hello hello.c              #编译一个 C 程序，生成可执行文件 hello，权限 770
$ ls -l
 -rwxrwx---.  1  zhao   guest   1668  Oct 13 11:34  hello
$_
```

第 1 个不带参数的 umask 命令显示当前的掩码值，后面的操作显示了掩码对于新建的文件和目录的初始权限的作用。第 2 个 umask 命令将掩码设置为 007，并用字符方式显示掩码作用后的默认权限。其后的操作显示了掩码对于新建的文件的作用。

6. 文件查找与搜索

如果忘记了某个文件的具体位置，可以利用 find 命令来查找。find 命令是一个非常优秀的查找工具，它按照指定的条件（如文件名、类型、时间、属主等）在文件系统的目录树中查找匹配的文件，并可对匹配的文件执行各种命令。

另外一个功能强大的工具是 grep（global regular expression parser）命令，用于在文件中搜索字符串。grep 命令支持正则表达式，因而可以实现十分复杂、细致的搜索操作。

find 命令

【功能】从指定的目录开始向下查找满足条件的文件，并对找到的文件执行指定的操作。

【格式】find [目录]... [表达式] [操作]

【表达式】表达式用于指定搜索的条件。可以指定多个条件，各条件表达式之间用逻辑运算符连接，默认的运算符是与（-a）运算。

-name 文件名	查找与指定的文件名相匹配的文件。可以使用通配符，带有通配符时要用引号"或'将模式字符串括起来，如'*.txt'。
-user 用户名	查找指定用户所拥有的文件。
-group 组名	查找指定的组所拥有的文件。
-mtime [+-]n	查找指定天数前修改过的文件。+n 表示超过 n 天，-n 表示不超过 n 天，n 表示正好 n 天。
-atime [+-]n	查找指定天数前访问过的文件。
-ctime [+-]n	查找指定天数前变更过的文件。
-mmin [+-]n	查找指定分钟数前修改过的文件。+n 表示超过 n 分钟，-n 表示不超过 n 分钟，n 表示正好 n 分钟。
-amin [+-]n	查找指定分钟数前访问过的文件。
-cmin [+-]n	查找指定分钟数前变更过的文件。
-type x	查找类型为 x 的文件。x 是表示文件类型的字符（f 为普通文件，d 为目录，b 为块设备文件，c 为字符设备文件）。

-size [+-]*n*[bckw] 查找指定大小 *n* 的文件，后面的字符表示单位。c 为字节，b 为
　　　　　　　　块（512 字节），k 为千字节（1024 字节），w 为字（2 字节）。默
　　　　　　　　认为 b。+*n* 表示超过 *n*，-*n* 表示不超过 *n*，*n* 表示正好为 *n*。

-a、-and　　　　与运算符。

-o、-or　　　　或运算符。

!、-not　　　　非运算符。

\(表达式 \)　　优先运算符。括在括号内的表达式优先计算。

【操作】操作用于指定对搜索到的文件要进行的处理。主要的操作如下：

-print　　　　　显示找到的文件名。

-ls　　　　　　显示文件的详细信息。

-exec 命令 {} \;　对找到的文件执行指定的命令。

-ok 命令 {} \;　与-exec 相同，只是执行命令时提示用户确认。

【说明】未指定搜索条件时，显示目录下的所有文件，包含隐含文件。未指定目录时，
默认为当前目录。未指定操作时，默认的操作是-print。

例 2.28 按条件查找文件并显示结果。

```
$ ls
 a.out   hello.c   hello.o   makefile   temp
$ ls temp
hello.save
$ find . -name 'hello*' -print        #在当前目录下查找名字以 hello 开头的文件
 ./hello.c
 ./hello.o
 ./temp/hello.save
$ find ! -name 'hello*'                #查找名字不以 hello 开头的文件
 ./a.out
 ./makefile
 ./temp
$ find . ! -name 'hello*' -type f      #查找名字不以 hello 开头的普通文件
 ./a.out
 ./makefile
$ find /var/spool/mail -size 0         #查找/var/spool/mail 目录下的所有空文件
 /var/spool/mail/rpc
 /var/spool/mail/cherry
$ cd ~/project
$ find . \( -name '*.c' -o -name '*.h' \) -atime -3   #查找后缀名为.c 或.h,
 并且在过去不到 3 日内被访问过的文件
 ./hello/hello.c
 ./hoc/hoc.c
 ./hoc/hoc.h
$ _
```

第 1 个 find 命令带有一个-name 表达式，表示按名查找。目录是当前目录。操作是显示
找到的文件。

第 2 个 find 命令带有一个-name 表达式和一个非运算符 "!"，表示查找不与该名字相匹

配的文件；目录名未指定，默认为当前目录；操作未指定，执行默认的-print 操作。

第 3 个 find 命令带有-name 和-type 两个表达式，-name 表达式前带有"!"运算符，两表达式之间没有运算符，默认地表示"与"运算-a。注意：按逻辑运算的优先关系，"非"运算优先于"与"运算，因此查找的是不与名字相匹配的，并且类型为普通文件的文件。

最后的 find 命令带有两个-name 和一个-atime 表达式，前两个表达式之间是"或"运算关系，用括号括起来表示先进行"或"运算，再与第 3 个表达式进行"与"运算。因此，此命令查找的是与第 1 个表达式或第 2 个表达式的名字相匹配的，并且满足访问时间限制的文件。如果没有括号，由于"或"运算的优先级低于"与"运算，所表达的查找条件是不同的。注意：表达式之间以及表达式与运算符之间必须有空格分隔。

例 2.29 查找文件并处理结果。

```
$ ls *
hello:
hello   hello.c   hello.o   makefile   temp
hoc:
hoc   hoc.c   hoc.h   hoc.o   init.c   init.o   math.c   math.o   makefile
$ find . -name '*.o' -ok rm {} \;        #查找所有后缀名为.o 的文件并提示是否删除
< rm … ./hello/hello.o > ?  n
< rm … ./hoc/hoc.o > ?  y
< rm … ./hoc/init.o > ?  y
< rm … ./hoc/math.o > ?  n
$ ls *
hello:
hello   hello.c   hello.o   makefile   temp
hoc:
hoc   hoc.c   hoc.h   init.c   math.c   math.o   makefile
$ cd hello
$ find temp -size 0 -exec rm -v {} \;     #删除 temp 目录下所有长度为 0 的文件
removed  'temp/errlog'
$ find ~ -type d -exec chmod 750 {} \;    #将主目录下所有目录的权限改为 750
$ find ~ -type d -exec ls -ld {} \;       #显示主目录下所有目录文件的信息
drwxr-x---.  5  cherry   faculty   4096   Dec  9 10:09   .
drwxr-x---.  3  cherry   faculty   4096   Oct 14 12:50   .kde
drwxr-x---.  2  cherry   faculty   4096   Oct 14 12:50   .kde/Autostart
drwxr-x---.  2  cherry   faculty   4096   Oct 22 14:21   book
drwxr-x---.  6  cherry   faculty   4096   Oct 23 10:09   project
……
$ find /var/log -atime +5 -exec rm {} \;  #删除/var/log 目录下 5 日前访问的文件
$ cd ..
$ date '+%T'
20:26:19
$ find -name '*.c' -exec touch {} \;      #修改所有.c 文件的时间为现在时间
$ find -name '*.c' -exec ls -l {} \;      #显示这些文件的时间
-rw-rw-r--.  1  cherry   faculty    96   May 17 20:26   ./hello/hello.c
-rw-rw-r--.  1  cherry   faculty   522   May 17 20:26   ./hoc/hoc.c
-rw-rw-r--.  1  cherry   faculty   196   May 17 20:26   ./hoc/init.c
```

```
-rw-rw-r--.  1  cherry  faculty  290  May 17 20:26  ./hoc/math.c
$ find . -name 'list[0-9][0-9]' -type f -mtime 1 -exec wc -l {} \; #查找昨
天修改过的, 名为 list 加两个数字的普通文件, 统计行数
15  ./hello/temp/list11
18  ./hello/temp/list13
$ find . -name 'list[0-9][0-9]' -type f -mtime 1 -exec cat {} \;
0631105    Zhang Li       68    79   C
0631110    Li Ming        89    92   A
0631134    Ma Linlin      78    81   B
...
$_
```

第 1 个 find 命令查找后缀名为.o 的文件,用提示确认的方式执行删除操作。用户输入"y"或"Y"即删除,输入其他字符则放弃删除。

最后两个 find 命令带有同样的搜索条件,但前者的操作是列出满足条件的文件的行数,后者的操作是顺序显示两个文件的内容。

grep 命令

【功能】在文本文件中查找与指定模式相匹配的字符串, 显示含有匹配字符串的行。

【格式】grep [选项] 模式 [文件]...

【选项】

-v   列出不包含匹配字符串的行。

-c   不显示匹配的行,只列出匹配的行数。

-l   只显示含有匹配字符串的文件名。

-r   递归地搜索目录下的所有文件和子目录。

-n   在每个匹配行前加行号显示。

-i   匹配时不区分大小写。例如, 模式 "may" 可匹配 may、May 和 MAY。

-w   匹配整个单词, 而不是单词的一部分。例如, 模式"magic"只匹配 magic, 而不匹配 magical。

【说明】未指定文件时,读标准输入文件。模式中可以使用如下特殊字符,带有特殊字符或空格符时,需将模式字符串用引号"或'括起来:

[、]   指定匹配字符的范围。例如, 模式 "[Mm]ain" 匹配 Main 和 main。

\<、\>   标注词首与词尾。例如, 模式 "\<man" 匹配 manic 和 man, 但不匹配 Batman; 模式 "man\>" 匹配 man 和 Batman, 但不匹配 manic。

^、$ 标注行首与行尾。例如,"'^The'"匹配行首的 The,而不匹配其他位置的 The。

\| 表示模式间的或关系。例如,"'Saturday\|Sunday'"匹配 Saturday 或 Sunday。

例 2.30 在一个文件中搜索。

```
$ cat poem
  To see a world in a grain of sand,
  And a heaven in a wild flower,
  Hold infinity in the palm of your hand,
  And eternity in an hour.
$ grep and poem                          #在 poem 文件中搜索"and",显示匹配的行
  To see a world in a grain of sand,
```

```
                 Hold infinity in the palm of your hand,
$ grep -c and poem                        #只显示含有"and"字符串的行数
    2
$ grep -v and poem                        #显示不含"and"字符串的行
 And a heaven in a wild flower,
 And eternity in an hour.
$ grep -i and poem                        #搜索"and"，忽略大小写
 To see a world in a grain of sand,
 And a heaven in a wild flower,
 Hold infinity in the palm of your hand,
 And eternity in an hour.
$ grep -i '\<and' poem                     #搜索以"and"开头的字符串，忽略大小写
 And a heaven in a wild flower,
 And eternity in an hour.
$ grep -n 'in a' poem                      #显示含有"in a"的行，加上行号
 1: To see a world in a grain of sand,
 2: And a heaven in a wild flower,
 4: And eternity in an hour.
$ grep -w 'in a' poem                      #搜索与"in a"完全匹配的词（词组）
 To see a world in a grain of sand,
 And a heaven in a wild flower,
$ grep '[sh]and' poem                      #搜索"sand"或"hand"
 To see a world in a grain of sand,
 Hold infinity in the palm of your hand,
$ grep 'sand\|hand' poem                   #搜索"sand"或"hand"
 To see a world in a grain of sand,
 Hold infinity in the palm of your hand,
$ grep '^and' poem                         #搜索位于行首的"and"（未找到）
$_
```

注意：当搜索的字符串模式中含有特殊字符时，需要用引号括起来，如最后一个 grep 命令中的'^and'。若无特殊字符则可省略引号，如第 1 个 grep 命令中的 and。

例 2.31 在多个文件和目录中搜索。

```
$ grep printf hoc/*.c                #在 hoc 目录中所有后缀名为.c 的文件中搜索"printf"
project/hoc/hoc.c:  printf("Usage: hoc expr;\n");
project/hoc/hoc.c:     { printf("%s\n", buf);
project/hoc/ math.c:  fprintf(stderr, "Error: division by zero\n");
$ cd ~/
$ grep -rl printf project             #在 project 目录树中搜索含有"printf"的文件
project/hello/hello
project/hello/hello.c
project/hoc/hoc
project/hoc/hoc.c
project/hoc/math.c
$_
```

第 1 个 grep 命令在多个文件中搜索字符串，显示所有匹配的行；第 2 个 grep 命令以给定的目录为起点，递归地在目录和子目录中搜索字符串，显示含有字符串的文件名。

2.4 输入/输出重定向

2.4.1 命令的输入与输出

Shell 命令在执行时往往需要从输入设备接收一些数据,并将处理结果送到输出设备上。在 Linux 系统中,这些 I/O 设备都被作为文件对待。对应 I/O 设备的文件称为 I/O 文件。Linux 系统定义了三个标准 I/O 文件,即标准输入文件 stdin、标准输出文件 stdout 和标准错误输出文件 stderr。在默认的情况下,stdin 对应终端的键盘,stdout 和 stderr 对应终端的屏幕。

典型的命令都设计为使用标准 I/O 设备进行输入和输出。它们从 stdin 接收输入数据,将正常的输出数据写入 stdout,将错误信息写入 stderr。C 语言提供了读写标准 I/O 文件的一组函数,如 scanf()是读 stdin,printf()是写 stdout,fprintf(stderr, …)是写 stderr。在命令开始运行时,Shell 会自动为它打开这 3 个标准 I/O 文件,并建立起文件与终端设备的连接。这样,当命令读 stdin 文件时,就是在读取键盘输入;当写 stdout 或 stderr 文件时,就是在往屏幕上输出。图 2-4 描述了这种默认的标准输入/输出数据的走向。

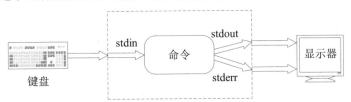

图 2-4 标准输入/输出示意图

标准 I/O 文件与实际设备之间的关联关系是在命令运行之际由 Shell 为其建立的,命令本身并不知道这种关系。在特别指明的情况下,Shell 也可以重新定义标准 I/O 文件与实际设备或文件之间的关联关系,从而改变命令的输入/输出的实际走向。这就是输入/输出重定向,或称 I/O 重定向。利用 I/O 重定向以及基于 I/O 重定向实现的管道机制,用户可以改变 Linux 命令的输入/输出走向,或将多个命令的输入/输出相衔接,实现灵活多变的功能。

2.4.2 输入重定向

输入重定向是指把命令的标准输入改变为指定的文件(包括设备文件),使命令从该文件中而不是从键盘中获取输入,如图 2-5 所示。

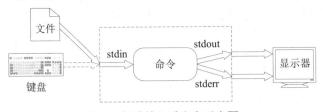

图 2-5 标准输入重定向示意图

输入重定向的格式是:

命令 < 文件

当提交这样的一个命令行时,Shell 将断开键盘与 stdin 之间的关联,将指定的文件关联到 stdin,然后运行命令。这样,该命令就会从这个文件中读取标准输入的数据了。

例 2.32 输入重定向的应用。

```
$ cat afile
 This is the 1st line.
 This is the 2nd line.
 This is the 3rd line.
$ cat < afile
 This is the 1st line.
 This is the 2nd line.
 This is the 3rd line.
$_
```

本例中，两个 cat 命令的功能是等效的，但执行方式却不同。第 1 个 cat 带有一个文件参数 afile，因此它运行时是在读取 afile 文件。第 2 个 cat 没有带任何参数，因此它运行时是在读 stdin 文件，而 Shell 把它的 stdin 重定向到了 afile 文件上，将 afile 的内容作为标准输入送给了 cat，对此 cat 本身并不察觉。

同 cat 命令一样，许多 Linux 命令都设计为以参数的形式指定输入文件，若未指定文件就默认地从标准输入读入数据。对于这样的命令，用参数指定文件与用输入重定向指定文件的效果是一样的，所以没有必要使用输入重定向。但对那些设计为只能从标准输入读取数据的命令（如 mail 命令等）来说，把要输入的数据事先存入一个文件中，再将命令的输入重定向到此文件，就能避免从终端上手工输入大量数据的麻烦。

2.4.3 输出重定向

输出重定向是指把命令的标准输出或标准错误输出重新定向到指定文件中，使该命令的输出写入文件中，而不是显示在屏幕上。很多情况下都可以使用输出重定向功能。例如，如果某个命令的输出很多，在屏幕上不能完全显示，或者命令在无人监视的情况下运行，那么将输出重定向到一个文件中，就可以方便从容地查看命令的输出信息了。

1. 输出重定向的形式

输出重定向有多种形式，常用的是：标准输出重定向、附加输出重定向、标准错误输出重定向、合并输出重定向。

1) 标准输出重定向

标准输出重定向就是将命令的标准输出保存到一个文件中，如图 2-6 所示。

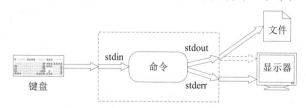

图 2-6 标准输出重定向示意图

标准输出重定向格式是：

命令 > 文件

当提交这样的一个命令行时，Shell 将断开命令的 stdout 与屏幕之间的关联，找到指定的文件（若文件不存在就新建一个），将其关联到 stdout，然后启动命令执行。这样，该命令的输出就不会显示在屏幕上，而是写入到文件中了。

例 2.33 输出重定向的应用。

```
$ ls
 data.c   hello.c   hello.o   makefile
$ ls > filelist
$ ls
 data.c    filelist   hello.c    hello.o    makefile
$ cat filelist
 data.c
 filelist
 hello.c
 hello.o
 makefile
$_
```

注意，例 2.33 中第 2 个 ls 命令在执行时，屏幕上没有显示。第 3 个 ls 命令表明当前目录下多了一个文件 filelist，cat 命令显示了这个文件，它的内容就是第 2 个 ls 命令的输出结果。

2）　附加输出重定向

附加输出重定向就是将标准输出附加在一个文件的后面。它与标准输出重定向相似，只是当指定的文件存在时，标准输出重定向的做法是先将文件清空，再将命令的输出信息写入，而附加输出重定向则是保留文件内原有的内容，将命令的输出附加在后面。

附加输出重定向的格式是：

命令 >> 文件

例 2.34 附加输出重定向的应用。

```
$ echo -n "Today is " > diary
$ cat diary
 Today is
$ date >> diary
$ echo "End." >> diary
$ cat diary
 Today is Thu Sep 24 20:31:10 CST 2020
 End.
$_
```

例 2.34 中第 1 个 echo 命令建立了一个 diary 文件，并写入半行内容。date 命令将输出结果附加到 diary 文件后。第 2 个 echo 命令向 diary 文件后附加了一行。最后的 cat 命令显示了这个文件，它的内容就是这 3 个命令的输出结果。

3）　标准错误输出重定向

标准错误输出重定向就是将命令的标准错误输出保存到一个文件中，如图 2-7 所示。

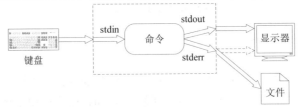

图 2-7　标准错误输出重定向示意图

50

标准错误输出重定向的格式是：

命令 2> 文件

例 2.35 错误输出重定向的应用。

```
$ ls -l
 -rw-rw-r--.  1  cherry  faculty    94  May 15 20:05  data.c
 ---x--x--x.  1  cherry  faculty  4680  May 12 20:15  hello
 -rw-rw-r--.  1  cherry  faculty    57  May 12 09:16  hello.c
 -rw-rw-r--.  1  cherry  faculty   350  May 11 10:06  makefile
$ wc *
    6    9    94   data.c
 wc: hello: Permission denied
    5    7    57   hello.c
    8   58   350   makefile
   19   74   501   total
$ wc * 2> wcerr
    6    9    94   data.c
    5    7    57   hello.c
    8   58   350   makefile
   19   74   501   total
$ cat wcerr
 wc: hello: Permission denied
$_
```

例 2.35 中，第 1 个 wc 命令读取当前目录下的 4 个文件并输出统计数据。由于用户对 hello 文件没有读权限，导致 wc 命令执行时报错。在这个 wc 命令的输出中，第 1、3、4 和 5 行是标准输出，第 2 行是标准错误输出。默认时，它们都显示在屏幕上。第 2 个 wc 命令将标准错误输出重定向到 wcerr 文件。此时，屏幕上不再显示错误信息。

有时，出于调试的目的，我们更关注于程序的错误信息。用标准错误重定向可以在大量的输出信息流中捕捉住错误信息，防止它们在屏幕上一闪而过。

4）合并输出重定向

合并输出重定向就是将标准输出与标准错误输出一起写入一个文件中，如图 2-8 所示。

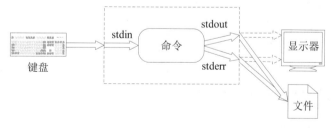

图 2-8 合并输出重定向示意图

合并输出重定向的格式是：

命令 &> 文件

例 2.36 合并输出重定向的应用。

```
$ ls -l
 -rw-rw-r--.  1  cherry  faculty    94  May 15 20:05  data.c
```

```
---x--x--x.  1  cherry  faculty  4680  May 12 20:15  hello
-rw-rw-r--.  1  cherry  faculty    57  May 12 09:16  hello.c
-rw-rw-r--.  1  cherry  faculty   350  May 11 10:06  makefile
$ wc * &> wcout
$ cat wcout
   6     9    94   data.c
wc: hello: Permission denied
   5     7    57   hello.c
   8    58   350   makefile
  19    74   501   total
$_
```

本例与例 2.35 的不同是 wc 命令将标准输出与标准错误输出合并重定向到 wcout 文件。此时，屏幕上不显示任何信息，它们都被记录在 wcout 文件中了。

2. 输出重定向的应用

输出重定向是很常用的一种命令行操作，使用输出重定向可以改变一个命令的执行效果，从而实现不同的功能。以下是几种输出重定向的典型用法：

（1）合并文件，并加行号。

```
$ cat -n file1 file2 > file3
```

用 cat 命令和输出重定向可以方便地实现多个文件合并。这也正是 cat 命令的名称的含义。此例中，cat 的输出是加了行号的 file1 和 file2 的内容（见 cat 命令的例 2.13），重定向后，它们被写入 file3 中。

（2）快速建立文件。

```
$ cat > file
```

用 cat 和输出重定向可以方便地建立一个小文件。此例中，Shell 首先建立文件 file（若它不存在的话），然后运行 cat。cat 从标准输入读入文本，写入文件 file 中。

（3）向文件中添加内容。

```
$ echo "End of file" >> file
```

这是向文件中添加文本行的简单方法。这里 echo 命令向 file 文件末尾追加一行文字。如果要添加多行，可以用 cat >> file 命令。

（4）丢弃输出信息。

```
$ make > /dev/null
```

本例是将命令 make 的输出重定向到/dev/null。注：/dev/null 是个特殊的设备文件，称为"空设备"，写入这个设备中的数据如同进入黑洞一样消失。这条命令执行时，make 过程产生的冗长的正常输出信息被丢弃，屏幕上将只显示错误信息。

（5）清空一个文件。

```
$ cat /dev/null > file
```

本例中，cat /dev/null 不产生任何输出，也就是将空的内容写入了文件 file 中。

2.4.4 管道

管道（pipe）的功能是将一个命令的标准输出作为另一个命令的标准输入。利用管道可以把一系列命令连接起来，形成一个管道线（pipe line）。管道线中前一个命令的输出会传递给后一个命令，作为它的输入。最终显示在屏幕上的内容是管道线中最后一个命令的输出。

管道有两种形式，格式如下：

命令 1｜命令 2

命令 1｜tee 文件｜命令 2

前者为普通管道，后者为 T 形管道。它们的 I/O 走向如图 2-9 所示。

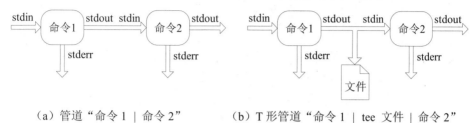

（a）管道"命令 1｜命令 2"　　　（b）T 形管道"命令 1｜tee 文件｜命令 2"

图 2-9 管道示意图

管道的作用在于它把多个命令组合在一起，像流水线一样加工数据，完成单个命令无法完成的各种处理功能。恰当地使用管道可以大大提高操作的能力和效率。

以下的例子综合了管道的几种常用方法：

1. 浏览命令的输出

若一个命令的输出很多，要想有控制地观看输出结果，通常的做法是用 more 或 less 来浏览输出的内容。

例 2.37 浏览命令的输出。

```
$ ls /bin | more            #翻屏查看文件列表
$ who | more                #翻屏查看登录用户列表
$ find . -type d | more     #翻屏查看查找的结果
$ grep main *.c | more      #翻屏查看搜索的结果
$_
```

2. 对命令的输出进行搜索和统计

有时一个命令的输出可能会很多。例如，在登录的用户很多的情况下，who 命令的输出就会很长。将一个命令与 grep 命令结合就可以对该命令的输出进行搜索过滤，只显示所关心的信息，如某用户是否登录。将一个命令与 wc 命令结合就可以对该命令的输出进行统计。

例 2.38 搜索命令的输出。

```
$ who
root     tty3    May 25 11:39
zhao     tty2    May 25 09:12
cherry   tty4    May 25 08:45
$ who | grep root              #看看 root 是否登录
root     tty3    May 25 11:39
$_
```

例 2.39 统计命令的输出。

```
$ ls
bin    memo    mypaper    poem    project    test
$ ls | wc -l                   #显示当前目录下文件（包括目录）的个数
  6
$ cat poem
```

```
 Great fleas have little fleas
    upon their backs to bite 'em,
 And little fleas have lesser fleas,
    and so ad infinitum.
 And the great fleas themselves, in turn,
    have greater fleas to go on;
 while these again have greater still,
    and greater still, and so on.
$ cat poem | grep fleas                    #功能等同于 grep fleas poem，效率稍差
 Great fleas have little fleas
 And little fleas have lesser fleas,
 And the great fleas themselves, in turn,
    have greater fleas to go on;
$ cat poem | grep fleas | wc -l            #统计 poem 文件中含有 fleas 的行数
    4
$ find /bin -type f | tee save | wc -l     #将/bin 下的所有普通文件的列表存入
 save 文件，并显示文件个数
    76
$_
```

ls 命令的输出格式是每个文件名占一行。注意：屏幕上的显示结果是被 Shell 处理过的紧凑格式，而不是 ls 的实际输出格式。将 ls 的输出重定向到一个文件就可以看到 ls 实际的输出格式。因此，在第 2 个 ls 命令中，ls 的输出通过管道送给 wc 命令，wc 统计出的行数就是 ls 输出的文件的个数。

习　题

2-1　用正确的术语（如命令名、选项、参数）辨认以下命令的组成成分：

echo -n Hello!

echo Hello world!

echo echo

2-2　若要用 date 命令显示格式为"Beijing Time: hh:mm:ss"的时间，应使用什么格式参数？

2-3　写出下列命令执行的结果：

（1）cd　　　（2）cd ..　　（3）cd ../..　（4）cd /

2-4　依次执行下列命令后，当前目录的绝对路径分别是什么？

$ cd /bin

$ cd ../usr/share/zoneinfo

$ cd ../../lib

$ cd games

2-5　已知当前目录下有如下文件：arp, egp, ggp, icmp, idp, ip, ipip, pup, rawip, rip, tcp, udp。写出以下 echo 命令的输出：

（1）echo *ip　　　　（2）echo ?d*　　　（3）echo [aegi]?p

2-6　下列各对命令有何不同？

（1）ls /home　　echo /home

（2）ls　　　　　　echo

（3）ls　*　　　　　echo　*

2-7　下列各对命令有何不同？

（1）ls -l　　　　　ls -ld

（2）ls　*　　　　　ls -d　*

2-8　解释下列信息描述的文件类型和存取权限：

（1）drwxr-xr-x　　　　（2）-rwx--x--x　　　　（3）crw-rw----

2-9　已知用户主目录的访问权限是 700，该目录下的 memo 文件的访问权限是 777，其他人可以读取这个文件吗？为什么？

2-10　设当前的文件创建掩码为 037，新建的文本文件的默认权限是什么？新建的目录的默认权限是什么？

2-11　给出命令，列出当前目录下名字以大写字母开头的普通文件，显示文件的详细信息。

2-12　设 temp 是一个非空目录，说明下面 3 个命令的执行结果：

（1）rm -r temp　　　　（2）rm -r temp/*　　　（3）rmdir temp

2-13　给出命令，将主目录下的.profile 文件复制到主目录下的 backup 目录下。如果目标文件已存在，提示用户是否覆盖。

2-14　设某文件 myfile 的权限为-rw-r--r--，若要增加所有人可执行的权限，应使用什么命令？

2-15　已知有一个普通文件，保存在主目录下的某个位置，文件名中含有 mem 字符串。写出查找这个文件的命令。

2-16　给出命令，搜索主目录，删除所有后缀名为".gif"且超过 30 天未被访问过的文件，在删除前提示用户确认。

2-17　给出命令，在 memo 文件中搜索含有 Saturday 或 Sunday 的行，忽略大小写。

2-18　写一条命令，统计 memo 文件的行数，将结果写入 memo.lines 文件中。

2-19　说明下面 3 个命令的差别：

（1）find -name '*.c' -exec cat {} \;

（2）find -name '*.c' | cat

（3）find -name '*.c' > cat

2-20　已知一个项目的源代码文件都存放在~/project 目录下，后缀名为".c"或".h"。用一个命令统计所有源代码的行数。

2-21　分别用一个命令行实现以下功能：

（1）对文件 data 排序，将结果存入 data.sort 文件中。

（2）对文件 data 排序，将结果存入 data.sort 文件中，在屏幕上显示文件的行数。

（3）对文件 data 排序，将结果存入 data.sort 文件中，将行数存入 data.lines 文件中。

第 3 章 vi 文本编辑器

与 UNIX 相同，Linux 本质上是一个文本驱动的操作系统。文本文件就是全部由 ASCII 码字符及某种语言的编码字符构成的文件，不含有任何样式和格式信息。在 Linux 系统中，文本文件被广泛地用作系统配置文件和系统工具软件的操作对象。这使得用户可以在文本方式下完成几乎所有的工作，如编写程序、读写邮件、配置和管理系统等。而完成所有这些工作的基本工具就是文本编辑器。因此，Linux 的用户应当熟悉至少一种文本编辑器。

3.1　vi 文本编辑器概述

3.1.1　vi 文本编辑器介绍

Linux 的文本编辑器有多种，其中 vi（visual）是最基本的文本编辑工具。vi 诞生于 1978 年，由加州大学伯克利分校的 Bill Joy 编写。从其诞生至今，vi 始终是所有 UNIX/Linux 系统上必配的编辑器。目前 Linux 系统上使用的是 vi 的增强版 vim，它是一个开源软件。

vi 是一个全屏幕文本编辑器，具有文本编辑的所有功能，尤以高效和快捷著称。数十年来，vi 始终在编辑器领域保持领先地位，这主要归功于它的以下几个突出特点：

1. 强大专一的编辑功能

除了具备通常的文本编辑功能外，vi 还支持一些高级编辑特性，如正则表达式、宏和命令脚本。利用这些特性可以高效地完成各种复杂的编辑任务。另一方面，vi 的功能又十分专注，它只是一个编辑器，没有其他功能。Linux 系统提供了许多专门用途的工具，如排版、排序、流过滤、编译等软件。vi 可以和这些工具软件协同工作，从而实现几乎所有的文件加工处理任务。用一些小而精悍、功能专一的工具结合起来完成复杂的处理功能，这正是 UNIX 的设计哲学。

2. 广泛的适用性

vi 是 UNIX/Linux 系统的标准文本编辑器，几乎每一台 UNIX/Linux 系统上都会有 vi，甚至在 Windows、Macintosh、OS/2 乃至 IBM 大型机 S/390 系统上都能见到 vi 的某个版本。这是其他编辑器无法相比的。vi 得以广泛应用的原因之一是它对终端设备的广泛适应性。无论是只有打字机键盘加 Esc 键的简单终端，还是受通信限制的远程终端，或是配有完备的功能键和鼠标的现代化终端，都可以很好地支持 vi 完成文本编辑工作。

3. 灵活快捷的操作方式

vi 采用了基于命令的操作方式。与依赖于鼠标的操作方式相比，命令方式手不离键盘即可完成所有的操作，减少了手的移动。vi 的编辑命令都很简练，往往是单个字符或少数几个字符的组合。简单的命令意味着更少的击键次数，也就是更高的编辑效率。

4. 高度的可配置性

vi 带有一个扩展插件系统，可以利用许多优秀的插件来定制它的特性，扩展它的功能。经过插件扩展，vi 可支持多种语言的编程特性，提供诸如代码补全、语法检查、函数定义、函数原型生成、代码注释、代码格式化等功能。因此，vi 被看作是 Linux 开发人员和系统管理员的编辑利器。

在编辑软件日益丰富的今天，vi 这个古老的工具仍能常用不衰，其中最根本原因除了效率还是效率。熟练者使用 vi 可以达到事半功倍的效果。初学者经过一段时间的使用，也会逐渐习惯 vi 的操作方式，并形成自己特有的操作风格。

3.1.2 vi 的工作模式

vi 是一个多模式的软件，在不同的工作模式下，它对输入的内容有不同的解释。最基本的 vi 模式是命令模式、插入模式和末行模式。

命令模式（normal mode）用于执行各个文本编辑命令。在命令模式下，输入的任何字符都作为命令来解释执行，屏幕上不显示输入内容。

插入模式（insert mode）用于完成文本录入工作。在插入模式下，输入的任何字符都将作为文件的内容被保存，并显示在屏幕上。

末行模式（last line mode）也称为 ex 模式。在末行模式下，光标停留在屏幕的最末行，在此接收输入的命令并执行。末行模式用于执行一些全局性操作，如文件操作、参数设置、查找替换、复制粘贴、执行 Shell 命令等。

在文本编辑过程中，用户可以用命令控制 vi 在这 3 种工作模式之间进行切换，完成各种编辑工作。3 种模式之间的转换方式如图 3-1 所示。

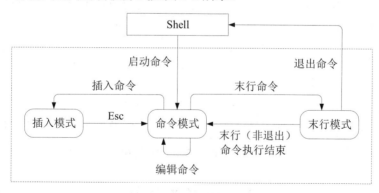

图 3-1　vi 工作模式的转换

3.1.3 vi 的基本工作流程

启动 vi 的方法是在 Shell 下输入 vi 命令，命令的格式是：

vi [文件]

vi 的启动过程是：先建立一个编辑缓冲区，若指定了文件且该文件已存在，则将其内容读到编辑缓冲区中；若指定的文件不存在，则建立此文件。随后 vi 显示全屏幕编辑环境，将光标定位在第 1 行第 1 列的位置上。图 3-2（a）是 vi 启动后的初始界面。屏幕末行显示的是文件名称等信息。光标位置的字符通常以反显方式或下划线方式显示。"~"表示编辑区的空行，它们不是文件的组成部分。

vi 启动后首先进入命令模式。此时，用户可以使用 vi 的编辑命令进行文本的输入和修改。进入插入模式的方法是按 Insert 键或插入命令字符，见图 3-2（b）。输入完成后按 Esc 键返回命令模式，见图 3-2（c）。此后可以使用各种编辑命令对已输入的文本进行修改，具体的用法在第 3.2 节介绍。注意：编辑命令只是修改调入编辑缓冲区中的文件的副本，文件本身不会被修改。所以，编辑完成后，要用末行命令":wq"将修改后的内容保存到文件中并退出 vi。若此次运行未对原文件作任何修改，则可用":q"命令退出。图 3-2（d）示意了退出命令的用法，更多的文件操作和退出命令在第 3.3 节中介绍。

例 3.1 vi 的基本用法如图 3-2 所示。

```
█
~
~
~
~
~
~
~
~
"hello.c" [New File]
```

（a）打开一个新文件 hello.c，进入命令模式

```
█
~
~
~
~
~
~
~
~
-- INSERT --
```

（b）按 Insert 键，进入插入模式

```
#include <stdio.h>
int main()
{
  printf("Hello World!\n");
█}
~
~
~
~
~
```

（c）输入完成，按 Esc 键返回命令模式

```
#include <stdio.h>
int main()
{
  printf("Hello World!\n");
}
~
~
~
~
:wq
```

（d）输入末行命令，保存退出

图 3-2　vi 的基本工作流程示例

3.2　vi 基本命令

vi 的命令较多，初学者只需掌握一些常用的命令即可完成通常的编辑工作。若需要进阶功能可随时查看 vi 的帮助手册。常用的 vi 命令可分为几类，即光标移动命令，插入与删除命令，修改与替换命令，选择、复制与粘贴命令，撤销与重做命令。

vi 命令通常是简单的字符或是字符组合（注意：vi 的命令是区分大小写的）。字符命令的优势在于仅用普通键盘就可以完成所有编辑工作，完全不倚赖于鼠标和控制键。尽管如此，vi 还是提供了对现代键盘上的编辑键的支持。适当地使用这些熟悉的按键将使编辑操作更加

轻松。表 3-1 列出了这些键在不同模式下的作用。

表 3-1 vi 按键功能说明

按键	命令模式	插入模式	末行模式
Home	移动光标到行的最前面	同左	同左
End	移动光标到行的最后面	同左	同左
PageDown	向下翻一页	同左	向下翻找历史命令
PageUp	向上翻一页	同左	向上翻找历史命令
Delete	删除光标位置的字符	同左	同左，行尾时同 Backspace
Insert	进入插入模式	替换-插入	无效
Backspace	光标前移一个字符	删除光标前的字符	同左
Space	光标后移一个字符	空格	同左
Enter	光标下移一个字符	换行	提交命令
←↑↓→	按箭头方向移动光标	同左	←、→左右移动光标， ↑、↓上下翻找历史命令

3.2.1 光标移动

在输入或修改文本前，应先将光标移到适当的位置。vi 不支持用鼠标定位光标，只可以用命令或按键来移动光标。以下是常用的光标移动命令：

0、$　　　　　光标移至行首、行尾，同 Home、End 键。

^　　　　　　光标移至行首第 1 个非空格字符。

gg　　　　　　光标移动到首行。

[n]**G**　　　　　光标移到第 n 行，未指定 n 时移到末行。

[n]**|**　　　　　光标移到第 n 列，未指定 n 时移到首列。

h、j、k、l　　 光标向左、下、上、右移一个字符，同箭头键。

b、w、e　　 光标移到上一个词首、下一个词首、本词词尾。

(、)、{、}　　 光标移到句首、句尾、段首、段尾。

注：光标移动命令的前面可带计数 n，表示重复移动 n 次。例如：2h 为左移 2 格，3e 为移到后面第 3 个词的词尾。某些绝对位置的移动命令（如 0、^、gg 等）加计数无效。

3.2.2 输入与删除

1. 文本的输入

在输入文本内容之前，应先将光标定位在要输入的位置上，然后执行插入命令，进入插入模式。处于插入模式时，屏幕底部会显示"INSERT"提示，表示后续的输入都作为文件的输入内容。输入完成后按 Esc 键就可返回命令模式。

插入命令都是单字符命令，包括 a（append）命令、i（insert）命令和 o（open）命令。用这些命令可以灵活地实现在当前光标位置的前、后、行首、行尾、上一行、下一行开始输入。常用的插入命令如下：

a、A　　　　 在光标位置后、行尾后开始插入。

i、I　　　　　在光标位置前、行首前开始插入。i 的作用与 Insert 键相同。

o、O　　　　　在光标所在行之后、光标所在行之前的新行开始插入。

2. 文本的删除

删除文本的最简单方法是将光标移到要删除的位置，然后按 Delete 键删当前字符，或按 Backspace 键删光标前的字符。当要删除的文本较多时，使用 d（delete）命令更为灵活。以下是常用的删除命令：

x、X　　　　　删除光标处、光标前的字符。x 的作用与 Delete 键相同。

dd　　　　　　删除光标所在的行。

J　　　　　　　删除行尾的换行符，使当前行与下一行合并为一行。

d+定位符　　　定位符即光标移动命令字符，与 d 命令连用时表示定位删除，即删除从光标位置到定位符指定位置之间的字符。常用的有：

　　d0　　　　删除光标左面的文本。

　　d^　　　　删除光标左面的文本，保留行首空格。

　　d$　　　　删除光标右面的文本。

　　dG　　　　删除光标所在行之后的所有行。

　　db　　　　删除光标处前面的字符直到词首。

　　de　　　　删除光标处的字符直到词尾。

　　dw　　　　删除光标处的字符直到下一个词的词首。

注：命令前带计数 n 时表示删除的范围扩大 n 倍。例如：3dd 为删除 3 行，2de 为删除从光标开始的 2 个词。

例 3.2 插入与删除命令的用法（下划线处为光标位置）。

原文本：	Yestoday is Thursday. Today is Friday. Tomorrow is Saturday.
执行命令：**dd**	Yestoday is Thursday. Tomorrow is Saturday.
移动光标：**2w** 或 **ww**	Yestoday is Thursday. Tomorrow is Saturday.
执行命令：**5x** 或 **xxxxx**	Yestoday is day. Tomorrow is Saturday.
执行命令：**i**Satur\<Esc\>	Yestoday is Saturday. Tomorrow is Saturday.
执行命令：**o**Today is Sunday.\<Esc\>	Yestoday is Saturday. Today is Sunday. Tomorrow is Saturday.
移动光标：**jb**	Yestoday is Saturday. Today is Sunday. Tomorrow is Saturday.

```
执行命令: d$                          Yestoday is Saturday.
                                     Today is Sunday.
                                     Tomorrow is_


执行命令: aMonday.<Esc>              Yestoday is Saturday.
                                     Today is Sunday.
                                     Tomorrow is Monday.


执行命令: ISo, <Esc>                 Yestoday is Saturday.
                                     Today is Sunday.
                                     So,_Tomorrow is Monday.
```

3.2.3 修改与替换

1. 文本的修改

文本修改是指改写部分文本的内容，对应的是 c（correct）命令。修改的过程是：先删除指定范围内的文本，然后插入新文本，最后用 Esc 键结束插入。以下是常用的修改命令：

cc　　　　　修改光标所在的行。

C　　　　　修改光标处到行尾的文本。

c +定位符　　定位修改，即修改光标位置到指定位置间的文本。常用的有：

　c0　　　修改光标左面的文本。

　c^　　　修改光标左面的文本，不包括行首空格。

　c$　　　修改光标右面的文本。

　cG　　　修改光标所在行之后的所有行。

　cb　　　修改光标处前面的字符直到词首。

　cw　　　修改光标处的字符直到词尾。

　cl　　　修改光标处的字符。

注：命令前带计数 n 时表示修改的范围扩大 n 倍。例如：5cc 为修改从光标所在行开始的 5 行，3cw 为修改从光标开始的 3 个词。

2. 文本的替换与替代

替换是指用一个字符替换另一个字符，对应的是 r（replace）命令。替换是一种覆盖操作，替换后文本的长度保持不变。替代则是指用多个字符取代一个字符或一行，对应的是 s（substitute）命令。替代是一个先删除后插入的操作。通常情况下，替代后的文本长度会发生变化。以下介绍常用的替换与替代命令：

r　　　　　用输入的字符替换光标处的字符。

R　　　　　用输入的文本逐个替换从光标处开始的各个字符，直到按下 Esc 键。

s　　　　　用输入的文本替代光标处的字符，用 Esc 键结束输入，等同于 cl。

S　　　　　用输入的文本替代光标所在的行，用 Esc 键结束输入，等同于 cc。

注：以上命令前带数字 n 时，表示替换或替代的范围扩大 n 倍。例如：4r 为用输入的字符替换从光标处开始的 4 个字符，2s 为用输入的文本替代从光标处开始的 2 个字符，3S 为用输入的文本替代从光标所在的行开始的 3 行。

例 3.3 修改、替换与替代命令的用法。

```
原文本行:                      So, Tomorrow is Monday.
执行命令: rt                    So, tomorrow is Monday.
移动光标: 2w                    So, tomorrow is Monday.
执行命令: cwJune 1<Esc>         So, tomorrow is June 1.
移动光标: 2b                    So, tomorrow is June 1.
执行命令: 2smust be<Esc>        So, tomorrow must be June 1.
移动光标: 2b                    So, tomorrow must be June 1.
执行命令: c$is a holiday!<Esc>  So, tomorrow is a holiday!
移动光标: 4bh                   So, tomorrow is a holiday!
执行命令: c^Great!<Esc>         Great! tomorrow is a holiday!
执行命令: SI like holiday.<Esc> I like holiday.
```

3.2.4 复制、粘贴与选择

1. 文本的复制与粘贴

vi 中设置了专门的缓冲区,其作用相当于剪贴板。复制操作是将指定的文本复制到剪贴板中,对应的是 y(yank)命令;粘贴操作是将剪贴板中的内容插入到文本中,对应的是 p(put)命令。此外,前面介绍的删除命令其实是剪切操作,被删除的文本并没有真正消失,而是暂存到剪贴板中,可以再粘贴到文本中。以下是常用的复制粘贴命令:

yy	复制光标所在行。
y+定位符	定位复制,即复制光标位置到指定位置间的文本。常用的有:
y0	复制光标左面的文本。
y^	复制光标左面的文本,不包括行首空格。
y$	复制光标右面的文本。
yG	复制光标所在行之后的所有行。
yb	复制光标处的字符直到词首。
yw	复制光标处的字符直到词尾。
p、P	若剪贴板中的内容是完整的行,则将这些行插入到光标所在行之后、之前;若不是完整的行,则将这些文本插入到光标处之后、之前。

注:命令前带计数 *n* 时表示复制和粘贴的范围扩大 *n* 倍。例如:2yy 为复制从光标所在行开始的 2 行,3yw 为复制从光标开始的 3 个词。

2. 文本的选择

选择就是用可视化方式选定文本的范围,对应的是 v(visual)命令。输入选择命令后vi 即进入可视模式,此时使用光标移动命令即可将移动范围内的文本选中。选中的文本会以高亮方式直观地显示出来,之后可对选中的文本进行复制、删除、修改、替换等操作。输入操作命令或按 Esc 键即退出可视模式。以下是常用的选择命令:

v	以字符为单位选择连续的文本串。
V	以行为单位选择连续的文本行。
Ctrl+v	按字符位置选择文本块。文本块的范围是从当前光标位置到光标移动位置之间构成的矩形块。

注:命令前后可用光标移动命令定位要选择的范围。例如:ggVG 是全选,{v} 是选当前段。

例 3.4 选择、复制与粘贴命令的用法，如图 3-3 所示。

```
#include <stdio.h>
int main()
{
  printf("Hello World!\n");
}
~
~
~
~
```

（a）光标移至 p 处，键入 yy，复制 1 行

```
#include <stdio.h>
int main()
{
  printf("Hello World!\n");
  printf("Hello World!\n");
}
~
~
~
```

（b）键入 p，粘贴 1 行

```
#include <stdio.h>
int main()
{
  printf("Hello World!\n");
  printf("Hello World!\n");
}
~
~
~
-- VISUAL --
```

（c）移动光标至 W 处，键入 v，进入可视模式

```
#include <stdio.h>
int main()
{
  printf("Hello World!\n");
  printf("Hello World!\n");
}
~
~
~
-- VISUAL --
```

（d）移动光标至 d 处，选中文本串

```
#include <stdio.h>
int main()
{
  printf("Hello World!\n");
  printf("Hello Linux!\n");
}
~
~
~
```

（e）键入 c，输入 Linux，按 Esc 结束修改

```
#include <stdio.h>
int main()
{
  printf("Hello World!\n");
  printf("Hello Linux!\n");
}
~
~
~
-- VISUAL BLOCK --
```

（f）光标移到 H，键入 Ctrl+v，进入可视模式

```
#include <stdio.h>
int main()
{
  printf("Hello World!\n");
  printf("Hello Linux!\n");
}
~
~
~
-- VISUAL BLOCK --
```

（g）移动光标至 o 处，选中文本块

```
#include <stdio.h>
int main()
{
  printf("Great World!\n");
  printf("Great Linux!\n");
}
~
~
~
```

（h）键入 s，输入 Great，按 Esc 结束替代

图 3-3 选择、复制与粘贴命令用法示意

3.2.5 撤销与重做

撤销即消除上一个命令所做的修改，恢复到命令执行前的样子。重做就是重复执行上一个命令。撤销对应的命令是 u（undo）命令，重做对应的命令是"."命令，如下所示：

u　　　撤销上一个命令所做的修改。

U　　　撤销最近针对一行所做的全部修改。在对一行连续做了多处修改后，用此命令可以一次恢复全行。

.　　　重复执行前一个命令。

3.3　vi 常用末行命令

在末行模式下，vi 将切换为 ex 编辑方式。ex（extended）是 UNIX 系统上的经典行编辑器，也是 vi 的底层编辑器。在命令模式下，输入":""/"或"?"字符（称为 ex 转义字符）都将进入末行模式，随后的输入被解释为 ex 行命令，在屏幕末行显示。输入完成后按 Enter 键执行。末行命令执行结束后返回命令模式，或退出 vi。

末行命令主要分为字符串搜索与替换、文件操作与退出以及其他命令。

3.3.1 搜索与替换命令

1. 字符串搜索

要在一个大文件中查找某个字符串，可以用字符串搜索命令。执行搜索命令后，光标将停留在第一个匹配字符串的首字符处。按 n 或 N 则移到下一个匹配字符串之首。如果不存在匹配的字符串，则会在末行上显示"Pattern not found"。搜索命令有以下两种：

/模式　　　从光标处向后搜索与指定模式匹配的字符串，按 n 向后继续找。

?模式　　　从光标处向前搜索与指定模式匹配的字符串，按 N 向前继续找。

例如：执行/and 命令，光标将从当前位置移到后面第一个"and"的字符 a 上。按 n 向后继续搜索"and"。当搜索到文件尾时，再按 n 则返回到文件头继续搜索。

2. 字符串替换

字符串替换使用 s（substitute）命令，它的功能是在指定的行中搜索与指定模式相匹配的字符串，并用另一个字符串替换它。s 命令的一般格式是：

:[$n1,n2$]**s**/$p1$/$p2$/[**g**][**c**]

其中，$n1$ 和 $n2$ 表示目标行的行号范围，可以用"%"代表所有行，未指定范围时，目标行就是光标所在行。$p1$ 是用作搜索的字符串模式；$p2$ 是用作替换的字符串模式，模式中可以用"^"代表行首，"$"代表行尾；s 命令可以带 g 和 c 选项；g 表示替换目标行中所有匹配的字符串，没有 g 的话则只替换行中第一个匹配的字符串；选项 c 表示替换前要求确认。

例 3.5 s 命令的用法。

:s/the/The/	将当前行中第 1 个 the 改为 The。
:s/is/are/**g**	将当前行中所有 is 改为 are。
:s/is a/has a/**gc**	将当前行中所有 is a 改为 has a。替换前提示用户确认。
:1,6**s**/IF/if/**g**	将第 1 至 6 行中的所有 IF 用 if 替代。
:%s/^/　　/**g**	在所有行的行首处加 4 个空格。

3. 全局搜索

全局搜索使用 g（global）命令，其功能是在全文中搜索含有与指定模式相匹配的字符串的行，对匹配的行做标记。g 命令的格式是：

:**g**/*p*1   搜索所有包含 *p*1 字符串模式的行。

:**g!**/*p*1   搜索所有不包含 *p*1 字符串模式的行。

例如，:g/and 命令将找出所有含有 "and" 的行；:g!/and 命令找出所有不含 "and" 的行。

4. 全局编辑

vi 的许多末行命令都是针对行的编辑命令。g 命令可以与这些命令联合使用，其作用是为这些命令确定满足某个条件的目标行。在 g 命令的作用下，这些面向行的编辑命令就可用来完成面向全文的编辑操作。全局编辑命令的格式是：

:**g**/*p*1/命令   对所有包含 *p*1 的行执行指定的命令。

:**g!**/*p*1/命令   对所有不包含 *p*1 的行执行指定的命令。

例如，p 命令的功能是显示行，:g/and/p 命令将显示所有含有 "and" 的行；d 命令的功能是删除行，:g!/Note/d 命令将删除所有不含 "Note" 的行。

5. 全局替换

s 命令是面向行的字符串替换命令。s 命令经常与 g 命令联合使用，实现更灵活、更细致的全局替换功能。全局替换命令的一般格式是：

g 命令/s 命令

全局替换的含义是：先用 g 命令在文件中搜索含有某个模式的行，并做标记，然后用 s 命令对所有有标记的行执行搜索和替换。常用的全局替换命令的格式有：

:**g**/*p*1/**s**/*p*2/*p*3/**g** 将文件中所有含有 *p*1 的行中的 *p*2 用 *p*3 替换。

:**g!**/*p*1/**s**/*p*2/*p*3/**g** 将文件中所有不含有 *p*1 的行中的 *p*2 用 *p*3 替换。

:**g**/*p*1/**s**//*p*2/**g** 将文件中所有的 *p*1 用 *p*2 替换。这里:g/*p*1/s//*p*2/g 是:g/*p*1/s/*p*1/*p*2/g 的简写，即当 s 命令的搜索模式与 g 命令的搜索模式相同时，可以省略 s 命令的搜索模式。注意：此处//之间没有空格。

例 **3.6** 全局替换命令的用法。

:**g**/the/**s**//The/	将文中所有行的第 1 个 the 改为 The
:**g**/is/**s**//are/**g**	将文中所有 is 改为 are
:**g**/Mary/**s**/1988//**g**	将所有含有 Mary 的行中的所有 1988 去掉
:**g**/printf/**s**/val/sum/**gc**	将所有含有 printf 的行中的所有 val 改为 sum，换前先确认
:**g!**/*/**s**/IF/if/**g**	将所有不包含*的行中的所有 IF 用 if 替代

3.3.2 文件操作与退出命令

文件操作命令包括读文件和写文件操作。读文件就是将文件的内容读入编辑缓冲区中，写文件就是将编辑缓冲区的内容保存到文件中。在退出 vi 时，可以选择是否保存文件。以下是常用的退出和文件操作命令：

:**w** [文件]   写入指定的文件。若未指定文件则写入当前文件。

:**q**   未修改原文件，不保存，直接退出。

:**q!**   修改了原文件，不保存，强制退出。

:**wq**、:**x**   保存文件并退出。

:e!	放弃修改，编辑区恢复为文件原样。
:e 文件	打开指定的文件，调入编辑区。
:r 文件	读入指定的文件，将文件内容插入到光标位置。

3.3.3 其他常用命令

1. 行编辑命令

行编辑命令用于对指定的行进行编辑。在指定行范围时，可以用"."代表当前行，用"$"代表最后一行，用"%"代表所有行。常用的行编辑命令如下：

:n	跳至第 n 行。
:$n1,n2$**co**$n3$	将第 $n1$ 至 $n2$ 行之间的内容复制到第 $n3$ 行下。
:$n1,n2$**m**$n3$	将第 $n1$ 至 $n2$ 行之间的内容移动到第 $n3$ 行下。
:$n1,n2$**d**	将第 $n1$ 至 $n2$ 行之间的内容删除。
:**p**	显示当前行的内容。

2. 执行 Shell 命令

用 vi 编辑文件时，可以在不退出 vi 的情况下执行 Shell 命令。执行命令期间，vi 暂时挂起，待命令执行结束后返回 vi 继续运行。执行 Shell 命令的格式是：

:!*command*	执行 *command* 命令。

3. 设定 vi 选项

vi 是一个高度可定制的编辑器，可以通过设置 vi 的选项来定制 vi 的一些外观和行为特性，使其满足特定的需求。设定 vi 选项的方法之一是使用 set 命令。常用的选项如下：

:**set all**	显示所有选项。
:**set ai**、:**set noai**	设定、取消自动缩进。
:**set nu**、:**set nonu**	设定、取消行号显示。
:**help**	显示 vi 的帮助手册。

习 题

3-1 vi 编辑器的工作方式有哪些？相互之间如何转换？

3-2 用 vi --help 命令查看如何用 vi 打开一个文件，并将光标定位在第 10 行上。

3-3 解释下述 vi 命令的功能：

　　20G　18|　dM　x　cw　10cc　3rk　5s　7S　/this　:g/int/

3-4 要将文件中的所有字符串 str1 全部用字符串 str2 替换，应使用什么命令？若只替换每行中的第一个 str1，应使用什么命令？

3-5 在 vi 中复制一行文字并粘贴到另一位置用什么命令？

3-6 如何在 vi 中显示文本的行号？

3-7 如何恢复对一行文本所作过的修改？如何重复上一次修改操作？

3-8 如何放弃对一个文件的修改并退出？如何将编辑过的文件用不同的文件名保存？

第二部分　原理篇

第 4 章 进程管理

在多道程序系统中，同时有多个程序在运行。它们共享系统的资源，轮流使用 CPU，彼此之间相互制约和依赖，表现出复杂的行为特性。进程是为了刻画并发程序的执行过程而引入的概念。进程管理就是对并发程序的运行过程的管理，也就是对 CPU 的管理。

进程管理的功能是跟踪和控制所有进程的活动，为它们分配和调度 CPU，协调进程的运行步调。进程管理的目标是最大限度地发挥 CPU 的处理能力，提高进程的运行效率。

4.1 进程

进程是现代操作系统的核心概念，它用来描述程序的执行过程，是实现多任务操作系统的基础。操作系统的其他所有内容都是围绕着进程展开的。因此，正确地理解和认识进程是理解操作系统原理的基础和关键。

4.1.1 程序的顺序执行与并发执行

1. 程序的顺序执行

如果程序的各操作步骤之间是依序执行的，程序与程序之间是串行执行的，这种执行程序的方式就称为顺序执行。顺序执行是单道程序系统中的程序的运行方式。

程序的顺序执行具有如下特点：

（1）顺序性：CPU 严格按照程序规定的顺序执行，仅当一个操作结束后，下一个操作才能开始执行。多个程序要运行时，仅当一个程序全部执行结束后另一个程序才能开始。

（2）封闭性：程序在封闭的环境中运行，独占全部系统资源。因而程序的执行过程不受外界因素的影响，结果只取决于程序自身。

（3）可再现性：程序执行的结果与运行的时间和速度无关，结果总是可再现的，即无论何时重复执行该程序都会得到同样的结果。

总的说来，这种执行程序的方式简单，且便于调试。但由于顺序程序在运行时独占全部系统资源，因而系统资源利用率很低。

2. 程序的并发执行

单道程序、封闭式运行是早期操作系统的标志，而多道程序并发运行是现代操作系统的基本特征。多个程序同时在系统中运行，使系统资源得到充分利用，系统效率大大提高。

程序的并发执行是指若干个程序或程序段同时运行，它们的执行在时间上是重叠的。程序的并发执行有以下特点：

（1）间断性：并发程序之间因竞争资源而相互制约，导致程序运行过程的间断。例如，在单 CPU 的系统中，多个程序需要轮流占用 CPU 运行，未获得 CPU 的程序就必须等待。

（2）没有封闭性：当多个程序共享系统资源时，一个程序的运行受其他程序的影响，其运行过程和结果不完全由自身决定。例如，一个程序计划在某一时刻执行一个操作，但很可能在那个时刻到来时它没有获得 CPU，因而也就无法完成该操作。

（3）不可再现性：由于没有了封闭性，并发程序的执行结果与执行的时机以及执行的速度有关，结果往往不可再现。

由此可以看出，并发执行程序虽然可以提高系统的资源利用率和系统吞吐量，但程序的行为变得复杂和不确定。这使程序难以调试，若处理不当还会带来许多潜在问题。

3. 并发执行的潜在问题

程序在并发执行时会导致执行结果的不可再现性，这是多道程序系统必须解决的问题。下面的例子说明了并发执行过程对运行结果的影响，从中可以了解产生问题的原因。

设某停车场使用程序控制电子公告牌来显示空闲车位数。空闲车位数用一个计数器 C 记录。车辆入库时执行程序 A，车辆出库时执行程序 B，它们都要更新同一个计数器 C。程序 A 和程序 B 的片段如图 4-1 所示。

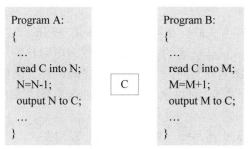

图 4-1 两程序并发运行，访问计数器 C

更新计数器 C 的操作对应的机器语言有 3 个步骤：读取内存 C 单元的数据到一个寄存器中（N 或 M），修改寄存器的值，然后再将其写回 C 单元中。

由于车辆出入库的时间是随机的，因此程序 A 与程序 B 的运行时间也就是不确定的。当出入库同时发生时，将使两程序在系统中并发运行。它们各运行一次后 C 计数器的值应保持不变。但结果可能不是如此。图 4-2 展示了并发执行可能的结果。

时间	T0	T1	T2	T3	T4	T5
程序A	C→N	N-1	N→C			
程序B				C→M	M+1	M→C
C的值	100	100	99	99	99	100

（a）两个程序顺序访问C，更新正确

时间	T0	T1	T2	T3	T4	T5
程序A	C→N			N-1	N→C	
程序B		C→M	M+1			M→C
C的值	100	100	100	100	99	101

（b）两个程序交叉访问C，更新错误

图 4-2 并发程序的执行时序影响执行结果

如果两个程序的运行时序如图 4-2（a）所示的顺序进行，即一个程序对 C 进行更新的操作是在另一个程序的更新操作全部完成之后才开始，则 C 被正确地更新了。如果两个程序的运行时序如图 4-2（b）所示穿插地进行，即当一个程序正在更新 C，更新操作还未完成时，CPU 发生了切换，另一个程序被调度运行，并且也对 C 进行更新。在这种情况下会导致错误的结果。

此例中，导致 C 更新错误的原因是两个程序交叉地执行了更新 C 的操作。概括地说，当多个程序在访问共享资源时的操作是交叉执行时，则会发生对资源使用上的错误。

4.1.2 进程的概念

进程的概念最早出现在 20 世纪 60 年代中期，此时操作系统进入多道程序设计时代。多道程序并发显著地提高了系统的效率，但同时也使程序的执行过程变得复杂与不确定。为了更好地研究、描述和控制并发程序的执行过程，操作系统引入了进程的概念。进程的概念对于理解操作系统的并发性有着极为重要的意义。

1. 进程

进程（process）是一个可并发执行的程序在一个数据集上的一次运行。简单地说，进程就是程序的一次运行过程。

进程与程序的概念既相互关联又相互区别。程序是进程的一个组成部分，是进程的执行文本，而进程是程序的执行过程。两者的关系可以比喻为电影与胶片的关系：胶片是静态的，是电影的放映素材；而电影是动态的，一场电影就是胶片在放映机上的一次"运行"。对进程而言，程序是静态的指令集合，可以永久存在；而进程是个动态的过程实体，动态地产生、发展和消失。

此外，进程与程序之间也不是一一对应的关系，表现在：

（1）一个进程可以顺序执行多个程序，如同一场电影可以连续播放多部胶片一样。

（2）一个程序可以对应多个进程，就像一本胶片可以放映多场电影一样。程序的每次运行就对应了一个不同的进程。更重要的是，一个程序还可以同时对应多个进程。比如系统中只有一个 vi 程序，但它可以被多个用户同时执行，编辑各自的文件。每个用户的编辑过程都是一个不同的进程。

2. 进程的特性

进程与程序的不同主要体现在进程有一些程序所没有的特性。要真正理解进程，首先应了解它的基本性质。进程具有以下几个基本特性：

（1）动态性：进程由"创建"而产生，由"撤销"而消亡，因"调度"而运行，因"等待"而停顿。进程从创建到消失的全过程称为进程的生命周期。

（2）并发性：在同一时间段内有多个进程在系统中活动。它们宏观上是在并发运行，而微观上是在交替运行。

（3）独立性：进程是可以独立运行的基本单位，是操作系统分配资源和调度管理的基本对象。因此，每个进程都独立地拥有各种必要的资源，独立地占用 CPU 运行。

（4）异步性：每个进程都独立地执行，各自按照不可预知的速度向前推进。进程之间的协调运行由操作系统负责。

3. 进程的基本状态

在多道系统中，进程的个数总是多于 CPU 的个数，因此它们需要轮流地占用 CPU。从宏观上看，所有进程同时都在向前推进，而在微观上，这些进程是在走走停停之间完成整个运行过程的。要刻画进程在各个时期的动态行为特征，最适合的描述工具是状态模型。

进程有如下 3 个基本的状态：

（1）就绪态：进程已经分配到了除 CPU 之外的所有资源，这时的进程状态称为就绪态。处于就绪态的进程，一旦获得 CPU 便可立即执行。系统中通常会有多个进程处于就绪态，它们排成一个就绪队列。

（2）运行态：进程已经获得 CPU，正在运行，这时的进程状态称为运行态。在单 CPU 系统中，任何时刻只能有一个进程处于运行态。

（3）等待态：进程因某种资源不能满足，或希望的某事件尚未发生而暂停执行时，则称它处于等待态。系统中常常会有多个进程处于等待态，它们按等待的事件分类，排成多个等待队列。

4. 进程状态的转换

进程诞生之初处于就绪状态，在其随后的生存期间内不断地从一个状态转换到另一个状态，最后在运行状态结束。图 4-3 所示是一个进程的状态转换图。

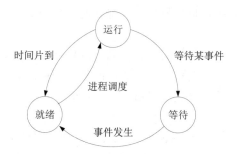

图 4-3 进程的状态转换图

引起状态转换的原因如下：

运行态→等待态：正在执行的进程因为等待某事件而无法执行下去，比如，进程申请某种资源，而该资源恰好被其他进程占用，则该进程将交出 CPU，进入等待状态。

等待态→就绪态：处于等待状态的进程，若其所申请的资源得到满足，则系统将资源分配给它，并将其状态变为就绪态。

运行态→就绪态：正在执行的进程的时间片用完了，或者有更高优先级的进程到来，系统会暂停该进程的运行，使其进入就绪态，然后调度其他进程运行。

就绪态→运行态：处于就绪状态的进程，当被进程调度程序选中后，即进入 CPU 运行。此时该进程的状态变为运行态。

4.1.3 进程控制块

进程由程序、数据和进程控制块三个基本部分组成。程序是进程执行的可执行代码，数据是进程所处理的对象，进程控制块用于记录有关进程的各种信息。它们存在于内存，其内容会随着执行过程的进展而不断变化。在某个时刻的进程的执行内容（指代码、数据和堆栈）被称为进程映像（process image）。进程映像可以看作是进程的剧本，决定了进程推进的路线和行为。进程控制块则是进程的档案。系统中每个进程都是唯一的。即使两个进程执行的是同一映像，它们也都有各自的进程控制块，因此是不同的进程。

进程控制块（Process Control Block，PCB）是为管理进程而设置的一个数据结构，用于记录进程的相关信息。当创建一个进程时，系统为它生成 PCB；进程完成后，撤销它的 PCB。因此，PCB 是进程的代表，PCB 存在则进程就存在，PCB 消失则进程也就结束了。在进程的生存期中，系统通过 PCB 来感知进程，了解它的活动情况，通过它对进程实施控制和调度。因此，PCB 是操作系统中最重要的数据结构之一。

PCB 记录了有关进程的所有信息，主要包括以下 4 方面的内容：

1. 进程描述信息

进程描述信息用于记录一个进程的标识信息和身份特征，如家族关系和归属关系等。通过这些信息可以识别该进程，了解进程的权限，以及确定这个进程与其他进程之间的关系。

系统为每个进程分配了一个唯一的整数作为进程标识号 PID，这是最重要的标识信息。系统通过 PID 来标识各个进程。

2. 进程控制与调度信息

进程的运行需要由系统进行控制和调度。进程控制块记录了进程的当前状态、调度策略、优先级、时间片等信息。系统依据这些信息实施进程的控制与调度。

3. 资源信息

进程的运行需要占用一些系统资源，必要的资源包括进程的地址空间、要访问的文件和设备以及要处理的信号等。进程是系统分配资源的基本单位。系统将分配给进程的资源信息记录在进程的 PCB 中。通过这些信息，进程就可以访问分配到的各种资源。

4. 现场信息

进程现场也称为进程上下文（process context），包括 CPU 的各个寄存器的值。这些值刻画了进程的运行状态和环境。退出 CPU 的进程必须保存好这些现场信息，以便在下次被调度时继续运行。当进程被重新调度运行时，系统用它的 PCB 中的现场信息恢复 CPU 现场。现场一旦恢复，进程就可以从上次运行的断点处继续执行下去了。

4.1.4 Linux 系统中的进程

在 Linux 系统中，进程也称为任务（task），两者的概念是一致的。

1. Linux 进程的状态

Linux 系统的进程有 5 种基本状态，即可执行态、可中断睡眠态、不可中断睡眠态、暂停态和僵死态。状态转换图如图 4-4 所示。

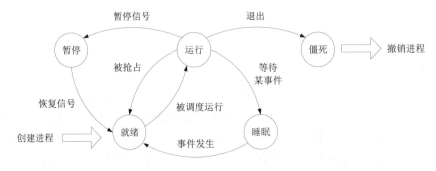

图 4-4 Linux 系统的进程状态转换图

Linux 进程的基本状态定义如下：

（1）可执行态（runnable）：可执行态包含了上述状态图中的运行和就绪两种状态。处于可执行态的进程均已具备运行条件。它们或正在运行，或准备运行。

（2）睡眠态（sleeping）：即等待态。此时进程正在等待某个事件或某个资源。睡眠态又细分为可中断的（interruptable）和不可中断的（uninterruptable）两种。它们的区别在于，在睡眠过程中，不可中断状态的进程会忽略信号，而处于可中断状态的进程如果收到信号会被唤醒而进入可执行态，待处理完信号后再次进入睡眠态。

（3）暂停态（stopped 或 traced）：处于暂停态的进程是由运行态转换而来的，等待某种特殊处理。当进程收到一个暂停信号时则进入暂停态，等待恢复运行的信号。

（4）僵死态（zombie）：进程运行结束或因某些原因被终止时，它将释放除 PCB 外的所有资源。这种占有 PCB 但已经无法运行的进程就处于僵死状态。

2. Linux 进程的状态转换过程

Linux 进程的状态转换过程如下：

新创建的进程处于可执行的就绪态，等待调度执行。

处于可执行态的进程在就绪态和运行态之间轮回。就绪态的进程一旦被调度程序选中，就进入运行状态。当进程的时间片耗尽或有更高优先级的进程就绪时，调度程序将选择新的进程进入 CPU 运行。被换下的进程将转入就绪态，等待下一次的调度。处于此轮回的进程在运行与就绪之间不断地高速切换，可谓瞬息万变。因此，对观察者（系统与用户）来说，将此轮回概括为一个相对稳定的可执行态才有意义。

运行态、睡眠态和就绪态形成一个回路。处于运行态的进程，有时需要等待某种资源或某个事件的发生，这时已无法占有 CPU 继续运行，于是它退出 CPU，转入睡眠状态。当所等待的事件发生后，进程被唤醒，进入就绪态。

运行态、暂停态和就绪态也构成一个回路。当处于运行态的进程接收到暂停执行信号时，它就放弃 CPU，进入暂停态。当暂停的进程获得恢复执行信号时，就转入就绪态。

处于运行态的进程执行结束后，进入僵死态。待父进程（即创建此进程的进程）对其进行相应处理后撤销它的 PCB。此时，这个进程就完成了它的使命，从僵死走向彻底消失。

3. Linux 的进程描述符

Linux 系统用 task_struct 结构来记录进程的信息，称为进程描述符，也就是进程控制块 PCB。系统中每创建一个新的进程，就给它建立一个 task_struct 结构，并填入进程的控制信息。task_struct 中的字段很多，主要包括以下内容：

- 进程标识号（pid）：标识该进程的一个整数。
- 认证信息（cred）：包含进程的属主和属组的标识号 uid、gid。
- 家族关系（parent、children、sibling）：关联父进程、子进程及兄弟进程的链接指针。
- 链接指针（tasks）：将进程链入进程链表的指针。
- 状态（state）：进程当前的状态。
- 调度信息（policy、prio、se、rt）：调度使用的调度策略、优先级和调度实体等。
- 记时信息（start_time、utime、stime）：进程建立的时间以及执行用户代码与系统代码的累计时间。
- 信号信息（signal、sighand）：进程收到的信号以及使用的信号处理程序。

- 退出码（exit_code）：进程运行结束后的退出代码，供父进程查询用。
- 文件系统信息（fs、files）：包括文件系统及打开文件的信息。
- 地址空间信息（mm）：进程的地址空间。
- 硬件现场信息（thread）：进程切换时保存的 CPU 寄存器的内容。
- 运行信息（thread_info）：有关进程运行环境、状况的 CPU 相关信息。

4. 查看进程的信息

查看进程信息的命令是 ps（process status）命令。该命令可查看记录在进程描述符 task_struct 中的几乎所有信息。

ps 命令

【功能】查看进程的信息。

【格式】ps [选项]

【选项】

-e	显示所有进程。
-t *tty*	显示终端 *tty* 上的进程。
-f	以全格式显示。
-o	以用户定义的格式显示。
a	显示所有终端上的所有进程。
x	显示所有不控制终端的进程。
-C *cmd*	显示命令名为 *cmd* 的进程。
n	显示 PID 为 *n* 的进程。

【说明】

（1）默认只显示在本终端上运行的进程，除非指定了-e、a、x 等选项。

（2）没有指定显示格式时，采用以下默认格式，分 4 列显示：

PID TTY TIME CMD

各字段的含义是：

PID	进程标识号。
TTY	进程对应的终端，"?"表示该进程不占用终端。
TIME	进程累计使用的 CPU 时间。
CMD	进程执行的命令名。

（3）指定-f 选项时，以全格式，分 8 列显示：

UID PID PPID C STIME TTY TIME CMD

各字段的含义是：

UID	进程属主的用户标识号。
PPID	父进程的标识号。
C	进程最近使用的 CPU 时间。
STIME	进程开始时间。

其余同上。

例 4.1 ps 命令用法示例。

```
$ ps                    #以默认格式显示本终端上的进程的信息
```

```
 PID  TTY          TIME  CMD
9805  pts/0    00:00:00  bash
9835  pts/0    00:00:00  ps
$ ps -ef              #以全格式显示当前系统中所有进程的信息
UID    PID   PPID  C  STIME  TTY          TIME  CMD
root     1      0  0  11:26  ?        00:00:03  /usr/lib/systemd/system --
switched-root --system --deserialize 30
root     2      0  0  11:26  ?        00:00:00  [kthreadd]
root     3      2  0  11:26  ?        00:00:00  [rcu_gp]
...
$ ps 9805             #显示 PID 为 9805 的进程信息
 PID TTY         STAT    TIME COMMAND
9805 pts/0       Ss      0:00 bash
$ _
```

4.2 进程的运行模式

进程的运行紧密依赖于操作系统的内核。因此,理解进程的运行机制需要首先认识内核,了解内核的运行方式,进而了解进程在核心态与用户态下的不同执行模式。

4.2.1 操作系统的内核

操作系统的内核是硬件的直接操控者,因此与硬件的架构密切相关。对 PC 机来说,x86 是 32 位 PC 机的硬件架构,x86-64 是在 x86 的基础上扩展而成的 64 位架构,简称为 x64。这两种架构也是目前最为流行的硬件平台。因此,本教材将以 x86 和 x64 为基础架构,介绍 32 位和 64 位 Linux 系统的内核实现技术。

1. x86/x64 CPU 的执行模式

CPU 的基本功能就是执行指令。通常,CPU 指令集中的指令可以分为两类,即特权指令和非特权指令。特权指令是指那些具有特殊权限的指令。这类指令可以访问系统中所有寄存器、内存单元和 I/O 端口,修改系统的关键设置。比如,读写控制寄存器、清理内存、设置时钟、进入中断等都是由特权指令完成的。非特权指令是那些用于一般性的运算和处理的指令。这些指令只能访问用户程序自己的内存地址空间。

特权指令的权限高,如果使用不当则可能会破坏系统或其他用户的数据,甚至导致系统崩溃。为了安全起见,这类指令只允许操作系统的内核程序使用,而普通的应用程序只能使用那些没有危险的非特权指令。实现这种限制的方法是在 CPU 中设置了一个代表特权级别的状态字,即 cs 寄存器中的 DPL 字段,修改这个状态字就可以切换 CPU 的运行模式。

x86/x64 的 CPU 支持 4 种不同的特权级别,Linux 系统只用到了其中两个,即称为核心态的最高特权级模式 ring0 和称为用户态的最低特权级模式 ring3。在核心态下,CPU 能不受限制地执行所有指令,访问全部的内存地址,从而表现出最高的特权;而在用户态下,CPU 只能执行一般的非特权指令,访问受限的地址空间,因而也就没有特权。

2. 操作系统内核

一个完整操作系统由一个内核(kernel)和一些系统服务程序构成。内核是操作系统的核心，它负责最基本的资源管理和硬件控制工作，为进程提供运行的环境。内核在系统引导时载入并常驻内存。它运行在核心态，因而能够访问所有的系统资源。

从进程的角度看，内核的功能有两个：一是支持进程的运行，包括为进程分配资源，控制和调度进程的运行；二是为进程提供服务，也就是提供一些内核函数（称为系统调用）供进程调用使用。由于进程运行在用户态，不能访问系统资源，因此当需要使用某些系统资源时，比如向显示屏输出一些文字等，都需要通过调用内核的服务来完成。

3．Linux 系统的内核

图 4-5 是 Linux 系统的体系结构。系统分为 3 层：最底层是硬件层，包括了各种系统硬件和设备。硬件层之上是内核，它形成了对硬件的第一层包装。对下，它管理和控制硬件；对上，它提供系统服务。用户层由系统的核外程序和用户程序组成，它们都以用户进程的方式运行在核心之上，为用户提供更高层次的系统包装。

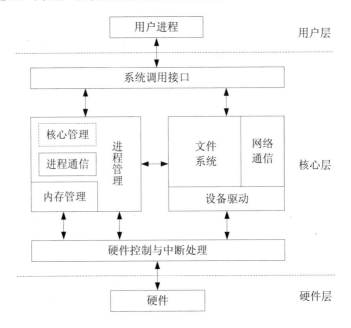

图 4-5 Linux 系统的内核结构

Linux 系统的内核主要由以下成分构成：

（1）系统调用接口：这是进程与内核的接口，进程通过此接口调用内核的功能。

（2）进程管理子系统：负责支持、控制和调度进程的运行。该子系统包括以下模块：

- 核心管理模块 kernel：管理 CPU，调度和协调进程的运行。
- 进程通信模块 ipc：实现进程间的本地通信。
- 内存管理模块 mm：管理内存和进程的地址空间。

（3）文件与 I/O 子系统：负责管理文件、设备和 I/O 操作。该子系统包括以下模块：

- 文件系统模块 fs：为进程提供访问文件和设备的服务。
- 网络通信模块 net：管理网络接口设备，提供进程间的网络通信服务。
- 设备驱动模块 drivers：驱动设备的运行。

（4）硬件控制接口：提供与硬件平台的接口，负责控制硬件并响应和处理中断。

4.2.2 中断与系统调用

由图 4-5 可以看出，内核与外界的接口是来自用户层的系统调用和来自硬件层的中断，而系统调用本身也是一种特殊的中断。可以说内核是中断驱动的，它的主要功能就体现在系统调用和中断处理中。因此，要了解内核的运行机制，首先要了解中断和系统调用的概念。

1. 中断

在现代系统中，CPU 与各种设备是并发工作的。当 CPU 需要与设备传输数据时，它向设备发出命令，启动设备执行 I/O 操作，然后继续执行进程。当设备完成操作后，向 CPU 发出一个特定的中断信号，打断 CPU 的运行。CPU 响应中断后暂停正在执行的进程，转去执行专门的中断处理程序，然后再返回原进程继续执行。这个过程就是中断。

中断的概念是为实现 CPU 与设备并行操作而引入的。然而，这个概念后来被大大地扩展了。现在，系统中所有异步发生的事件都是通过中断机制来处理的，包括 I/O 设备中断、系统时钟中断、硬件故障中断、软件故障中断等。每个中断都对应一个中断处理程序。中断发生后，CPU 通过中断处理入口转入相应的处理程序来处理中断事件。关于中断技术的更多介绍见 7.2.1 和 7.6.7 节。

2. 系统调用

一般的中断都是源自 CPU 外部的事件，但还有一种特殊的中断，其中断源来自 CPU 内部，是在 CPU 执行了某个特殊指令时引发的。这种因执行指令而主动引发的中断称为"陷入"（traps）。陷入的处理过程与一般中断的处理过程相似，就是暂停当前进程的执行，转去执行专门的处理程序，然后再返回继续执行。陷入的作用是使得用户进程可以执行内核中的服务程序，主要用于实现系统调用。

系统调用是系统内核提供给用户进程的一组特殊的函数。与普通函数的不同之处在于，系统调用是内核中的程序代码，它们具有访问系统资源的特权，而普通函数是用户进程的程序代码，它们的运行会受到系统的限制，不能访问系统资源。当用户进程需要执行涉及系统资源的操作时，需要通过系统调用，让内核来完成。

系统调用是通过陷入机制实现的。当用户进程需要调用一个内核中的系统调用函数时，只需执行一个系统调用指令，陷入内核去执行系统调用函数，待执行完毕后再返回继续执行。关于系统调用的更多介绍见第 8.4 节。

4.2.3 进程的运行模式

Linux 的内核运行在核心态，而用户进程则只能运行在用户态。从用户态转换为核心态的唯一途径是中断（包括陷入）。一旦 CPU 响应了中断，就将 CPU 的状态切换到核心态，待中断处理结束返回时，再将 CPU 状态切回到用户态。

由于进程在其运行期间经常会被中断打断，也经常需要调用系统调用函数，因此 CPU 会在用户态与核心态之间来回地切换。在进行通常的计算和处理时，进程运行在用户态。执行系统调用或中断处理程序时则进入核心态。图 4-6 描述了进程在运行过程中的模式切换。

设一个进程正在用户态下运行（A 期间），执行的是用户程序代码。运行到某一时刻时发生了中断，进程被打断，随即 CPU 切换到核心态，执行的是内核的中断处理程序（B 期间）。中断处理完成后返回，CPU 切换回用户态，继续执行用户进程（C 期间）。一段时间后进程调用了某个系统调用，陷入内核空间，执行的是内核的系统调用程序（D 期间），系统调用结束后返回，CPU 切换回用户态，继续执行用户进程（E 期间）。

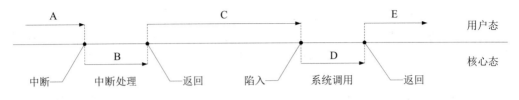

图 4-6 用户进程的运行模式切换

从图 4-6 中可以看出，在进程的这段执行期间中共插入执行了两段内核代码。B 是由中断引发而随机插入的，与进程本身无关。D 则是因进程调用了系统调用引发的，它是进程的一个执行环节，是由内核程序代理用户进程执行的。进程的实际运行轨迹是 A、C、D、E，其中 A、C、E 运行在用户态，D 运行在核心态。

4.3 进程的描述与组织

为了实现对进程的控制和调度，内核需要采用多种数据结构来描述进程，记录进程的运行信息、资源信息以及组织信息。这些描述结构都是围绕 PCB 建立的。

4.3.1 进程的资源

进程需要一定的资源才能运行。最重要的资源是内存地址空间，此外还可能需要使用文件、设备等。这些资源均由内核负责管理和分配。分配给进程的资源登记在进程的 PCB 中。

1. 进程的地址空间

进程的一个重要构成成分是进程映像，即进程所执行的代码、使用的数据和堆栈等。为了容纳进程映像，每个进程都有一个自己的地址空间，这是进程运行的必备条件。

进程有用户态和核心态两种运行模式，不同模式下可访问的地址空间也不相同。因此进程的地址空间被划分为用户空间和内核空间两部分，如图 4-7 所示。

用户空间容纳进程自己的映像，内核空间容纳内核映像。当进程运行在用户态时执行的是用户进程映像，陷入核心态后执行的是内核映像。内核映像和进程映像都按类划分为多个区，主要有代码区、数据区和堆栈区。代码区中包含的是可执行程序的代码；数据区中包含的是各种类型的数据；堆栈区属于特殊的数据区，用于记录与运行相关的动态数据。内核代码使用内核栈，用户代码使用用户栈。因此在模式切换时，栈也要跟着切换。

内核空间的代码和数据区由所有进程共享，但每个进程都单独拥有一个内核栈。所以，内核栈和用户空间是进程的私有财产，也是进程最重要的资源。

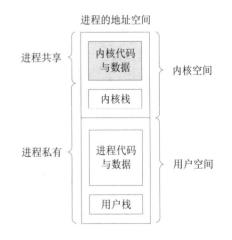

图 4-7 Linux 进程的地址空间

内核栈的作用尤为重要，除了要存放核心态下的运行数据外，还要存放进程模式切换时要保留的部分现场信息。更重要的是，内核栈中还嵌有关进程运行的一些关键信息，在稍后的 4.3.2 节中将会介绍。

需要注意的是，进程的地址空间是个虚拟的空间，并非进程实际占有的内存空间。实际的内存空间需要通过内存管理模块来分配使用。有关进程地址空间的概念和描述将在 5.4.2 节中做进一步的介绍。

2. 进程的文件与设备

文件是信息的长久保存形式，应用程序经常要使用或处理文件。此外，应用程序还需要使用设备来与外界传输数据。因此文件和设备都是进程的常用资源。在 Linux 系统中设备被当作文件来处理，因此两者都由文件系统来管理。

在使用文件前，进程需要执行打开操作，让文件系统为其建立与文件的连接。所有被进程打开的文件都是进程可用的文件资源。文件使用完毕须执行关闭操作，释放文件资源。

有关文件管理的内容将在第 6 章中介绍。有关设备管理的内容将在第 7 章中介绍。

3. 进程的信号通信

进程并非孤立地在运行。它需要能够接收和处理系统或其他进程发来的信号，这些信号可能是通知它某个事件或控制命令，比如暂停运行、终止运行等。进程通过设定的信号处理程序来对信号做出响应。为实现信号通信，进程需要拥有信号队列以及信号处理程序。有关进程的信号队列描述及信号通信方法的更多内容将在 4.7.2 节中介绍。

以上这些资源的用途不同，分配策略也不同。内存、文件和设备资源是按需分配，即用时分配，用完即回收；地址空间和信号是进程执行的必要资源，它们在进程创建时分配，在进程的整个运行期间都一直占有；内核栈属于进程的固有资源，它和进程描述符一样，在进程创建时分配，并保持在进程的整个存在期间。也就是说，即使是僵尸进程，也会保有它的描述符和内核栈。

4.3.2　进程的描述结构

如前所述，进程描述符 task_struct 是进程的 PCB，它记录了进程的所有必要信息。task_struct 结构体中的字段较多，部分主要字段在 4.1.4 节中做了说明。本节重点描述进程描述符与内核栈和几个主要资源的连接结构，见图 4-8。

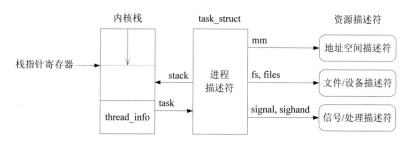

图 4-8 Linux 进程的描述结构

从图 4-8 中可以看到，在内核栈的尾端（低地址端）有一个称为"线程描述符"的 thread_info 结构，这个结构中保存了有关进程运行环境的一些标志信息，如执行代码的类型，进程地址空间的范围，是否使用了浮点运算单元，是否有挂起的信号，是否需要重新调度，是否允许内核抢占等。严格地说，thread_info 与 task_struct 合起来才是一个完整的 PCB。将

thread_info 结构分离出来植入内核栈是为了加快 CPU 对进程 PCB 的访问速度。正是这种安排赋予了内核栈特别的意义：它必须存在于进程的整个存在期间。

在 CPU 中有个栈指针寄存器在 x86 中称为 esp，在 x64 中称为 rsp。当运行在核心态时，栈指针寄存器指向当前进程的内核栈的栈顶，通过它可以立即计算出当前进程的 thread_info 结构的地址。因此，将那些有关进程的执行方式、状况和事件的最基本、最频繁使用的信息放在 thread_info 中，内核就快速地获取这些信息。当需要获取进程的其他信息时，通过 thread_info 中的 task 指针即可快速地访问当前进程的 task_struct。

4.3.3 进程的组织

管理进程就是管理进程的 PCB。一个系统中通常可能拥有数百乃至上千个进程，为了有效地管理如此多的 PCB，系统需要采用适当的方式将它们组织在一起。通常采用的组织结构有数组、散列表和链表 3 种方式。

数组方式是将所有的 PCB 顺序存放在一个一维数组中。这种方式比较简单，但操作起来效率低。比如，要查找某个 PCB 时需要扫描全表。链表方式是将 PCB 链接成一个链表。链式结构的特点是灵活，便于插入和删除 PCB。散列表方式是在 PCB 数组或链表上设置散列表，以加快访问速度。实际的系统中通常会综合采用这些方法，以求达到最好的效率。

Linux 系统采用了多种方式来组织进程的描述符 task_struct，主要有以下几种：

1. 进程链表

系统将所有进程的描述符链成一个双向循环链表。task_struct 结构中有一个 tasks 字段，通过它链入到进程链表中。表头指针在 0 号进程的描述符中。遍历该链表即可顺序地找到每个进程的描述符。

2. PID 散列表

在许多情况下，内核需要根据进程的标识号 PID 来查找进程。顺序扫描进程链表并逐个检查其中的 PID 是相当低效的。为了加快查找速度，内核中设置了若干个散列表，其中 PID 散列表用于将 PID 映射到进程的描述符。PID 散列表是一个链式 Hash 表，每个 task_struct 结构都通过它的 pids 字段链入到这个 Hash 表中。用 PID 查找散列表就可快速找到对应的进程描述符。

3. 进程树链表

Linux 系统的进程之间存在着父子和兄弟关系。每个进程都有一个父进程，即创建了此进程的进程。一个进程可以创建 0 至多个进程，称为它的子进程。具有相同父进程的进程称为兄弟进程。这样，系统中的所有进程形成了一棵家族树，每个进程都是树中的一个节点，树的根是 1 号进程，它是所有进程的祖先进程。

在 task_struct 结构中设置有父进程指针 parent、子进程指针 children 和兄弟进程指针 sibling，它们构造出了进程树的结构。进程通过这些指针可以直接找到它的家族成员。

4. 可执行队列

为了方便进程的调度，系统把所有处于可执行状态的进程组织成可执行队列。处于可执行状态的进程通过 task_struct 结构中的 rt.run_list 或 se.run_node 指针链入适当的队列中。在进程切换时，进程调度程序将从可执行队列中选择一个让其运行。

5. 等待队列

进程因不同的原因而睡眠。例如，等待磁盘操作的数据，等待某系统资源可用或等待固定的时间间隔。系统将睡眠的进程分类管理，每类对应一个特定的事件，用一个等待队列链接。等待队列的节点并不是进程描述符本身，而是代表一个等待进程的节点，其中包含了指向进程描述符的指针。当某一事件发生时，内核会唤醒相应的等待队列中的进程，将唤醒的进程节点从队列中删除，将该进程的描述符加入到可执行队列中。

4.4 进程控制

进程控制是指对进程的生命周期进行有效的管理，实现进程的创建、撤销以及进程各状态之间的转换等控制功能。进程控制的目标是使多进程能够平稳高效地并发执行，充分共享系统资源。

4.4.1 进程控制的功能

进程控制的功能是控制进程在整个生命周期中各种状态之间的转换，但不包括就绪态与运行态之间的转换，因为那是由进程调度来实现的。进程控制的任务主要有以下几个：

1. 创建进程

创建一个新进程的操作是：根据创建参数建立进程的 PCB，为其分配资源，然后将 PCB 链入进程链表和可执行队列中，等待运行。

2. 撤销进程

当一个进程运行终止时需要撤销它。撤销进程的操作是：将进程的 PCB 从进程队列及链表中摘出，释放进程所占用的资源，最后销去 PCB。

3. 阻塞进程

当正在运行的进程因某种原因而无法运行下去时需要转入等待状态。阻塞进程的工作是完成从运行态到等待态的转换。阻塞进程的操作是：中断进程的执行，为其保存 CPU 的现场，然后将其 PCB 插入到相应的等待队列中，最后调用进程调度程序，从可执行队列中选择一个进程投入运行。

4. 唤醒进程

当处于等待状态的进程所等的事件出现时内核会唤醒它。唤醒进程就是将其从等待态转换到就绪态。唤醒进程的操作是：在等待队列中找到满足唤醒条件的进程，将其 PCB 插入到可执行队列中。

4.4.2 Linux 系统的进程控制

在 Linux 系统中，进程控制的功能是由内核的进程管理子系统实现的，用户进程可以通过内核提供的系统调用来实现对进程的控制。

1. 进程的创建与映像更换

进程不能凭空出世，它是由另一个进程创建的。新创建的进程称为子进程，创建子进程的进程称为父进程。系统中所有的进程都是 1 号进程的子孙进程。

Linux 系统建立新进程的方式与众不同。许多操作系统采用"生产"（spawn）机制来创建进程，即一步构造出新的进程。Linux 则是采用"克隆"（clone）的方法，用先复制再变身的两个步骤来创建进程，即先按照父进程创建一个子进程，再更换子进程的映像。

1）创建进程

创建一个进程的系统调用是 fork()，方法是按父进程复制一个子进程。fork()的主要操作是：为子进程分配一个 PID、内核栈和 task_struct 结构，将 thread_info 和 task_struct 用指针连接起来；将父进程的内核栈和 task_struct 结构中的资源描述等内容复制到子进程的对应结构中；将 PID 和家族关系等信息填入 task_struct 结构，初始化那些非继承性的数据，如时间片、运行统计数据等。至此，子进程的描述符已建立完成（如图 4-8 所示）。后续操作是将它的描述符链入进程链表，状态置为"可执行态"，插到可执行队列中。

fork()返回后，子进程已就绪，等待进程调度。此后父子进程并发执行，它们执行的是同一个代码映像，使用的是同样的资源。不过，两进程各自拥有自己的执行环境，所以彼此独立，并无必然的约束关系。

fork()系统调用

【功能】创建一个新的子进程。

【调用格式】int fork();

【返回值】

    0   向子进程返回的返回值，总为 0。

    >0   向父进程返回的返回值，它是子进程的 PID。

    -1   创建失败。

【说明】若 fork()调用成功，它向父进程返回子进程的 PID，并向新建的子进程返回 0。图 4-9 描述了 fork()系统调用的执行结果。

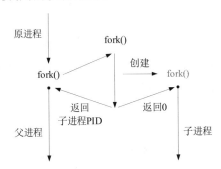

图 4-9 fork()系统调用的执行结果

从图 4-9 中可以看出，当一个进程成功执行了 fork()后，从该调用点之后分裂成了两个进程：一个是父进程，从 fork()后的代码处继续运行；另一个是新创建的子进程，从 fork()后的代码处开始运行。由 fork()产生的进程分裂在结构上很像一把叉子，故得名 fork。

与一般函数不同，fork()是"一次调用，两次返回"，因为调用成功后，已经是两个进程了。由于子进程是从父进程那里复制的代码映像，因此父子进程执行的是同一个程序，它们在执行时的区别只在于得到的返回值不同。父进程得到的返回值是一个大于 0 的数，它是子进程的 PID；子进程得到的返回值为 0。

如果程序中不考虑 fork()的返回值的话，则父子进程的行为就完全一样了。但创建一个子进程的目的是想让它做另一件事。所以，通常的编程方法是在 fork()调用后判断 fork()的返回值，分别为父进程和子进程设计不同的执行分支。这样，父子进程执行的虽是同一个代码，执行路线却不同。图 4-10 描述了用 fork()创建子进程的标准流程。

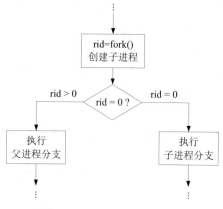

图 4-10 用 fork()创建子进程

例 **4.2** 一个简单的 fork_test 程序。

```c
#include <stdio.h>
#include <unistd.h>
int main()
{ int rid;
  rid = fork();
  if (rid < 0) { printf("fork error!"); return -1; }
  if (rid > 0 )      // 父进程分支
      printf("I am parent, my rid is %d, my PID is %d\n", rid, getpid());
  else               // 子进程分支
      printf("I am child, my rid is %d, my PID is %d\n", rid, getpid());
}
```

注：程序中的 getpid()是一个系统调用，它返回本进程的 PID。该程序运行时，父子进程会分别输出自己的信息。由于是并发运行，输出的先后顺序并不确定，因此结果可能如下所示：

```
$ ./fork_test
 I am parent, my rid is 5770, my PID is 5769
 I am child, my rid is 0, my PID is 5770
$ _
```

2）更换进程映像

新创建的子进程执行的是与父进程相同的代码。然而，通常我们需要的是让新进程执行另外一个程序。Linux 系统的做法是在子进程中调用 exec()来更换进程映像，使自己脱胎换骨，变换为一个全新的进程。

exec()系统调用的功能是根据参数指定的路径名找到可执行文件，把它装入进程的地址空间，覆盖原来的进程映像，从而形成一个不同于父进程的全新的子进程。除了进程映像被更换外，子进程描述符中的其他属性均保持不变，就像是一个新的进程"借壳"原来的子进程开始运行。

exec()系统调用

【功能】改变进程的映像，使其执行另外的程序。

【调用格式】exec()是一个系统调用系列，共有 6 种调用格式，其中 execve()是真正的系统调用，其余是对其包装后的 C 库函数。它们的区别在于参数设置的方法不同。

int execl(const char *path, const char *arg, ...);

int execlp(const char *file, const char *arg, ...);

int execle(const char *path, const char *arg, ..., char * const envp[]);

int execv(const char *path, char *const argv[]);

int execvp(const char *file, char *const argv[]);

int execve(const char *path, char *const argv[], char *const envp[]);

【参数】

（1）可执行文件：以 p 结尾的函数用 file 指定，只需指定文件名，如 ls；其他函数用 path 指定，必须是绝对路径名，如/bin/ls。

（2）运行参数：以 execv 开头的函数用 argv[]字符串数组传递运行参数；以 execl 开头的函数用若干个 arg 字符串指定运行参数。无论是数组方式还是列表方式，首个参数字符串为程序名，后续字符串为程序的运行参数，最后以 NULL 结束。例如："execlp("echo", "echo", "hello!", NULL);" 表示更换进程映像为 echo 文件，执行的命令行是 "echo hello!"。

（3）运行环境：以 e 结尾的函数使用 envp[]数组来指定传递给应用程序的环境变量；其他的函数没有这个参数，它们将使用默认的环境变量。

【返回值】调用成功后，不返回；调用失败后，返回-1。

与一般的函数不同，exec()是 "一次调用，零次返回"，因为调用成功后，进程的映像已经被替换，无处可回了。图 4-11 描述了用 exec()系统调用更换进程映像的流程。子进程开始运行后，立即调用 exec()，变身成功后即开始执行新的程序了。

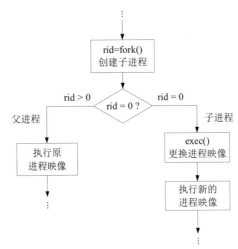

图 4-11 用 exec()更换进程的映像

例 **4.3** 一个简单的 fork-exec_test 程序。

```
#include <stdio.h>
#include <unistd.h>
int main()
{ int rid;
```

```
  rid = fork();
  if (rid > 0 )  printf("I am parent.\n");
  else { printf("I am child, I'll change to echo!\n");
      execl("/bin/echo", "echo", "hello!", NULL);              //更换为echo
  }
}
```

该程序的运行结果如下：

```
$ ./fork-exec_test
 I am parent.
 I am child, I'll change to echo!
 hello!
$_
```

fork()返回后，父子进程分别执行各自的分支，输出各自的信息。子进程随后调用 exec()，变换为 echo 进程。echo 开始执行后输出字符串"hello!"。

3）写时复制技术

创建新进程的效率决定了系统快速执行任务的能力。传统的 fork()系统调用是将父进程的映像复制给新的子进程，这个操作是耗时的。如果新进程创立后立即调用 exec()，则刚复制进来的进程映像又会立刻被覆盖掉，这显然是非常低效的。为了优化 fork()的性能，Linux 使用了"写时复制"（copy on write）技术，就是当 fork()完成后并不立刻复制父进程的映像内容，而是让子进程共享父进程的同一个副本，直到遇到有一方执行写入操作（即修改了映像）时才进行复制，使父子进程拥有各自独立的副本。也就是说，复制操作被推迟到真正需要的时候才进行。然而，多数情况下子进程诞生后会立刻执行 exec()，使得复制操作根本就不会发生，这样就大大提高了创建进程的效率。

2. 进程的终止与等待

1）进程的终止与退出码

导致一个进程终止运行的方式有两种：一是程序中使用退出语句主动退出，我们称其为正常终止；另一种是被某个信号杀死，例如在进程运行时按 Ctrl+c 键终止其运行，这称为非正常终止。

用 C 语言编程时，可以通过以下 4 种方式主动退出：

（1）调用 exit(*status*)函数来结束程序；

（2）在 main()函数中用 return *status* 语句结束；

（3）在 main()函数中用 return 语句结束；

（4）程序执行至 main()函数结束。

以上 4 种情况都会使进程正常终止，前 3 种为显式地终止程序的运行，后 1 种为隐式地终止。正常终止的进程可以返回给系统一个退出代码，即前 2 种语句中的 *status*。通常的约定是：0 表示正常；非 0 表示异常，不同取值表示异常的具体原因。例如对一个计算程序，可以约定退出码为 0 表示计算成功，-1 表示运算数有错，-2 表示运算符有错，等等。如果程序结束时没有指定退出码（如后两种退出），则它的退出码不确定。

退出码保存在进程描述符的 exit_code 字段中。设置退出码的作用是通知父进程有关此次运行的状况，以便父进程做相应的处理。因此，显式地结束程序并返回退出码是一个好的 Linux 编程习惯，这样的程序可以很好地与系统和其他程序合作。

2）终止进程

进程无论以哪种方式退出，最终都会调用 exit()系统调用，终止自己的运行。exit()系统调用执行以下操作：释放进程所占有的资源，只保留其描述符和内核栈；向进程描述符中写入进程退出码和一些统计信息；置进程状态为"僵死态"；如果有子进程的话就为它们找一个新的父进程来"领养"；通知父进程回收自己；最后调用进程调度程序切换进程。

至此，进程已变为"僵尸"进程，它不再具备任何执行条件，只是它的描述符和内核栈还在，也就是还没有销户。保留进程描述符和内核栈是为了保存有关该进程运行情况的重要信息，比如退出码、运行时间统计、收到信号的数目等，以备父进程收集。

如果一个进程由于某种原因先于子进程终止，它的子进程就会成为"孤儿"进程。父进程在退出前要做的一件事就是为孤儿子进程寻找一个新的父进程来收养它。新的父进程可以是同组进程中的另一个进程（进程组的概念见 4.8.4 节），没有同组进程的话就是 1 号进程。由于 1 号进程不会退出，所以所有的孤儿进程都会被收养。最后，在系统关机前，1 号进程负责结束所有的进程。

exit()系统调用

【功能】主动终止进程。

【调用格式】void exit(int *status*);

【参数】*status* 是要传递给父进程的一个整数，用于向父进程通报进程运行的结果。*status* 的含义通常是：0 表示正常终止；非 0 表示运行有错，异常终止。

3）等待与回收进程

僵尸进程的最后回收工作一般由其父进程负责。这是因为在许多情况下父进程需要了解子进程的执行结果。回收（reap）的主要操作是从僵尸子进程的描述符中收集必要的信息，然后撤销其剩余资源，即进程描述符和内核栈。至此子进程彻底消失。

然而，在并发执行的环境中，父子进程的运行速度是无法确定的，父进程有可能先于子进程结束。如果希望父进程为子进程进行回收，就需要通过某种手段来同步父子进程的进展。这个手段就是利用 wait()系统调用来阻塞父进程的运行，使其等待子进程结束。

子进程结束时会用 SIGCHLD 信号通知父进程，而父进程默认地忽略该信号，不予处理。然而，利用 wait()系统调用，父进程可以主动去等待和回收子进程。在适当的位置调用 wait()后，wait()将检查是否有要回收的僵尸子进程。找到的话就回收，否则就将自己阻塞，等待子进程结束。子进程终止时会唤醒父进程，wait()继续运行，对僵尸子进程进行回收。wait()返回后，子进程已回收完毕，父进程继续运行。

wait()系统调用

【功能】阻塞进程直到子进程结束时，回收子进程。

【调用格式】int wait(int *statloc);

【参数】*statloc 保存了子进程的一些状态。如果是正常退出，则其末字节为 0，第 2 字节为退出码；如果是非正常退出，则其末字节不为 0，末字节的低 7 位为导致进程终止的信号的信号值。若不关心子进程是如何终止的，可以用 NULL 作参数，即 wait(NULL)。

【返回值】

>0   子进程的 PID。

-1   调用失败。

0   其他。

图 4-12 描述了用 wait()系统调用等待子进程的流程。

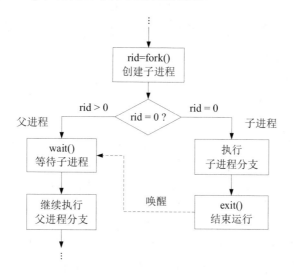

图 4-12 用 wait 实现进程的等待

例 4.4 一个简单的 wait-exit_test 程序。

```c
#include <stdio.h>
#include <stdlib.h>
#include <unistd.h>
#include <sys/wait.h>
int main()
{ int rid, cid, status;
  rid = fork();
  if ( rid < 0 ) { printf("fork error!"); exit(1); }
  if ( rid == 0 ) { printf("Child: I will exit in 10 seconds.\n");
                    sleep(10);      // 睡眠10秒
                    exit(0);
  }
  cid=wait(&status);
  printf("Parent: I caught a child with PID of %d.\n", cid);
  if ((status & 0377) == 0)        // 末字节为0
      printf("It exited normally, with status of %d.\n", status>>8);
  else printf("It was terminated by signal %d.\n", status&0177);
  exit(0);
}
```

父进程在创建子进程时，如果创建失败则调用 exit(1)退出，否则调用 wait()阻塞自己；子进程运行时先输出信息，睡眠 10 秒后用 exit(0)退出，向父进程发 SIGCHLD 信号并唤醒父进程。父进程被唤醒后，继续执行 wait()，回收子进程。wait()返回后，父进程根据 wait()返回的信息获得子进程的 PID 和退出码，判断子进程的运行情况并输出相应的信息，然后用 exit(0)退出。

该程序的运行结果如下：

```
$ ./wait-exit_test
 Child: I will exit in 10 seconds.
 Parent: I caught a child with PID of 5326.
 It exited normally, with status of 0.
$_
```

4）子进程的回收策略

子进程结束后留下僵尸是为了让父进程采集运行信息，只有经父进程回收后僵尸才能消失。如果因某种原因父进程未能回收子进程，就会造成僵尸积累，占用系统资源（主要是PID号），严重时会导致 fork()失败。这就是僵尸问题。

为避免遗留子进程僵尸，内核会在进程退出后接管它的回收工作。一个进程结束后，如果它的子进程还未结束，则养父进程或 1 号进程将收养它们，并负责它们的回收。如果它有未回收的子进程僵尸，1 号进程会例行调用 wait()将它们全部回收。也就是说，父进程一结束，僵尸也就被清理了。因此，普通的进程不必担心僵尸问题。但对于长久运行不退出的服务进程来说，僵尸的回收就是一个必须面对的问题。

例 4.4 中采用的是"等待-回收"策略，即父进程执行 wait()阻塞自己，等待子进程结束，当检测到僵尸子进程后就进行回收。这种方式的特点是回收及时，不会遗留僵尸进程。但父进程的运行会受阻，因此对负载重的服务进程不适用。

服务进程的特点是任务繁重且子进程众多。出于性能考虑，服务进程往往无法等待或无暇回收子进程。对于这些进程来说，最好的回收策略是利用信号机制进行回收。如果父进程不能等待子进程，它可以选择捕获子进程的结束信号 SIGCHLD，在信号处理程序中调用 wait()回收子进程；如果父进程不关心子进程的执行结果，它可以通知内核忽略 SIGCHLD 信号，让 1 号进程接管子进程的回收工作。关于信号的具体应用方法在 4.7.2 节介绍。

3．进程的阻塞与唤醒

运行中的进程若需要等待一个特定事件的发生而不能继续运行下去，则主动放弃 CPU，进入睡眠态。等待的事件可能是一段时间、从磁盘上读出的文件数据、来自键盘的输入或是某个硬件事件。进程通过调用内核函数来阻塞自己。阻塞进程的操作步骤是：建立一个等待队列的节点，填入本进程的信息，将它链入相应的等待队列中；将进程的状态置为睡眠态，调用进程调度程序；进程调度程序将其从可执行队列中删去，并选择其他进程运行。具体的实现策略通常还有些优化，比如进程在即将改变状态前先检测等待条件，如果条件满足则不必进入睡眠态。

每个等待队列都定义了自己的唤醒条件，当等待的事件发生时，被等待的一方将负责唤醒等待队列中的所有进程。例如，父进程要等待子进程结束，它调用 wait()将自己挂到"等待子进程退出"（wait_chldexit）队列中。该队列的唤醒条件是子进程运行结束。当子进程调用 exit()退出时就会对这个队列执行唤醒操作。唤醒进程的操作步骤是：置进程状态为可执行态；将进程的节点从等待队列中删除，链入到可执行队列中。如果此进程的优先级高于当前进程的优先级则会触发进程调度程序重新进行调度，选择此进程运行。

被唤醒的进程通常还要判断一下该事件是否满足自己的等待条件，比如结束的子进程是否是自己所等待的子进程。如果是等待的事件则进行处理，然后继续运行；不是则再次睡眠，等待下一次唤醒。处于可中断睡眠态的进程也可以被信号唤醒。被信号唤醒称为"伪"唤醒，即唤醒并非因为等待的事件发生。伪唤醒的进程在处理完信号后可能会改变状态，也可能会再次睡眠。

4.4.3 Shell 命令的执行过程

Shell 程序的功能是执行 Shell 命令。执行命令的主要方式是创建一个子进程，让这个子进程来执行命令的映像文件。因此，Shell 进程是所有在其下执行的命令的父进程。图 4-13 示意了 Shell 执行命令的流程，从中可以看到一个进程从诞生到消失的整个过程。

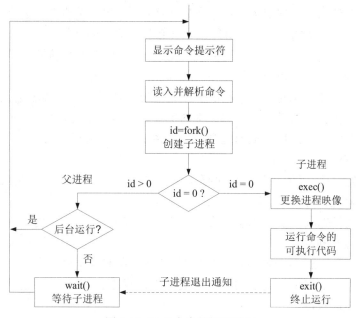

图 4-13 Shell 命令的执行过程

Shell 进程初始化完成后，在屏幕上显示命令提示符，等待命令行输入。接收到一个命令行后，Shell 对其进行解析，确定要执行的命令及其选项和参数，以及命令的执行方式，然后创建一个子 Shell 进程。如果命令行后面没有带后台运行符 "&"，则子进程在前台开始运行，Shell 则阻塞自己，等待命令执行结束。如果命令行后面带有 "&" 符，则子进程在后台开始运行，同时 Shell 也继续执行下去。它立即显示命令提示符，接收下一个命令。子进程开始运行后立即将映像更换为要执行的命令的映像文件，执行该命令直到结束。子进程退出时会用信号和唤醒操作通知 Shell 对其进行回收。对前台子进程的回收通常在 Shell 被唤醒后进行，对后台子进程的回收通常在处理信号时进行。回收完成后 Shell 继续运行。

4.5 进程调度

在多任务系统中，进程调度是 CPU 管理的一项核心工作。进程调度决定了 CPU 的使用方式和进程的运行效率，因而是系统内核设计中最为关键的一个环节。

4.5.1 进程调度的基本原理

1. 进程调度的功能

进程调度的功能是按照一定的策略把 CPU 分配给就绪进程，使它们轮流地使用 CPU 运行。进程调度实现了进程就绪态与运行态之间的转换。进程调度的功能由内核中的进程调度程序实现。当正运行的进程因某种原因放弃 CPU 时,进程调度程序就会被调用。

调度操作包括以下两项内容:

(1) 选择进程:即按一定的调度算法,从就绪进程队列中选一个进程。

(2) 切换进程:为换下的进程保留现场,为选中的进程恢复现场,使其运行。

2. 进程调度的算法

进程调度的算法用于实现对 CPU 资源的分配策略,也就是决定什么时刻让什么进程运行。调度算法是系统效率的关键,它直接决定着系统最本质的性能指标,如响应速度、吞吐量等。进程调度算法的目标首先是要充分发挥 CPU 的处理能力,满足进程对 CPU 的需求。此外还要尽量做到公平对待每个进程,使它们都能得到合理的运行机会。

进程调度算法还要考虑对不同进程的调度策略。通常的策略是:实时进程,如视频播放、机器人控制、实时数据采集等,要求系统即时响应;交互式进程,如 Shell、文本编辑、桌面系统等,需要及时响应;后台批处理进程,如系统清理、银行轧账等,允许延缓响应。

常用的调度算法有:

(1) 先进先出法:按照进程在可执行队列中的先后次序来调度。这是最简单的调度法,但缺点是对一些紧迫任务的响应时间过长。

(2) 短进程优先法:按照进程的长短,优先调度短进程运行。这样可以提高系统的吞吐量,但对长进程不利。

(3) 时间片轮转法:进程按规定的时间片轮流使用 CPU。这种方法可满足系统对用户响应时间的要求,有很好的公平性。时间片长度的选择应适当,过短会引起频繁的进程调度,过长则对用户的响应较慢。

(4) 优先级调度法:为每个进程设置优先级,调度时优先选择优先级高的进程运行,使紧迫的任务可以优先得到处理。更为细致的调度法又将优先级分为静态优先级和动态优先级。静态优先级是预先指定的,动态优先级则随进程的运行时间而降低或升高。两种优先级组合调度,既可以保证对高优先级进程的响应,也不致过度忽略低优先级的进程。

实际应用中,经常是多种策略结合使用。例如,时间片轮转法中也可适当考虑优先级因素,对于紧急的进程可以分配一个长一些的时间片,或连续运行多个时间片等。

3. 进程调度的时机

引发进程调度的情况可归纳为下面几种:

(1) 当前进程放弃 CPU,转入睡眠、暂停或僵死态;

(2) 当前进程让出 CPU,转入就绪态;

(3) 当前进程的时间片用尽;

(4) 有更高优先级的进程就绪。

以上情况中,第 1 种是进程因运行条件不满足而放弃 CPU,第 2 种是进程(通常是一些设备驱动程序)出于协作的目的让出 CPU。这两种情况都是由进程主动调用调度程序来切换进程。后两种情况则不同,它们都是由系统强制进行重新调度的。这种强制性的调度称为抢占(preemption)。抢占是现代操作系统的特征,在必要时抢占 CPU 可以保证系统具有良好的响应性和公平性。允许抢占的系统称为抢占式系统,不允许抢占的系统称为协作式系统。现在的操作系统,如 UNIX、Linux 和 Windows 等,都是抢占式系统,也就是都支持上述 4

种调度方式。

4.5.2　Linux 系统的进程调度

Linux 系统的进程调度简洁而高效。尤其是新版内核采用的新调度算法，在高负载、多 CPU 及桌面系统中都执行得极为出色。

1. 进程调度的信息

Linux 的进程描述符中记录了与进程调度相关的信息，主要有：

（1）调度策略（policy）：对进程的调度算法，决定了调度程序应如何调度该进程。Linux 将进程分为实时进程与普通（非实时）进程两类，分别采用不同的调度策略。实时进程采用实时调度策略，普通进程采用普通调度策略。

（2）实时优先级（rt_priority）：实时进程的优先级，标志实时进程优先权的高低，取值范围为 0（最低）~99（最高）。实时进程此项为 1~99，非实时进程此项为 0。

（3）静态优先级（static_prio）：进程的基本优先级。进程在创建之初继承了一个表示优先程度的"nice 数"（见 10.6.1 节介绍），它决定了进程的静态优先级。普通进程的 static_prio 取值范围为 100（最高）~139（最低），默认为 120；实时进程的此项无实际意义。

（4）动态优先级（prio）：进程调度使用的实际优先级。它是对静态优先级的调整。普通进程的 prio 的取值范围为 100（最高）~139（最低），可以在需要时变化（比如在某段时间为避免被其他进程打断而临时性地提高优先级，过后再降回来）；实时进程的 prio 值为 99-rt_priority，取值范围为 0（最高）~99（最低），不再变化。

（5）时间片（time_slice）：进程当前剩余的时间。普通进程的时间片的初始大小取决于进程的静态优先级，取值范围为 5~800 ms，优先级越高，则时间片越长。实时进程的时间片大小由内核设定。随着进程的运行，时间片不断减少。时间片减为 0 的进程将不会被调度，直到它再次获得新的时间片。

进程的调度策略和优先级等是在进程创建时从父进程那里继承来的，不过进程可以通过系统调用改变它们。setpriority()和 nice()用于设置静态优先级；sched_setparam()用于设置实时优先级；sched_setscheduler()用于设置调度策略和参数。

2. 进程调度的机制

1）调度策略

Linux 进程调度的宗旨是及时地响应实时进程，公平地响应普通进程。在调度策略上，实时进程的优先级要高于普通进程。因此系统中只要有实时进程就绪，内核就会调度它们运行，直至全部完成。对普通进程，内核采用的是均衡的调度策略，力图使所有进程都能公平地获得执行机会。

实时进程的调度算法比较简单，基本原则就是按优先级调度。普通进程的调度算法则比较复杂，需要兼顾系统的响应速度、公平性和整体效率，因此受到更多的关注和研究，版本也在不断地更新。2.5 版前的旧内核在调度进程时需要遍历所有的就绪进程，因而效率较低。2.5 版内核改进了调度算法和数据结构，使算法的复杂度达到 O(1)级，故称为 O(1)调度器。O(1)调度器的负载性能极佳，但在公平性上做得不够好，因此不久就被"完全公平调度器"（Completely Fair Scheduler，CFS）所取代。CFS 调度算法在公平性和效率方面都令人满意，因而成为目前内核的默认调度器。

2）调度程序

Linux 的主调度程序是 schedule()函数。schedule()是调度的入口，每当需要切换进程时都要调用这个函数。schedule()的工作就是选择下一个要运行的进程，然后切换现场，让选中的进程运行。选择进程的工作是通过调用具体的调度程序完成的。Linux 提供了两个具体调度程序，即用于实时进程的 RT 调度器和用于普通进程的 CFS 调度器。选择的顺序是先 RT后 CFS，即如果有可调度的实时进程就调用 RT 调度器，选择一个实时进程，否则就调用 CFS调度器，选择一个普通进程。选中进程后的切换操作在 4.5.3 节介绍。

除了主调度函数 schedule()外，内核中还有一个周期性的节拍调度函数 scheduler_tick()。在每个时钟节拍的中断处理程序中都会调用这个函数。节拍调度函数负责更新进程运行时间的统计量，并判断是否需要重新调度。判断工作也是由具体调度器完成的。若当前进程是实时进程，scheduler_tick()就会调用 RT 调度器进行判断；若当前进程是普通进程就调用 CFS调度器进行判断。如果调度器认为需要换下当前进程，它就会通知内核，由内核启动主调度器 schedule()进行进程切换。

3）调度实体与队列

调度程序的操作对象并不是进程描述符本身，而是包含在进程描述符中的称为调度实体的结构变量。调度实体中包含了调度算法所需的所有信息，它代表进程参与调度。实时进程的调度实体是 rt，普通进程的调度实体是 se。

调度程序所使用的最基本的数据结构是可执行队列（runqueue），也称为就绪队列。队列中包含了所有等待 CPU 的可执行进程的调度实体。可执行队列采用 rq 结构描述，每个 CPU有一个 rq。rq 结构中含有多个子运行队列，每个调度器对应一个子运行队列。用于 RT 调度器的队列为 rt_rq，用于 CFS 调度器的队列为 cfs_rq。

4）调度方式

调度的方式分为主动调度与抢占调度两种。主动调度就是由进程直接调用 schedule()函数，主动放弃 CPU；抢占调度是由内核调用 schedule()函数，强制切换进程。抢占调度又分为周期性抢占与优先级抢占。周期性抢占是在每个时钟节拍中判断是否需要切换进程，如果需要就通知内核重新调度。优先级抢占是当有高优先级的进程就绪时，内核将中断当前进程，调度更高优先级的进程运行。

通知内核重新调度的方式是设置"重新调度"（need_resched）标志。该标志位于当前进程的 thread_info 结构中，用 TIF_NEED_RESCHED 标志位表示，为 1 时将引发进程抢占。重新调度的需求通常是在中断处理过程中提出的。例如：在时钟中断的处理程序中，如果节拍调度函数判断需要重新调度就会设置这个标志；当一批磁盘数据传输完成时，磁盘 I/O 中断的处理程序会唤醒等待这批数据的睡眠进程，并设置这个标志。

抢占的时机是在进程从核心态返回到用户态时。每当进程从中断处理或系统调用返回用户态时，内核都会检查 need_resched 标志，如果已被设置则调用 schedule()函数进行调度。当回到用户态时，再运行的可能已是另一进程了。由于中断处理和系统调用总在频繁地发生，使得高优先级进程能够在需要时及时抢占运行。

5）内核抢占方式

上述的抢占机制属于用户级的抢占，特点是切换操作都是在用户态下发生的。多数操作系统（包括 2.4 版内核之前的 Linux）都只支持这种抢占机制。在这样的系统中，内核代码会一直运行到完成，其间不允许重新调度。假如一个中断处理的过程中又嵌套了其他的中断处理，则要在全部处理都执行完后返回用户空间时才允许进程调度，这显然会延长系统对高优先级进程的响应时间。2.6 版之后的内核引入了更为先进的抢占机制，即内核抢占（kernel preemption）机制。内核抢占允许运行在核心态下的进程主动放弃 CPU，或是在可以保证内核代码安全的前提下被抢占。抢占的时机是在中断处理结束返回内核空间时。内核抢占使得系统的实时性能显著提高，这对嵌入式系统来说更为重要。

为了支持内核抢占，Linux 在进程的 thread_info 结构中设置了 preempt_count 变量。该变量值为 0 时表示允许执行内核抢占。每当返回内核空间时，内核都会检查 need_resched 和 preempt_count 的值。如果 need_resched 被设置表明有一个更高优先级的任务需要执行。此时若 preempt_count 为 0 的话，调度程序就会被调用；如果 preempt_count 不为 0 则说明当前任务不允许抢占，内核将直接从中断返回。

3. 实时进程的调度

实时进程的调度原则是严格按优先级进行调度，在同一优先级上则采用先进先出或轮转法进行调度。所有的实时进程都由 RT 调度器（Realtime Scheduler）进行调度。

1）实时进程的可执行队列

实时进程的可执行队列采用 rt_rq 结构描述，其中包括了实时调度所需的各种信息。实时进程是按优先级进行调度的，因此 rt_rq 中设立了 100（0~99）个优先级队列，每个就绪的实时进程按优先级链接到对应的优先级队列中，所有队列的头部都记录在数组 active[] 中，按优先级顺序排列。此外，为了提高查找进程的效率，active[] 中还包含了一个优先级位图，每位代表一个优先级队列，为"1"表示该队列中有就绪进程，为"0"表示队空。因此，优先级位图中第一个值为 1 的位所对应的优先级队列的队头就是当前就绪的最高优先级进程。每次有进程入队和出队时，调度器都要相应地修改优先级位图，以反映队列的最新状况。

2）实时进程的调度策略

实时进程的调度策略包括先进先出法（SCHED_FIFO）、时间片轮转法（SCHED_RR）和最后期限法（SCHED_DEADLINE）。以前两种最为常用。

（1）先进先出法（First-In, First-Out, FIFO）：调度程序依次选择当前最高优先级的 FIFO 类型的进程，调度其运行。投入运行的 FIFO 类进程将一直运行，直到终止、睡眠或者被具有更高优先级的 FIFO 类进程抢占。

（2）轮转法（Round Robin, RR）：RR 调度算法的基本思想是给每个实时进程分配一个时间片，然后按照它们的优先级加入到相应的优先级队列中。调度程序按优先级依次调度，具有相同优先级的进程采用轮换法，每次运行一个时间片。当进程的时间片用完时，它就要让出 CPU，重新计算时间片后加入到同一优先级队列的队尾，等待下一次运行。只有当前优先级队列为空时才会调度下一优先级队列中的进程。RR 算法也采用了优先级抢占策略。在进程的运行过程中，如果有更高优先级的实时进程就绪，调度程序就会中止当前进程而去响应高优先级的进程。

严格地说，这两种实时都属于软实时，也就是统计意义上的实时，并不能提供像实时 Linux 系统那样精确的响应时间保证。相比之下，FIFO 算法更为简单，但在一些特殊情况下有欠公平。比如，一个很短的进程排在了一个很长的进程之后，它可能要花费很多的时间来等待。因此，FIFO 适用于那些每次运行时间较短的实时进程。RR 算法在追求响应速度的同时还兼顾到公平性，因而适合于那些运行时间较长的实时进程。

3）实时调度的实施

当一个实时进程就绪时，内核将根据它的优先级将其放入相应队列的尾部。如果该进程的优先级高于当前进程的优先级，内核将调用 schedule()函数进行抢占，否则就排在队中等待调度机会。每次调度时，若 schedule()函数发现有实时进程就绪，它就会调用 RT 调度器的pick_next_task_rt()函数，选择下一个要运行的实时进程，令其运行。选择方法是扫描优先级位图，找到当前存有就绪进程的最高优先级队列，然后取出该队列中的第 1 个进程。

在每个时钟节拍的中断处理中，节拍调度函数 scheduler_tick()都将运行。如果当前进程是实时进程则它会调用 RT 调度器的 task_tick_rt()函数。这个函数的操作是：如果当前进程是 FIFO 进程，则什么也不做，直接返回；如果是 RR 进程，则递减进程的时间片，若时间片减到了 0 就为其重新赋予时间片并链入到原队列的尾部，然后设置 need_resched 标记。中断返回时，内核发现该标志就会进行抢占，调度下一个进程运行。

4. 普通进程的调度

普通进程的调度策略是普通（SCHED_NORMAL）调度法。在新内核中，普通调度法就是完全公平调度法 CFS。

1）调度策略的公平性

相比实时进程，普通进程的调度更加强调公平性。公平性好的系统给用户的感觉就是用起来很流畅，不卡顿。公平性不好则会使有些进程受到忽视，导致响应延时。

理想的公平是各个进程均同时向前推进。但由于在单个 CPU 上进程是交替运行的，总会有先有后，因此只能实现宏观并行，微观串行。如果以所有进程都得到至少一次运行机会的时间段为一个周期，则这个周期越短就越接近于同时运行的效果，也就越公平。按照这个标准来衡量，传统的时间片轮转法并不够好。按 O(1)的调度法，默认优先级（static_prio 为 120）的时间片长度是 100 ms。假设就绪队列中有 4 个默认优先级的进程，则 4 个进程各执行一次的调度周期为 400 ms。进程数越多或时间片越长，则调度周期就越长，对进程的响应也就越慢。

时间片轮转法不够公平的原因是采用了固定长度的时间片，使得调度周期无法控制，公平性也就得不到保证。基于这个分析，CFS 放弃了时间片概念，将 CPU 的时间由定量分配改为定比分配，也就是将 CPU 的时间按比例分配给各个就绪进程，保证它们在预定的调度周期内都能按分到的比例获得运行机会。假设有 4 个相同优先级的就绪进程，则它们应各分得 25%的 CPU 时间。如果调度周期设为 20 ms，则在每个周期内 4 个进程都可得到 5 ms 的时间，交替运行。可见，按比分配可以有效地将调度周期控制在合理范围内，使所有进程的响应时间都得到保证。

调度周期也不是越短越好。过短的周期会导致过于频繁的进程切换，加重 CPU 的负担。因此周期的长度应按进程的数量和对响应时间的需求来设定。周期内的时间也不会按进程平分，优先级高的进程会得到更多的运行机会，但优先级低的进程也不会被完全忽视。这就是 CFS 所追求的目标，即在兼顾系统性能和优先级因素的前提下实现最大程度上的公平。

2）CFS 的调度原理

CFS 调度法的要点之一是将 CPU 的使用权按比例分配给各就绪进程，据此算出各进程在一个调度周期内应运行的时间。分配的依据是进程的负载权重（load weight）。每个进程都有一个负载权重，这个权重是根据进程的静态优先级计算而来的。从 100 到 139，优先级越高（优先数越小），则权重越大，每级递增约 25%。进程的权重与当前所有就绪进程的权重总和之比就是该进程的权重比，这个权重比就是该进程应获得的 CPU 使用比例。调度周期的长度是根据当前就绪队列中的进程数设置的，经验值是进程数乘以 4 ms，最低 20 ms。权重比乘以调度周期就是该进程在一个周期内应该获得的 CPU 的时间配额，称为该进程的理想运行时间。例如，假设就绪队列中有 A、B、C 三个进程，优先数分别为 119、120 和 121。根据系统的设置，这三个优先数对应的权重分别为 1277、1024 和 820，所以它们的权重比分别为 41%、33% 和 26%。在 20 ms 的周期中，它们的理想运行时间分别是 8.2 ms、6.6 ms 和 5.2 ms。

CFS 调度法的另一个要点是根据进程的理想运行时间公平地调度各进程运行。由于各进程的理想运行时间长短不等，根据它们的实际运行时间进行调度比较麻烦。为此，CFS 引入了虚拟时钟的概念。每个进程都设有一个虚拟时钟（vruntime），用于计量进程已消耗的 CPU 时间。虚拟时钟所计量的是虚拟运行时间，是对实际运行时间加权后的结果。因此虚拟时钟的前进步调可能快于或慢于实际时钟，这取决于进程的权重，或者说优先级。默认优先级进程的虚拟时钟与实际时钟的步调相同。优先级低的进程其虚拟时钟的步调较快，而优先级高的进程其虚拟时钟的步调则较慢，每级递减约 25%。例如，对于前面例子中的 A、B、C 进程来说，它们各自的虚拟运行时间与实际运行时间之比分别为 0.8、1 和 1.25。可以算出，它们的理想运行时间所对应的虚拟运行时间都是 6.5 ms 左右。这就是说，虚拟运行时间抹平了进程权重带来的差异，所有进程分到的虚拟运行时间是相等的。

有了虚拟时钟，CFS 的调度算法变得十分简单，只需协调各进程，按自己的虚拟时钟向前推进。做法更简单，每次切换时都选虚拟时钟值最小的那个进程运行。这样就使得各个进程的虚拟时钟相互追赶，并在周期末尾追平，然后开始下一轮的相互追赶与等待。各进程的虚拟时钟从相同、追赶到再次相同的过程正是一轮周期的体现。不过，调度周期不是简单的重复。随着就绪队列中进程数量的变化，总权重、调度周期长度及各进程的理想运行时间都会随之动态地调整，这些调整的结果将即时反映在当前调度周期中。

3）CFS 的可执行队列

CFS 调度器的可执行队列用 cfs_rq 结构描述，包含了队列本身以及队列的属性信息和统计数据，如当前进程数目、总权重、当前最小 vruntime 值等。cfs_rq 中的队列不是一个线性队列，而是一颗以 vruntime 为键值的红黑树（red-black tree）。树中的叶子节点是调度实体 se，其中包含了进程的全部调度数据，如进程的权重、vruntime、开始运行时间、累计运行时间等。vruntime 值越小的节点越靠近树的左端。因此，红黑树中最左端节点对应的进程就是当前 vruntime 值最小的进程。

当一个进程转入就绪状态后，内核将其插入红黑树中的适当位置；当一个进程被选中运行时，它的节点就被从树中摘去。每次出入队操作都要对红黑树进行平衡调整，并相应地更新队列的统计数据。

4）CFS 调度的实施

当一个普通进程就绪时，CFS 调度器根据它的 vruntime 值将其插入红黑树中。对于睡眠后被唤醒的进程来说，它的 vruntime 值的增长通常会落后于其他进程，因此它会被插入到前面的位置，得到优先调度的机会。每次调度时，若没有实时进程，schedule()函数就会调用 CFS 调度器的 pick_next_task_fair()函数，从红黑树中选出下一个要运行进程，令其运行。

在每个时钟节拍的中断处理中，如果当前进程是普通进程，节拍调度函数 scheduler_tick() 就会调用 CFS 调度器的 task_tick_fair()函数。这个函数的操作是：根据队列中的进程数设定调度周期，再用队列的总权重、当前进程的权重和调度周期计算出当前进程的理想运行时间，然后更新当前进程的实际运行时间和虚拟运行时间，再判断是否需要切换此进程。切换的条件是当前进程的实际运行时间超过了它的理想运行时间，或它的虚拟运行时间大于就绪队列中的最小 vruntime 值。如果判断当前进程满足切换条件则将它插入红黑树中，然后设置 need_resched 标记，通知内核进行抢占；如果不满足切换条件则直接返回，让当前进程继续运行。

4.5.3 Linux 系统的进程切换

当 schedule()选中一个新的进程后，下一步就是调用 context_switch()函数，完成进程的切换。切换操作包括两个步骤：一是切换进程的地址空间；二是切换进程的执行环境，包括内核栈和 CPU 硬件环境。

切换地址空间就是为 CPU 安装上新进程的地址空间，使其访问新的进程映像。这一步的切换操作由 switch_mm()函数完成，具体动作将在 5.4.2 节中介绍。由于各进程的内核地址空间是相同的，而这步操作改变的只是用户空间，因此不会影响第二步操作的执行。本节介绍的是第二步切换执行环境的操作，是由 switch_to()函数完成的。

1. 进程的执行环境

进程在运行时，CPU 中各寄存器的值就构成了进程的执行环境。进程切换时，执行环境也要跟着改变。在切换点上的执行环境的值就称为进程的现场。调度程序需要为换下的进程保存完整的现场，这样当进程再次获得运行机会时才能够恢复原状继续执行。

对于不同的体系架构，CPU 寄存器的配置也不同。表 4-1 列出了 x86 和 x64 CPU 的主要寄存器的名称与用途。

表 4-1 x86/x64 CPU 的主要寄存器

分类	x86 CPU	x64 CPU	用途
通用寄存器	eax、ebx、ecx、edx	rax、rbx、rcx、rdx	通用，存放数据
通用寄存器	esi、edi	rsi、rdi	通用，esi、edi 变址用
通用寄存器	ebp	rbp	通用，ebp 存放栈基址
通用寄存器	esp	rsp	通用，存放栈指针
通用寄存器		r8~r15	通用，存放数据
段寄存器	cs、ds、es、ss、fs、gs		存放段描述符索引
指令地址寄存器	eip		存放下一条指令地址
标志寄存器	eflags		存放程序标志
控制寄存器	cr0~cr4	cr0~cr4、cr8	存放系统运行配置
系统地址寄存器	gdtr、ldtr、idtr、tr		存放系统表格的地址

x86 与 x64 寄存器的主要区别是位数：x86 的寄存器是 32 位的，而 x64 的寄存器是 64 位的。为了向下兼容，x64 为 64 位的通用寄存器设了新的名字，而它们的低 32 位仍可作为 32 位通用寄存器，按 x86 的原名使用。为叙述方便，以下将基于 x86 架构来描述进程的执行环境及切换过程，其原理与操作也同样适用于 x64 系统。

具体地说，在 x86 系统中，进程的执行环境由以下两部分构成：

1）程序相关的执行环境

与程序执行相关的寄存器包括通用寄存器、段寄存器、指令寄存器和标志寄存器。这些寄存器给出了程序运行所需的指令、数据、地址和状态等信息，它们的内容随着指令的执行而变化。我们称这部分环境为程序执行环境。由于进程在用户态与核心态所执行的映像不同，程序的执行环境也就不同。例如，在用户态下 esp 指向用户栈，而在核心态下它指向内核栈。所以，当进程的运行态改变时需要切换它的程序执行环境。

2）硬件相关的执行环境

与 CPU 运行相关的寄存器包括控制寄存器、调试寄存器以及一些有关浮点计算及 CPU 模式设定的寄存器。此外还有一些 CPU 所使用的系统表和数据区，如段描述符表 GDT 和 LDT、中断向量表 IDT 和任务段 TSS。这些表的地址保存在系统地址寄存器中。我们称这部分环境为硬件执行环境。硬件执行环境确定了支持进程运行的硬件条件及系统设置，通常不与程序自身的执行相关，只与当前进程相关。因而在进程切换时需要切换硬件执行环境。

2. 进程现场的保存与恢复

用于保存进程现场的设施是内核栈和进程描述符 task_struct 中的 thread 结构。内核栈用于存放程序现场，即程序执行环境的现场；thread 结构用于存放硬件现场，即硬件执行环境的现场。

1）程序执行环境的切换

程序执行环境的切换发生在进程的运行模式转换时。当进程因中断或系统调用进入核心态时，它的用户态程序现场被保存在内核栈中，CPU 切换到核心态的程序执行环境；当返回用户态时，内核栈中保存的程序现场被恢复到 CPU，进程又回到用户态程序执行环境。

切换程序执行环境的操作要用到任务段 TSS。TSS 是 CPU 使用的一段系统数据区，其中保存了当前进程的重要运行数据。不过 Linux 仅使用其中的两个字段，即当前进程的内核栈指针初值 esp0 和 I/O 权限。当进程从用户态转入核心态时，内核首先通过 TSS 中的 esp0 来确定该进程的内核栈地址，然后再进行保存现场和切换操作。在进程切换时，TSS 段中的这两个字段也会被随之替换。

2）进程的切换

进程切换发生在进程重新调度时。由于调度程序运行在核心态，所以此时新旧两进程的程序现场都已在各自的内核栈中，进程切换时只要切换内核栈和硬件现场即可。硬件现场切换后，在返回用户态时程序现场也被恢复，则整个 CPU 的执行环境都换为新进程的了。

进程切换操作主要依靠 thread 结构完成。thread 中保存了所有硬件现场的数据，除此之外还保存了 esp 和 eip 两个寄存器的值，作为恢复运行时的初始值。esp 是恢复运行时的内核栈指针；eip 是恢复运行时的起始指令地址。进程切换的基本方法是利用 thread 中的 esp 来切换内核栈，利用 thread 中的硬件现场切换 CPU 的硬件执行环境，最后利用 thread 中的 eip

引导进程恢复运行。

3. 进程的切换过程

如上所述，switch_to()要做的操作是切换内核栈和 CPU 硬件现场。使 CPU 平稳地从一个执行环境过渡到另一个执行环境是个复杂的过程，这里只简单说明主要的步骤。设 A 为当前进程，B 为被调度程序选中的新进程。在执行切换操作前，A 的用户态程序现场已保存在它的内核栈中了，B 的全部现场已在上次被换下时保存在它的内核栈和 thread 中了（这里暂不考虑 B 是新建进程的情况）。以下是 switch_to()执行用 B 换下 A 的主要操作步骤：

（1）将后面操作要用到的寄存器（eflags、ebp）的值压入 A 的内核栈中。

（2）将内核栈指针 esp 寄存器的值保存到 A 的 thread 中，将 B 的 thread 中保存的 esp 值设置到 esp 寄存器中，这样就完成了内核栈的切换。由于 CPU 是通过内核栈中的 thread_info 来访问当前进程的描述符 task_struct 的，所以此时的当前进程已变为 B 了。

（3）将 A 的 thread 中的 eip 值设为一个特定的"标记 1"地址。这是 A 恢复运行时的起点。

（4）将 B 的 thread 中的 eip 值压入栈中。由于之前 B 也是被 switch_to()换下的，所以这个 eip 值就是在那次切换的第（3）步设置的"标记 1"地址。

（5）CPU 跳转到_switch_to()函数入口，开始执行硬件环境的切换。该函数将那些硬件相关寄存器的值保存在 A 的 thread 中，然后用 B 的 thread 中的内容更新 CPU 的硬件执行环境。至此 B 的执行环境已建立，函数返回。

（6）返回指令从栈中弹出返回地址到 eip 寄存器。这个地址就是第（4）步入栈的"标记 1"地址，即 B 恢复运行的起点地址。CPU 随即转到这个地址处执行。此处的指令执行的是出栈操作，就是恢复在第（1）步时压入栈内的两个寄存器。注意现在的栈是 B 的栈，所以恢复的是 B 上次被换下时第（1）步所保存的值。至此切换操作结束，返回 schedule()。

切换完成后，schedule()对 A 进行必要的结束处理，然后用 B 内核栈中的程序现场恢复 B 的程序执行环境，返回用户空间。至此 CPU 已完全处于 B 的执行环境中，于是 B 恢复运行。

如果 B 是一个新创建的进程，则建立时在它的 thread 中设置的 eip 值是 fork()返回点处的指令地址，这是进程首次运行的起点地址。因此切换操作的第（6）步执行的是这个地址处的指令，它跳过了第（6）步中的出栈操作，直接进入 schedule()的结束处理阶段，然后恢复现场返回用户空间。此处的恢复现场操作实际上是为 B 建立起初始运行环境，用的是父进程创建它时复制在其内核栈中的程序现场。随后 B 就开始了它的首次运行。

4.6 进程的互斥与同步

多个进程在同一系统中并发执行，共享系统资源，因此它们不是孤立存在的，而是会互相影响或互相合作。为保证进程不因竞争资源而导致错误的执行结果，需要通过某种手段实现相互制约。这种手段就是进程的互斥与同步。

4.6.1 进程间的制约关系

并发进程彼此间会产生相互制约的关系。进程之间的制约关系有两种方式：一是进程的同步，即相关进程为协作完成同一任务而引起的直接制约关系；二是进程的互斥，即进程间因竞争系统资源而引起的间接制约关系。

1. 临界资源与临界区

临界资源（critical resource）是一次仅允许一个进程使用的资源。例如，共享的打印机就是一种临界资源。当一个进程在打印时，其他进程必须等待，否则会使各进程的输出混在一起。共享内存、缓冲区、共享的数据结构或文件等都属于临界资源。

临界区（critical region）是程序中访问临界资源的程序片段。划分临界区的目的是明确进程的互斥点。当进程运行在临界区之外时，不会引发竞争条件。而当进程运行在临界区内时，它正在访问临界资源，此时应阻止其他进程进入访问同一资源的临界区。

在4.1.1节中描述了一个停车场车位计数器的例子（见图4-1）。当A、B两个进程同时修改计数器C时就会发生更新错误，因此C是一个临界资源，而进程A和B中访问C的程序段就称为临界区，如图4-14所示。

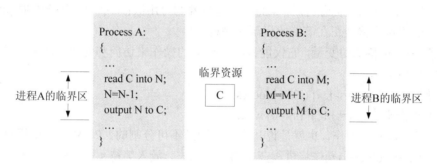

图 4-14 临界资源与临界区

2. 进程的互斥与同步机制

因共享临界资源导致错误的发生，其原因在于多个进程访问该资源的操作穿插进行。要避免这种错误，关键是要用某种方式来阻止多个进程同时访问临界资源，这就是互斥。

进程的互斥（mutex）就是禁止多个进程同时进入各自的访问同一临界资源的临界区，以保证对临界资源的排它性使用。以停车场车位计数器为例，当进程A运行在A的临界区内时，进程B不能进入B的临界区执行。进程B必须等待在临界区外，直到A离开A的临界区后，B才可进入B的临界区运行。

进程的同步（synchronization）是指进程间为合作完成一个任务而互相等待、协调步调。例如：两个进程合作处理一批数据，进程 A 先对一部分数据进行某种预处理，然后通过缓冲区传给进程 B 做进一步的处理。这个过程要循环多次直至全部数据处理完毕。

访问缓冲区是一个典型的进程同步问题。缓冲区是由两个或多个进程共享的一片内存区域，用于暂存传输的数据。缓冲区属于临界资源，当一个进程存取缓冲区时，另一个进程是不能同时访问的，否则就会出现数据更新错误。但进程之间并不仅仅是简单的互斥关系，它们还要以正确的顺序来访问缓冲区，即必须 A 进程写缓冲区在前，B 进程读缓冲区在后，且读与写操作必须一一交替，不能出现连续多次的读或写操作。比如，当 A 进程写满缓冲区后，即使 B 进程因某种原因还没有占用缓冲区，A 也不能去占用缓冲区再次写数据，它必须等待 B 将缓冲区读空后才能再次写入。

可以看出，同步是一种更为复杂的互斥，而互斥是一种特殊的同步。广义地讲，互斥与同步实际上都是一种同步机制。

3．互斥与同步的实现方法

实现进程互斥与同步的手段有多种，在现代操作系统中用得较多的有原子操作、互斥锁和信号量。原子操作是用特定汇编语言实现的操作，它的操作过程受硬件的支持，具有不可分割性。原子操作主要用于实现资源的计数。互斥锁机制是通过给资源加/解锁的方式来实现互斥访问资源，主要用于数据的保护。信号量是一种比互斥锁更为灵活的机制，主要用于进程的同步。

4.6.2 信号量同步机制

信号量是最早出现的进程同步机制，因其简捷有效而被广泛地用来解决各种同步问题。

1．信号量与 P、V 操作

信号量（semaphore）是一个整型变量 s，它为某个临界资源而设置，表示该资源的可用数目。s 大于 0 时表示有资源可用，s 的值就是资源的可用数；s 小于或等于 0 时表示资源已被占用，s 的绝对值就是正在等待此资源的进程数。

信号量是一种特殊的变量，它仅能被两个标准的操作来访问和修改。这两个操作分别称为 P 操作和 V 操作。

P(s)操作定义为：s=s-1; if (s<0) block(s);

V(s)操作定义为：s=s+1; if (s<=0) wakeup(s);

P、V 操作是原子操作，也就是说其执行过程是不可分割的。P、V 操作中用到两个进程控制操作。其中，block(s)操作将进程变换为等待状态，放入等待 s 资源的队列中；wakeup(s)操作将 s 的等待队列中的进程唤醒，将其放入就绪队列。

P(s)操作用于申请资源 s。P(s)操作使资源的可用数减 1。如果此时 s 是负数，表示资源不可用（即已被别的进程占用），则该进程等待。如果此时 s 是 0 或正数，表示资源可用，则该进程进入临界区运行，使用该资源。

V(s)操作用于释放资源 s。V(s)操作使资源的可用数加 1。如果此时 s 是负数或 0，表示有进程在等待此资源，则用信号唤醒等待的进程。如果此时 s 是正数，表示没有进程在等待此资源，则无须进行唤醒操作。

举例来说，某本图书的库存有 3 本（即 s 初值为 3），有 5 人要借此书。每次借书时库存减 1（P 操作），还书时库存加 1（V 操作）。按照顺序，前 3 人借书时库存为正数，因此都能顺利借到书。3 次借书后库存降为 0，第 4、5 人再借时只能登记并等待。此时的库存变为-2，表示欠缺 2 本书，也就是有 2 人在等待。之后，第 1 人还书后库存变为-1，因而判断有人在等待此书，则通知第 4 人取书。同样，第 2 人还书后库存变为 0，通知第 5 人取书；第 3 人还书后库存为 1，表示没有人需要通知了。

2．用 P、V 操作实现进程互斥

设进程 A 和进程 B 都要访问临界资源 C。为实现互斥访问，需要为临界资源 C 设置一个信号量 s，初值设为 1。当进程运行到临界区开始处时，先要做 P(s)操作，申请资源 s。当进程运行到临界区结束处时，要做 V(s)操作，释放资源 s。进程 A 和进程 B 的执行过程如图 4-15 所示。

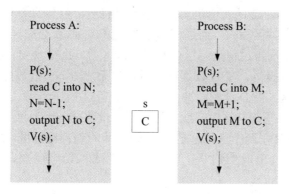

图 4-15 用 P、V 操作实现进程的互斥

s 的初值是 1，当一个进程执行 P(s)进入临界区后，s 的值变为 0。此时若另一个进程执行到 P(s)操作时就会被挂起，s 的值变为-1，从而阻止了其进入临界区执行。当一个进程退出其临界区时执行 V(s)操作，若此时 s=1 表示没有进程在等待此资源，若此时 s=0 表示有一个进程在等待此资源，系统将唤醒该进程，使之可以进入临界区运行。这样就保证了两个进程总是互斥地访问临界资源。如果用前面的借书例子来比喻的话，这个互斥过程就是 2 个人在借同一本书时的情形。

3. 用 P、V 操作实现进程同步

设两进程为协作完成某一项工作，需要共享一个缓冲区。先是一个进程 C 往缓冲区中写数据，然后另一个进程 D 从缓冲区中读取数据，如此循环直至处理完毕。缓冲区属于临界资源，为使这两个进程能够协调步调，串行地访问缓冲区，需用 P、V 操作来同步两进程。这种工作模式称为生产者-消费者模式。同步的方法如下：

将缓冲区看作两个临界资源：一个是可读缓冲区，也就是"满"缓冲区；另一个是可写缓冲区，也就是"空"缓冲区。分别为它们设置一个信号量。s1 是可读缓冲区资源的信号量。s1=1 时表示可读缓冲区数为 1，s1=0 时表示没有可读缓冲区；s2 是可写缓冲区资源的信号量。s2=1 时表示可写缓冲区数为 1，s2=0 时表示没有可写的缓冲区。s1 的初值为 0，s2 的初值为 1。

进程 C 和进程 D 的执行过程如图 4-16 所示。

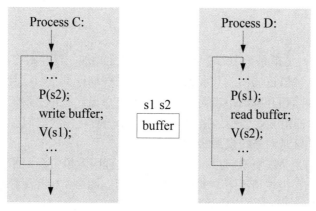

图 4-16 用 P、V 操作实现进程的同步

由于 s1 的初值是 0，s2 的初值是 1，故最初只有一个可写的缓冲区。进程 C 执行 P(s2) 可以进入临界区，向缓冲区写入，而进程 D 在执行 P(s1)时就会被挂起。因此保证了先写后读的顺序。此后两者的同步过程是：当 C 写满缓冲区后，执行 V(s1)操作，使 D 得以进入它的临界区进行读缓冲区操作。在 D 读缓冲区时，C 无法写下一批数据，因为再次执行 P(s2)时将阻止它进入临界区。当 D 读空缓冲区后，执行 V(s2)操作，使 C 得以进入它的临界区进行写缓冲区操作。在 C 写缓冲区时，D 无法读下一批数据，因为再次执行 P(s1)时将阻止它进入临界区。这样就保证了两个进程总是互相等待，串行访问缓冲区。访问的顺序只能是"写，读，写，读，…"，而不会出现"读，写，读，写，…"或"读，读，写，…""写，写，读，…"之类的错误顺序。

4.6.3 Linux 的信号量机制

在 Linux 系统中存在两种信号量的实现机制：一种是针对系统的临界资源设置的，是由内核使用的信号量，另一种是供用户进程使用的。

内核管理着整个系统的资源，其中许多系统资源都属于临界资源，包括内核的数据结构、文件、设备、缓冲区等。为防止对这些资源的竞争导致错误，内核采用了信号量机制。内核将信号量定义为 semaphore 结构类型，其中包含了 3 个字段：自旋锁 lock、资源可用数 count 以及该资源的等待队列 wait_list。内核同时还提供了操作这种信号量的几个函数，其中 down()和 up()分别对应于 P 操作和 V 操作。如果在这两个操作中阻塞或唤醒了进程，都会调用 schedule()函数引发一次进程调度。

用户进程在使用系统资源时是通过调用内核函数来实现的。这些内核函数的运行由内核信号量进行同步，因此用户进程不必考虑有关系统资源的互斥与同步问题。但如果是用户自己定义的某种临界资源，如前面例子中的停车场计数器，则不能使用内核的信号量机制。这是因为内核的信号量机制只是在内核内部使用，并未向用户提供系统调用接口。

为了解决用户进程级上的互斥与同步问题，Linux 以进程通信的方式提供了一种信号量机制，它具有内核信号量所具有的一切特性。用于实现进程间信号量通信的系统调用有：semget()，用于创建信号量；semop()，用于操作信号量，如 P、V 操作等；semctl()，用于控制信号量，如初始化等。用户进程可以通过这几个系统调用对自定义临界资源的访问进行互斥与同步。

4.6.4 死锁问题

死锁（deadlock）是指系统中若干个进程相互"无知地"等待对方所占有的资源而无限地处于等待状态的一种僵持局面，其现象是若干个进程均停顿不前，且无法自行恢复。

死锁是并发进程因相互制约不当而造成的最严重后果，是并发系统的潜在的隐患。一旦发生死锁，通常采取的措施是强制地撤销一个或几个进程，释放它们占用的资源。这些进程将前功尽弃，因而死锁是对系统资源极大的浪费。

死锁的根本原因是系统资源有限，而多个并发进程因竞争资源而相互制约。相互制约的进程需要彼此等待，在极端情况下，就可能出现死锁。图 4-17 示意了可能引发死锁的一种运行情况。

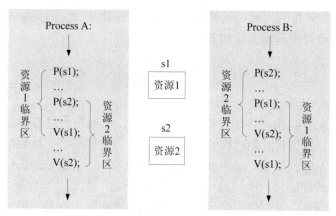

图 4-17 可能导致死锁的资源使用方式

A、B 两进程在运行过程中都要使用到两个临界资源。若两个进程执行时在时间点上是错开的，则不会发生任何问题。但如果不巧在时序上出现这样一种情形：进程 A 在执行完 P(s1)操作后进入资源 1 的临界区运行，但还未执行到 P(s2)操作时发生了进程切换，进程 B 开始运行。进程 B 执行完 P(s2)操作后进入资源 2 的临界区运行，在运行到 P(s1)操作时将被挂起，转入睡眠态等待资源 1。当再度调度到进程 A 运行时，它运行到 P(s2)操作时也被挂起，等待资源 2。此时两个进程彼此需要对方占有的资源，却不放弃各自占有的资源，因而无限地被封锁，陷入死锁状态。

分析死锁的原因，可以归纳出产生死锁的 4 个必要条件：

（1）资源的独占使用：资源由占有者独占，不允许其他进程同时使用。

（2）资源的非抢占式分配：资源一旦分配就不能被剥夺，直到占用者使用完毕释放。

（3）对资源的保持和请求：进程因请求资源而被阻塞时，对已经占有的资源保持不放。

（4）对资源的循环等待：每个进程已占用一些资源，而又等待别的进程释放资源。

上例中，资源 1 和资源 2 都是独占资源，不可同时共享，具备了条件 1；资源由进程保持，直到它用 V 操作主动释放资源，具备了条件 2；进程 A 在请求资源 2 被阻塞时，对资源 1 还未释放，进程 B 也是如此，具备了条件 3；两个进程在已占据一个资源时，又在相互等待对方的资源，这形成了条件 4。所有这些因素凑到一起就导致了死锁的发生。

解决死锁的方案就是破坏死锁产生的必要条件之一，方法有：

（1）预防：对资源的用法进行适当的限制。

（2）检测：在系统运行中随时检测死锁的条件，并设法避开。

（3）恢复：死锁发生时，设法以最小的代价退出死锁状态。

预防是指采取某种策略，改变资源的分配和控制方式，使死锁的条件无法产生。但这种做法会导致系统的资源也无法得到充分的利用。检测是指对资源的使用情况进行监视，遇到有可能引发死锁的情况就采取措施避开。这种方法需要大量的系统开销，通常会以降低系统的运行效率为代价。因此，现在的系统大都采取恢复的方法，就是在死锁发生后，检测死锁发生的位置和原因，用外力撤销一个或几个进程，或重新分配资源，使系统从死锁状态中恢复过来。

每个并发系统都潜在地存在死锁的可能，UNIX/Linux 系统也不例外。但是，出于对系统效率的考虑，UNIX/Linux 系统对待死锁采取的是"鸵鸟算法"，即系统并不去检测和解除死锁，而是忽略它。这是因为对付死锁的成本过高，而死锁发生的概率过低。如果采用死锁预防或者检测算法会严重降低系统的效率。

4.7　进程通信

进程间为实现相互制约和合作需要彼此传递信息。然而每个进程都只在自己独立的地址空间中运行，无法直接访问其他进程的空间。因此，当进程需要交换数据时，必须采用某种特定的手段，这就是进程通信。进程通信（Inter-Process Communication，IPC）是指进程间采用某种方式互相传递信息，少则是一个数值，多则是一大批字节数据。

为实现互斥与同步，进程使用信号量相互制约，这实际上就是一种进程通信，即进程利用对信号量的 P、V 操作，间接地传递资源使用状态的信息。更广泛地讲，进程通信是指在某些有关联的进程之间进行的信息传递或数据交换。这些具有通信能力的进程不再是孤立地运行，而是协同工作，共同实现更加复杂的并发处理。

4.7.1　进程通信的方式

进程间的通信有多种方式，大致可以分为信号量、信号、管道、消息和共享内存几类。

从通信的功能来分，进程通信方式可以分为低级通信和高级通信两类。低级通信只是传递少量的数据，用于通知对方某个事件；高级通信则可以用来在进程之间传递大量的信息。低级通信方式有信号量和信号，高级通信方式有消息、管道和共享内存等。

按通信的同步方式来分，进程通信又分为同步通信与异步通信两类。同步通信是指通信双方进程共同参与整个通信过程，步调协调地发送和接收数据。这就像打电话，双方必须同时在线，同步交谈。异步通信则不同，通信双方的联系比较松散，通信的发送方不必考虑对方的状态，发送完就继续运行。接收方也不关心发送方的状态，在自己适合的时候接收数据。异步通信方式就如同发送电子邮件，不必关心对方何时接收。管道和共享内存等都属于同步通信，而信号、消息则属于异步通信。

现代操作系统一般都提供了多种通信机制。利用这些机制，用户可以方便地进行并发程序设计，实现多进程之间的相互协调和合作。

Linux 系统支持以下几种 IPC 机制：

（1）信号量（semaphore）：信号量分为内核信号量与 IPC 信号量，分别用于核心态与用户态进程的同步与互斥。关于信号量的介绍见 4.6.3 节。

（2）信号（signal）：信号是进程间可互相发送的控制信息，一般只是几个字节的数据，用于通知进程有某个事件发生。信号属于低级进程通信，传递的信息量小，但它是 Linux 进程天生具有的一种通信能力，即每个进程都具有接收信号和处理信号的能力。系统通过一组预定义的信号来控制进程的活动，用户也可以定义自己的信号来通告进程某个约定事件的发生。关于信号的介绍见 4.7.2 节。

（3）管道（pipe）：管道是连接两个进程的一个数据传输通路，一个进程向管道写数据，另一个进程从管道读数据，实现两进程之间同步传递字节流。管道的信息传输量大，速度快，内置同步机制，使用简单。关于管道的介绍见 4.7.3 节。

（4）消息队列（message queue）：消息是结构化的数据，消息队列是由消息链接而成的链式队列。进程之间通过消息队列来传递消息，有写权限的进程可以向队列中添加消息，有读权限的进程则可以读走队列中的消息。与管道不同的是，这是一种异步通信方式：消息的发送方把消息送入消息队列中，然后继续运行；接收进程在合适的时机去消息队列中读取自己的消息。相比信号来说，消息队列传递的信息量更大，能够传递格式化的数据。更主要的是，消息通信是异步的，适合于在异步运行的进程间交换信息。

（5）共享内存（shared-memory）：共享内存通信方式就是在内存中开辟一段存储区，将这个区映射到多个进程的地址空间中，使得多个进程共享这个内存区。通信双方直接读写这个存储区即可达到数据共享的目的。由于共享内存区就在进程自己的地址空间内，因此访问速度最快，只要发送进程将数据写入共享内存，接收进程就可立即得到数据。共享内存的效率在所有 IPC 中是最高的，特别适用于传递大量的、实时的数据。但它没有内置的同步机制，需要配合使用信号量或互斥锁来实现进程的同步。因此，较之管道，共享内存的使用较复杂。

本节将只介绍 Linux 的信号和管道这两种通信机制的概念与实现原理。对于 Linux 系统的使用者来说，了解这两种进程通信方式可以更好地理解系统的运行机制。而对于并发软件的开发者来说，还应该进一步地学习和掌握其他几种通信方式。

4.7.2 Linux 信号通信原理

信号是来自 UNIX 系统的最古老的 IPC 机制之一，用于在进程之间传递控制信号。信号属于低级通信，因简单有效而得到广泛使用，任何一个进程都具有接收和处理信号的能力。

1. 信号的概念

信号是一组正整数常量，进程之间通过传送信号来通信，通知进程发生了某事件。例如，当用户按下 Ctrl+c 键时，当前进程就会收到一个信号，通知它结束运行。子进程在结束时也会用信号通知父进程。

Linux 系统定义了 32 个常规信号，另外还有 32 个扩展信号。表 4-2 列出了常用的信号及其用途和默认处理方式。用 kill -l 命令可以列出系统的全部可用信号。

表 4-2 Linux 常用信号定义

信号值	信号名	用途	默认处理
2	SIGINT	来自键盘（Ctrl+c）的终止信号	终止运行
3	SIGQUIT	来自键盘（Ctrl+\）的终止信号	终止运行并转储
8	SIGFPE	浮点异常信号，表示发生了致命的运算错误	终止运行并转储
9	SIGKILL	立即结束运行信号，杀死进程	终止运行
14	SIGALRM	时钟定时信号	终止运行
15	SIGTERM	结束运行信号，命令进程主动终止	终止运行
17	SIGCHLD	子进程结束信号	忽略
18	SIGCONT	恢复运行信号，使暂停的进程继续运行	继续运行
19	SIGSTOP	暂停执行信号，通常用来调试程序	停止运行
20	SIGTSTP	来自键盘（Ctrl+z）的暂停信号	停止运行

注：转储（dump）是指在进程退出时产生内核 dump 文件，供调试使用。

2. Linux 的信号描述结构

Linux 系统用于信号管理的主要数据结构是信号描述符 signal_struct、信号处理描述符 sighand_struct 以及信号队列结构 sigpending，描述结构如图 4-18 所示。

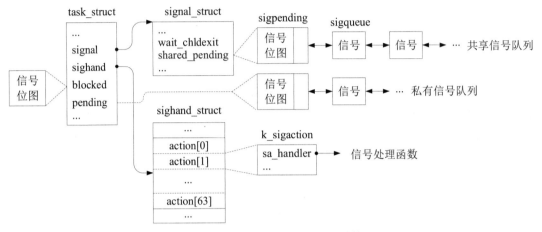

图 4-18 Linux 进程的信号描述结构

进程收到的信号保存在信号队列中。信号队列是个双向链表，头部是 sigpending 结构，其中包含了一个信号位图。每个信号在位图中占一位，通过它可以快速判断进程收到了哪些信号。队列的节点为 sigqueue 结构，每个节点记录一个收到的信号的信息。每个进程有一个自己的私有信号队列，属于同一进程组的进程共享一个共享信号队列。

信号描述符 signal_struct 用于记录进程的信号现况信息，其中的 shared_pending 是进程的共享信号队列，wait_chldexit 是被 wait() 函数所阻塞的进程的等待队列，该队列的唤醒条件是收到子进程结束信号 SIGCHLD。信号处理描述符 sighand_struct 包含了有关信号处理函数的相关信息，其中的 action[] 数组指定了各个信号的处理函数，每个信号对应数组中的一项，以信号值为序排列。通过对应的数组项中的 sa_handler 字段即可得到信号的处理函数。

在进程描述符 task_struct 中设有几个信号相关的字段。其中，signal 是指向信号描述符的指针；sighand 是指向信号处理描述符的指针；pending 是进程的私有信号队列；blocked 是阻塞信号位图，用于设置要阻塞的信号。

3. 信号的处理过程

一个信号从出现到处理完毕需要经历两个阶段：一个是信号产生（generation）阶段，即形成待处理的信号；另一个是信号交付（deliver）阶段，就是将产生的信号交付处理。

1）信号的产生

信号产生的过程可分为发出、发送和通知几个步骤。首先是信号源发出信号，内核随即将信号发送给目标进程，也就是存入它的信号队列，然后通知目标进程有信号待处理。

信号可以由某个进程发出，也可以从键盘中断中产生。内核在系统故障或软件错误的情况下也会发出信号。发信号常用的系统调用是 kill()。

当有信号产生时，内核就把信号的相关信息保存到目标进程的信号队列中。发送给进程组的信号保存在共享队列中，发送给特定进程的信号保存在私有队列中。保存信号的操作是向队列中添加一个信号节点，并在队列的信号位图中标记该信号。由于信号是异步发送的，因此目标进程不一定能立即进行处理。它也许还没有获得运行的机会，也许正忙于处理其他事务。这些已经存入信号队列但还没有被处理的信号称为悬挂信号（pending signal）。

当目标进程不方便处理某个信号时可以选择阻塞这个信号，方法是用 sigprocmask()系统调用设置信号掩码。信号掩码就是进程描述符中的 blocked 位图，位图中的每位对应一个信号，为 1 表示该信号被阻塞。被阻塞的信号将被悬挂在队列中不予处理，直到阻塞解除。注意，SIGSTOP 信号和 SIGKILL 信号是不可阻塞的，blocked 位图对它们不起作用。

如果存入队列的信号是非阻塞的，则内核会通知目标进程有信号待处理。通知的方法是在进程的 thread_info 结构中设置"悬挂信号"标志，用 TIF_SIGPENDING 标志位表示。如果此时目标进程正在睡眠则唤醒它。至此信号已产生完毕，当该进程再次运行时即可得到通知，进行信号处理。

2）信号的交付

信号的交付过程包括检测、提取与处理几个步骤。

每当一个进程即将从核心态返回用户态时，内核都要检查该进程是否有未被阻塞的悬挂信号（即 TIF_SIGPENDING 标志位为 1），如果有则予以响应，也就是调用内核函数 do_signal()来处理它。由于每次中断处理结束都将使进程返回用户态，因此运行中的进程对信号的响应时间一般不超过 1 ms，也就是一个时钟中断的周期。处于可中断睡眠态的进程会被内核唤醒，在开始运行前响应信号。不可中断睡眠态的进程将不会响应信号。

do_signal()的工作就是将信号从信号队列中提取出来，交付信号处理程序进行处理。提取信号的操作是从信号队列中删除该信号节点，清除信号位图中对应的信号位。交付信号的操作是根据提取的信号在 action[]数组中找到对应的项，执行该项指定的处理操作。至此信号处理已完成，信号也就彻底消失了。一个进程可能会有多个悬挂信号，当所有信号都处理完后，TIF_SIGPENDING 标志会被清除，进程才会返回用户态。

4. 信号的处理方式

信号的处理方式分为以下 3 种：

（1）忽略（ignore）：不做任何处理；

（2）默认（default）：调用内核的默认处理函数来处理信号；

（3）捕获（catch）：执行进程自己设置的信号处理函数。

在 action[]数组项中，sa_handler 字段指定了对应信号所关联的处理函数，可以是忽略（SIG_IGN）、默认（SIG_DFL）或用户安装的信号处理程序。前两种由内核直接处理，后一种需要切换到用户态，执行完用户的信号处理程序后再返回内核。这个过程称为捕获。

不做特别设置的话，sa_handler 为 SIG_DFL，也就是默认方式。Linux 对每种信号都规定了默认操作（见表 4-2），多数是终止或停止进程，少数（如 SIGCHLD 等）是忽略。如果不希望采用默认方式的话，可以用 signal()系统调用来设置信号的处理方式，选择忽略或捕获信号。如要捕获信号的话可用 sigaction()系统调来安装自己的信号处理函数。

进程可以忽略或捕获绝大部分信号，但有两个信号除外，这就是令进程暂停的 SIGSTOP 信号和令进程终止的 SIGKILL 信号。这两个信号必须按默认的操作进行处理，即停止或终止进程。至于其他信号，进程可以按需要进行设定，以达到不同的目的。

以 SIGCHLD 信号为例，在 4.4.2 节曾经提到，服务进程往往无法等待子进程，因此最好利用 SIGCHLD 信号实现子进程的回收。然而 SIGCHLD 信号的默认处理是忽略，即什么都不做。这样就可能会造成大量的僵尸累积。用捕获方式则可以解决这个问题。当子进程结束时，父进程会在运行中捕获 SIGCHLD 信号，然后执行自己的信号处理程序，用 wait()回收子进程。这种方式的好处是可以及时地回收子进程，但对子进程过多的并发服务进程来说，频频被信号处理打断也将影响服务器的性能。所以，如果父进程不关心子进程的运行结果，可以采用显式忽略方式，即用 signal()函数将 SIGCHLD 信号设为 SIG_IGN 方式。注意显式忽略与默认忽略的区别。默认忽略是由本进程执行的忽略处理，而显式忽略则是告知内核本进程不处理该信号，将其交由内核处理。对于显式忽略的 SIGCHLD 信号，内核的做法是让1 号进程接管子进程的回收工作。这样父进程就可摆脱回收的负担了。

5. 信号的应用

进程使用 kill()等系统调用来发信号，控制进程的运行。终端用户可以用 kill 命令来达到同样的目的。kill 命令是对 kill()系统调用的命令级封装，它可以向指定的进程发信号。对前台进程还可以用键盘按键（见表 4-2）发送信号。

kill 命令

【功能】向进程发信号，常用于终止进程的运行。

【格式】kill [选项] 进程号

【选项】

-s　　　向进程发 s 信号。s 可以是信号值或信号名。常用的终止进程运行的信号为 15（SIGTERM）、2（SIGINT）、9（SIGKILL）。若未指定-s 选项，则默认地发信号 15。

-l　　　列出系统支持的所有信号。

以下以一个小程序为对象，测试普通进程（未对信号处理作特殊设置的进程）对信号的默认反应。

例 4.5 信号的应用示例。

```
$ cat > loop.c                        #编写一个简单的程序 loop.c
 int main(){ while(1); }
 <Ctrl+d>
$ gcc -o loop loop.c
$ ./loop &                            #后台执行 loop
 [1]  3465                            （loop 在后台执行，PID 是 3465）
$ ./loop &                            #第 2 次执行 loop
 [2]  3472
$ ./loop &                            #第 3 次执行 loop
 [3]  3479
$ ps -C loop                          #查看 loop 进程的信息
  PID  TTY        TIME  CMD
 3465  pts/0   00:00:14  loop
 3472  pts/0   00:00:11  loop
 3479  pts/0   00:00:10  loop
$ kill 3465                           #命令 3465 号进程终止
 [1]   Terminated      ./loop        （该进程已终止）
$ ps -C loop
```

```
   PID  TTY          TIME  CMD
  3472  pts/0    00:00:17  loop
  3479  pts/0    00:00:15  loop
$ kill -SIGSTOP 3472 3479          #命令 3472 和 3479 进程停止
  [2]-  Stopped      ./loop        （该进程已停止）
  [3]+  Stopped      ./loop        （该进程已停止）
$ ps 3472 3479                     #查看 3472 和 3479 进程的信息
   PID  TTY      STAT    TIME  COMMAND
  3472  pts/0    T       0:23  ./loop     （处于暂停态）
  3479  pts/0    T       0:20  ./loop     （处于暂停态）
$ kill 3472                        #命令 3472 进程终止
$ ps 3472 3479
   PID  TTY      STAT    TIME  COMMAND
  3472  pts/0    T       0:23  ./loop     （终止信号被阻塞）
  3479  pts/0    T       0:20  ./loop
$ kill -SIGCONT  3472
  [2]-  Terminated   ./loop        （该进程恢复运行，随后终止）
$ ps -C loop                       #查看 loop 进程的信息
   PID  TTY          TIME  CMD
  3479  pts/0    00:00:20  loop
$ kill -9 3479                     #杀掉 3479 进程
  [3]+  Killed       ./loop        （该进程已被杀死）
$_
```

此例中首先生成了一个简单的无限循环程序 loop，然后启动了 3 个 loop 进程。随后用 kill 命令向它们发送信号。通过观察它们对信号的反应可以看出，处于运行态的进程能够及时响应 SIGTERM、SIGSTOP 等多种信号（如第 1、2 个 kill 命令）；处于暂停态的进程会阻塞对许多信号的处理（如第 3 个 kill 命令），但可以响应 SIGCONT 信号（如第 4 个 kill 命令），当然还有 SIGKILL 信号（如第 5 个 kill 命令）。

许多系统进程都忽略 SIGTERM 信号，必须用 SIGKILL 信号才能杀死。例如，要终止一个 bash 进程只能用 kill -9 命令，但这也将导致终端窗口关闭。因此，用 kill -9 命令杀死系统进程可能会造成不可预料的后果，除非必要时不要使用。

4.7.3 Linux 管道通信原理

管道是 Linux 系统中一种常用的 IPC 机制。管道可以看成是连接两个进程的一条通信信道。利用管道，一个进程的输出可以成为另一个进程的输入，因此可以在进程间快速传递大量字节流数据。

管道通信具有以下特点：

（1）管道是单向的，即数据只能单向传输。需要双向通信时，要建立两个管道。

（2）管道的容量是有限的，通常是一个内存页面大小。

（3）管道所传送的是无格式字节流，使用管道的双方必须事先约定好数据的格式。

管道是通过文件系统实现的。Linux 将管道看作是一种特殊类型的文件，而实际上它是一个以虚拟文件的形式实现的内存高速缓存区。管道文件建立后由两个进程共享，其中一个进程写管道，另一个进程读管道，从而实现信息的单向传递。读/写管道的进程之间的同步由内核负责。图 4-19 示意了管道的实现原理。

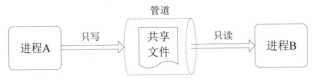

图 4-19 管道的实现原理

终端用户在命令行中使用管道符"|"时，Shell 会为管道符前后的两个命令的进程建立起一个管道。前面的进程写管道，后面的进程读管道。用户程序中可以使用 pipe()系统调用来建立管道，而读/写管道的操作与读/写文件的操作完全一样。

4.8 线程

在传统的操作系统中，一直将进程作为能独立运行的基本单位。20 世纪 80 年代中期，由 Microsoft 公司最先提出了比进程更小的基本运行单位——线程。线程的引入提高了系统并发执行的程度，因而得到了广泛的应用。现代操作系统中大都支持线程，应用软件也普遍地采用了多线程设计，使系统和应用软件的性能进一步提高。

4.8.1 线程的概念

早期每个进程只对应一条执行线索，进程内的各个操作步是顺序执行的。虽然多个进程可以并发执行，但各个进程内部却只能串行执行。这种单执行线索的进程难以利用多 CPU 体系结构的优势，因为一个进程只能运行在一个 CPU 上。此外，多进程并发执行时，进程的切换过程要耗费相当多的系统资源和 CPU 时间，影响了系统的整体效率。为了提高应用程序的并发性和执行效率，操作系统引入了线程的概念。

现代操作系统提供了对单个进程中多条执行线索的支持，这些执行线索被称为线程（threads）。线程是构成进程的可独立运行的单元，是进程内的一个执行流。一个进程可以由一个或多个线程构成，并以线程作为调度实体，占有 CPU 运行。此时的进程可以看作是一个容器，它容纳了多个线程，为它们的运行提供所有必要的资源。进程内的所有线程共享进程拥有的资源，分别按照各自的路径执行。例如，一个 Word 进程中包含了多个线程，当一个线程处理文字编辑时，另一个线程可能正在做文件备份，还有一个线程正在检索版本更新。网络下载软件通常也含有多个线程，每个线程负责一路下载，多路下载都在独立地、并发地向前推进。这些以多线程方式实现的应用虽然只有一个进程，却表现出内在的高度并发性、良好的响应性和运行效率。

4.8.2 线程与进程的比较

在早期系统中开发并发应用采用的是传统的多进程方式，即由主进程派生多个子进程协作完成某个任务。例如，一个子进程负责接收卫星数据，一个子进程负责处理数据，另一个子进程负责输出图表。线程出现后，并发应用基本上都采用了多线程的方式，将原本由子进程完成的工作改为由线程来处理。两种方式之间的差别表现在以下几个方面：

（1）在资源分配方面，进程是操作系统资源分配的基本单位。进程拥有自己独立的地址空间和各种系统资源，如打开的文件和设备、收到的信号等；线程基本上没有多少自己的资源，只有一点在运行中必不可少的资源（如堆栈等）。它与同一进程中的其他线程共享该进程的资源。在创建和撤销进程时系统都要进行资源分配和回收工作，而创建和撤销线程的系统开销要小得多。

（2）在 CPU 调度方面，线程是调度执行的基本单位。进程切换时，系统需要保存和切换进程的整个运行环境信息，这要消耗一定的系统资源和 CPU 时间；线程切换是在进程内部的切换，只需保存少量的寄存器，不涉及现场切换操作，因而切换速度很快。另外，在多 CPU 系统中，一个应用的多个线程可以同时被调度到不同的 CPU 上执行，使 CPU 资源得到更充分的利用，使并发进行得更为彻底。因此，对于切换频繁的任务，多线程方式比多进程方式提供了更高的运行和响应速度。

（3）在通信方面，由于多个线程共享同一内存地址空间，线程之间的通信犹如同一房间内的人之间的对话，因而更容易实现；而进程间通信必须要通过系统提供的进程间通信机制 IPC 来完成，就像不同房间的人需要借助电话或电邮等手段来实现通信。

总的来说，多进程是一种"昂贵"而"笨拙"的多任务方式，资源消耗高，效率也差一些；多线程是一种"节俭"而"敏捷"的多任务方式，资源消耗小且效率高。因此，多线程方式明显优于多进程方式。不过，多线程应用也存在一些潜在的问题。比如，一个线程崩溃可能会导致整个应用的崩溃。这就如同多人同处一个房间，一人失误毁坏了房间设施，其他人也就不能使用这些设施了。在这方面，多进程的应用显得更为健壮。

4.8.3 内核级线程与用户级线程

线程机制主要有用户级线程与内核级线程之分，区别在于线程的调度是在核内还是在核外进行的。用户级线程不需要内核支持，对线程的管理和调度完全由用户程序完成。内核级线程则由内核完成对线程的管理和调度工作。尽管这两种方案都可实现多线程运行，但它们在性能等方面相差很大，可以说各有优缺点。

用户级线程的切换速度比内核级线程要快得多。但如果有一个用户线程被阻塞，则核心将整个进程置为等待态，使该进程的其他线程也失去运行的机会。内核级线程则没有这样的问题，即当一个线程被阻塞时，其他线程仍可被调度运行。内核级线程也更利于并发使用多 CPU 资源。

在实现方面，要支持内核级线程，操作系统内核需要设置描述线程的数据结构，提供独立的线程管理方案和专门的线程调度程序，这些都增加了内核的复杂性。而用户级线程不需要额外的内核开销，内核的实现相对简单得多，同时还节省了系统进行线程管理的时间和空间开销。

4.8.4 Linux 系统的线程

Linux 实现线程的机制非常独特。从内核的角度来说，并没有线程这个概念。Linux 内核中没有特别定义的数据结构来表达线程，也没有特别的调度函数来调度线程。实际上，内核把线程当作一种特殊的进程来看待，它和普通的进程一样，只不过该进程要和其他一些进程共享地址空间和信号等资源。Linux 称这样的不独立拥有资源的进程为轻量级进程（Light

Weight Process，LWP）。以轻量级进程的方式来实现线程，既省去了内核级线程的复杂性，又避免了用户级线程的阻塞问题。

在 Linux 中实现多线程应用的策略是：为每个线程创建一个 LWP 进程，线程的调度由内核的进程调度程序完成，线程的管理在核外函数库中实现。开发多线程应用的函数库是 pthread 线程库，它提供了一组完备的函数来实现线程的创建、终止和同步等操作。

创建 LWP 进程的方式与创建普通进程类似，只不过是用 clone()系统调用来完成的。与 fork()的区别是，clone()允许在调用时多传递一些参数标志来指明需要共享的资源。父进程用创建 LWP 子进程的方式派生出多个线程，它们拥有自己的 PID、进程描述符和内核栈等私有资源，共用父进程的共享资源。一个进程的所有线程构成一个线程组（在 Linux 中也称之为进程组），其中第一个创建的线程是领头线程，领头线程的 PID 就作为该线程组的组标识号 TGID。线程组中的成员具有紧密的关系，它们工作在同一应用数据集上，相互协作，独立地完成各自的任务。由于具有进程的属性，因此每个线程都是被独立地调度的，一个线程阻塞不会影响其他线程；由于具有轻量级的属性，因此线程之间的切换速度很快，使得整个应用能够顺利地并发执行。

例 4.6 启动 Firefox 浏览器，查看它的线程组。

```
$ ps -ef | grep firefox
cherry  2245  1704  12  09:54  ?  00:00:06 /usr/lib64/firefox/firefox
...

$ ps -Lo pid,lwp,tgid,nlwp,cmd -p 2245
  PID    LWP    TGID   NLWP  CMD
  2245   2245   2245    56   /usr/lib64/firefox/firefox
  2245   2271   2245    56   /usr/lib64/firefox/firefox
  2245   2272   2245    56   /usr/lib64/firefox/firefox
  2245   2273   2245    56   /usr/lib64/firefox/firefox
  ...

$_
```

第一个 ps 命令显示出 firefox 进程的 PID，第 2 个 ps 命令用-L 选项输出了它的线程组信息。输出信息中，第 2、3、4 列分别为线程标识号 LWP、组标识号 TGID 和线程数 NLWP。结果显示：2245 号进程的线程组中目前有 56 个线程，每个线程各有自己的 LWP 标识号，领头线程是 2245 号线程，它的标识号 2245 就成为这个 firefox 线程组的组标识号。它们执行的程序都是 firefox。

本章前面介绍的有关进程的概念可以看作是多线程进程的一个特例，它的线程组是由一个线程构成的。有关进程的原理和操作大多适用于多线程的线程组。实际上，线程组在许多方面对外表现为一个进程整体。例如，用 kill 命令向一个线程发终止信号，信号会进入该线程的共享信号队列 share_pending，因此整个线程组都将收到此信号而终止（比如对例 4.6 进程执行 kill 2245 命令，则 firefox 将关闭）。再如，线程组中的一个成员终止后，若组中还有别的线程在，则其子进程就不会成为孤儿，它将被"过继"给组中其他成员，而不是 1 号进程。因此，若要针对某个特定的线程而不是线程组进行操作的话，需要使用内核提供的线程专用的系统调用。例如，要向一个特定的线程发送信号应使用 tkill()或 tgkill()系统调用，将信号放入该线程的私有信号队列 pending。

习 题

4-1 什么是进程？为什么要引入进程的概念？

4-2 进程的基本特征是什么？它与程序的主要区别是什么？

4-3 简述进程的基本状态以及进程状态的转换。

4-4 进程控制块的作用是什么？它通常包括哪些内容？

4-5 为什么进程会有不同的运行模式？用户进程如何访问系统资源？

4-6 支持 Linux 进程运行的必备资源有哪些？

4-7 进程控制的功能是什么？

4-8 Linux 是如何创建进程的？写时复制技术的目的是什么？

4-9 用 fork()、exec()和 wait()系统调用写一个简单的测试程序。父进程创建一个子进程，执行 date 命令。子进程结束后，父进程输出子进程的 PID 和退出码。

4-10 简述 Shell 的工作原理。

4-11 进程调度的功能是什么？

4-12 什么情况会引发进程调度？什么时候执行进程调度？

4-13 Linux 进程调度策略有哪几种？普通进程采用哪种调度策略？

4-14 引起并发进程相互制约的原因是什么？

4-15 什么是临界资源和临界区？什么是进程的互斥和同步？

4-16 什么是死锁？产生死锁的原因和必要条件是什么？

4-17 进程间有哪些通信方式？它们各有什么特点？

4-18 信号的处理方式有哪几种？

4-19 什么是线程？说明线程与进程的区别。

第 5 章 存储管理

程序在运行前必须首先调入内存中存放。对于多道程序并发的系统来说，内存中同时要容纳多个程序。然而，计算机的内存资源是有限的，这就需要通过有效的管理机制来满足各个进程对内存的需求。存储管理的任务是合理地管理系统的内存资源，使多个进程能够在有限的物理存储空间内共存，安全并高效地运行。

5.1 存储管理概述

操作系统中用于管理内存空间的模块称为内存管理模块，它负责内存的全部管理工作，具体地说就是要完成四个功能，即存储空间的分配与回收、存储地址的变换、存储空间的保护以及存储空间的扩充。

5.1.1 内存的分配与回收

内存分配是为进入系统准备运行的进程分配内存空间，内存回收是当进程运行结束后回收其所占用的内存空间。为实现此功能，系统必须跟踪并记录所有内存空间的使用情况，按照一定的算法为进程分配和回收内存空间。

存储分配的方案决定了存储空间的利用率以及存储分配的效率，因而对系统的整体性能有很大的影响。存储分配方案主要包括以下要素：

（1）存储空间的描述结构：系统需采用某种数据结构来登记当前内存使用情况以及空闲区的分布情况，供存储分配时使用。在每次分配或回收操作后，系统都要相应地修改这些数据结构以反映这次分配或回收的结果。

（2）存储分配的策略：系统需确定内存分配和回收的算法。好的算法应既能满足进程的运行要求，又能充分利用内存空间。

5.1.2 存储地址的变换

程序代码中使用的地址是逻辑地址。而当程序进入内存后，必须把程序中的逻辑地址转换为程序所在的实际内存地址。这一转换过程称为存储地址的变换，或称为地址映射。存储地址的变换是由内存管理模块与硬件的地址变换机构共同完成的。

1. 地址的概念

1）符号地址

在用高级语言编写的源程序中，编程者使用符号名来表示操作对象或控制转移的地址。比如用变量名代表一个存储单元，用函数名代表函数的入口地址，用语句标号代表跳转地址等。这些符号名的集合称为符号名空间。因此，高级语言程序使用的空间是符号名空间，编程者不需考虑程序代码和数据的具体存放地址。

例 5.1 以下是一个 C 源程序的片段，其中包含了几个符号地址。

```
int main()
{ int i=1;
  ...
  i++;
  ...
}
```

此源程序中没有具体地址，只有符号名。这里 main 代表的是程序的入口地址，i 代表的是一个数据的存放地址。

2）逻辑地址

编译程序将源代码中的语句逐条翻译为机器指令，为每个变量分配存储单元，并用存储单元的地址替换变量名。编译生成的指令和数据顺序存放在一起，从 0 开始编排地址，形成目标代码。目标代码所占有的地址范围称为逻辑地址空间，范围是 0~n-1，n 为目标代码的长度。逻辑地址空间中的地址称为逻辑地址，或相对地址。指令中引用的操作数地址或跳转地址都是逻辑地址。

例 5.2 对例 5.1 的源程序进行编译，生成的目标代码的反汇编结果如下：

```
00000000:  ...
...
0000004B:  LDS    R24,0x0060        ;从 0060 地址取数据，加载到 R24 寄存器
0000004D:  ADIW   R24,0x01          ;R24 寄存器内容加 1
0000004E:  STS    0x0060,R24        ;将 R24 寄存器内容写回 0060 地址
...
00000060:  0x0001                   ;i 变量的存储单元
...
```

此例中的代码是在 16 位单片机上编译产生的。左侧列出的是十六进制的逻辑地址，从 0 地址开始顺序排列。i 变量被分配到逻辑地址 0x0060 处，i++语句被译为 LDS、ADIW 和 STS 三条指令，它们排在逻辑地址 0x004B、0x004D 和 0x004E 处。在目标代码的指令中已看不到符号名，而代之以具体的地址值，如 LDS 和 STS 指令的操作数地址是 0x0060，表示要到 i 变量所在的地址读写数据。

3）物理地址

物理内存由一系列的内存单元组成，这些存储单元从 0 开始按字节编址，称为内存地址。当目标程序加载到内存中时，它所占据的实际内存空间就是它的物理存储空间，物理空间中的地址称为物理地址，或称为绝对地址、实际地址。

程序加载时所获得的实际地址空间取决于系统当时的运行状态，因而是不确定的。假设程序分配到一段连续的内存空间，此空间的起始地址就是它的基址，则程序中所有的逻辑地址加上此基址得到的就是物理地址。图 5-1 是有关内存地址的示意图。

仍以前面的程序为例。源程序中的 i 变量是用符号名 i 标识的一个存储单元，它没有具体的地址值。编译时，编译程序为 i 分配了具体的存储单元，并用该单元的编号地址 96（0x0060）替换掉所有符号名 i。假设程序在加载时获得的实际内存空间的起始地址是 1024（0x0400），

则 i 变量的绝对地址为 1120（0x0460）单元。

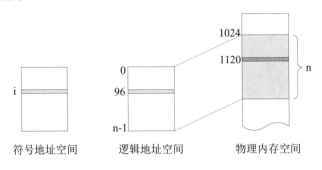

图 5-1 内存地址的概念

2. 地址变换

用户编程时使用的是逻辑地址，而 CPU 执行指令时使用的是物理地址，因此必须在指令执行前进行地址变换，将指令中的逻辑地址转换为 CPU 可直接寻址的物理地址，这样才能保证 CPU 访问到正确的存储单元。

假设例 5.2 的程序加载到内存，它分配到的内存地址空间的起始地址是 1024，则程序中各条指令和变量的地址都是原来的相对地址加上 1024。为了适应这个变化，指令中引用的操作数地址也应进行相应的调整。这个调整操作就是地址变换。

例 5.3 对例 5.2 的目标代码进行地址变换。

```
00000400:   ...
...
0000044B:   LDS     R24,0x0460        ;从 0460 地址取数据，加载到 R24 寄存器
0000044D:   ADIW    R24,0x01          ;R24 寄存器内容加 1
0000044E:   STS     0x0460,R24        ;将 R24 寄存器内容写回 0460 地址
...
00000460:   0x0001                    ;i 变量的存储单元
...
```

上述代码中左侧是程序代码所在的实际内存地址，右侧是经过地址变换后的目标代码，粗体部分为变换后的操作数的绝对地址。

地址变换的方式有两种：

（1）静态地址变换：程序在装入内存前一次性完成地址转换。装入内存后的程序代码中全部是物理地址，如例 5.3 所示，因而可以直接执行。

（2）动态地址变换：程序在装入内存时不进行地址变换，而是保持指令中的逻辑地址不变。在程序执行过程中，每执行一条指令时，如果指令中用到了逻辑地址，硬件地址变换机构就会自动进行地址转换，将其变换为实际地址。以例 5.3 为例，当 CPU 取到 0000044B 处的指令时，得到的是 LDS R24, 0x0060。地址变换机构先将逻辑地址 0x0060 变换为绝对地址 0x0460，然后再执行 LDS R24, 0x0460 指令。

静态地址变换比较简单，但缺点也很明显。采用静态地址变换的程序在内存中始终处于最初加载的位置，不可移动。这对内存管理十分不利，目前已被淘汰。动态地址变换的优点是程序代码可以在内存中移动，便于存储空间管理，因此是现代操作系统普遍采用的地址变换方式。

5.1.3 内存的保护

内存保护的含义是要确保每个进程都在自己的地址空间中运行，互不干扰，尤其是不允许用户进程访问操作系统的存储区域。对于允许多个进程共享的内存区域，每个进程也只能按自己的权限（只读、读写或执行）进行访问，不允许超越权限进行访问。

许多程序错误都会导致地址越界，比如引用了未赋值的"野"指针或空指针等。还有一些程序代码则属于恶意的破坏。存储保护的目的是防止因为各种原因导致的程序越界和越权行为。为此，系统必须设置内存保护机制，对每条指令所访问的地址进行检查。一旦发现非法的内存访问就会中断程序的运行，由操作系统进行干预。现代操作系统都具有良好的存储保护功能，因此程序错误通常只会导致进程的异常结束，而不会造成系统的崩溃。

常用的存储保护措施有：

（1）界限保护：在 CPU 中设置界限寄存器，限制进程的活动空间。

（2）保护键：为共享内存区设置一个读写保护键，在 CPU 中设置保护键开关，表示进程的读写权限。只有进程的开关代码和内存区的保护键匹配时方可进行访问。

（3）保护模式：将 CPU 的工作模式分为用户态与核心态。核心态下的进程可以访问整个内存地址空间，而用户态下的进程只能访问在界限寄存器所规定范围内的空间。

5.1.4 内存的扩充

尽管内存容量不断提高，但相比应用规模的增长来说，内存总是不够的。因此，内存扩充始终是存储管理的一个重要功能。扩充存储器空间的基本思想是借用外存空间来扩展内存空间，方法是让程序的部分代码进入内存，其余驻留在外存，在需要时再调入内存。

早期系统的内存扩充主要采用覆盖（overlay）技术，方法是将程序划分为几个模块，主要模块常驻内存，其余模块驻留在外存，通过交替覆盖来共享一个或几个存储空间。这种覆盖是由用户（即编程者）有意识地进行的。编程时，用户看到的还是实际大小的内存，需要通过对程序进行模块划分和覆盖设计，使尺寸大于实际内存空间的程序得以运行。这无疑增加了编程的复杂度，而且扩充效果也有限。

现代系统采用虚拟存储（virtual memory）技术来扩充内存。虚拟存储的原理是只将程序的部分代码调入内存，其余驻留在外存空间中，在需要时调入内存。程序代码的换入和换出完全由系统动态地完成，用户察觉不到。因此，用户看到的是一个比实际内存大得多的虚拟内存。虚拟存储技术的特点是方便用户编程，存储扩充的性能也是最好的。关于虚拟存储器的介绍见 5.3 节。

5.2 存储管理方案

随着操作系统的发展，存储管理的方案也在逐步地发展和演变，从早期的简单分区、可重定位分区，到现在的段式、页式和段页式管理，内存管理的效率在不断提升。本节将简要介绍目前普遍采用的段式和页式存储管理方案的原理和特点。

5.2.1 段式存储管理

按模块化程序设计准则，一个应用程序通常划分为一个主模块、若干个子模块和数据模块等。划分模块的好处是可以分别编写和编译源程序，并且可以实现代码共享、动态链接等编程技术。段式存储分配就是为了适应这种程序结构而设计的存储管理方案。

1. 段的概念

在段式存储系统中，程序的地址空间由若干个大小不等的段组成。段（segment）是逻辑上完整的信息单位，由编程者划分。划分段的依据是信息的逻辑完整性以及共享和保护等需要。例如，将重要的数据单独放在一个段中，就可以对其实施更严密的保护和共享措施。

分段程序中的各段从 0 开始编号，称为段号。段内从 0 开始编址，称为段内地址。因此，分段程序的逻辑地址空间是一个二维空间，其逻辑地址由段号和段内位移两部分组成。

2. 段式分配思想

段式分配策略是以段为单位分配内存，每个段分配一个连续的分区。段与段间可以不相邻接，用段表描述进程的各段在内存中的存储位置。段表中包括了段长和段起始地址等信息。图 5-2 描述了段式存储的分配方式和段表的结构。

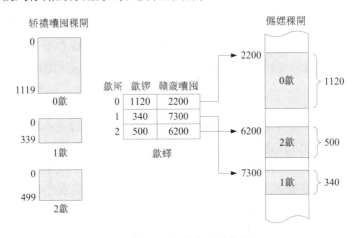

图 5-2 段式分配示意图

图 5-2 中所示的进程代码有 3 个段，分别加载在内存的 3 个区域中。进程的段表中包含 3 个表项，表项的序号就是段号，表项的内容就是该段所在的位置信息。

3. 段的分配与释放

段式分配的方法是：系统用表格记录已分配分区和空闲分区的分布和使用情况。当进程建立时，系统查询空闲空间表，按段的大小为进程的各段分别分配一个连续的存储区，然后建立进程的段表。进程结束后，系统回收各段所占用的分区，并撤销段表。进程在运行过程中也可以动态地请求分配或释放某个段。

4. 段式地址变换

段式系统通过段表进行动态地址变换。每个进程有一个段表，其信息存放在进程的 PCB 中。在 CPU 中设有一个段表寄存器，用于存放段表的长度和起始地址。当进程开始执行时，它的段表信息被装入段表寄存器中，之后 CPU 就可以通过段表进行地址变换了。

当 CPU 执行到一条访问内存的指令时，指令中的逻辑地址被装入逻辑地址寄存器，分段机构硬件会自动地进行地址转换，形成实际的内存地址。地址转换的过程是：通过段表寄存器找到段表，以逻辑地址中的段号为索引去检索段表，得到该段在内存的起始地址，将其与逻辑地址中的段内位移相加就得到了实际内存地址。图 5-3 描述了这一地址变换过程。

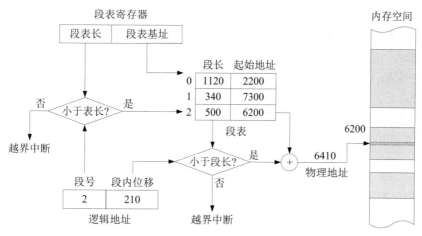

图 5-3 段式地址变换过程

在图 5-3 的示例中，CPU 的当前指令要访问的逻辑地址为 2 段的 210 位移处。经查段表后，获得 2 段的起始地址为 6200，将其与段内位移 210 相加，得到的实际地址为 6410。

5. 段式存储的共享、保护与扩充

段式存储就是以段为单位的存储共享。段的共享就是内存中只保留该段的一个副本，供多个进程使用。当进程需要共享内存中的某段程序或数据时，只要在进程的段表中填入共享段的信息，并设置适当的读写控制权，就可以访问该段了。

段式存储的保护方式主要是界限保护。当 CPU 访问某逻辑地址时，硬件将段号与段表长度进行比较，同时还要将段内地址与段表中该段长度进行比较，如果访问地址合法则进行地址变换，否则产生地址越界中断信号。对共享段还要检验进程的访问权限，权限匹配则可进行访问，否则产生读写保护中断。

段式存储空间的扩充采用段式虚拟存储器技术，其原理是让那些暂时用不到的段驻留在外存中，并在段表中做标记。当 CPU 要访问某个不在内存的段时会触发缺段中断，系统将进行处理，为该段分配内存空间，并将其加载到内存中。

6. 段式存储管理的特点与问题

段式管理的特点是便于程序模块化处理，可以充分实现分段共享和保护。但由于段需要连续存储，因此可能出现"碎片"（fragment）问题。内存碎片是指分布在内存中的不相邻的小块空闲区域。随着进程不断地进入和退出系统，存储管理不断地分配和回收空闲空间，一段时间后，内存中的空闲空间就会变得支离破碎。这些碎片总和可能足够大，但因为单个尺寸容不下一个段，不能被利用，因而降低了存储空间的利用率。

解决碎片问题的一个方法是存储紧缩技术，即通过将内存中的数据搬家，使碎片合并在一起，从而消除碎片。存储紧缩技术提高了存储空间的利用率，但紧缩操作比较耗时，系统为之付出的代价过高。

5.2.2 页式存储管理

产生碎片问题的根源在于进程映像要求连续的存储空间，而解决这一问题的根本措施就是突破这一限制，使其可以分散地存放在不连续的存储空间中。分散存储使得内存中每一个空闲的区域都可以被程序利用，这就是页式存储分配的基本思想。

1. 分页的概念

将进程的逻辑地址空间分成若干大小相等的片段，称为页面（page），用 0，1，2，…序号表示；同时，把内存空间也按同样大小分为若干区域，称为页帧（page frame），也用 0，1，2，…序号表示。

经过分页后，进程使用的逻辑地址可看成由两部分组成，即页号和页内位移。x86 体系结构的逻辑地址为 32 位，x64 体系结构的逻辑地址为 48 位。若页面大小为 4 KB，则逻辑地址的低 12 位为页内位移，余下的高位为页号，如图 5-4 所示。

图 5-4 页式存储的逻辑地址结构

按照这种划分方式可以计算出逻辑地址对应的页号和页内位移。例如，逻辑地址是 0x0001527A，则其页号为 0x54，页内位移为 0x27A。

应当注意分页与分段概念的不同。两者的区别在于：段是信息的逻辑单位，长度不固定，由用户进行划分；页是信息的物理单位，长度固定，由系统进行划分，用户不可见。另外，页式的地址空间是一维的，段式的地址空间是二维的。

2. 页式分配思想

页式分配的思想是以页为单位为进程分配内存，每个页帧装一页。一个进程的逻辑地址空间的各个页面可分散存放在不相邻的页帧中，用页表记录页号与页帧号之间的映射关系。图 5-5 描述了这种分配方式和页表结构。

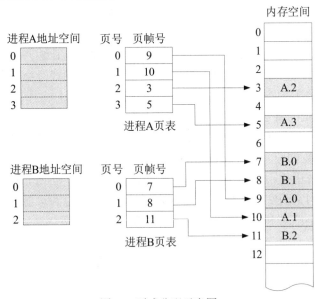

图 5-5 页式分配示意图

页表是进程的一个重要资源，它记录了进程的页面与页帧的对应关系。用逻辑地址的页号查找页表中对应的表项即可获得该页所在的内存的页帧号。上例中，进程 A 的逻辑地址空间被划分为 4 页，分别加载到内存的第 9、10、3 和 5 号页帧中。进程 B 的逻辑地址空间被划分为 3 页，分别加载到内存的第 7、8 和 11 号页帧中。它们的页表如图 5-5 所示。虽然它们都不是连续存放的，但通过页表可以得到分散的各页的逻辑顺序。

3. 页面的分配与释放

系统设有一个内存分配表，记录系统内所有页帧的分配和使用状况。内存分配表可采用位图的方式或空闲链表方式表示。位图是用一系列的二进制位来描述各个页帧的状态，每个位对应一个页帧，0 表示空闲，1 表示占用。空闲链表是用拉链的方式来组织空闲页帧。系统根据内存分配表进行存储分配和释放，每次分配和释放操作后都要相应地修改此表。

不考虑虚拟存储技术时，页式的分配和释放算法都比较简单。当进程建立时，系统根据进程地址空间的大小查找内存分配表，若有足够的空闲页帧则为进程分配，为其建立页表并将页表信息填入进程的 PCB 中。若没有足够的空闲页帧则拒绝进程装入。进程结束时，系统将进程占用的页帧回收，并撤销进程的页表。

4. 页式地址变换

页式系统通过页表进行动态地址变换。每个进程有一个页表，通常存放在内存中，页表的长度和内存地址等信息则存放在进程的 PCB 中。另外，在 CPU 中设有一个页表寄存器，用来存放正在执行的进程的页表长度和内存地址。当进程进入 CPU 执行时，进程的页表信息被装入页表寄存器，CPU 根据页表寄存器即可找到该进程的页表。

当 CPU 执行到一条访问内存的指令时，指令中的逻辑地址被装入逻辑地址寄存器，分页地址变换机构会自动地进行地址转换，形成实际的内存地址。地址转换的过程是：将逻辑地址按位分成页号和页内位移两部分，再以页号为索引去检索页表，得到该页号对应的页帧号。将页内位移与页帧号拼接即得到实际内存地址。图 5-6 描述了这一地址变换过程。

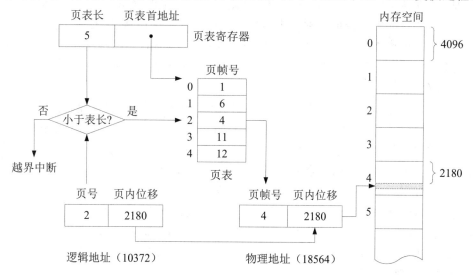

图 5-6 页式地址变换过程

设系统的页面大小为 4 KB，CPU 的当前指令要访问的逻辑地址为 10372，则该地址对应的页号为 2（10372/4K 的商），页内位移为 2180（10372/4K 的余数）。经查页表后，页号 2 变换为页帧号 4，与位移 2180 拼接，得到实际地址为 18564（4×4K+2180）。注意：运算公式只是为了释义，实际操作是将逻辑地址拆分、转换，最后拼接得到物理地址。这些都是纯粹的硬件动作，因而速度极快。

5. 页式存储的保护与扩充

页式存储的地址保护措施是对访问地址的页号进行控制。在地址变换前，硬件将页号与页表长度进行比较，如果没有超出页表长度，则进行转换，否则产生地址越界中断信号。对共享页面的操作是通过访问权限来限制的。方法是在页表中增加一个读写权限字段，只有当对该页的访问操作与此权限的设置相匹配时方可访问，否则产生读写保护中断。

页式存储管理的存储扩充功能是通过页式虚拟存储器来实现的，具体介绍见 5.3 节。

6. 页式存储管理的特点

页式存储管理是目前大部分系统所采用的内存管理方案。页式管理的优点是解决了内存碎片问题，有效地利用了内存，使存储空间的利用率大大地提高。不过页式管理也有“页内碎片”问题，即进程地址空间的最后一页不一定正好放满，空余的部分成为了碎片。不过页内碎片平均为每个进程半页，约 2 KB，这个数目是可以接受的。

5.3 虚拟存储管理

5.3.1 虚拟存储技术

1. 程序的局部性原理

实验证明，在进程的执行过程中，CPU 不是随机地访问整个程序或数据范围，而是在一个时间段中只集中地访问程序或数据的某一部分。进程的这种访问特性称为局部性（locality）原理。局部性原理表明，在进程运行的每个较短的时间段中，进程的地址空间中只有部分空间是活动的，即被 CPU 访问的，其余的空间则处于不活动的状态。这些不活动的代码和数据可能在较长的时间内不会被用到（比如初始化和结束处理），甚至在整个运行期间都可能不会被用到（比如出错处理）。它们完全可以不在内存中驻留，只当被用到时再调入内存，这就是虚拟存储器的思想。可以说，程序的局部性使虚拟存储成为可能。

2. 虚拟存储器原理

虚拟存储器的原理是用外存模拟内存，实现内存空间的扩充。做法是：在外存开辟一个存储空间，称为交换区。进程启动时，只有部分程序代码进入内存，其余驻留在外存交换区中，在需要时调入内存。内存与交换区之间的换入换出操作由系统自动地进行，应用程序并不察觉。此时应用程序所使用的逻辑地址空间是一个虚拟空间，其大小不受物理内存的限制。这不仅大大方便了程序的编制，也提升了内存的利用率。

不过，读写硬盘的速度比读写内存要慢得多，因此访问虚拟存储器的速度比访问真正内存的速度要慢，所以这是一个以时间换取空间的技术。另外，虚拟空间的容量也是有限制的。虚存容量理论上受地址线位数的限制，实际上还要受硬件和操作系统的限制。

3. 虚拟存储器的实现技术

实现虚拟存储器的技术要点是在原有的段式存储或页式存储的基础上增加交换功能。段式存储加上段交换可以实现段式虚存。但由于段的不规则性，段交换实现起来比较麻烦，性能也难以保证。所以目前普遍采用的都是页式虚存，即页式存储加页面交换。

5.3.2 页式虚拟存储器原理

页式虚拟存储器的思想就是在页式存储管理的基础上加入以页为单位的内外存空间的

交换来实现存储空间扩充功能。这种存储管理方案称为请求页式存储。

1. 请求页式存储管理

在请求页式存储管理系统中，最初只将进程地址空间中的若干页面调入内存，其余的页面则保存在外存的交换区中。当程序运行中访问的页面不在内存时就会引发缺页中断。系统响应此中断，将缺页从外存交换区中调入内存。

请求页式的页表中除了页帧号外还增加了一些信息字段，用于实施页面管理和调度。实际系统的页表结构会有所不同，这取决于系统的页面管理和调度策略。

图5-7所示是一种典型的请求页式的页表结构。其中，"状态位"表示该页当前是否在内存；"修改位"表示该页装入内存后是否被修改过；"访问位"表示该页最近是否被访问过；"权限位"表示进程对此页的读写权限。

页号	页帧号	状态位	修改位	访问位	权限位
0					
1					
⋮					
n-1					

图 5-7 请求页式页表

2. 地址变换过程

请求页式的地址变换过程增加了对缺页故障的检测。当要访问的页面对应的页表项的状态位为 N 时，硬件地址变换机构会立即产生一个缺页中断信号。CPU 响应此中断后，暂停当前进程的运行，转去执行中断处理程序。缺页中断的处理程序负责将缺页调入内存，并相应地修改进程的页表。待原进程再次运行时即可使用该页。图 5-8 示意了这个过程。

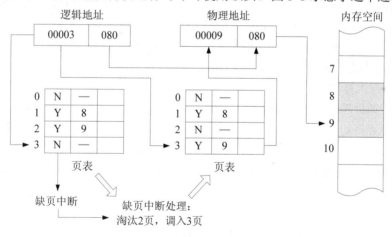

图 5-8 请求页式地址变换过程举例

设系统的页面大小为 4 KB，CPU 的当前指令要访问的逻辑地址为 0x3080，则该地址对应的页号为 3，页内位移为 0x80。进程当前的页表为图中左面的页表。由于 3 号页面当前不在内存，故引起缺页中断，CPU 开始执行缺页中断处理程序，调度页面。中断处理的结果是 2 号页面被淘汰，3 号页面被调入，覆盖了 2 号页面。修改后的页表为图中右面的页表。中断返回后原进程恢复运行，重新执行引发缺页中断的那条指令，并成功地将逻辑地址 0x3080 变换为 0x9080。在这个过程中，进程只是被中断打断，然后继续运行。

3. 缺页中断的处理

发生缺页中断后，CPU 暂停原进程的运行，转去执行缺页中断的处理程序，它的任务是将进程请求的页面调入内存。图 5-9 描述了缺页中断的处理过程。

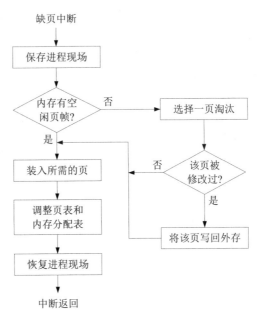

图 5-9 缺页中断处理流程

缺页处理的流程是：先查到该页在外存的位置，如果内存中还有空闲页帧则将缺页直接调入。如果没有空闲页帧了就需要选择淘汰一个已在内存的页面，再将缺页调入，覆盖被淘汰的页面。在覆盖被淘汰的页面前，先检查该页在内存驻留期间是否曾被修改过（页表中的修改位为 1）。如果被修改过，则要将其写回外存交换空间，以保持内外存数据的一致性。缺页调入后，还要相应地修改进程页表和系统的内存分配表。

4. 页面淘汰算法

在缺页中断处理中，页面淘汰算法对系统的性能影响至关重要。如果淘汰算法选择不当，系统可能会产生"抖动"（thrashing）现象，即刚调出的页很快又被访问到，马上又被调入。抖动的系统处于频繁的页交换状态，CPU 的大量时间都花在处理缺页中断上，故系统效率大幅度降低。

理论上讲，最优的算法应是淘汰以后不再访问或很久以后才会访问的页面。然而最优的算法是无法确定的。实际常用的是估计的方法，即优先淘汰那些估计最近不太可能被用到的页面。常用页面淘汰算法有以下 3 种：

1）先进先出法（First-In，First-Out，FIFO）

FIFO 算法的思想是优先淘汰最先进入内存的页面，即在内存中驻留时间最久的页面。算法的实现比较简单，只要用一个队列记录页面进入内存的先后顺序，淘汰时选择队头的页面即可。不过在有些时候，页面调入的顺序并不能反映页面的使用情况。最先进入内存的代码可能也是最常用到的，比如程序的主控部分。因此，FIFO 算法性能比较差，通常还要附加其他的判断来优化此算法。

2）最近最少使用法（Least Recently Used，LRU）

LRU 算法不是简单地以页面进入内存的先后顺序为依据，而是根据页面调入内存后的使用情况进行决策。由于无法预测各页面将来的使用情况，只能将"最近的过去"作为"最近的将来"的近似。因此，LRU 算法选择在最近时期最久未被访问的页面予以淘汰。

LRU 算法有多种实现和变种。基本的就是在页表中设置一个访问字段，记录页面在最近时间段内被访问的次数或自上次访问以来所经历的时间，当需淘汰一个页面时，选择现有页面中访问次数最少或访问时间值最早的予以淘汰。

实际应用证明 LRU 算法的性能相当好，它产生的缺页中断次数已很接近理想算法。但 LRU 算法实现起来不太容易，需要增加硬件或软件的开销。与之相比，FIFO 算法性能尽管不是最好，却更容易实现。

3）最少使用频率法（Least Frequently Used，LFU）

LFU 算法是 LRU 的一个近似算法。它选择淘汰最近时期使用频率最少的页面。实现时需要为每个页面设置一个访问记数器，用来记录该页面被访问的频率。需要淘汰页面时，选择记数值最小的页面淘汰。

遗憾的是，无论哪种算法都不可能完全避免抖动发生。产生抖动的原因一是页面调度不当，另一个就是实际内存过小。对系统来说，应当尽量优化淘汰算法，减少抖动发生；而对用户来说，加大物理内存是解决抖动的最有效方法。此外，页面的换入换出会使进程在执行时间上有较大的不确定性，故在实时系统中不宜采用。为此，Linux 等操作系统都提供了专门的系统调用来开启或关闭页面交换机制。关闭虚存后系统的实时性会提高，但要求有足够的内存来保证任务的执行。

总的来说，请求页式存储管理实现了虚拟存储器，因而可以容纳更大或更多的进程，提高了系统的整体性能。但是，空间性能的提升是以牺牲时间性能为代价的，过度扩展有可能产生抖动，应权衡考虑。一般来说，外存交换空间为实际内存空间的 1~2 倍比较合适。

5.4 Linux 的存储管理

Linux 的存储管理功能是由内核的内存管理模块（mm）实现的。它的主要功能包括维护进程的地址空间、管理和分配物理内存空间、实现虚拟内存的页面交换功能。

5.4.1 Linux 的内存访问机制

1．x86/x64 内存寻址模式

早期的 16 位 8086 架构 PC 机为了弥补地址线位数的不足而采用了段式存储模式，之后的 32 位 80386 架构又引入了分页机制。出于兼容性考虑，这种内存寻址模式沿用至今。目前的 x86/x64 架构采用的仍是分段+分页机制，只不过分段机制已大大弱化了。

x86/x64 的地址分为 3 种，即虚拟地址、线性地址和物理地址。虚拟地址就是程序中使用的逻辑地址。由于是段式存储模式，所以虚拟地址是二维的，用段基址和段内位移表示。线性地址是虚拟地址经过段式变换后得到的一维地址。物理地址是线性地址经过页式变换得到的实际内存地址。

实现地址变换的硬件是 CPU 中的内存管理单元（Memory Management Unit，MMU）。当 CPU 执行到一条访问内存的指令时会发出一个虚拟地址。这个虚拟地址被 MMU 截获，经过段式和页式变换后，将物理地址送到地址总线，定位实际要访问的内存单元。

2．段式地址变换

1）x86/x64 的分段机构

在 x86/x64 系统中，进程的虚拟地址空间被按类划分为若干个段，每个段由一个段描述

符来描述。段描述符中记录了该段的基址、长度和访问权限等信息。多个段描述符连续存放就形成了段描述符表，在段式映射中起到段表的作用。由系统中所有段描述符构成的表称为全局描述符表 GDT，进程也可以在 GDT 之上构建私有的局部描述符表 LDT。

在 CPU 中设有 2 个段表寄存器 gdtr 和 ldtr，用于指示 GDT 和 LDT 的位置。另外还有 6 个段寄存器，存放的是段描述符的索引项，可看作是段号。CPU 通过段寄存器就可在 GDT 或 LDT 表中找到当前进程的各段的描述符。主要的段寄存器是 cs、ds 和 ss，分别用于检索代码段、数据段和栈段。其余的段寄存器 es、fs 和 gs 作为辅助，用于检索数据段。

2）x86/x64 的段式变换

段式地址变换就是将指令中的虚拟地址映射为线性地址，方法是将段基址与段内位移相加。段式变换的过程是：根据指令类型确定其所在的段，再通过对应的段寄存器中的值检索段描述符表，获得该段的段描述符；用虚拟地址作为段内位移，对照段描述符进行界限和权限检查；检查通过后，将段内位移值与段描述符中的段基址相加，形成线性地址。

段式变换的初衷是解决早期 PC 机地址线数少造成的地址空间限制。然而，现在 x86/x64 的地址线数足够多，已经没有分段的必要了。现在 PC 机操作系统的做法是将各段的基址均设为 0，使段式变换失去作用。共享 0 基址的所有段的空间重合在一起，成为一个一维的虚拟地址空间，这个虚拟地址空间就等同于线性地址空间。

3）Linux 系统的分段机制

Linux 系统采用的是页式存储模式，并不需要段式变换。页式存储适合于大多数硬件平台，但在 x86/x64 平台上却不行。为了绕过 x86/x64 的分段机制，Linux 采用了共享 0 基址段的方式，使得段式变换实际上不起作用。

虽然没有进行实质的段式变换，但 Linux 系统仍然利用了分段机制的保护作用。Linux 进程的映像中包含有多个段，主要是分别用于用户态与核心态的代码段、数据段和栈段等。在每个段的描述符中，除了基址外还有存取权限设置；在段寄存中，除了索引项外还有特权级别设置，这些设置可以起到段保护的作用。代码段和数据段的存取权限不同，可以限制进程对不同内存区的访问操作；用户态的段与核心态的段的特权级别不同，在进程运行模式切换时段寄存器也被切换，从而使进程获得或失去内存访问特权。

3. 页式地址变换

页式地址变换就是将线性地址变换为物理地址。这是通过页表映射完成的。

1）物理地址与线性地址

物理地址按位划分为两个部分，即页帧号和页内位移。x86 的物理地址为 32 位，x64 的物理地址为 36~52 位，具体位数取决于 CPU 硬件。页的大小为 4 KB。因此，物理地址的低 12 位为页内位移，余下的高位为页帧号。

x86 的线性地址为 32 位，x64 的线性地址为 48 位。按 4 KB 页划分，则线性地址的低 12 位为页内位移，高 20 位或 36 位为页号，用于检索页表。

2）页表项的结构

进程映像的每个页面都对应一个页表项（page table entry）。x86 的页表项长度为 32 位，x64 的页表项长度为 64 位。页表项用于存放该页面在内存中的页帧号。内存中的页帧都是按 4 KB 边界对齐划分的，也就是说所有页帧的起始地址的低 12 位都为 0。因此将页帧号与 12 位 0 相拼即是页帧的地址，与线性地址的低 12 位相拼即是它的物理地址。图 5-10 描述了页表项的结构。

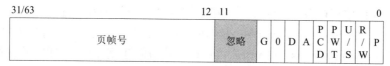

图 5-10 x86/x64 页表项结构

除页帧号外，页表项中还包含了一些标志位，用于描述页的属性。主要的标志位有"存在位"P、"读写位"R/W、"模式位"U/S、"访问位"A 和"修改位"D。CPU 能够识别这些标志位并根据访问情况做出反应。例如，读一个页后会设置它的 A 位；写一个页后会设置它的 D 位；访问一个 P 位为 0 的页将引起缺页中断；用户态进程访问一个 U/S 位为 0 的页，或写一个 R/W 位为 0 的页，都将引起保护中断。这种因访问页引起的中断称为页故障。

3）页表的结构

x86 的 32 位线性地址可寻址的内存空间是 4 GB，也就是 1 M 个页面。x64 的 48 位线性地址可寻址的内存空间是 256 TB，页面多达 64 G 个。如果将所有页面的页表项都存放在一个页表中的话，页表将会十分庞大，不但浪费空间，检索起来也很低效。解决此问题的方案就是采用多级分页机制。

多级分页的思想是：将所有页表项组织成多个页表，每个页表大小为一页，存放在一个页帧中。在页表之上再增加一个页目录表，大小也是占一个页帧。页目录表的表项结构与页表项基本相同，只不过其中的页帧号是下级页表的页帧号。这些页表与上层的页目录表就构成了一个二级页表。在二级页表之上再增加一级页目录就是三级页表，增加两级就是四级页表。多级页目录形成一个树型页目录结构，可以映射更多的页面。x86 系统采用二级分页即可，启用了 PAE 的 x86 系统需采用三级分页，x64 系统则需采用四级分页。

4）二级分页地址变换

x86 的分页机构采用的是二级页表结构。页表项占 4 字节，页目录表和页表的长度都是 1 K 项，可映射 1 M 个页面。x86 的 32 位线性地址被划分为三个部分：高 10 位为页目录号，中间 10 位为页表号，低 12 位为页内位移。页目录号和页表号与二级页表相对应，在地址变换时用作定位表项的索引。图 5-11 描述了 x86 架构的二级分页地址变换机制。

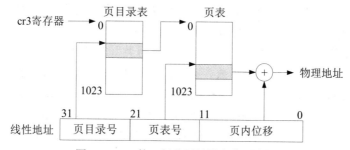

图 5-11 x86 的二级分页地址变换示意图

当进程运行时，它的页目录表地址被加载到 cr3 控制寄存器中。CPU 通过 cr3 得到页目录表的地址，进行地址变换。变换的过程是：先用页目录号作为索引，在页目录表中定位对应的表项，从中得到页表的页帧号。页帧号后面拼上 12 位 0 就得到页表的地址。同样再以页表号为索引在页表中找到对应的表项，从中得到页面的页帧号。页帧号与页内位移相拼即得到物理地址。这个逐级查表的过程称为页表走查（page table walk）。

由于页表都存放在内存中，因此页表走查需要多次访问内存才能完成。这显然降低了指令的执行速度。为缩短查页表的时间，x86/x64 系统采用了快表技术，即在 CPU 中设置页表高速缓存（Translation Lookaside Buffer，TLB），其访问速度接近于 CPU 的寄存器，所以也称为快表。TLB 中存放了常用的页表项。在地址映射时，MMU 会优先在 TLB 中查找页表项，如果命中则立即形成物理地址，否则就从内存页表中查找，并将找到的页表项加载到 TLB 中，以备下次使用。

5）四级分页地址变换

x64 的分页机构采用的是四级分页结构。页表项占 8 字节，所以页表和页目录表的长度都是 512 项。可以算出，四级页表最多可映射 64 G 个页面，也就是 256 TB 的内存空间。x64 的 48 位线性地址分为 5 个部分。低 12 位为页内位移，高 36 位分为 4 段，分别作为 3 级页目录表和页表的索引。每个索引段占 9 位，寻址范围是 512。

Linux 的分页模型也是四级分页，与 x64 的分页结构一致，只是页表的命名有所不同。Linux 的四级页表分别是页全局目录（Page Global Directory，PGD）、页上级目录（Page Upper Directory，PUD）、页中间目录（Page Middle Directory，PMD）和页表（Page Table，PT）。相应地，线性地址的 4 个索引字段分别为 PGD 号、PUD 号、PMD 号和 PT 号。

图 5-12 描述了 Linux 的四级分页地址变换机制。

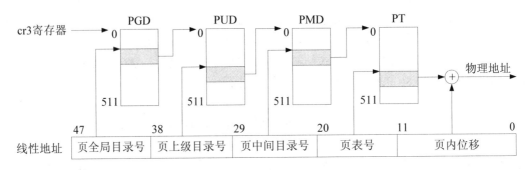

图 5-12 Linux 四级分页地址变换示意图

四级页表的走查过程与二级页表类似，就是从 PGD 开始逐级查到 PT。每级都是用 9 位索引号在表中找到对应的表项，从中获得下一级表的地址。

Linux 的四级分页是一种通用分页模型，而不同类型的硬件架构采用的分页机制是不同的，可能是二级、三级或四级。为了兼容不同的硬件平台，Linux 采用了一种简单的结构映射策略，将四级分页结构映射为硬件支持的分页结构。以 x86 的二级分页为例，分页结构的映射方式是将线性地址中的 PGD 和 PT 对应于 x86 的页目录和页表，取消 PUD 和 PMD 字段，并把它们都看作是 0。从结构上看，PUD 表和 PMD 表中都只含有一个 0 号表项，也就失去了目录索引的功能。它们的作用只是将 PGD 的索引直接传递到页表 PT 上，形成实质上的二级分页。这样既保持了系统架构的一致性，又兼顾了硬件的寻址特性和效率。

5.4.2 进程地址空间的管理

1. 进程的地址空间

进程的地址空间是进程可以使用的全部线性地址的集合，也称为线性地址空间或虚拟地址空间。进程地址空间是进程看待内存空间的一个抽象视图，它屏蔽了物理存储器的实际大小和分布细节，使进程得以在一个看似连续且足够大的存储空间中布局进程的映像。

为便于管理，进程的地址空间被分为两个部分：供内核使用的空间称为内核空间，供用户进程使用的空间称为用户空间。内核映像和内核栈都位于内核空间，而用户进程的映像和栈则存放在用户空间。因为每个进程都可以通过系统调用执行内核代码，所以内核空间由系统内的所有进程共享，而用户空间则是进程的私有空间。

地址空间的大小取决于线性地址的位数。x86 的线性地址是 32 位，可表达 4 GB 的地址空间。因此每个运行在 x86 上的 32 位 Linux 进程都拥有 4 GB 的地址空间。这 4 GB 的空间中高端的 1 GB 为内核空间，低端的 3 GB 为用户空间。x64 的线性地址是 64 位，但只有低 48 位地址是有效的，余下的高 16 位作为第 47 位的符号扩充。48 位地址可表达 256 TB 的地址空间。因此，每个运行在 x64 上的 64 位 Linux 进程拥有 256 TB 的地址空间，其中高端的 128 TB 为内核空间，低端的 128 TB 为用户空间。

2．地址空间的结构

1）映像文件

进程的原始映像以映像文件的形式驻留在硬盘存储空间，映像文件就是二进制的可执行文件。Linux 的可执行文件为 ELF 格式，整个文件由若干个片段（section）组成，主要的片段是代码段、数据段和 BSS 段等。另在文件的头部有一个段头表（section header table），其中保存了各段的属性信息，如段的名字、长度、在文件中的偏移、读写权限等。加载映像时，内核就是通过段头表来获取各段的位置和属性信息的。用 readelf 命令可以查看一个 ELF 文件的结构信息。

文件中的映像只是静态的代码数据，不具备运行时的格局，也无法直接进入内存运行。文件映像需要借助地址空间所构建的映像布局才能加载进内存，被进程使用。

2）虚存区

进程准备运行时，内核将为其建立地址空间，并将映像链入地址空间中。3 GB 或 128 TB 是用户空间的上限，实际的进程映像只会占用其中的部分地址。为方便空间管理和访问控制，进程映像的每个片段占用地址空间中的一个连续区间，大小为页的整数倍。这些被映像占用的地址区间称为虚存区（Virtual Memory Area，VMA）。根据映像类型的不同，虚存区主要分为以下几种：

- 代码区（text）：用于容纳程序代码，对应映像文件中的代码段；
- 数据区（data）：用于容纳已初始化的全局变量，对应映像文件中的数据段；
- BSS 区（bss）：用于容纳未初始化的全局变量，对应映像文件中的 BSS 段；
- 堆（heap）：用于动态存储分配的区；
- 栈（stack）：用于容纳局部变量、函数参数、返回地址和返回值等动态数据。

每个虚存区中的映像都是同一类型的映像，拥有一致的属性和操作，因而可以作为单独的内存对象来管理，独立地设置各自的存取权限和共享特性。例如，代码区允许读和执行；数据区可以是只读的或读写的；共享代码区允许多进程共享；等等。

3）进程的可用地址空间

用虚存区的概念来讲，一个进程实际使用的线性地址空间是由分布在整个地址空间中的多个虚存区组成的。用 pmap 命令可以查看一个进程所拥有的所有虚存区。图 5-13 是根据 pmap 命令的输出结果绘制的一个 32 位小进程的地址空间。为简化示例，这个程序采用了静态库编译，因此结构构成非常简单。一般的程序默认采用动态库编译，结构要复杂些。

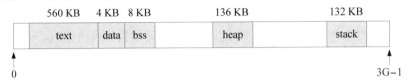

图 5-13　Linux 进程地址空间的结构示意图

图 5-13 中显示该进程拥有 5 个虚存区，这些区是进程可用的。未覆盖的空白区是没有被占用的空地址，是进程不可用的。不过进程在运行时可以根据需要动态地添加或删除虚存区，从而改变自己的可用地址空间。

注意，虚存区是进程的观点，是对地址空间的逻辑划分，并非实际内存的布局。划分虚存区的意义在于能够在一维的线性地址空间中实现映像的分段共享与保护。因此说，Linux 虽然采用的是页式存储，却具备了段式存储的模块化优势，而且管理上要简单得多。

3．地址空间的映射

如前所述，由虚存区构成的地址空间是个虚拟空间的概念，是进程可用的地址编号的范围，并不存在实际的存储单元。进程映像只是被分配使用这些虚拟地址，而不是存储在其中。进程映像只能存放在物理存储空间中，如磁盘或物理内存。在页式虚存中，正在运行的映像会进入物理内存，其余部分则以文件的形式驻留在磁盘的后备存储空间中。两个物理存储空间之间的联系纽带就是进程的地址空间，而联系的方式就是地址空间的映射。

作为联系纽带，进程地址空间上需要建立两方面的映射：一是虚存地址空间到文件空间的映射，称为文件映射；二是虚存地址空间到内存空间的映射，称为页表映射。文件映射将映像从文件中映射进虚存区，页表映射则将映像从虚存区映射到内存。此外，页式虚存需要在内存与交换区之间交换页面，因此还需要建立内存空间到交换空间的映射，称为交换映射。图 5-14 描述了各个地址空间之间的映射方式。

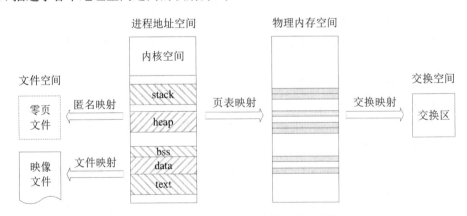

图 5-14　进程地址空间的映射关系示意图

1）　文件映射

进程创建时需要用映像文件中相应部分的内容构建虚存区。当然映像不是被调入虚存区，而是在映像文件与虚存区之间建立地址映射。建立映射后，进程采用内存访问方式，通过虚存地址来访问文件，而不是用 I/O 方式读写文件。文件映射包括普通文件映射和匿名文件映射两种，简称为文件映射（file-backed mapping）和匿名映射（anonymous mapping）。

（1）文件映射：文件映射就是将虚存区的地址映射到映像文件空间的一段地址上，当进程访问虚存区的地址时实际就是在访问该段文件的内容了。text 和 data 虚存区都是以这种方式映射到映像文件的代码段和数据段，从中获取代码和数据的。

（2）匿名映射：这是一种特殊的文件映射。匿名映射的虚存区没有对应任何实际的映像文件，而是隐含地映射到内核中一个抽象的"零页"文件。也就是说，通过虚存区的线性地址获得的是全 0 的文件内容。stack、bss 和 heap 虚存区都是采用匿名方式映射的，因此它们获得的初值为全 0。

虚存区建好后，它们所覆盖的地址空间就是进程可以访问的、有效的地址空间。此时的进程已具备运行的条件，一旦映像被调入内存就可以实际地运行了。

2）页表映射

进入了物理内存的映像是通过页表来映射的。页表映射是在虚存区的线性地址到物理内存地址间建立的映射关系。建立了页表映射的地址空间部分是进程实际占有的、可直接访问的内存空间。进程开始执行时，只有很少一部分映像被装入内存，其余部分则是在被访问到时才调入内存。因此，页表映射会随着进程的执行而改变。

每个进程都有一个页表，内核中另有一个独立的内核页表。进程的页表可分为两个部分，用于映射用户空间的部分是进程的私有页表，用于映射内核空间的部分则共享内核页表。当进程运行在用户态时使用的是进程自己的页表，一旦陷入内核就开始使用内核页表了。

32 位系统的进程的页全局目录 PGD 共有 1024 项，其中前 768 项（对应 0~3 G 线性地址）是进程的私有页表，后 256 项（对应 3~4 G 线性地址）则共享内核页表。64 位系统的进程的 PGD 共有 512 项，其中前 256 项是进程的私有页表，后 256 项是共享的内核页表。当然不是所有项都会被使用。全 0 的页目录表项为空项，不对应下级页目录表或页表。同样，全 0 的页表项也不映射任何页帧。

3）交换映射

用户进程的映像进入内存后也并非始终驻留于内存中。页式虚存的页面交换操作可能会在内存紧张时将其换出到硬盘的交换空间中，当被访问时再交换回内存。交换映射是在内存地址与交换空间地址之间的映射，映射关系由内核确定，与用户进程无关。

4．进程地址空间的管理

管理进程地址空间的主要数据结构是 mm_struct 结构和 vm_area_struct 结构，前者描述的是地址空间整体，后者描述虚存区。内核通过这些结构来实施对进程地址空间的管理。

1）虚存区的描述

虚存区的描述符是 vm_area_struct 结构，该结构中包含了虚存区的相关数据，如区的起止地址 vm_start 和 vm_end、访问权限 vm_page_prot、标志 vm_flags、映射的文件 vm_file、文件中位置偏移量 vm_pgoff 等。虚存区描述符还附有一个 vm_operations_struct 结构，挂在 vm_ops 指针上。这个结构称为虚存区操作集，其中包含了一组虚存区操作的函数指针。主要的操作函数有打开虚存区 open()、关闭虚存区 close()和缺页处理 fault()。虚存区的描述结构如图 5-15 所示。

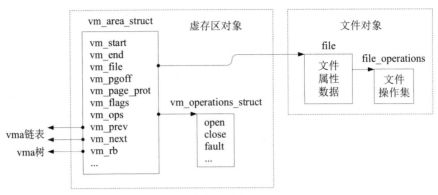

图 5-15 虚存区对象的描述

注意这种描述方式的特点。带有操作集的描述符将属性数据与操作方法封装在一起，这正是面向对象思想的体现。Linux 内核虽然用 C 语言写成，却广泛地运用了面向对象的设计思想。许多内核资源，如文件、设备、缓冲区等，都被封装为带有操作集的描述符形式，以方便资源的管理和使用。在图 5-15 中，虚存区 vma 及其对应的映像文件 file（见 6.4.1 节介绍）都是以这种形式描述的对象。

vma 对象的描述符是 vm_area_struct 结构，其中包含了虚存区的所有属性数据；vma 的操作集是 vm_operations_struct 结构的虚拟函数表，其中包含了一组代表虚存区操作方法的函数指针。操作集中的 open() 和 close() 函数相当于对象的构造与析构函数。每个具体的虚存区都是一个 vma 对象的一个实例，每个 vma 实例对应着映像文件中的一段地址。进程的所有 vma 实例通过 vm_prev 和 vm_next 指针链成一个 vma 双向链表，同时还通过 vm_rb 指针组织在一棵 vma 红黑树中。遍历 vma 链表就可获得各个虚存区的信息，而要执行检索、插入或删除操作时，利用 vma 树的效率更高。

2） 地址空间的描述

进程的地址空间采用 mm_struct 结构来描述。mm_struct 结构也称为内存描述符，其中包含了与进程地址空间有关的全部信息，如进程的页全局目录指针 pgd、vma 链表的指针 mmap、vma 树的指针 mm_rb 等。内存描述符是进程与内存的接口，它连接在进程描述符 task_struct 中的 mm 指针上，通过它进程即可访问自己的地址空间。这些数据结构的关系如图 5-16 所示。

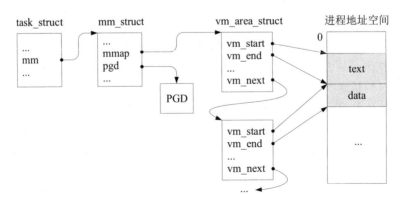

图 5-16 进程地址空间的描述

3） 地址空间的建立与释放

进程最初的地址空间是从父进程那里继承而来的。父进程用 fork()系统调用创建子进程时，也将自己的地址空间完整地复制给了子进程。因此，新建的子进程拥有与父进程相同内容的 mm_struct 结构、vma 对象和页全局目录，它们所映射的自然就是父进程的物理内存空间。也就是说，子进程拥有了自己的线性地址空间，但共享着父进程的物理地址空间。当子进程开始运行时，父子进程执行的是同一个代码段，访问的是同一个数据段、BSS 段等，直到其中一方执行了写操作。

当一个进程试图修改共享段的内容时会引发页故障，在处理页故障时，内核会将该段复制一份给进程使用，使两个进程各自拥有一个该段的副本，这就是"写时复制"技术。写时复制的要点就是将耗时的段复制操作推迟到非做不可的时刻再进行。不过，通常情况下新进程会立即执行 exec()来更换执行的映像，也就避免了写时复制。更换映像的主要工作就是更换进程的虚存区，方法是：在磁盘上找到指定的映像文件并打开它，根据文件中的映像结构建立起相应的虚存区，然后将新映像的入口执行地址装入 eip 寄存器。之后进程就开始执行全新的映像了。

建立虚存区就是将映像文件中的某段映像映射到地址空间中的一个区域。建立函数是 do_mmap()，参数指定了要映射的文件及偏移量、虚存区的起始地址、权限和标志。如果文件参数是 NULL 则表示匿名映射，否则就是文件映射。建立 vma 的主要操作是：先建立一个 vma 对象，用调用参数设置 vma 的各项数据，其中 vm_file 设置为参数指定的映像文件对象。如果是文件映射则调用该文件对象的操作集中的 mmap()函数，为 vma 设置操作集 vm_ops；若是匿名映射，就在 vm_flags 中设立匿名映射标志。此外还要为 vma 的虚存空间地址建立页表项，并初始化为全 0。最后将建好的 vma 链入 vma 链表和 vma 树中。

建好虚存区后，进程的映像已被链接到进程的地址空间中，对应的页表项也已建立，进程可以像访问内存一样访问虚存区所映射的文件内容了。不过此时文件的映像并未装入物理内存，页表映射还未建立，所以页表项内容为 0。当进程访问这样的地址时就会引发页故障，随后缺页处理程序会将该页从文件中读出，调入内存，并建立起页表映射。此后进程就可以正常运行了。有关缺页故障的处理方式见 5.4.4 节介绍。

虚存区所覆盖的地址空间是进程可以访问的、有效的地址空间。其余的空白地址空间是进程不可用的，唯一的例外是栈。栈的空间会随着进程的执行而动态增长。当栈超出其所在的虚存区容量时将触发一个页故障，内核处理故障时会检查是否还有空间来增长栈。一般情况下，若栈的大小低于上限（通常是 8 MB）是可以增长的。如果确实无法增长了就会产生"栈溢出"异常，导致进程终止。除栈之外，其他任何对未映射地址区的访问都会触发页故障，对这类页故障的处理是向进程发"段错误"信号 SIGSEGV，使进程终止。

进程运行过程中可以根据需要添加或删除虚存区，动态地调整虚存空间。添加虚存区的系统调用是 mmap()，删除虚存区的系统调用是 munmap()。进程退出时，内核将回收其占有的所有地址空间资源和物理页帧。

4） 地址空间的切换

地址空间的切换发生在进程切换时。在 4.5.3 节中曾提到，当一个进程被进程调度程序选中投入运行时，首先要调用 switch_mm()函数进行地址空间的切换。切换操作是将新进程的页表安装到 CPU 上，也就是将 mm_struct 中的页全局目录指针 pgd 加载到 CPU 的 cr3 寄存器中，这样就将 CPU 访问的地址空间切换到了新进程的地址空间了。

5.4.3　内存空间的管理

1．页帧的描述

内核中描述页帧的数据结构是 page 结构，每个 page 结构对应一个页帧，其中包含了有关于该页帧的一些信息，主要有页的状态 flags（如该页是否被修改过、访问过，是否允许换出等）、页的引用计数_refcount（为 0 表示页帧空闲）、该页对应的映射地址 mapping 以及连接 lru 回收链表的指针 lru 等。

所有页帧的 page 结构都存放在一个 mem_map[]数组中，这是管理物理内存的主要数据结构。当给定一个页帧号时，通过简单的宏计算即可求出对应的 page 在 mem_map[]数组中的位置，从而获得该页帧的各种信息。

2．内存管理区的描述

由于硬件的限制，内核并不能一视同仁地使用所有页帧。例如，某些老式的 DMA 硬件（ISA 设备）只能访问低于 16 MB 的内存地址，多数 DMA 硬件（如 PCI 设备）只能访问低于 4 GB 的内存地址，32 位的 CPU 不能直接访问高于 4 GB 的内存地址等。因此，Linux 将物理内存划分为多个区域，分别地管理和使用，这些区域称为管理区（zone）。

32 位 Linux 内核设立了 3 个管理区，命名为 DMA（16 MB 之下）、Normal（16~896 MB）和 Highmem（896 MB 之上）。64 位 Linux 内核也设了 3 个管理区，命名为 DMA（16 MB 之下）、DMA32（16 MB~4 GB）和 Normal（4 GB 之上）。当需要分配内存时，内核将根据用途在适当的管理区中进行分配。

每个管理区用一个 zone 结构描述，其中包含了该区域的各种管理数据，如区域的名字 name、空闲区数组 free_area[]、统计信息数组 vm_stat[]、水印数组 watermark[]等。这些信息是进行内存分配与回收的重要依据。

3．页块和伙伴的定义

若干个连续的页帧称为页块（page block），页块中所包含的页帧数就是页块的大小。为方便页块的拆分与合并操作，页块的大小都是 2 的幂数，这个幂数被用作区分页块大小的级别（order）。order 的级数由内核参数 MAX_ORDER 确定。在 x86 上，MAX_ORDER 为 11，因此 order 分为 0~10 级。0 级页块的大小是 1 个页帧，1 级的是 2 帧，2 级的是 4 帧，如此类推。在 x64 上，MAX_ORDER 的默认值为 17。

设 order 级别为 i，将管理区中的全部页帧按 2^i 个数进行分组，则每组就是一个 2^i 大小的页块，如果对页块从 0 开始编号，则第 k 个页块包含的页帧号是 $k×2^i$~$(k+1)×2^i$-1。这些页块按相邻关系构成一对对伙伴。伙伴（buddy）是指从偶数序号开始的相邻的两个页块。例如，以 order 为 2 划分的话，则第 0 个页块（0~3 帧）与第 1 个页块（4~7 帧）是伙伴，第 2 个页块（8~11 帧）与第 3 个页块（12~15 帧）是伙伴，但第 1 个页块（4~7 帧）与第 2 个页块（8~11 帧）则不是伙伴。确定伙伴关系的意义在于，一个页块可以拆分为更低一级的两个伙伴页块，而两个伙伴页块可以合并成为更高一级的一个页块。

4．空闲区的描述

Linux 系统用空闲区链表的方式来记录空闲的内存区。空闲内存区的大小以页块为单位划分。为便于查找某个尺寸的空闲页块，内核将它们按 order 级别分别链接成多个链表，这些链表的头指针保存在一个称为 free_area[] 的数组中，数组的大小为 MAX_ORDER 项。每个内存管理区的 zone 结构中都有一个 free_area[] 数组，通过它内核可以掌握该区域中各种尺寸的空闲页块的分布情况。图 5-17 所示是 free_area[] 数组的结构示意图。

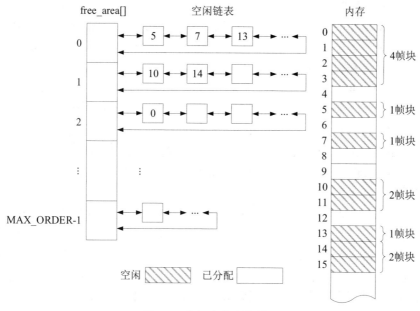

图 5-17 空闲内存区的描述

空闲链表是一个双向循环链表，链表节点是空闲页块的首个页帧的 page 结构，通过 page 中的 lru 指针相链接，链头指针在 free_area[] 数组中。free_area[i] 链接所有 2^i 帧长的空闲页块。在图 5-17 中，假设内存中页帧的使用情况如图右侧部分所示，则 free_area[0] 的空闲链表链接所有 1 帧长的空闲页块，它们的帧号是 5，7，13，…。free_area[1] 的空闲链表链接所有 2 帧长的空闲页块，首帧号是 10，14，…。同理，free_area[2] 的空闲链表链接所有 4 帧长的空闲页块，首帧号是 0，…。

5. 内存分配算法

Linux 采用伙伴（Buddy）算法来分配和回收内存，分配和回收的空间都是 2 的幂次大小的页块。当要分配内存时，首先要根据需要的空间大小确定要分配的页块大小。如需要 m 页，$2^{i-1}<m\leqslant2^i$，则应分配一个 2^i 大小的页块。分配算法是：在 free_area[i] 的链表中找一个空闲页块，将其从链表中删除，然后返回首帧的地址。若没有 2^i 大小的空闲页块就在 free_area[i+1] 的链表中取出一个，一分为二，分配一个，将另一个链入 free_area[i] 的链表中。如果没有 2^{i+1} 大小的空闲页块就进一步地分裂更大的空闲页块。如此继续，直到分配成功。

回收内存的过程与分配相反，就是根据回收页块的大小将其链入到适当的空闲链表中。如果该页块的伙伴也在链表中则将其与伙伴合并取出，加入到高一个级别的链表中。如果还能合并就进一步合并下去。以图 5-17 为例，如果回收了 12 号页帧，它将与它的伙伴 13 号页帧合并，成为一个 2 帧长的页块（12~13 帧）。进一步地，这个页块又与它的伙伴（14~15帧）合并，形成一个 4 帧长的页块（12~15 帧）。由于这个页块的伙伴（8~11 帧）不是空闲页块，因此合并到此为止，这个页块最终被链入 free_area[2] 的空闲链表中。

可以看出，Buddy 算法的目标是尽量减少内存碎片，增加连续内存分配成功的概率，而连续的内存有利于提高系统的运行效率。但是这个算法也可能造成空间的浪费，因为它每次分配的内存是 2 的幂次个页帧。如果需要的内存量是 33 KB，则实际分配的就是 64 KB，将近 50%的内存就浪费掉了。所以说，追求高效率的代价是牺牲了内存资源的利用率。

6. 内存的分配机制

Linux 内核提供的最底层的内存分配函数是 alloc_pages()。该函数使用 Buddy 算法，每次分配 2 的整数幂个连续的页帧。分配成功后返回一个指针，指向第一个页帧的 page 结构。与此函数对应的内存释放函数是 free_pages()。

为适应不同的需要，内核还提供了另外一些内存分配函数。这些函数都是在底层分配函数的基础上实现的，常使用的是 kmalloc()和 vmalloc()。kmalloc()用于获得以字节为单位的一个连续的小块内存区（通常小于 128 MB），分配成功则返回该内存区的首地址。与其对应的内存释放函数是 kfree()。vmalloc()函数用于分配一个线性地址连续但物理地址不保证连续的内存区。由于不要求物理地址连续，因此用 vmalloc()可以分配较大的内存空间。与其对应的内存释放函数是 vfree()。

选择哪种分配方式取决于用途的限制和性能的考虑。多数硬件设备（如 ISA 的 DMA 控制器）只能使用物理地址连续的内存区，因为它们不理解虚拟地址。在这种情况下需用 alloc_pages()或 kmalloc()等函数进行分配。软件可以使用 vmalloc()分配的物理地址不连续的页帧，但访问不连续的地址需要频繁查询页表，效率相对较低。因此，很多讲究效率的内核代码都用 kmalloc()来获得内存，仅在需要大块内存时才会使用 vmalloc()。

注意，以上内存分配函数是供内核使用的，它们分配的是实际的内存空间。这与 C 语言的 malloc()函数不同。malloc()函数是用户进程使用的，分配的是用户空间中的 heap 虚存区。malloc()只是在分配的区间上建立匿名映射，并不直接分配物理内存。当进程访问到这个虚存空间时会产生页故障，在页故障处理时才会为其分配页帧。

还要注意的是，分配与释放函数必须成对使用，否则会造成"内存泄漏"（memory leak），给系统带来隐患。

7. slab 分配机制

伙伴分配函数是按页分配的，即使是只需要小块内存也要分配整个页帧。然而，内核经常会重复地进行数据结构的分配与释放。例如，在创建进程时要建立 task_struct 结构，创建虚存区时要建立 vm_area_struct 结构，打开文件时也要建立一些文件描述结构。这些操作在内核中频繁地进行着，如果为这种几十或几百个字节的小块内存而反复地分配和回收内存显然既浪费时间也浪费空间，严重时还会导致内存碎片化。

为适应小块内存的分配与释放，Linux 提供了 slab 缓存机制。slab 缓存区是预先从内存分配器获取的一个连续的内存区，由 slab 分配器管理。slab 分配器管理着多个 slab，每个用于一种结构类型的内存分配。根据要分配的对象类型，slab 的存储空间被构造成同类型的一个个内存对象。这些 slab 就如同仓库一样，分门别类地储备着各种类型的内存对象，供内核获取使用。比如 task_struct、mm_struct、vm_area_struct 等都是从各自的专用 slab 中分配的。前面介绍的 kmalloc()也是基于 slab 机制来分配小内存的。

slab 中的内存对象可以反复地使用，无须调用内核的分配函数来实际地分配和回收内存。但当缓存不够用时可以通过申请分配一些页帧来进行扩充。另外，当系统中的内存紧张时，内核函数 cache_reap()会周期性地回收 slab 缓存中的页帧，紧缩缓存空间。

5.4.4　页面的交换

页面交换是实现虚存的关键技术。Linux 的页面调入策略是按需调入，即当进程访问到一个不在内存的页面时引发缺页中断，在中断处理程序中调入页面；Linux 的页面换出策略是预先换出，即当内核发现内存空间紧张时就进行页面换出操作，回收页帧。注意内核映像是不参与页面交换的。

1.　交换空间

从内存中换出的页面保存在外存交换空间中。Linux 系统提供了两种形式的交换空间。一种是一个特殊格式的 swap 磁盘分区，称为交换分区。另一种是文件系统中具有固定长度的特殊文件，称为交换文件。交换文件必须是连续文件，它的读写速度要比普通文件高得多。不过，由于访问机制不同，交换分区的访问性能要优于交换文件。

交换空间的管理方式类似于页式管理。整个交换空间被划分为与内存页同样大小的块，称为页插槽（page slot），每个插槽可"插入"一个物理页面。当进行页面换出时，内核会在交换区中查找空闲插槽，将页面存入其中。内核会尽可能把换出的页放在相邻的插槽中，以减少在访问交换区时磁盘的寻道时间。

Linux 系统可以同时管理多个交换空间。交换空间按照优先级排序使用，通常是以交换区为主，以交换文件为辅。在系统安装时要设置适当大小的交换分区。当需要更多交换空间时可以手动添加新的交换分区或交换文件，不需要时再撤销。用户可以用 swapon 和 swapoff 命令来启用和关闭交换空间，还可以用 swapon 命令来查看系统当前使用的交换空间，设置它们的优先顺序。

2.　页故障处理

页故障是指在 CPU 解析一个线性地址时发生的异常中断。引起页故障的原因主要有两种，即非法访问和缺页。页故障发生后，CPU 会将引起异常的线性地址存入 cr2 寄存器，然后转去执行页故障的中断处理程序 do_page_fault()。

do_page_fault()首先对线性地址及其所对应的页表项和虚存区进行检查，判断该地址的有效性和访问的合法性，排查故障原因。如果是非法访问就发出段错误信号 SIGSEGV，终止进程的运行。如果是合法的访问就调用缺页处理函数 handle_mm_fault()进行缺页处理。

引起缺页的原因主要有三种：一是该页还没有被分配页帧；二是该页的页帧已被回收；三是写操作引发了写时复制。handle_mm_fault()函数会首先判断缺页的原因，然后根据情况进行处理，将缺页调入到一个新页帧中，然后修改页表项来映射新的页帧。调入缺页的概要处理过程是：

（1）如果相应的页表项内容为全 0，表明该页不存在，也就是未分配过页帧。此时将根据映射类型进行处理：如果是文件映射则为其分配一个新页帧，然后调用虚存区操作集 vm_ops 中的 fault()函数，将页面从文件空间中读入新页帧；如果是匿名映射就将其映射到内核中一个只读的全 0 页的页帧。

（2）如果页表项已存在但"存在位 P"为 0，说明该页已被交换到交换区。这种情况将调用 do_swap_page()来处理，它根据页表项中存放的交换地址在交换区中找到该页，为其重新分配一个页帧，将其从交换区读入。

（3）如果页表项存在，且页表项的"存在位 P"为 1，"读写位 R/W"为 0，而触发缺页异常的标志为写操作，表示进程正试图写一个只读页。此时将调用写时复制的处理函数

do_wp_page()，将该页复制到一个新页帧中。

注意匿名页的缺页处理过程。首次访问一个匿名页时将引发第一种情况的缺页故障，此时并没有为其单独分配一个页帧，而是以只读方式共享了一个全 0 页。所以最初读匿名页时将得到全 0 的内容。当首次对这个页执行写操作时将引发第三种情况的缺页故障，此时该页才以写时复制的方式获得自己的页帧。

3. 页帧回收

进程页面的换出是通过回收页帧的操作处理的。回收页帧的策略有被动式和主动式两种。被动式即是在处理缺页中断时，如果发现没有足够的空闲页帧就设法换出一个或多个页面，腾出页帧来。这种策略比较简单，但缺点也很明显。因为页面交换的操作可能比较费时，如果在中断处理过程中进行换页就会延长处理时间，导致进程运行受阻。Linux 采取的策略是主动式回收，即在系统空闲时预先换出一些页面，使得内存中总是维持一定的空闲帧数量供缺页处理时使用。

在管理区的 zone 结构中包含了一个统计信息数组 vm_stat[]，可以从中得出当前空闲帧的数量 free_pages。zone 结构中还包含了一个水印数组 watermark[]，它定义了该区域中空闲帧存量数的下限（min）、低位（low）与高位（high）3 个阈值。它们的作用如同水位警戒线：min 表示存量紧张，低于这个值必须立即补充；low 表示存量不足，低于这个值就要开始补充；high 表示存量充足，超过这个值则应停止补充。页面回收是有代价的，并非越多越好。因此，水印值的设定应在保证系统性能和满足页面分配需求这两个目标之间进行权衡，力图将空闲空间的数量维持在最佳平衡状态。

页面换出的工作主要由内核交换进程 kswapd()完成。kswapd()是一个实时内核线程，它的任务是保证每个内存管理区中的空闲帧都不低于 high 水位。kswapd()周期性地运行，检查各区的空闲帧数 free_pages。若发现空闲帧数小于 min 则立即调用 try_to_free_pages()，快速回收至少 32 个页帧；若发现空闲帧数小于 low，则开始进行页帧回收，直到空闲帧数达到 high。回收的页帧被补充进伙伴系统的空闲区链表中，供分配函数使用。

定期回收页帧确能保证在大多数情况下系统中留有足够的空闲空间，但在极端情况下仍会发生空间用尽的情形。当遇到内存分配失败时，内核将立即唤醒 kswapd()进程，并同时调用 try_to_free_pages()进行快速回收。

回收内存页帧有多种途径，主要的是以下两种：

（1）回收高速缓存中的页帧。高速缓存是为了提高文件访问速度或内存分配性能而设置的。它们不属于进程的空间，因此释放后不需要修改页表。另外，由于缓存的 flush 机制会定期地将"脏页"（即修改过的页）写回到磁盘，因此交换进程看到的页大多是干净的，可以直接回收。所以回收缓存页面是最简便的办法。

（2）回收进程占用的页帧。若上述措施没有得到足够的空闲页帧，交换进程就要通过淘汰算法寻找适合的进程页面，将其换出，回收其占用的页帧。页面回收方式取决于页面类型和使用模式，情况比较复杂。粗略地说，映射到后备文件的页如果是干净的可直接舍弃，是脏页则要将其内容写回文件；没有对应后备文件的页（包括匿名页和写时复制的页）需要先为其建立后备存储，也就是在交换区中分配一个页槽，然后将其写入。页帧回收后，其对应的页表项也要做相应的修改。通常是将 P 位清 0，其余位保存交换地址或清 0。可以看出，与前一种途径相比，换出进程页面的操作较复杂，效率也较低。

在回收进程的页帧时，Linux 系统采用的是 LRU 页面淘汰算法，即根据页面的访问次数以及上次访问的时间来判定该页是否适合换出，优先换出那些很长时间没有被访问的页面。不过，x86/x64 的 CPU 页表没有提供页面访问计数或计时的硬件功能，而只提供了"访问位 A"。当一个页被访问时，CPU 会将其页表项的 A 位置 1。内核则定期地将其清 0 并在 page 结构中做记录，以此来获得页面的访问信息。为了估算页面的最近访问时间，内核将所有可换出页面的 page 结构分类链入到几个 lru 链表中。最近被访问过的页被放入"活动链表"，较长时间没有被访问过的页则被移入"非活动链表"。非活动链表中页的顺序反映了页面"不活跃"的程度，交换进程只需扫描非活动链表即可选择出要淘汰的页。显然，这是一种近似的 LRU 算法。除了 LRU 策略之外，Linux 内核还采用了诸如反向映射、交换缓存等复杂的页帧回收策略，以提高页面交换的整体效率。

习 题

5-1 存储管理的主要功能是什么？

5-2 什么是逻辑地址？什么是物理地址？为什么要进行地址变换？

5-3 静态地址变换与动态地址变换有什么区别？

5-4 简述页式分配思想和地址变换机制。

5-5 简述虚拟存储器的原理。虚拟存储器的容量受什么限制？

5-6 在页式存储系统中，若页面大小为 2 KB，系统为某进程的 0、1、2、3 页面分别分配的页帧号为 5、10、4、7，求出逻辑地址 5678 对应的物理地址。

5-7 在页式存储系统中，如何实现存储保护和扩充？

5-8 什么是抖动？产生抖动的原因是什么？

5-9 Linux 系统采用的是哪种内存管理方案？x86/x64 上的 Linux 是如何处理分段的？

5-10 Linux 系统的进程地址空间是什么概念？它与物理内存空间有什么联系？

5-11 虚存区有哪些类型？它们与进程映像的对应关系是什么？

5-12 解释文件映射、匿名映射和页表映射的作用。

5-13 Linux 系统的内存分配与回收采用什么算法？有什么特点？

5-14 比较 malloc()、kmalloc() 和 vmalloc() 函数。

5-15 简述 slab 分配器的分配机制。slab 适用于哪些类型的内存分配？

5-16 Linux 是如何实现页面交换的？

第6章 文件管理

在计算机系统中，各种需要保存的信息都是以文件的形式存在的。文件管理是对系统信息资源的管理，是操作系统的一项重要功能。

6.1 文件管理技术

6.1.1 文件与文件系统

1. 文件

文件是具有名字的一组相关信息的有序集合，文件的名字称为文件名，它是文件的标识。文件的信息可以是各种各样的，一个程序、一批数据、一张图片、一段视频等都可以作为文件的内容。文件存储在具有长久记忆特性的外部存储器中，如磁盘、固态盘、光盘、USB盘等，因此文件是可以长久保存的信息形式，所有需要在系统关机后仍能保留的信息都需以文件的形式存在。

2. 文件系统

文件系统是操作系统的一个重要组成部分，它负责管理系统中的文件，为用户提供使用文件的操作接口。文件系统由实施文件管理的软件和其所管理的文件组成。文件系统软件属于系统内核代码，文件则按特定的格式存放在磁盘分区中。

归纳起来，文件系统的功能包括以下几项：

- 提供文件访问接口，实现文件的"按名存取"。
- 实施对文件的操作，包括建立、读写、检索、修改、删除等。
- 管理文件的存储空间，实施存储空间的分配、回收与重组。
- 实现对文件的共享、保密和保护措施。

3. 文件的描述

为了实施和控制对文件的各种访问操作，文件系统为每个文件都建立了一个"文件控制块"（File Control Block，FCB）。文件的FCB的作用类似于进程的PCB，它记录了文件的使用者和管理者所关心的所有信息，包括文件名、属主、文件大小、物理存储位置、修改和访问时间、存取权限等。当用户创建一个新文件时，文件系统就为这个文件建立起一个FCB。随着文件的操作，FCB的内容也相应地变化。当文件被删除时，它的FCB也就消失了。

4. 文件目录

计算机系统中通常存有大量的文件，系统必须采用某种有效的形式来组织和管理这些文件。由于文件与文件的FCB一一对应，因此，管理文件是通过管理文件的FCB实现的。

文件系统采用目录来组织文件。目录是 FCB 的有序集合，通过目录将所有的 FCB 分层分类地组织在一起，方便了文件的检索操作。由于目录的信息是需要长久保存的，所以目录也需以文件的形式存在。为此，系统定义了一种特殊的文件——目录文件，其内容是一个文件列表，每个表项是一个文件的 FCB，在目录里就称为目录项。由于目录本身也是文件，因此目录的 FCB 也可以作为另一个目录中的目录项，从而构成目录的层次关系。

目录的主要功能是实现文件的"按名存取"，即用户只需提供文件名就可以对文件进行各种操作。目录实现了文件名到文件物理存放位置的映射。

目录的另一个功能是合理地组织文件。现在，几乎所有的操作系统都采用树形目录结构，就是将文件分层分类地组织成一个树状结构，从根目录开始向下延伸。树形目录结构的特点是层次清楚，便于文件分类管理，还可加快文件的检索速度。另外，树形目录还允许文件重名，即只要文件不在同一目录下便可以使用相同的名字。

5. 文件的结构

文件结构是文件内容的组织方式。从不同层面上看到的文件结构有所不同。图 6-1 所示是文件在三个不同抽象层次上的结构。

1）文件的格式

终端用户是通过应用程序来使用文件的，从他们的角度看到的是文件的应用结构，也就是文件的格式。文件的格式由处理文件的应用程序定义和使用，通常以后缀名相区分，如".doc"文件是由 Word 程序使用的格式，".bmp"是图片处理程序使用的格式。

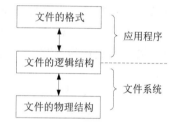

图 6-1 文件的结构

2）文件的逻辑结构

应用程序是文件系统的直接用户，应用程序所看到的文件的结构就是文件的逻辑结构。应用程序按逻辑结构存取文件，并在此基础上构造出各自的应用结构，呈现给用户。也就是说，应用程序负责文件格式与逻辑结构之间的映射。

3）文件的物理结构

文件的物理结构又称为存储结构，是指文件在外存上的存储形式。物理结构是文件系统内部使用的结构，文件系统负责逻辑结构与物理结构之间的映射。将逻辑结构与物理结构相区分，是为了向用户屏蔽有关文件存储的细节，使用户可以只凭简单的逻辑结构来使用文件。

6.1.2 文件的逻辑结构与存取方式

1. 文件的逻辑结构

早期文件系统采用的逻辑结构有结构化的记录式与非结构化的流式两种，而现代流行的文件系统均采用流式结构。流式结构的文件全部由字节序列组成，称为流式文件。流式文件就像一张白纸，没有任何格式。应用程序访问流式文件时只要指定文件的读写位置和要读写的字节数，文件系统即可存取指定部分的文件内容。应用程序可任意地在字节序列上构造自己的应用格式。写文件时，应用程序按自己定义的结构来组织数据，然后把它们作为字节流写入文件；读文件时，将读出的字节流再解释成自己使用的结构。因此说，无结构实际上就是不限制结构，这为应用程序提供了很大的灵活性，同时也简化了文件系统的操作。

2. 文件的操作

对文件的操作主要有建立/删除、打开/关闭、读/写、修改属性等。

建立文件时用户要为文件指定一个文件名。文件系统以文件名为标识建立文件的 FCB，并为文件分配存储空间等资源。删除文件的操作与此相反，用户指定要删除的文件名，文件系统删除该文件的 FCB，并释放其占用的存储空间等资源。

对文件的读写操作都要经过文件的 FCB 来进行。由于 FCB 存放在外存空间中，如果每次读写文件都要访问外存 FCB 的话，存取速度将很低，因此在对文件进行任何读写操作前，需要先打开文件。打开文件就是在内存中生成文件的 FCB，并返回一个标识其内存 FCB 的文件描述符，随后的读写操作将通过此文件描述符进行。读写操作完成后应关闭文件。关闭文件就是将内存 FCB 的内容写回外存 FCB，回收文件描述符，并删除内存中的 FCB。

3. 文件的存取方式

文件存取方式是指读写文件的方式。对于流式文件来说，每个打开的文件都有一个指示读写位置的指针 offset，如图 6-2 所示。文件刚打开时，读写位置位于文件头 0 字节处。每次读写文件时（如使用 C 函数 read()和 write()等），根据给定的长度参数读写 count 个字节，完成后位置指针会自动移到读写完的位置之后，这样下次读写就接着本次的位置顺序地进行下去。必要时，可以通过设置读写位置指针（如 C 函数 llseek()等）来改变读写的位置。比如，若需要追加写入时，需先将位置指针定位到文件尾。

图 6-2 流式文件的存取

应用程序对流式文件的存取方式有两种，即顺序存取和随机存取。

1）顺序存取

顺序存取就是从文件头开始顺序地访问文件的每一段信息，直到文件尾。应用程序在加载、保存、传输文件时，或对文件做某些过滤性处理时，都要对文件进行顺序存取操作。

顺序存取的通常做法是在一个循环中调用文件读写函数，直到遇到文件结束符 EOF。

2）随机存取

随机存取也称为直接存取，就是从文件的指定位置开始存取一段数据。很多应用场合需要随机存取。例如，数据库管理程序从数据库表文件中读取一个记录就是一种随机存取。

随机存取的方法是：先将读写指针定位到文件的指定位移处，然后从此位置开始存取指定字节数的一段数据。

6.1.3 文件的物理结构与存储方式

文件的物理结构是文件在外部存储器中的组织和存放形式，与存储设备的空间结构和寻址方式有关。典型的存储设备是磁盘。

1. 磁盘的物理结构与寻址方式

磁盘由一组盘片组成，每个盘片有两个盘面，经物理格式化后，盘面上被划分出多个同心圆，称为磁道（track）。所有盘面的相同位置的磁道组成的圆柱体，称为柱面（cylinder）。

每个磁道又划分为多个弧段，称为扇区（sector），通常的大小是 512 B。扇区是磁盘上可寻址的最小存储单位。

对磁盘的读写操作由磁头（head）完成。每个盘面上有一个磁头，所有磁头构成一个磁头组，可在柱面之间来回移动。在执行读写操作时，磁头按指令移动到指定的柱面，悬停在高速旋转的盘面上，待要访问的扇区飞经磁头下方时，对应的磁头即开始进行读写操作。

由此可见，定位一个扇区需要有 3 个参数，即柱面号、磁头号和扇区号。早期磁盘采用 CHS 寻址方式，将 3 个参数拼在一起作为扇区的地址。受这种编址模式的字长限制，CHS 的可寻址范围仅为 8 GB，无法适应现代磁盘的容量规模。目前的磁盘采用的是 LBA 寻址方式。在 LBA 方式下，磁盘中所有扇区都统一地从 0 开始顺序编号。只需指定扇区的序号，磁盘设备就会通过求模运算得出柱面号、磁头号和扇区号。LBA 不仅简单而且高效，可支持高达 144 PB 容量的磁盘。

2. 磁盘空间的逻辑结构

磁盘是高速设备，一次读写操作可以同时访问多个相邻的扇区（通常是在同一柱面上）。因此，文件系统在访问磁盘时不是以扇区为单位，而是以"块"（block）为单位来传输数据的，每个块包含 1 到多个相邻扇区。Linux 将这种以块为单位传输数据的设备称为"块设备"（block device）。除了磁盘外，闪存盘、固态盘、光盘等也是块设备。块的大小取决于文件系统的设置和磁盘容量，但必须是扇区大小的 2 的整数幂倍，并且要小于内存页帧的大小。常见的块大小是 512 B、1 KB、2 KB 或 4 KB。

为便于大容量磁盘的管理，磁盘的存储空间被划分为若干个分区，每个分区由一个文件系统来管理。文件系统只能看到和管理自己所在分区内的存储空间。在文件系统看来，磁盘分区的存储空间是由许多在逻辑上连续的块组成的，它们从 0 到 n 编号，如图 6-3 所示。文件系统以块为单位保存文件数据。访问文件时，只要指定块号即可，不必关心它对应哪些扇区，底层 I/O 软件会完成逻辑块到物理扇区的转换。

图 6-3 磁盘存储空间的逻辑结构

3. 文件的物理结构

文件的物理结构主要有 3 种，即连续文件、链接文件和索引文件。

1）连续文件

连续文件的存储方案是将文件的内容按逻辑顺序存放在连续的存储块中，这是最简单的存储分配方案。假设磁盘空间采用 4 KB 大小的块，文件 A 的大小为 25 KB，系统为它分配了连续的 7 块。文件 B 的大小为 10 KB，系统为它分配了连续的 3 块。它们的起始块号和占用的块数都记录在各自的 FCB 中，如图 6-4 所示。

连续存储方案的优点是简单、存取速度快。由于文件内容是连续存放的，访问时磁头移动较少，因而无论顺序存取还是随机存取，存取性能都很好。它的缺点之一是限制了文件的动态增长。另一个缺点是磁盘碎片问题，即经过一系列的文件空间分配和回收操作后，空闲空间逐渐变得支离破碎，无法容纳新文件。磁盘碎片降低了外存空间的利用率，需要经常进行磁盘压缩整理。由于这些缺点，连续文件不适合用于磁盘等直接存取设备。它主要用于在顺序存取设备（如磁带）或只读存储设备（如光盘）上存储文件。

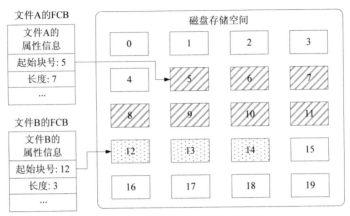

图 6-4 连续文件的存储结构示意图

2）链接文件

链接文件的存储思想是：文件内容可以存放在彼此不连续的存储块中，用指针拉链的方式表示文件内容的逻辑顺序。做法是：每个块留出一个空间来存放指向下一块的指针。在文件的 FCB 中记录了文件首块的磁盘地址，从首块出发可以依次找到其他各块，如图 6-5 所示。图中，文件 A 占用了 4 个存储块，依次是 1→2→9→11；文件 B 占用了 5 个存储块，依次是 5→6→3→15→18。

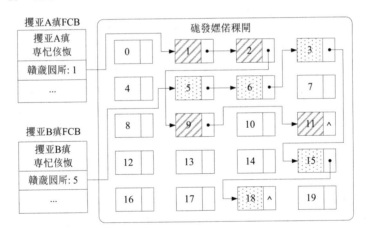

图 6-5 链接文件的存储结构示意图

与连续存储方案相比，链接存储中不再有磁盘碎片问题，因为每个块都可以被利用。链接文件的主要缺点是存取效率问题。由于不是连续存放，因此访问时磁头移动次数较多，顺序存取还算方便，但直接存取就相当缓慢了。另外，由于指针占去了一些字节，因此每个块的字节数不再是 2 的幂次，增加了读写操作的复杂度。

目前实际使用的链接文件是针对以上问题进行了改进的方案。改进的思想是将指针部分从存储块中提出来，单独存放在一个链接表中。链接表的每一项对应一个存储块，其内容是该块所链接的下一个块的块号。图 6-6 所示是文件分配链接表方案的示意图。图中描述了与图 6-5 的分配情形相同的两条块号链：一条是文件 A 的链，从表项 1 开始；另一条是文件 B 的链，从表项 5 开始。

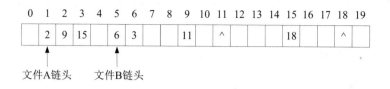

图 6-6 文件分配链接表示意图

链接表占用的空间小，可以放在内存中。当需要访问文件时，只要在表中顺着链进行查找即可，不需要访问磁盘，因而提高了文件定位的速度。Windows 的 FAT 文件系统采用的就是这种改进的链接文件结构。

链接文件的优点是允许文件长度动态变化，外存空间利用率高；缺点是存取效率（尤其是直接存取的效率）较连续文件低。对小文件来说没有问题，但文件越大存取效率就越低。因此，链接文件更适合于小型文件系统。

虽然在建立文件时文件系统会尽量为文件分配连续的区域，但经过一段时间的文件动态增长或缩减操作后，文件的各存储块可能会变得过度分散，各文件的块链穿插交错，使存取效率大大降低。为解决这个问题，FAT 文件系统采用了磁盘整理的方法。当文件访问效率下降时，可以通过整理磁盘碎片来重新调整文件在存储空间中的分布，使其尽可能连续，从而提高文件访问的效率。

3）索引文件

索引文件的存储方案也是允许将文件内容存放在不连续的存储块中，但它是用索引表来建立文件内容与存储块之间的联系的。索引文件的分配思想与页式内存分配很相似，索引表就如同页表。图 6-7 所示为索引文件的存储结构示意图，文件 A 占用了 4 块，依次是第 7、0、9、14 块。通过文件的索引表可以直接找到各块。

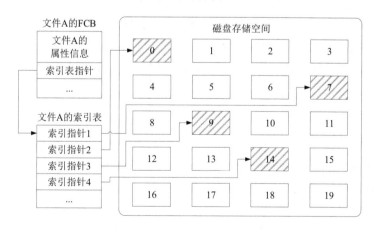

图 6-7 索引文件的存储结构示意图

索引文件具有链接文件的优点，文件定位速度更快，顺序存取和随机存取效率都比较高。索引文件的缺点是占用的存储空间较多，因为索引表本身需占用一定的存储空间。对于只有1~2 块的小文件来说，虽然其索引表很小，但也要占用同样的存储空间。因此，对于小文件较多的系统来说，空间的浪费比较明显，索引表的查找速度优势也并不明显。总的来说，索引文件更适合于追求性能的大中型文件系统，如 UNIX、Linux 的文件系统都采用了多重索引的文件结构。

6.1.4 文件的共享与保护

1. 文件的共享

多用户系统中会有多个用户需要使用同一个文件的情况，比如一个项目组成员都要用到某些公共的项目文件。如果每个用户都保存一个文件副本则会浪费很多存储空间。文件共享是指允许一个文件被多个用户或进程共同使用。这样可以节省存储空间和传输时间，并可避免因存在多个文件副本而可能发生的内容不一致现象。

实现文件共享的方法是链接法。当需要共享某个已存在的文件时，可以建立一个特殊的文件，称为链接文件。这个文件有独立的文件名，但并无实际的文件内容，它的作用是建立一条到共享文件的通路，访问链接文件就是在访问共享文件本身。

对于共享文件，可能会发生多个进程同时存取同一文件的情况，文件系统必须提供同步控制机制，以保证文件内容的完整性。

2. 文件的保护

文件保护的目的是防止文件被未授权的用户访问，造成泄密或意外的破坏。在开放的多用户系统环境下，文件保护尤为重要。

保护文件的主要手段是控制用户对文件的存取权限。文件的存取权限包括读、写和执行权。适当地设置存取权限可以防止文件泄密、毁坏和被非法使用。

不同的用户对文件的权限要求也是不同的，因此在权限分配时要根据用户的性质、职能、需求等对用户进行分类，对不同种类的用户分别授权。当用户进行文件操作时，系统根据用户的身份和文件的权限设置判断用户是否有权执行这个操作。符合存取权限的操作将被执行，对于违反权限的操作，系统将拒绝执行。

通常有两种用户分类方法：一是将用户分为系统管理员和普通用户两类，所有普通用户具有相同的访问权限。这是一种比较粗糙的分类。另一种是 UNIX/Linux 采用的分类方法，将用户分为超级用户、文件属主、组用户和其他用户 4 类。可以为每类用户设置不同的访问权限，从而实现细粒度的权限控制。

6.1.5 文件存储空间的管理

文件系统的职能之一是对文件的存储空间进行管理。管理工作包括：建立文件时为文件分配存储块；删除文件时回收文件占用的存储块；修改文件时动态地分配和回收文件的存储块。常用的文件存储空间管理方案有以下 3 种：

1. 位图法

位图是由若干个连续的字节组成的一张表，用于记录存储块的分配情况，如图 6-8 所示。位图中的每一位对应一个存储块的状态，为 1 表示该块已被占用，为 0 表示该块空闲。

位图法适合于索引文件。分配时，先扫描位图，找到足够的空闲块，分配给文件，并将对应的位改为 1；回收时，将对应的位改为 0 即可。

2. 空闲区表法

空闲区表是记录连续的空闲区域的表格，表格中的每一项记录一个空闲区的起始块号和块数，如图 6-9 所示。

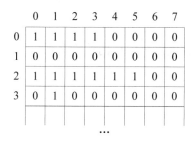

	0	1	2	3	4	5	6	7
0	1	1	1	1	0	0	0	0
1	0	0	0	0	0	0	0	0
2	1	1	1	1	1	1	0	0
3	0	1	0	0	0	0	0	0

序号	首个空闲块号	空闲块个数
0	10A8	102
1	8254	5623
2	A2041	4096
3	849A03	3598

...

图 6-8 存储分配位图　　　　　　图 6-9 空闲区表

空闲区表法适合于连续文件。分配时，依次扫描空闲区表，查找大小合适的空闲区，分配给文件。如果空闲区大小正好是文件需要的块数，则删去该表项；否则修改该表项，扣除被文件占用的区域。回收时，将文件释放的区域填入空闲区表。如果与其他空闲区发生邻接，则将邻接区域的表项合并。

3. 空闲块链表法

将所有空闲块的块号用链表形式链在一起就形成了一个空闲块链表，如图 6-10 所示。

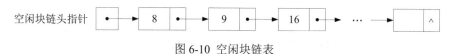

图 6-10 空闲块链表

空闲块链表法适合于链式文件。分配时，从链表头取下若干链表节点，将对应的空闲块分配给文件使用；回收时，将文件释放的空闲块的块号链入链表中。

6.2　Linux 文件系统概述

6.2.1　Linux 文件系统的特点

Linux 继承了 UNIX 文件系统的优秀设计，并融入了现代文件系统的新技术，在开放性、可扩展性和性能方面都十分出色。Linux 文件系统有以下几个主要特征。

1. 支持多种文件系统

许多操作系统（如 Windows、Mac OS 等）只支持一种或几种专用的文件系统，而 Linux 系统则可以支持几乎所有流行的文件系统。这使得 Linux 可以和许多其他操作系统共存，允许用户访问其他操作系统分区中的文件。用户可以使用标准的系统调用操作各个文件系统中的文件，并可在它们之间自由地复制和移动文件。

2. 树形可挂装目录结构

Linux 系统采用了树形可挂装（mount）的目录结构。根目录所在分区上的文件系统称为根文件系统，其他所有分区的文件系统都可挂到根文件系统下的某个目录下，然后通过根目录来访问。也就是说，Linux 文件系统总是只有一棵树，不管挂入的是本地磁盘分区还是网络上的文件系统，它们都与根文件系统无缝结合，可以自由地访问。

3. 文件、设备统一管理

Linux 将设备也抽象为文件来处理，使用户可以像读写文件一样地对设备进行 I/O 操作。

这样做既简化了系统结构和代码，又方便了用户对设备的使用。

6.2.2 Linux 文件系统的结构

图 6-11 描述了 Linux 文件系统的组成及其与相关内核模块的结构关系。

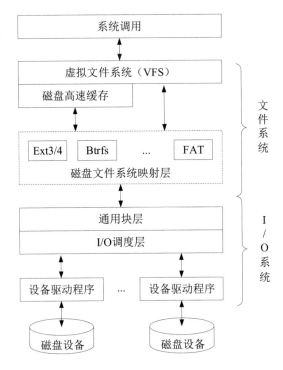

图 6-11 Linux 文件系统的结构

文件系统的结构采用了分层设计原则。结构的最上层是系统调用层，它是用户进程与文件系统的接口。系统调用之下的各层由高到低实现了不同层面上的文件系统操作。其中，高层实现面向文件的操作，低层实现面向 I/O 的操作。按操作系统的习惯，执行文件操作的上层模块称为文件系统，提供文件 I/O 操作的下层模块称为 I/O 系统。不过在 Linux 内核的代码结构中，除驱动程序外的所有代码都属于文件系统模块 fs。

Linux 文件系统主要由以下部分组成：

1. 磁盘文件系统

磁盘文件系统（disk file system）是存在于磁盘上的实际文件系统，这里的磁盘（disk）泛指各种介质的存储设备。每个磁盘分区由一个文件系统管理，不同分区上可以安装不同的文件系统。

Linux 内核支持 60 多种不同格式的文件系统，除了专为 Linux 设计的 Ext、Btrfs、JFS、XFS、ReiserFS 之外，还支持 UNIX 系统的 sysv、ufs，Windows 系统的 FAT、NTFS，MacOS 的 HFS+以及 OS/2 系统的 hpfs 等。最为常用的是 Ext 和 Btrfs 文件系统。

在整个文件系统体系结构中，磁盘文件系统的角色是一个映射层，上层文件系统利用它将用户请求的文件操作映射到对磁盘文件的实际操作上。所有针对磁盘文件的操作，包括创建、删除和读写等，都需通过磁盘文件系统来进行。

2. 虚拟文件系统

磁盘文件系统通常是为某个特定的操作系统设计，不同的文件系统具有不同的文件组织结构和操作接口函数，相互之间往往差别很大。为了屏蔽各个文件系统之间的差异，为用户提供访问文件的统一接口，Linux 在磁盘文件系统之上增加了一个抽象层，即虚拟文件系统（Virtual File System，VFS）。

虚拟文件系统运行在最上层，它采用一致的文件描述结构和文件操作函数，使得不同的文件系统按照同样的模式呈现在用户面前。有了 VFS，用户觉察不到实际文件系统之间的差异，可以用同样的命令和系统调用来操作不同的文件系统，并可以在它们之间自由地移动或复制文件。

3. 磁盘高速缓存

VFS 使用磁盘高速缓存作为文件读写的缓存机制。磁盘高速缓存区是在内存中划分的特定区域，用于暂存从磁盘上读出或准备写入到磁盘上的数据。所有从磁盘读取的数据都会首先进入缓存，再从缓存传送到用户进程的地址空间，反之亦然。使用缓存区后，大多数的数据传输都直接在进程的地址空间和缓存之间进行，因而加快了文件访问速度，减少了磁盘访问次数，提高了系统的 I/O 性能。

通过缓存传输数据的机制对通常的应用都是十分有效的，但对某些应用来说并不是最优的。有些对 I/O 性能有特殊要求的应用（比如某些数据库软件）往往自设有一套专用的缓存机制。它们将绕开内核提供的通用缓存机制，直接与下层模块打交道，这种方式称为直接 I/O 方式。在这种方式下，数据的传送将在磁盘设备与用户缓存区之间直接进行。

4. I/O 系统

文件系统需要利用磁盘等块设备来存储文件。对文件的读写操作最终要落实到对块设备的 I/O 操作上。实现文件数据 I/O 操作的模块称为 I/O 系统，包括了通用块层、I/O 调度层和设备驱动层。关于 I/O 系统的原理和实现技术将在第 7.6 节中介绍。

6.3 Ext 文件系统

Ext（Extended）文件系统是专为 Linux 系统设计的一族文件系统。最初的版本 Ext1 诞生于 1992 年，1993 年升级为 Ext2。Ext2 运行稳定，存取效率高，因而获得了 Linux 主流文件系统的地位。Ext2 的弱点是它没有"日志"（journaling）机制。日志式文件系统具有故障自动恢复能力，可以在系统发生意外断电或其他故障时保证文件数据的完整性，这对于关键行业的应用是十分重要的。1999 年，Ext2 的升级版 Ext3 发布。Eex3 是一个日志式文件系统，它不仅具有出色的性能和稳定性，还十分健壮可靠。在 2010 年以前，Ext3 一直是几乎所有的 Linux 发行版的默认文件系统。

目前看来，Ext3 的主要问题在于容量。在 32 位系统上，Ext3 可以支持 16 TB 大的文件系统和 2 TB 大的文件。面对迅猛增长的数据存储需求，这个容量已显得不足。为此，近年来文件系统的研究主要致力于扩展性方面。2008 年，新一代 Ext 系统 Ext4 开始投入使用，其最为显著的改进是突破了 Ext3 文件系统的限制：Ext4 文件系统的容量达到 1 EB，文件大小可达到 16 TB，而目录的容量则可以无限大。此外 Ext4 在性能和稳定性方面也做了许多改进。从目前的应用情况看，Ext4 已成为新一代文件系统的主流版本之一。

Linux 新内核和各新版发行系统都支持 Ext3/Ext4。本节将以 Ext3 和 Ext4 文件系统为分析实例，介绍 Ext 文件系统的基本原理和实现技术。

6.3.1 Ext 文件的结构

Ext 文件的逻辑结构是无结构的流式文件。基于字节流的概念，Linux 系统可以把目录、设备等都当作文件来统一对待。Ext 文件的物理结构采用易于扩展的多重索引方式，便于文件动态增长，同时也可以有效地实现顺序和随机访问。

1. Ext 文件的描述

Ext 文件系统采用了改进的 FCB 结构来描述文件。

FCB 要描述的信息比较多，所以一般要占较多的空间。当目录下的文件很多时，目录文件就会很大，往往需要占用多个存储块，这将导致目录检索的效率下降。改进的方法是将 FCB 分解为两个部分：主部和次部。FCB 主部包含除文件名之外的全部信息，称为"索引节点"（index node），简称为 i 节点。FCB 次部只包含文件名和主部的标识号，即 i 节点号。文件目录中只保存文件的 FCB 次部，主要实现按名检索功能。由于目录项（也就是 FCB 次部）很小，目录文件也就很小，因此检索文件的速度就会很快。

Ext 目录项（dirent）主要包括文件名和索引节点号两部分。索引节点号用于指示索引节点的存放位置，文件名用于检索文件。Ext 文件系统支持最长 255 个字符的长文件名。

Ext 索引节点包含了除文件名之外的所有文件描述信息，分为文件属性信息和索引表两部分。文件属性信息部分包括模式（访问权限与类型）、所有者（属主和属组）、长度、时间戳、连接数等信息。索引表部分是指向文件数据所在的存储块的索引指针。每个 Ext 文件都有一个索引节点，它是文件的代表。索引节点毁坏则文件无法被访问。一个索引节点可以对应多个目录项，也就是多个文件名连接到同一个文件上。

图 6-12 是 Ext 文件的目录项和索引节点的结构示意图。

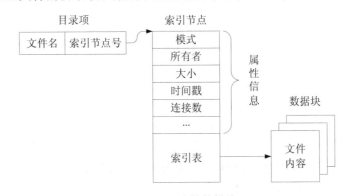

图 6-12 Ext 文件的描述

在描述结构方面，Ext4 与 Ext3 的目录项没有太大的区别，而索引节点则有所不同。Ext3 的索引节点的长度为 128 B，Ext4 的索引节点则扩充到 256 B，主要是增加了几个字段，将时间戳的精度从秒级提高到纳秒级。两者的属性信息部分是相同的，但索引表的结构有较大的变化。

2. Ext 索引结构

1）Ext3 的索引结构

一个文件中可能会包含许多数据块，如果用一个索引表描述的话，表的长度就会很长，不便存储且查找效率低。为此，Ext3 采用了多重索引结构，如图 6-13 所示。

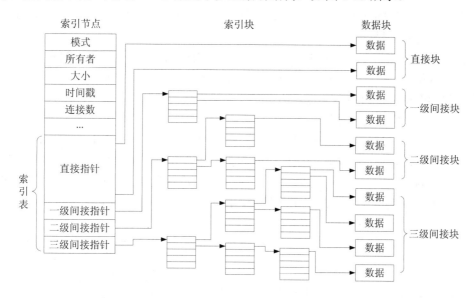

图 6-13 Ext3 文件的多重索引结构

索引表位于索引节点中，长度是 15 项，每项 4 字节。0~11 项是直接指针，直接指向文件的数据块。这些块称为直接块。12 项是一个一级间接指针，它指向一个索引块。索引块中存放的是间接索引表，通过间接索引表中的指针再指向数据块。这些由间接指针指向的块称为间接块。类似地，索引表的 13 和 14 项分别是一个二级间接指针和一个三级间接指针，可提供对更多的间接块的索引。多级间接指针的目的是表达大型文件的结构。

如果块的大小是 1 KB，则对于 12 KB 以下的小文件不需要使用间接索引，所有信息均在索引节点中，因此访问的速度非常快。大一些的文件，需要用到一个间接索引块。一个间接索引表含有 256 个间接指针（每个指针占 4 B，则 1 KB 大的块可容纳 256 个指针），可以索引 256 个数据块。因此，大小在 12~268 KB 的文件需要一级间接指针，访问速度会有所降低。而对于大型的文件，可以使用二级间接指针甚至三级间接指针，得到最大 16 GB 的文件。不过，经过多级间接索引，大文件的存取性能较差。

2）Ext4 的索引结构

Ext4 支持的文件大小可以达到 2 TB。要描述如此大的文件，还要确保文件访问的效率，索引机制是个关键因素。为此，Ext4 修改了 Ext3 的多重间接索引方式，引入了现代文件系统中普遍采用的区段索引技术。

区段（extent）是指存放文件数据的若干个连续的数据块。实际应用表明，文件数据不连续的情况不超过 10%。而对于一组连续的数据块，一个索引项即可描述，没有必要对每个块都建立索引项。因此，可以按数据分布情况将一个文件分为一到多个区段，然后为每个区段建立一个索引项。由于区段的数目明显小于数据块的数目，因此基于区段的索引方式可表示的文件规模更大，检索的速度也更快。

在 Ext4 中，每个区段对应一个区段索引项，长度为 12 字节，其中记录了该区段的起始块地址和块数。一个区段最多可以包含 32K 个数据块。因此对于小于 32K 个块且连续的文件来说，只需建立一个区段索引项即可。对于很大的或碎片很多的文件则需要建立多个区段索引项，多个索引项构成一棵 B+型的索引树，称为区段树（extent tree）。遍历区段树即可快速获得所有数据块的地址。可以看出，区段索引结合了连续文件与索引文件的优点，在容量和性能上都达到了最佳。

在 Ext4 的 i 节点中，原来的索引表存放位置被区段树取代了。这个空间可存放一个段头项和 4 个索引项。如果文件的区段数不超过 4，则它们的索引项都保存在 i 节点中；否则，i 节点中保存的是区段树的根节点，通过它就可检索到其他索引项。

3. Ext 目录文件的描述

目录文件的描述结构与普通文件一样。每个目录文件都有一个 i 节点，还对应一到多个目录项。不同之处是目录文件的数据块中存放的是一个目录项列表，其中包含了该目录下的所有文件的目录项，头两个目录项是"."和".."。Ext3 的目录下最多可包含 32 000 个子目录，Ext4 扩充到可以支持任意多个子目录。Ext 目录结构如图 6-14 所示。

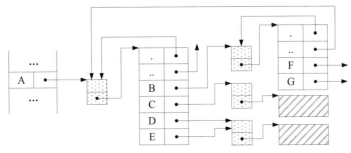

父目录内容　A目录i节点　A目录内容　　子文件i节点　子文件内容

图 6-14　Ext 目录结构

在这个示例中，目录文件 A 的内容是一个含有 6 个目录项的列表，其中"."文件就是本文件的别名，它的 i 节点域指向了本文件的 i 节点，".."文件是父目录文件的别名，它的 i 节点域指向了父目录文件的 i 节点（注：根目录无父目录，它的".."就是其自身）。其余 4 个表项分别对应了目录 A 下的 B、C、D、E 子文件，其中文件 B 是一个子目录，文件 C 是一个普通文件，文件 D 和 E 是共享文件。

4. Ext 文件的定位

按名查找是文件系统的一项重要功能。当需要打开某个文件时，只要指定文件的路径名即可。文件系统根据路径名，从根目录或当前目录开始逐级查找到文件所在的目录，再找到文件的 i 节点。这个查找过程就是文件定位。随后的文件访问操作都将通过这个 i 节点进行。

以/home/zhuge/memo 文件为例，它的查找定位过程如下：

（1）通过文件系统的超级块（见 6.3.2 节介绍）找到根目录"/"的 i 节点（Ext 系统的根目录是 2 号 i 节点），通过它找到根目录文件的数据块，其中包含了根目录的目录项列表，如图 6-15（a）所示。

（2）在根目录项列表中查找 home 目录的 i 节点（此例中是 654083 号 i 节点），通过 home 的 i 节点找到/home 目录的目录项列表，如图 6-15（b）所示。

（3）在/home 目录项列表中查找 zhuge 目录的 i 节点（此例中是 654360 号 i 节点），通过它找到/home/zhuge 目录的目录项列表，如图 6-15（c）所示。

（4）在/home/zhuge 目录项列表中查找 memo 文件的 i 节点（此例中是 655091 号 i 节点），

通过它找到/home/zhuge/memo 文件的数据块，如图 6-15（d）所示。

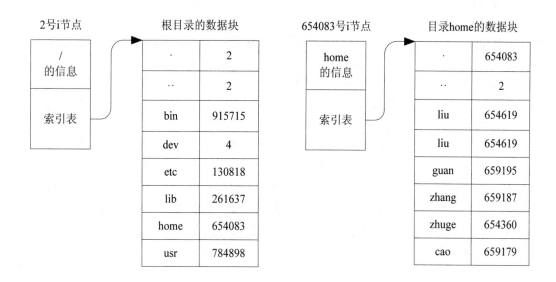

（a）根目录 　　　　　　　　　　　　　　（b）/home目录

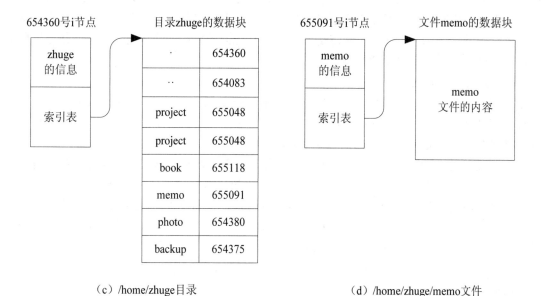

（c）/home/zhuge目录 　　　　　　　　　　（d）/home/zhuge/memo文件

图 6-15 Ext 文件的定位过程

5. 文件的链接

文件链接是实现文件共享的主要方式。

1） 链接方式

Linux 系统提供了两种文件链接方式，即符号链接和硬链接。

（1）符号链接。符号链接（symbolic link）也称为软链接，在功能上很像 Windows 系统中的快捷方式。符号链接文件是一种特殊的文件，其内容是所链接的目标文件的路径名。若目标文件的路径名较短，则符号链接文件没有数据块，路径名直接存放在它的 i 节点中；若路径名较长则存放在单独的数据块中。访问符号链接文件时，系统将根据其内容转去访问那个目标文件。符号链接文件与目标文件是两个独立的文件，有着各自的目录项、i 节点和数据块。它们之间通过文件内容而逻辑地链接在一起。

符号链接的优点是灵活，能够实现跨越文件系统的链接以及目录链接。它的缺点是空间开销较大，因为每个符号链接都要建立一个新的文件。此外，通过链接文件访问目标文件时需要执行两次文件访问，这无疑降低了文件存取的速度。

（2）硬链接。硬链接（hard link）是将两个或多个文件通过 i 节点物理地链接在一起。硬链接的文件具有不同的文件路径名和同一个 i 节点，通过其中任何一个路径名访问得到的都是同一内容，这就如同一个文件具有多个别名。图 6-14 中的文件 D 和 E 就是硬链接的一个例子。硬链接的文件可以在同一目录下，也可以在不同的目录下，但不能跨越文件系统。

连接数表示硬链接到该 i 节点的文件目录项的数目。文件的 i 节点中记录了该文件的连接数，用 ls -il 命令可以显示出文件的 i 节点号和连接数信息。新建的普通文件的连接数为 1，每建立一个与它相连的硬链接文件时其连接数就增 1。例如，图 6-14 中的文件 C 的连接数是 1，文件 D 和 E 的连接数都是 2。新建目录的连接数为 2，对应了两个文件名，即本目录名与"."。每当在其下建立一个子目录时，它的连接数就增 1，因为在子目录下又有了它的另一个别名，即".."。例如，图 6-14 中目录 A 的连接数为 3，目录 B 的连接数为 2。

硬链接是 Linux 系统整合文件系统结构的基本机制，它允许了一个文件具有多个访问路径。与符号链接相比，硬链接的优点是节省空间且访问效率高。缺点是受文件系统范围的限制，也不能对目录进行硬链接操作。

2）链接文件的建立与删除

建立符号链接的系统调用是 symlink()，它的操作是创建符号链接文件，在其中写入目标文件的路径名；建立硬链接的系统调用是 link()，它的操作是在指定目录中添加一个目录项，写入链接文件名，连到目标文件的 i 节点上，并将该 i 节点的连接数增 1。

删除文件链接的系统调用是 unlink()。删除符号链接的操作就是删除符号链接文件。注意：若符号链接的目标文件被删除、换名或移动，则该链接文件将成为悬浮链接（dangling），访问此文件时将导致系统报错。删除硬链接文件的操作是将它的目录项从目录中删除，并将其 i 节点的连接数减 1，若连接数为 0 才真正释放文件的 i 节点和数据块。所以，对于重要的文件，建立硬链接可以防止文件被误删除。

建立文件链接的命令是 ln（link），删除文件链接的命令是 rm。

ln 命令

【功能】建立文件的链接。

【格式】ln [选项] 目标文件 链接文件

【选项】

-s　　　建立符号链接。没有此选项时为建立硬链接。

-f　　　不管链接文件是否已存在，都建立链接。

-h　　　显示详细过程。

【说明】硬链接不能跨越文件系统分区，且不能建立目录的硬链接。符号链接无此限制。

例 6.1 文件链接的建立与删除。

```
$ echo "This is a test file" > myfile          #建立一个文本文件
$ ln -s myfile myfile.soft                     #建立一个符号链接文件
$ ln myfile myfile.hard                         #建立一个硬链接文件
$ ls -il  myfile*                               #查看文件的信息和 i 节点号
 655007 -rw-rw-r--. 2 cherry cherry  20 Nov 11 23:33 myfile
 655007 -rw-rw-r--. 2 cherry cherry  20 Nov 11 23:34 myfile.hard
 655011 lrwxrwxrwx. 1 cherry cherry   6 Nov 11 23:33 myfile.soft-> myfile
$ cat myfile.soft                               #访问符号链接文件
 This is a test file
$ cat myfile.hard                               #访问硬链接文件
 This is a test file
$ rm myfile                                     #删除目标文件
$ ls -il myfile*
 655007 -rw-rw-r--. 1 cherry cherry  20 Nov 11 23:33 myfile.hard
 655011 lrwxrwxrwx. 1 cherry cherry   6 Nov 11 23:34 myfile.soft-> myfile
$ cat myfile.soft
 cat: myfile.soft: No such file or directory
$ cat myfile.hard
 This is a test file
$ rm myfile.soft                                #删除符号链接文件
$ _
```

从 ls 命令的输出可以看出，符号链接文件 myfile.soft 是一个类型为"l"的特殊文件，有自己独立的 i 节点，文件大小就是目标文件路径名"myfile"的长度；硬链接文件 myfile.hard 与目标文件 myfile 具有相同的 i 节点、文件类型和文件大小，连接数为 2。访问链接文件的结果与访问目标文件相同。删除目标文件后，符号链接文件成为悬浮链接，不能正常访问，而硬链接文件的连接数变为 1，仍可正常访问。这表明，符号链接文件是依赖于目标文件的，而硬链接的文件之间则没有依赖关系，它们其实只是同一文件的不同路径名而已。

6.3.2 Ext 文件系统的磁盘布局

磁盘分区需经格式化后才能被文件系统使用。创建文件系统的过程就是对磁盘分区进行格式化划分，生成文件系统的布局和管理信息。

1. Ext3 文件系统的布局

Ext3 文件系统在格式化时把磁盘分区分为一个引导区和若干个块组。所有块组的大小相同（最后一组可能不足），顺序排列。每个块组中都由超级块、组描述符表、块位图、索引节点位图、索引节点表和数据块区组成，如图 6-16 所示。

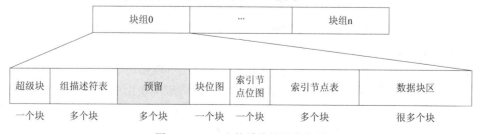

图 6-16 Ext3 文件系统的磁盘布局

1）块组

文件系统以存储块为单位划分磁盘分区的存储空间。Ext 文件系统的存储块大小可以是 1 KB、2 KB 或者 4 KB，在创建文件系统的时候指定。块大小要根据盘的大小合理选取，过大会降低存储空间的利用率，过小则会降低文件系统的时间效率。

大型磁盘分区包含的存储块数量众多。为便于管理，Ext3 文件系统将它们划分为若干个块组（block group），每个块组中包含一定数量的连续的存储块。块组中包含的块数多少取决于块的大小，这个限制源于块位图（见后）。对于 4 KB 大小的块来说，块组可容纳 32 K 个块，对应的块组大小就是 128 MB。块组的数目取决于分区的大小和块组的大小。如果分区大小是 32 GB，块组大小是 128 MB，则需要分为 256 个块组。

每个块组中都有一部分块用来保存管理信息，这些管理信息称为元数据（metadata），包括超级块、组描述符表、块位图和索引节点位图。其余的块是用于保存文件的，包括索引节点表和数据块区。

2）超级块和组描述符

每个 Ext3 的磁盘分区有一个"超级块"（Super Block），它位于块组之首，占用一个存储块。超级块用于记录整个文件系统的全局配置参数和管理信息，如文件系统标识、数据块大小、块组大小、总的块数和 i 节点数、空闲的块数和 i 节点数等。这些都是文件系统挂装、检查、分配、检索等操作的基本参数，是文件系统中最基本、最重要的数据。超级块若损坏则整个分区的文件系统不再可用。

Ext3 文件系统的每个块组都有一个"组描述符"（Group Descriptor），用于记录该块组的使用信息，包括块组中的块位图、索引节点位图和索引节点表的位置、块组中空闲索引节点和空闲块的数目以及目录的个数等，长度为 32 位。所有块组的组描述符集中在一起就形成了"组描述符表"（Group Descriptor Table，GDT），它是文件系统管理各块组的依据。GDT 位于超级块之后，可能占用多个块。为了满足扩充的需要，在 GDT 后还预留了一些块，以便在增加块组后扩充 GDT。

为了提高文件系统的可靠性，Ext3 为超级块和组描述符表保留了多个备份。通常情况下，只有块组 0 中的超级块和 GDT 是被文件系统使用的，其他块组中的则作为冗余备份，在系统崩溃时用来恢复文件系统。最初的备份设计是在每个块组中都保存一份超级块和 GDT 的副本。不过，当文件系统很大时，这种备份方式会浪费过多的存储块。现在的 Ext3 系统采用了一种稀疏的备份方式，即在块组号是 3、5、7 的幂（即 1，3，5，7，9，25，27，49，…）的块组中各保留一个备份。不含备份的块组就从块位图开始保存随后的各项数据。

3）位图

Ext3 系统采用位图方式来管理 i 节点和数据块的分配。用于记录数据块的分配情况的位图称为"块位图"（Block Bitmap）；用于记录 i 节点的分配情况的位图称为"索引节点位图"（Inode Bitmap）。它们各占用一个存储块。位图中每一个二进制位代表一个块或 i 节点的使用情况，为"0"表示空闲，为"1"表示已经分配。块的大小决定了位图中的位数，进而决定了块组的容量限制。如果块的大小是 4 KB，则块位图可以描述 32K 个块，对应的块组大小是 128 MB；索引节点位图可以描述 32K 个 i 节点，对应的块组中文件数为 32 768 个。

4）索引节点表和数据块区

索引节点表和数据块区是真正用于存放文件的区域。块组中所有可用的 i 节点都集中存放在一起，形成"索引节点表"（Inode Table）。索引节点表要占用多个连续的存储块。块组中的每个文件都在此表中占有一个 i 节点。数据块区包含了大量的存储块，用于存放文件的数据和间接索引。每个文件根据大小不同在数据块区占有 0 至多个存储块。

索引节点表中的前 10 个 i 节点被留作系统使用，它们用作根目录（2 号 i 节点）以及文件系统自身使用的一些管理数据（如日志区、预留区等）对应的 i 节点。

2. Ext4 文件系统的布局

Ext4 的主要目标是解决 Ext3 所面临的可扩展性问题。索引方式的改进使得 Ext4 能够有效地支持更大型的文件，而磁盘布局的改进则是扩展文件系统容量的必要途径。Ext4 在布局方面的改进主要有两点：一是将块号从 32 位扩充为 48 位，以增大块号寻址范围；二是引入元块组的概念，以方便大型文件系统空间的管理与扩充。

为扩充块号位数，Ext4 的元数据结构（主要是超级块和组描述符）都作了相应的修改，增加了几个用于扩展块号高位的字段。原 32 位的块号最多可以表达 4G 个块，文件系统的最大容量是 16 TB（$2^{32} \times 4$ KB）。扩展到 48 位后，文件系统容量可高达 1 EB（$2^{48} \times 4$ KB）。

大容量的磁盘空间包含的块组的数目可能十分庞大，使得 GDT 相应地变得很大。但 GDT 的大小受块组大小的限制，无法表达超限的块组数目，或者说是超大的文件空间。解决此问题的思想是将 GDT 化整为零，分散保存。为此，Ext4 引入了"元块组"（Meta Block Group）机制。元块组由一组连续的块组组成。将数量庞大的块组划分为多个元块组进行管理，每个元块组只保存自己组中块组的 GDT，这样就可以突破总块组数目的限制。无论多大的分区，只需足够多的元块组即可描述。整个文件系统的容量将只受块号位数的最终限制，即 48 位块号的上限 1 EB。

启用元块组后，Ext4 的磁盘布局格式如图 6-17 所示。

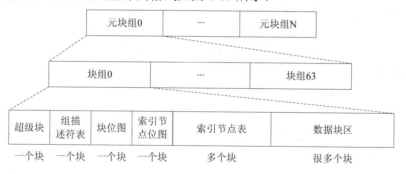

图 6-17 Ext4 文件系统的磁盘布局

Ext4 的超级块中添加了记录元块组位置的字段，备份策略不变。各元块组的 GDT 大小都是 1 块，备份策略是在块组 0、1 和最后一个块组中各保存一个本元块组的 GDT。元块组中的块组数量以它的 GDT 可以存储在一个数据块中为限。大容量磁盘的块大小通常为 4 KB，Ext4 的组描述符为 64 B，则 GDT 可描述 64（4096÷64）个块组。由此可算出每个元块组的容量是 8 GB（64×128 MB）。

元块组的个数取决于分区的大小，且可以动态地扩充。在 Ext3 系统中，添加新块组需要修改主 GDT 及各个备份 GDT，且添加的块组数量还要受预留 GDT 空间的限制，难以实现动态扩充。Ext4 的扩充则方便得多。当需要扩充空间时，只需添加新的元块组，不涉及对其他元块组的修改。

6.3.3 Ext 文件存储分配策略

当建立一个新的文件时，文件系统要为它分配一个 i 节点和一定数目的数据块。当该文件被删除时，文件系统将回收其占有的 i 节点和数据块。当文件在读写过程中扩充或缩减了内容时，文件系统也需要动态地为它分配或回收数据块。

分配的方法是根据位图中的记录找到空闲的 i 节点和数据块，分配给文件。分配策略在一定程度上决定着文件系统的效率。文件系统会尽可能地把同一个文件所使用的数据块或同一个目录所关联的 i 节点存放在相邻的块中，至少是在同一个块组内，这样就可以提高文件的访问速度了。

另外，Ext 文件系统还采用称为预分配的机制来保证文件空间扩展时的分配效率和效果。在文件建立的时候，如果有足够的空闲块，就在相邻的位置为文件分配多于当前使用的块，称为预分配块。当文件内容扩展时优先使用这些块。这样做既提高了分配效率，也可以保证文件数据块的连续性。如果预分配的块用完或者是根本没有启动预分配机制，分配新块时也要尽可能保证与原有块相邻。

6.4 虚拟文件系统

虚拟文件系统 VFS 位于整个文件系统的最上层。它为用户进程及内核其他模块提供使用文件系统的统一接口。VFS 接受来自系统调用层的文件操作请求，利用下层的实际文件系统和 I/O 系统对请求进行处理，然后再把操作结果返回给调用者。此外，VFS 还要负责管理文件系统的缓存，保证文件系统的整体效率。

虚拟文件系统之所以称为虚拟，是因为它只存在于内存中，在系统启动时建立起来，在系统关闭时消失。VFS 不能直接操作磁盘上的文件，所有对文件的实际操作都要通过存在于磁盘分区的实际文件系统来完成。因此，虚拟文件系统必须和某个或某些实际的文件系统一起才能实现完整的文件系统功能。

引入虚拟文件系统的目的是屏蔽各种文件系统的差异。它对实际文件系统进行抽象，采用统一的数据结构在内存中描述所有的文件，并向用户提供了一组标准函数来操作文件。VFS 负责将标准文件操作映射到实际文件系统的操作。正是这种抽象和映射，保证了 Linux 系统可以支持多种不同的文件系统，使所有文件系统都具有基本相同的外部表现。

6.4.1 VFS 的对象

VFS 采用了面向对象的设计思想，将文件系统看作是由一些对象构成。VFS 依据这些对象提供的信息和操作函数来完成所有的文件操作。

构成 VFS 文件系统的基本对象有以下 4 类：
- VFS 超级块（super block），代表一个已挂装的文件系统；
- VFS 目录项（dentry），代表文件路径中的一个分量；
- VFS 索引节点（inode），代表一个实际的文件；
- VFS 文件（file），代表进程打开的一个文件。

每类对象用一种结构体来描述，称为对象的描述符。每类对象带有一个虚拟函数表，称为对象的操作集。描述符中包含对象的全部属性数据以及操作集的指针。对象的实例以结构体的形式存在于内存，它们在适当的时候被创建并实例化。在创建对象实例时，结构体中的数据由实际文件系统中的数据来填充，或由 VFS 现场生成；操作集中的函数指针被装配上（即指向）实际文件系统的操作函数，或系统默认的操作函数。

UNIX/Linux 风格的文件系统与 VFS 文件系统有着相同的概念和很好的对应关系，可以直接从它们的对应结构中构造出 VFS 文件系统的对象。但像 FAT 或 NTFS 这样的非 UNIX 风格的文件系统则必须经过封装，使其符合 UNIX 文件系统的概念结构并满足 VFS 的要求，这样它们就可以像 Ext 文件系统那样纳入 VFS 之下工作了。

为了描述方便，下面的叙述中会采用 C 语言的惯例来引用对象的成分。例如，A.x 表示对象 A 的结构体中的属性数据 x；A.a_op->y()表示对象 A 的操作集中的 y()函数,这里的 a_op 是对象 A 中的一个指针，它指向 A 的操作集结构体。

1. VFS 超级块

VFS 超级块代表一个特定的文件系统,它与实际文件系统的超级块相对应,包含了操作该文件系统的所有信息。VFS 超级块的描述符是 super_block,如图 6-18 所示。

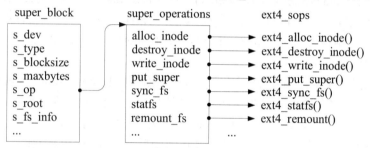

图 6-18 VFS 超级块的描述符

super_block 中包括了关于该文件系统的所有信息，如文件系统的基本信息、使用状态信息以及与其他对象的连接信息。主要的内容有：设备标识 s_dev、文件系统类型 s_type、数据块大小 s_blocksize、文件大小上限 s_maxbytes、操作集指针 s_op、根目录项 s_root、实际文件系统的超级块信息 s_fs_info 等。

超级块操作集用 super_operations 结构描述，其中包含了一组超级块操作函数的函数指针。超级块的操作函数主要有：分配 i 节点 alloc_inode()、撤销 i 节点 destroy_inode()、写 i 节点 write_inode()、释放超级块 put_super()、同步超级块 sync_fs()、获取统计信息 statfs()、重新挂装文件系统 remount_fs()等。图 6-18 所示的是 Ext4 文件系统的超级块实例，装配的操作集是 Ext4 系统的 ext4_sops。

VFS 为每个已挂装的文件系统建立一个 super_block，通过它来访问和管理实际文件系统。super_block 在挂装文件系统时建立，在拆卸文件系统后撤销。在此期间，文件操作会修改 super_block 的内容，造成与磁盘上的超级块内容不一致，VFS 通过周期性地将所有发生改变的 super_block 写回磁盘来实现超级块的同步更新。

2. VFS 索引节点

VFS 索引节点对象代表实际文件系统中的一个具体文件,它与实际文件系统中的 i 节点相对应,包含了操作文件所需的全部信息。VFS 索引节点的描述符是 inode,见图 6-19。

inode 中包括了实际的磁盘 i 节点的信息,如 i 节点号 i_ino、权限模式 i_mode、连接数、属主、大小、时间戳等,另外还包括了 VFS 要使用的信息,如该 i 节点的引用计数 i_count、 i 节点操作集指针 i_op、文件操作集指针 i_fop、地址空间 i_data、地址空间指针 i_mapping 以及构成结构关系的各种指针。

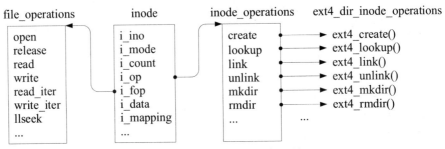

图 6-19 VFS 索引节点的描述符

i 节点操作集用 inode_operations 结构描述，它包含了一组文件操作的函数指针。i 节点的操作函数主要是针对文件整体进行操作的函数，包括建立文件 create()、查询目录文件 lookup()、链接文件 link()、删除文件 unlink()、建立目录 mkdir()、删除目录 rmdir()等。操作集的设置取决于文件类型 i_mode，普通文件、目录文件、设备等特殊文件所装配的操作函数均有所不同。图 6-19 中所示的是 Ext4 文件系统的目录文件的 inode 实例，装配的操作集是 ext4_dir_inode_operations。

除了 i 节点操作集外，inode 还带有一个文件操作集 file_operations，其中包含了针对文件内容的各种操作。这个操作集将在打开文件时赋给 file 对象，具体内容见 file 对象的描述。

系统中每个打开的文件都对应一个 inode。在文件被打开时，VFS 读入该文件的磁盘 i 节点的信息，为它在内存建立一个 inode。文件关闭后它的 inode 也被撤销。与超级块相同，inode 也存在同步更新的问题。所以，VFS 也会周期性地将发生改变的 inode 写回磁盘。

3. VFS 目录项

从图 6-15 所示的例子可以看出，在定位一个文件时需要沿该文件的路径名逐级访问路径中的各个目录。如果每次都要从磁盘读取目录文件的话，访问文件的效率就会很低。为了方便查找操作，VFS 引入了目录项（dentry）的概念。dentry 代表的是一个路径分量。路径由一系列的分量组成，每个分量都是一个目录或文件。例如，路径名/home/zhuge/memo 中包含了 "/" "home" "zhuge" 和 "memo" 4 个分量。当 VFS 首次解析一个路径名时，它依次读取路径中的每个目录或文件，逐一为它们建立相应的 dentry 结构，并将其与该文件或目录的 inode 关联起来。VFS 将这些已建立的 dentry 按目录的结构关系链接在一起。在后续的文件查找操作中，VFS 只需沿 dentry 的链接结构进行查找，可以很快地找到目标文件的 dentry 结构，然后得到它的 inode。图 6-20 是 VFS 目录项的描述符 dentry。

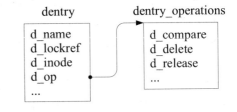

图 6-20 VFS 目录项的描述符

dentry 中包含目录项的文件名 d_name、引用计数 d_lockref、指向 inode 对象的指针 d_inode、用于建立结构关系的一些指针以及目录项操作集的指针 d_op 等。目录项操作集用 dentry_operations 结构描述，包含了针对目录项的各种操作函数指针，如比较文件名 d_compare()、删除目录项 d_delete()、释放目录项 d_release()等。大多数文件系统都不需要自行实现目录项的操作函数，而是采用系统默认的操作函数。因此，操作集中的函数指针通常没有装配实际的操作函数，而是空指针 NULL。当 VFS 调用操作集中的函数时，若遇到空指针则会转去执行该操作的默认操作函数。

概括地讲，目录项的作用是对文件进行路径定位，它可以看作是访问一个文件的入口。最初 VFS 中只有根目录的 dentry，在后续的文件操作中，常用的路径分量对应的 dentry 被逐渐建立起来。所有的 dentry 实例链接成一种类树状的 dentry 链表，它与文件系统的目录结构形成一定的映射关系。每个 dentry 实例都关联着一个 inode 实例。查找文件的过程就是在 dentry 链表中沿路径找到目标文件的 dentry，通过它即可立即得到目标文件的 inode。

dentry 并不对应实际文件系统中的任何成分，而是根据路径名字符串在内存中现场创建的，因此不存在同步更新的问题。

4. VFS 文件

从用户进程的角度来看 VFS，直接看到的是文件，而不是超级块、索引节点或目录项。进程关心的只是文件的访问模式、读写位置等文件属性以及读、写等操作。VFS 用 file 对象来描述这样一个进程所关心的文件。每当进程打开一个文件，VFS 都将为它建立一个 file 结构，如图 6-21 所示。

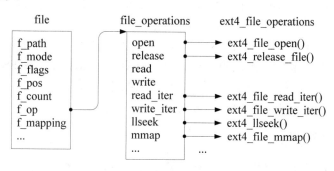

图 6-21 VFS 文件的描述符

file 中包括了文件的路径名 f_path、访问模式 f_mode、打开标志 f_flags、读写位置 f_pos、引用计数 f_count、文件操作集指针 f_op、地址空间指针 f_mapping 等。

文件操作集用 file_operations 结构描述，它由一组对文件内容进行操作的函数指针组成，包括打开文件 open()、释放文件 release()、同步读写 read() 和 write()、异步读写 read_iter() 和 write_iter()、定位 llseek()、内存映射 mmap() 等。内核提供了一套通用操作函数，如通用异步读写函数 generic_file_read_iter() 和 generic_file_write_iter() 等。实际文件系统可以直接使用这些通用函数（对应的函数指针设为 NULL）来实现，也可以做专门的实现。另外，文件操作集的设置也与文件类型有关，普通文件、目录文件、设备文件等所装配的文件操作集均有所不同。这是在建立文件的 inode 时根据 i_mode 文件类型设置的，在打开文件时传给了 file 对象。图 6-21 所示的是 Ext4 普通文件的 file 实例，装配的操作集是 ext4_file_operations。

file 对象在最初打开该文件时建立，在最后关闭该文件时消失。类似于 dentry 对象，file 对象也没有对应实际的磁盘数据，因而不需要提供磁盘回写操作。

6.4.2 VFS 对象的关联结构

VFS 的各类对象之间并非独立存在，而是通过指针相互联系，相互协作，实现各项文件操作功能。VFS 对象之间的结构关系如图 6-22 所示。

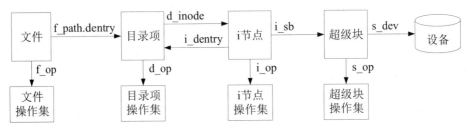

图 6-22 VFS 文件系统对象的结构关系

每个文件系统有一个 super_block 实例。每个使用中的路径分量都对应一个 dentry 实例，它们按目录结构相互链接，形成一个 dentry 链表。每个用到的文件都对应一个 inode 实例，所有 inode 实例链接成一个 inode 链表。每个打开的文件都对应一个 file 实例，所有 file 实例链接成一个 file 链表。这 3 个链表的表头指针都在 super_block 中。

每个 file 实例对应一个 dentry 实例。可以有多个 file 对应一个 dentry，此时 dentry 的引用计数 d_lockref.count>1，表示有多个进程打开了同一个文件。每个 dentry 实例对应一个 inode 实例。可以有多个 dentry 对应一个 inode，此时 inode 的引用计数 i_count>1，表示此文件有多个硬链接。所有 inode 都与所在文件系统的 super_block 对应。

VFS 对象是对实际文件系统的组成元素及其相互作用关系的抽象描述。它统一定义了各数据项和操作函数的名称。对于不同的文件系统（Ext、Btrfs、Fat、NTFS 等）以及不同的文件类型（普通文件、设备文件等），无论它们的数据格式和操作函数有什么差别，在 VFS 对象层面上都是一致的，这正是 VFS 实现的标准接口功能的关键。

6.4.3 VFS 文件与进程的接口

VFS 为进程提供了访问文件系统的统一接口，这个接口由 fs_struct 和 files_struct 结构构成。在进程的描述符 task_struct 中包括两个指针：一个是指向 fs_struct 的指针 fs，另一个是指向 files_struct 的指针 files。进程通过这两个指针建立起与文件系统以及打开文件之间的联系。图 6-23 描述了这个接口的结构。

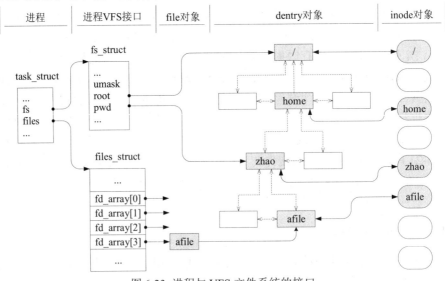

图 6-23 进程与 VFS 文件系统的接口

fs_struct 结构描述进程与文件系统的关系，主要内容包括进程使用的文件权限掩码 umask、指向根目录的 dentry 的指针 root、指向当前目录的 dentry 的指针 pwd 等。

files_struct 结构包含了该进程已打开的所有文件的信息，主要内容是一个文件描述符数组 fd_array[]，数组中的每一项 fd_array[i]是一个指向 file 对象的指针，其下标 i 称为文件描述符 fd（file descriptor）。进程初启时，自动打开 stdin、stdout 和 stderr 三个文件，fd 值分别为 0、1 和 2。以后每当进程打开一个新文件，系统就在 fd_array[]中选一个空闲项来存放该文件的 file 结构的指针，并返回对应的数组下标作为该文件的 fd。

图 6-23 中右侧部分是 VFS 系统，包括系统中所有打开文件的 file、dentry 和 inode 对象形成的链表。通过 VFS 接口，进程可以访问根目录、当前目录和已打开的文件。图中所示的进程共打开了 4 个文件，其中 fd_array[0]、fd_array[1]和 fd_array[2]是系统为进程自动打开的 3 个标准 I/O 文件，通常连接的是终端设备文件的 file 结构。此外，进程还打开了另一个文件/home/zhao/afile，它的 file 结构连接在 fd_array[3]，也就是说它的文件描述符 fd 是 3。

通常一个 fd 连接一个 file 对象，此时 file 对象的引用计数 f_count 为 1。但也可能会有多个 fd 连接到同一个 file 对象。每增加一个 fd 连接时 f_count 就加 1，每关闭一个 fd 连接时 f_count 就减 1。当 f_count 为 0 时表示没有进程使用这个 file 了，这个 file 对象就会被销毁。

通过图 6-23 可以比较容易地理解 I/O 重定向的原理。例如，要实现标准错误输出重定向操作 "2>afile"，只需将 fd_array[2]连接到 afile 文件的 file 对象上即可。实现原理也很简单：先打开 afile 文件，设 fd 为 3，然后执行系统调用 dup2(3, 2)，再关闭 afile 文件。dup2()系统调用的功能是复制 fd 项，dup2(3, 2)就是将 fd_array[3]复制到了 fd_array[2]，使 fd_array[2]也连接到 afile 的 file 对象，并将该 file 的引用计数 f_count 增为 2。而后的关闭 afile 操作将 f_count 减为 1，并将 fd_array[3]释放。至此 afile 的 file 对象仍在，但 fd 值已变为 2，也就是说它已成为该进程的 stderr 了。

6.4.4　VFS 文件与缓存的接口

为了提高文件的查找和读写效率，VFS 使用了磁盘高速缓存（disk cache）机制，将一些磁盘上的数据保留在内存中，以便下次访问时能快速地获得它们。VFS 使用的磁盘高速缓存主要是用于缓存文件内容的页面缓存（page cache），以及用于缓存 dentry 和 inode 对象的目录项缓存（dcache）。了解页面缓存机制可以更好地理解文件的读写过程。

1. 页面缓存的作用

文件内容的读写是一项耗时的操作。为减少实际访问磁盘的次数，VFS 利用磁盘高速缓存来保存从磁盘中读出的文件数据。由于位于内存，这个缓存的空间是以内存页为单位来存放文件数据的，因而称为页面缓存。页面缓存中保存了最近被访问过的那些文件的页面。当文件系统与磁盘设备交换数据时，页面缓存将传输的数据保存起来。每次读文件时，VFS 会首先在缓存区中查找，若找到则直接使用，否则再启动设备传输数据。写入磁盘的数据也是先放入缓存区中，然后再在适当的时候分批写出到磁盘中。

2. 页面缓存的接口结构

页面缓存的核心数据结构是地址空间对象 address_space，它是文件与页面缓存的接口。图 6-24 描述了 address_space 的结构以及文件与页面缓存的接口方式。

每个 VFS 文件的 inode 对象都对应一个 address_space 对象，嵌入在 inode 的 i_data 字段中，通过 i_mapping 指针来访问。address_space 中包含了缓存页的索引 i_pages 和地址空间操作集的指针 a_ops 等。在打开一个文件时，该文件的 inode 中的 i_mapping 指针被赋给 file 对象的 f_mapping，供进程使用。

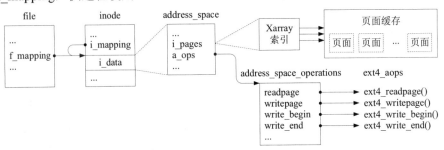

图 6-24 文件与页面缓存的接口

3. 缓存的查找与定位

在访问文件时，进程所使用的是按字节编址的文件地址空间，而缓存所使用的是以页为单位的页面地址空间。两者之间需要建立一个映射。address_space 的功能就是将文件的地址空间映射到页面缓存的地址空间上，这是通过一个称为 Xarray 的索引结构来实现的。Xarray 索引的作用就如同内存分页机制的页表，只不过这种索引机制对文件更为有效，能满足大型文件高达几千兆个页面的检索需求。一旦确定了要访问的文件位置和字节数，通过 Xarray 索引就可以快速地求出该段文件数据所对应的缓存页面号。

4. 缓存的读写操作

地址空间操作集的类型为 address_space_operations，其中包含了针对缓存页面的各种操作的函数指针。最主要的操作是 readpage()、writepage()、write_begin() 和 write_end() 等。其中，readpage() 和 writepage() 分别是读页和写页。当需要执行实际的磁盘读写操作时，内核将调用这两个函数，将文件数据从磁盘读入缓存页，或从缓存页写入磁盘。write_begin() 和 write_end() 是写缓存函数，用于将用户要写入文件的数据写入缓存页中。在 inode 被创建时，其地址空间操作集被装配上实际文件系统的操作集。图 6-24 中装配的是 Ext4 文件的默认地址空间操作集 ext4_aops。

当需要读页时，内核首先分配一个新的页面，将其加入到页面缓存中，然后调用 readpage() 发起一次实际的读磁盘操作，将文件数据读入页面，挂到该文件的地址空间的 Xarray 索引上。在文件首次被打开时它的 Xarray 是空的。随着文件的读操作，磁盘上的数据被陆续载入缓存，Xarray 逐渐被填充。此后访问这个文件的速度会明显加快。

进程在写文件时仅更新它对应的 Xarray 索引上的页面内容，并不会直接写回磁盘，因此写文件的进程会立即返回。这样被写过但还没有更新到磁盘的页会被标记为"脏页"，即 page 描述符中的 flags 修改位被置 1。内核的回写进程会定期检查每个 inode 的 Xarray 上的脏页，然后调用 writepage() 将它们更新到磁盘。

6.4.5 文件系统的注册与挂装

1. 注册文件系统

为了使 VFS 能够支持某种类型的文件系统，文件系统必须向 VFS 注册。Linux 内核内在地支持一些类型的文件系统，这些文件系统在系统启动时自动地注册到 VFS 中。其他类型的文件系统可以采用可加载模块的形式动态地加载到系统上，在模块加载时进行注册。

VFS 用 file_system_type 结构来描述每个已注册的文件系统，这个注册结构中记录了文件系统的名称、类型以及指向实际文件系统的挂装函数的函数指针 mount()等。所有已注册的文件系统的注册结构保存在系统的 file_systems 链表中。在挂装一个文件系统时，VFS 会查找这个链表，判断系统是否支持该文件系统，以及该如何挂装它。

2. 挂装文件系统

文件系统必须挂装后才能使用。系统在初始化时将先挂装上系统分区的根文件系统"/"，其余分区的文件系统都需挂装在根文件系统的某个目录下，这个目录称为挂装点（mount point）。挂装后的文件系统与根文件系统合为一体，统一通过根文件系统访问。例如，将位于 USB 盘的一个文件系统挂装到/mnt/usb 目录下，结果如图 6-25 所示。挂装后，memo 文件的路径名就是/mnt/usb/memo 了。

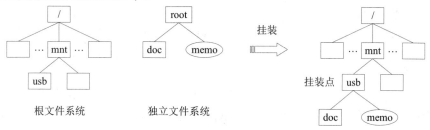

图 6-25 文件系统挂装示意图

VFS 用 mount 结构描述每个已挂装的文件系统，该结构记录了文件系统所在的设备名 mnt_devname、挂装点目录 mnt_mountpoint、VFS 挂装信息 mnt 等，其核心信息是 mnt。mnt 是一个 vfsmount 类型的结构体，其中包含了该文件系统的根目录指针 mnt_root、超级块指针 mnt_sb 和挂装标志 mnt_flags。图 6-26 描述了 mount 结构与超级块和根目录的关联关系。

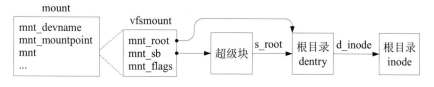

图 6-26 文件系统的挂装描述结构

文件系统的挂装是在 VFS 系统层面实现的。挂装的实质是用被挂装文件系统的根目录的 dentry 取代挂装点目录的 dentry，将文件路径解析从挂装点引到被挂装的文件系统中。挂装的系统调用是 mount()，参数是分区设备名、挂装点目录、文件系统类型、挂装方式等。挂装操作的要点是：根据文件系统类型参数找到对应的注册结构 file_system_type，调用其中的 mount()函数，为新挂装的文件系统构建 VFS 超级块以及根目录的 dentry 和 inode 对象；构建一个 mount 结构体，填入该文件系统的挂装信息，加入到系统中；找到挂装点目录的 dentry，将其标识为"已挂装"（d_flags 的 DCACHE_MOUNTED 位为 1）。以图 6-25 为例，挂装后的描述结构如图 6-26 所示，其中 mnt_devname 为 U 盘分区的设备名，mnt_mountpoint 为挂装点路径名"/mnt/usb"，mnt_root 指向 U 盘文件系统的根目录。

挂装后的文件系统就可以正常访问了。例如，要访问 U 盘上的 memo 文件，VFS 首先要对它的路径名"/mnt/usb/memo"进行解析。当解析到"/mnt/usb"时，发现 usb 目录的 dentry 被标识为"已挂装"。此时 VFS 会在所有 mount 结构中找到与挂装点"/mnt/usb"相对应的 mount 结构，再通过它找到 U 盘根目录的 dentry，然后从此 dentry 开始继续解析，最终得到 memo 文件的 inode 对象。

6.4.6　文件的操作

用户进程使用 Linux 系统提供的一组标准系统调用来进行文件操作。主要的系统调用包括打开与关闭文件，以及读写文件。

1.　文件的打开与关闭

打开文件的系统调用是 open()，它带的参数有文件路径名和打开模式等。打开模式决定该文件以什么方式打开，可以是"只读""读写""创建"等。以"创建"模式打开文件就意味着创建并打开一个新文件，新文件的权限模式需用参数指定。打开操作成功后将返回给进程一个文件描述符 fd。

打开文件的实质就是在内存中构建起该文件的 VFS 对象，建立它们之间的关系及与进程的连接，并用文件描述符来标识这个连接。根据文件的不同存在状态，打开文件的操作也有所不同。

打开一个已有文件的操作是：获得一个可用的文件描述符 fd，也就是在进程的 files_struct 结构中找到一个空闲的文件描述符项 fd_array[i]；创建一个 file 对象；根据文件路径名查找到该文件的 dentry；查找或创建该文件的 inode；将 inode.i_fop 赋给 file.f_op，将 inode.i_mapping 赋给 file.f_mapping；调用 file.f_op->open()，执行实际文件系统的打开操作；将 file 对象的指针填入 fd_array[i]，返回 i 作为文件描述符 fd。

上述操作中，查找文件是要点。查找文件的操作就是解析文件路径名中的各个路径分量，逐级查找或建立对应的 dentry，直到最后一级，然后返回它的 dentry。为提高查找效率，首先在目录项缓存中查找。如果找到就直接返回它，否则就调用当前 dentry 所对应的 inode.i_op->lookup()函数，执行实际文件系统的查找操作，为它构建一个 dentry，链到父目录的 dentry 上。

若是打开一个已经打开的文件（通常是被其他进程打开的），则其 file 结构已经存在。此时只需找到该文件的 file 结构，将引用计数 file.f_count 加 1，再将这个 file 结构链到本进程为其分配的 fd_array[i]上即可。

如果是打开一个不存在的文件且打开模式是"创建"（O_CREAT）的话，则首先要找到文件所在目录的 dentry，再得到它的 inode，然后执行 inode.i_op->create()，调用实际文件系统的创建函数，完成文件的创建操作。创建完成后再执行后续的文件打开操作。

关闭一个文件的系统调用是 close()，参数是文件描述符 fd。关闭文件的主要工作是断开进程与该文件的 VFS 对象之间的连接。具体的动作是：将 file.f_count 减 1，如果 f_count 为 0 就调用 file.f_op->release()，实际地关闭文件，并释放 file 对象；然后释放文件的 fd。

2.　文件的读与写

读写文件的系统调用是 read()和 write()。它们带有 3 个参数：文件描述符 fd、内存区地址 buf，以及要传送的字节数 count。文件在读写前必须是已经打开的，系统通过 fd 参数的值在进程的 files_struct 结构中检索 fd_array[]数组，得到文件的 file 对象，根据 file.f_mode

检查文件的访问权限，然后执行 file.f_op->read()或 file.f_op->write()，完成文件的读写。读写操作的起始位置是当前文件位置 file.f_pos。文件打开之初，f_pos 的值为 0。读写操作结束后 f_pos 会相应地更新。读写操作前可以先用 lseek()设置 f_pos 的值。

读文件的操作过程是：首先通过 file.f_mapping 找到文件的地址空间对象 address_space，然后通过 Xarray 在缓存中查找要读的页。如果查找命中就直接从缓存读出数据，传送到用户进程的 buf 中，否则就分配一个新的缓存页，挂到 Xarray 上，然后调用地址空间操作集 a_ops 中的 readpage()函数，触发一次真正的读盘操作，将数据读入缓存页，再从缓存页复制到用户进程的 buf 中。

写文件的过程与读文件类似：通过 address_space 确定要写的页，然后调用地址空间操作集 a_ops 中的 write_begin()函数，将数据从用户的 buf 写到缓存页中，并在页面上设置"脏"标记，最后执行 write_end()函数返回。VFS 会在适当的时候调用 a_ops 中的 writepage()函数，触发一次真正的写盘操作，将含有"脏"标记的页面写回磁盘。

需要说明的是，文件操作集 f_op 中的 read()和 write()是同步读写函数，而 read_iter()和 write_iter()则是异步读写函数。同步读写的特点是进程在等待读写操作完成时通常会被阻塞，因而效率低下。异步读写则默认不阻塞进程，进程会立即返回，执行下一个 read_iter()、write_iter()系统调用或其他操作。当读写操作完成时内核会通知进程。这样就允许了重叠的文件 I/O 操作，提高了文件读写效率。现在的文件系统（如 Ext3/Ext4 等）大都采用异步方式。因此，当调用 file.f_op->read()或 file.f_op->write()函数时，VFS 将默认地转去执行 file.f_op->read_iter()或 file.f_op->write_iter()，以异步方式完成文件的读写操作。

习 题

6-1 什么是文件？什么是文件系统？文件系统的功能是什么？

6-2 什么是文件的逻辑结构和物理结构？

6-3 文件的物理结构主要有哪几种？它们有什么特点？

6-4 什么是目录？目录的作用是什么？

6-5 Linux 文件系统采用了什么样的逻辑结构和物理结构？

6-6 Linux 的目录文件与普通文件有何区别？

6-7 什么是符号链接和硬链接？两者有什么区别？有什么优缺点？

6-8 在 Ext 文件系统中，超级块、组描述符、i 节点指的是什么？它们的作用是什么？

6-9 什么是虚拟文件系统？它的作用是什么？它与实际文件系统有何关系？

6-10 VFS 中有哪些主要对象？它们各自描述什么信息？

6-11 VFS 的 inode 与 Ext 的索引节点之间有什么关系？

6-12 VFS 页面缓存的作用是什么？进程与缓存是如何接口的？

6-13 VFS 打开文件的操作主要是什么？文件描述符 fd 是什么？它有什么作用？

6-14 VFS 如何实现用户进程的读写文件操作？

第 7 章 设备管理

计算机系统中用于实现数据的输入、输出和长久存储的设备都称为外部设备,或称为 I/O 设备。操作系统的设备管理模块就是控制和管理 I/O 设备的软件系统。

I/O 设备种类繁多,而且物理特性和操作方式也有很大差异。因此,设备管理是操作系统中最繁杂的部分。本章仅对设备管理的基本概念与技术、I/O 系统架构、I/O 控制和设备驱动技术做一简要介绍,然后针对 Linux 系统介绍设备管理的具体实现策略。

7.1 设备管理概述

7.1.1 设备管理的功能

设备是系统中的重要资源,无论是应用程序还是内核本身都要利用设备来存储或传输数据。内核中负责设备管理和控制的模块称为 I/O 系统。设备管理的目标有两个:一是从资源的角度出发,要尽可能地提高设备的使用效率,提高 I/O 系统的性能;二是从用户的角度出发,要屏蔽各种设备的差异,为应用程序使用设备提供一个统一易用的操作接口。

设备管理的一个重要原则是要实现“设备独立性”。设备独立性是指将应用程序与具体的设备独立开来,使其不必关心所用设备的细节,也不受底层设备变化的影响。为此引入了逻辑设备和物理设备的概念。应用程序针对逻辑设备请求 I/O 操作,底层 I/O 程序使用物理设备来执行实际的 I/O 操作。逻辑设备到物理设备之间的映射由 I/O 系统负责。

I/O 系统的效率问题也是一个很重要的设计指标。由于设备的传输速率较低,I/O 操作往往会成为系统整体效率的制约,因此,I/O 系统需综合利用各种技术,在 I/O 资源分配调度、I/O 传输过程控制、设备驱动方式、设备中断处理等方面进行有效的设计,以提高 I/O 系统的并发度和设备利用率。

综合地说,I/O 系统主要完成以下功能:

- I/O 接口:接收用户进程的 I/O 请求,将请求的逻辑设备映射到物理设备。
- I/O 调度:根据设备的特点对设备进行合理的调度。
- 设备的驱动:启动设备进行 I/O 操作,控制数据的传输。
- 设备的中断处理:对设备产生的中断进行处理。

7.1.2 设备的分类

计算机系统中的设备种类繁多,虽然它们的物理形态、技术特性和操作方式等各不相同,但都可以看作是完成某种输入/输出操作的功能部件。对设备进行分类的标准有多种。用户关心的是设备的用途，而从操作系统角度来看，最关心的是设备的数据传输单位、驱动方式和设备共享属性等指标。因而可以按照这些指标对设备进行分类。

1. 输入设备与输出设备

按数据传输方向的不同，I/O 设备分为输入设备、输出设备和输入/输出设备 3 类。输入设备用于从外界采集或产生数据，传送给系统。如键盘、鼠标等都是输入设备。输出设备是从系统获得数据，以某种形式向外界表现或传递的设备。如显示器、打印机等都是输出设备。输入/输出设备则是兼具输入与输出数据功能的设备。如磁盘、网卡等都是输入/输出设备。

2. 系统设备与外部设备

系统设备是由系统内核管理和使用的设备，如系统时钟、系统扬声器、总线接口等。系统设备之外的设备都属于外部设备。两者区别在于系统设备的驱动由内核本身完成，而外部设备的驱动由专门的驱动程序实现，以内核模块的方式附加到内核中。因此，外部设备可以被安装和卸载，而系统设备则不能。本章所介绍的内容只针对外部设备。

3. 字符设备与块设备

按数据传输单位的不同，设备分为字符设备和块设备。字符设备是以字节为单位组织和传送数据的设备，如终端设备（显示器、键盘、鼠标等）、打印机、串口设备等。块设备是以数据块为单位组织和传送数据的设备，如磁盘、光盘、闪存等。

除了传输数据的单位不同以外，字符设备与块设备的一个重要区别在于它们是否支持随机访问，也就是说能否按任意顺序访问设备的任一位置。字符设备只能按照输入字符流的顺序被访问，块设备则可以按任意的顺序被访问。举例来说，键盘提供的输入数据就是一个字符流，键盘驱动程序只能按照键入的顺序返回字符流给等待输入的进程，而无法以其他顺序提供输入的字符。对磁盘来说则没有顺序上的限制，磁盘驱动程序可以随机地读取磁盘上任一位置的数据，也可以从一个位置跳到另一个位置读取数据。

4. 独占设备与共享设备

按设备的使用方式，设备分为独占设备和共享设备。独占设备是在某一时间段内只能被一个进程所使用的设备。打印机、终端设备等都是独占设备。当一个进程占用打印机时，其他要打印的进程只能等待。共享设备是允许多个进程同时使用的设备。磁盘等存储设备都是共享设备，它们允许多个进程同时访问，同时存取数据。

7.1.3 设备与系统的接口

计算机的 I/O 设备通常由物理设备和电子部件两部分组成。物理设备是以某种物理方式（机械、电磁、光电、压电等）运作，实际执行数据 I/O 操作的物理装置；电子部件是以数字方式操作的硬件，用于与计算机接口，控制物理设备的 I/O 操作。

一个物理设备是无法直接与 CPU 相连接的，这是因为两者之间存在着以下差异：

（1）控制方式不同：CPU 产生的是数字化命令，而设备需要某种物理信号来控制。

（2）传输方式不同：CPU 以字节为单位传输数据，而设备可能是以位为单位传输的。

（3）速度不匹配：设备的工作速度通常要比 CPU 慢许多。

（4）时序不一致：设备有自己的定时控制电路，难以与 CPU 的时钟取得一致。

（5）信息形式不同：CPU 表达信息的形式是数字的，设备则可能是模拟的。

基于以上分析，CPU 与设备的连接必须解决译码解码、数据装配、速度匹配、时序同步以及信息格式转换等诸多问题。这需要借助一个介于 CPU 与物理设备之间的硬件接口来实现，这就是 I/O 设备的电子部件要完成的功能。

1. 设备控制器

在许多情况下，I/O 设备的电子部件与物理设备是分离的。电子部件称为设备控制器，物理设备就简称为设备。例如：显卡是显示控制器，显示器是由显卡控制的设备；声卡是音频控制器，音箱或耳机是音频设备。

控制器通过总线插槽（如 PCI、AGP 等）接入系统总线。一个控制器可以带多个同类型的设备。设备控制器是 CPU 与物理设备之间的接口，它接收从 CPU 发来的命令，自行控制 I/O 设备工作。

设备控制器的复杂性因设备而异，相差很大。典型的控制器结构如图 7-1 所示。

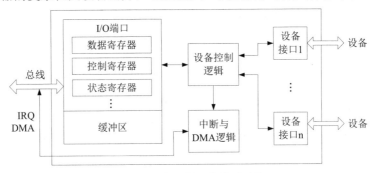

图 7-1 设备控制器的典型结构

图 7-1 中，左侧部分为控制器与 CPU 的接口，右侧部分为控制器与设备的接口，中间部分是控制逻辑。各部件的构造和功能如下：

1）I/O 端口

I/O 端口由一组寄存器组成。根据设备复杂程度的不同，端口寄存器可多可少，通常会包括数据寄存器、控制寄存器和状态寄存器。控制寄存器用来存放从 CPU 接收到的命令和参数，用以启动设备或者改变设备的工作模式；数据寄存器存放要传输的数据；状态寄存器记录设备的当前状态，表明当前命令的完成情况以及是否有错误发生。

I/O 端口与系统的总线相连，可被 CPU 直接访问。每个 I/O 端口寄存器都具有一个可被 CPU 访问的独立的地址。CPU 通过专门的 I/O 指令读写设备的 I/O 端口，实现对设备的控制和数据交换。在执行 I/O 指令时，CPU 使用地址总线选择所请求的 I/O 端口，使用数据总线在 CPU 寄存器和端口之间传送数据。

2）缓冲区

块设备和流量大的字符设备（如音频设备、视频设备等）的控制器中通常还配有缓冲区，用于存放批量传输的数据。缓冲区由寄存器或高速存储芯片组成，缓存区的地址被映射为内存地址，可以被 CPU 直接访问。块设备也可以通过总线直接与系统内存交换数据。

3）设备控制逻辑

设备控制逻辑是 I/O 端口与设备之间的翻译器，它的主要功能包括：

（1）命令译码：设备控制逻辑负责对控制寄存器中的 I/O 命令进行译码，确定具体的设备，产生对设备的控制信号，控制设备的操作。例如，磁盘控制器接收到 I/O 命令后进行译码，产生驱动磁头定位和数据读写的磁盘操作信号，发送给磁盘驱动器。

（2）状态解释：当设备执行完一个操作后，设备控制逻辑对从设备接收到的状态信号进行解释和编码，存入状态寄存器。

（3）信息格式转换：设备控制逻辑需要完成 I/O 端口与设备之间的数据转换，主要是串行/并行的转换，以及数/模或模/数转换等。

（4）传输控制：设备控制逻辑负责控制 I/O 端口或缓冲区与设备之间的数据传输，以及 I/O 端口或缓冲区与 CPU 之间的数据传输。为此，设备控制逻辑需要具有中断请求的功能，块传输时还需要有缓冲区读写控制以及 DMA 请求的功能。

4）中断与 DMA 控制

大部分的设备都工作在中断方式下，它们具有中断控制逻辑，通过系统的控制总线与中断系统连接，向中断控制器发送中断请求信号并接收中断应答信号。启用了 DMA 方式的控制器还具有 DMA 控制逻辑，可以向 DMA 控制器发送 DMA 请求和接收 DMA 应答。

5）设备接口

这是控制器与设备之间的接口。一个控制器可以带多个接口，每个接口连接一台设备。设备接口主要负责针对具体设备的信号发送以及数据和状态采集等操作。

2. I/O 接口

出于通用性设计的考虑，计算机硬件结构都提供了一些标准的设备接口，这些接口遵照统一的标准来设计，使任何遵从标准设计的设备都可通过该接口来与系统连接。根据所接驳的设备种类的不同，可以将 I/O 接口分为两类：一类是可连接各种类型的设备的通用接口，如串口、并口、USB 接口等都属于通用 I/O 接口；另一类是为连接某类设备而设置的专用接口，如 IDE、SATA 和 SCSI 接口都是块存储设备的专用接口，键盘、鼠标与显示器的接口也是专用接口。

通过 I/O 接口连接设备的方式可以看作是将设备控制器的功能分散实现了：I/O 接口实现与 CPU 直接连接部分的功能，包括 I/O 端口、缓冲区、中断及 DMA 控制等，而与设备直接相关的控制逻辑则由设备自行实现。例如，SATA 磁盘连接在 SATA 接口上，磁盘设备通过这个接口与 CPU 通信，而与磁盘直接相关的控制部分则集成在了物理磁盘的驱动器上。

标准的 I/O 接口为设备的开发和使用提供了方便，设备部分只需实现必要的设备控制功能即可。这种自己带有一定控制功能的设备称为"智能"（intelligent）设备。许多串口设备、USB 设备等都是具有某种程度的智能的设备。从这个观点出发，I/O 接口可以看作是简化了的设备控制器，而设备则可看作是"智能化"了的设备。习惯上我们经常称一些专用的 I/O 接口为控制器，如 SATA 控制器、SCSI 控制器等，而称那些通用的 I/O 接口就是某某接口了。

3. 设备与系统的连接

归纳起来，设备与系统的连接方式主要有两种：一种是集成的设备控制器+"笨"（dumb）设备，如内置声卡+音箱；另一种是 I/O 接口+"智能"设备，如 USB 接口+USB 音箱（或 USB 接口+外置声卡+音箱）。为叙述上的方便，我们把这些方式都看作是一种，就是设备控制器+设备。

4. I/O 设备的资源

I/O 设备必须首先获得一些系统资源才能与系统进行交互。I/O 设备的资源占有者是控制器。资源包括如下几种：

（1）I/O 端口地址：控制器中的每个 I/O 端口寄存器都有一个唯一的地址。一个控制器所拥有的 I/O 端口地址的总和称为该设备的 I/O 范围。

（2）中断申请号 IRQ：设备申请中断使用的中断线号码。

（3）缓冲区地址：控制器中的缓冲区所映射的内存地址范围。

（4）DMA 通道号：设备申请 DMA 使用的 DMA 通道号码。

在安装设备时，系统为控制器分配这些资源，并保证各个设备的资源彼此不相冲突。只有正确地配置了设备的资源才能使设备正常地工作。

7.1.4 I/O 系统的硬件结构

不同规模的计算机系统的 I/O 体系结构有较大的差异。大致可以分为主机 I/O 系统和 PC 机 I/O 系统。主机系统的设备较多，对传输速度的要求也高，因而采用具有通道的 I/O 系统结构。PC 机的 I/O 系统结构则比较简单，采用的是总线结构，如图 7-2 所示。

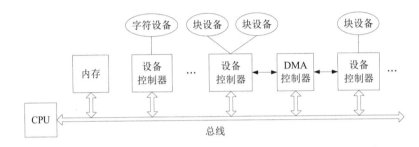

图 7-2 PC 机的 I/O 体系结构

总线体系结构的特点是以总线为纽带，将 CPU、内存和 I/O 设备连接在一起。各部件之间的所有信号都要通过总线来传输。按传输内容划分，总线包括地址总线、数据总线和控制总线 3 部分。地址总线用于传送数据的地址；数据总线用于传送数据；控制总线包含一些信号线，用来控制时序和系统中的其他控制信号，如中断请求、DMA 请求信号等。

总线由 CPU 控制。CPU 可以通过总线访问内存和设备，并控制在内存和设备之间传输数据。总线采用独占使用方式，任何设备若需要直接和内存交换数据，先要申请总线使用权，获得使用权后独占总线进行通信。

在总线结构的系统中，数据的交换路线主要有以下两种：

（1）CPU 与慢速的字符设备交换数据时，由 CPU 控制设备与内存之间的数据交换。输入时，CPU 从控制器中将数据读到 CPU 的内部寄存器中，再写到内存单元中；输出时则相反，将内存数据读到 CPU 的寄存器中，再写到控制器的数据寄存器中。

（2）CPU 与高速的块设备交换数据时，以 DMA 方式进行。DMA 控制器先申请总线使用权，然后控制设备直接与内存传输数据。关于 DMA 技术的介绍见第 7.2.3 节。

7.1.5 I/O 系统的软件结构

I/O 系统硬件需要在 I/O 系统软件的管理和驱动下工作。I/O 系统的软件大多采用分层结构设计。分层结构的底层是设备相关部分，由各个设备的驱动程序组成。上层软件是设备无关部分，包括 I/O 系统接口和 I/O 执行系统。上层软件与用户层接口，接收和处理来自用户进程的 I/O 请求。I/O 系统的软件结构如图 7-3 所示。

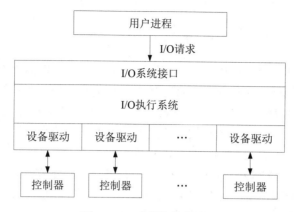

图 7-3 I/O 系统的软件结构

I/O 系统各个部分的功能如下：

1. I/O 系统接口

I/O 系统接口负责接收用户进程提交的 I/O 请求，并将结果返回给用户进程。为此，接口软件需实现以下功能：

（1）设备的命名：按命名规则对每个设备赋予逻辑名和物理名。用户提交 I/O 请求时使用逻辑名来指定请求的设备，从而实现了设备独立性。

（2）设备的保护：每个设备都设定了访问权限，收到用户的 I/O 请求后需检查用户进程的权限，防止设备被非法使用。

2. I/O 执行系统

I/O 执行系统负责处理用户提交的 I/O 请求，形成对具体设备的 I/O 操作，传给相应的设备驱动程序，再将执行结果进行转换，返回给用户。这部分主要包括以下功能：

（1）设备映射：将 I/O 请求中对逻辑设备的请求转变为对物理设备的请求。

（2）设备分配：按一定的策略将设备分配给进程使用，使用完毕后回收设备。

（3）I/O 调度：对 I/O 操作的顺序进行优化，启动驱动程序执行 I/O 操作。

（4）缓冲区管理：块设备的数据传输采用缓冲方式，传输数据前，系统需要为块设备分配缓冲区，传输结束后，系统还要管理缓冲区，为后续的 I/O 操作提供缓存功能。

3. 设备驱动层

设备驱动层包括了设备的驱动程序和中断处理程序，它们都和具体的设备相关。驱动程序是操作控制器的软件，它直接和具体的设备打交道，负责设备的驱动和控制。中断处理程序负责处理设备产生的中断。这部分的主要功能是：

（1）设备驱动：根据上层指令启动设备执行，并对 I/O 传输过程进行控制。

（2）中断处理：对设备的操作结果或异常情况进行处理。

7.2 设备管理的相关技术

为了提高数据传输速率，优化系统的整体 I/O 性能，设备管理普遍采用了一些关键技术，主要是中断技术、缓冲技术、DMA 技术、通道技术等。

7.2.1 中断技术

1. 中断的概念

在计算机运行期间，当系统内部或外部发生了某个异步事件需要 CPU 处理时，CPU 将暂时中止当前进程的执行，转去执行相应的事件处理程序，待处理完毕后又返回被中断处继续执行，这个过程就称为"中断"（interrupt）。异步事件是指与系统运行没有时序关系的、不可预期的事件，如用户按下键盘按键，磁盘传输数据完成，系统硬件出现故障等。

在中断技术出现之前，CPU 启动设备进行 I/O 操作后，要不断地探察设备的状态，直到设备完成操作。在这种 I/O 控制方式下，CPU 与设备是串行工作的，这对 CPU 来说是极大的浪费。中断技术的出现改变了这种 I/O 操作模式。在中断方式下，CPU 启动设备操作后不必再轮询设备，而是继续进行其他计算。设备完成操作后会主动通知 CPU 进行处理。这样，CPU 就可以与设备并行工作，极大地提高了系统的运行效率。

中断技术最早应用在 I/O 传输过程中，它使外部设备和 CPU 的并行工作成为可能。而后中断技术扩大到设备之外的其他事件。现在，凡是需要 CPU 进行干涉或处理的事件，无论是异步的还是同步的，都采用中断的手段进行处理。可以看出，中断对于操作系统的意义重大，它是系统一切并发活动的基础，因而是操作系统最基本的技术。

2. 中断源与中断分类

引起中断发生的事件称为中断源。通常中断源是由硬件产生的信号。例如，当敲击键盘时，终端控制器就会产生一个键盘中断信号。也有一些中断源是来自软件的，比如进程执行中的页故障中断。总之，中断源是需要 CPU 处理的事件。计算机系统中有很多种中断源，按其发生的位置可以分为内部中断和外部中断两大类。

内部中断是在 CPU 执行指令的过程中同步发生的异常事件，如除数为 0、内存溢出、页故障等。这类中断事件也称为"异常"（exception）。此外，中断指令也被看作是一种特殊的内部中断，称为"自陷"（trap）或"软件中断"（software interrupt）。

外部中断是由 CPU 之外的硬件引发的异步事件，分为非屏蔽中断（non-maskable interrupt）与可屏蔽中断（maskable interrupt）两类。非屏蔽中断是由硬件故障引起的紧急事件，如电源掉电、奇偶校验错等。这类中断危及系统的运行，因此一旦发生必须立即处理。可屏蔽中断主要是由设备 I/O 操作所引发的中断，也称为 I/O 中断。例如，当设备操作完成后或操作出现错误时，设备控制器都会发出 I/O 中断信号。这类中断数量大且发生频繁，在有些情况下可以被屏蔽，也就是可被 CPU 忽视。

为方便识别，系统为每种中断源赋予了一个中断号。CPU 根据中断号来识别中断源，然后调用相应的处理程序进行处理。对于不同种类的中断源，中断的处理方式也各不相同。本节内容只针对设备的 I/O 中断，介绍中断处理的机制与过程。

3. 中断的请求

设备将产生的中断信号提交给 CPU，请求其进行处理，这个提交过程称为中断请求。由于 I/O 设备的数量众多，无法将它们与 CPU 直接连接来传递中断信号，因此需要一个中间部件作为桥梁，这个部件就是"可编程中断控制器"（Programmable Interrupt Controller，PIC）。所有的 I/O 中断信号都汇集到 PIC，由它进行必要的裁决和转换后再提交给 CPU。

PIC 的一端通过多条中断线与各个设备的控制器相连，接收设备的中断信号；另一端通过一条中断请求线与 CPU 相连，向 CPU 提交中断请求。PIC 的每条中断线都有一个编号，称为"中断请求号"（Interrupt Requests，IRQ）。设备只有获得 IRQ 后才能使用对应的中断线，向 PIC 发送中断信号。由于中断线的数量有限，因此可能会将一个 IRQ 号分配给多个设备，使它们共享同一中断线。当 PIC 检测到中断线上有信号后就将该中断线的 IRQ 号转换为 CPU 可识别的中断号，向 CPU 发出中断请求。

4. 中断的响应

CPU 在收到中断信号后暂停执行当前的进程，转入相应的中断处理程序进行处理，这个反应过程称为中断响应。CPU 在每次执行完一条指令后都会检查有无中断请求，在有中断且没有被屏蔽的情况下 CPU 会立即予以响应。

并不是所有中断请求都会得到及时的响应。对于非屏蔽中断，一旦发生则 CPU 必须无条件响应；对于可屏蔽中断，CPU 是否予以响应取决于 CPU 中的一个"中断允许状态位"。该状态位为 0 时，CPU 将不响应中断，这称为关中断；该状态位为 1 时，则允许 CPU 响应中断，这称为开中断。在多数情况下 CPU 处于开中断状态。但在有些情况下，比如内核正在执行进程调度、堆栈切换或页面交换等，为了保证操作的原子性，此时将会关闭中断，直至操作完成。

CPU 响应中断的一个重要依据是"中断描述符表"（Interrupt Descriptor Table，IDT），表中保存了所有中断处理程序的入口地址。IDT 由操作系统维护，在系统初始化阶段设置完成，之后 CPU 就可以响应中断了。

中断响应过程的主要动作是：从 PIC 获取中断号，根据中断号检索 IDT，得到该中断对应的中断处理程序入口地址，然后保存当前进程的断点信息，转入中断处理程序入口去执行相应的中断处理程序。

5. 中断的处理

每个中断都对应一个特定的中断处理程序，因而系统中会有许多中断处理程序，如时钟中断处理程序、键盘中断处理程序等。中断处理程序的执行过程大致分为如下几个阶段：

（1）保存现场：中断响应的时间很短，只保存了断点相关的几个寄存器。在随后的中断处理过程中，其他寄存器的内容也可能会被改变。因此，在进入中断处理程序后首先要将其余部分的寄存器值以及中断号压入栈中，供后续的处理程序使用。

（2）处理中断：中断的处理方式因设备和中断的不同而异。对于 I/O 中断来说，典型的处理是从设备控制器读取设备状态，判别此次中断的原因。如果是 I/O 操作完成则进行 I/O 完成处理，比如将数据读入缓冲区，然后唤醒等待 I/O 的进程进行处理。需要的话再向控制器发送新的命令，启动下一轮 I/O 操作。若是异常结束中断，则根据异常的原因做相应的处理，比如重试或报告错误。

（3）恢复现场返回：中断处理完成后，将保存现场时保存的寄存器值恢复到 CPU 的寄存器中，然后执行中断返回指令，结束整个中断过程。

6. 中断在 I/O 系统中的应用

下面以鼠标设备的中断处理为例，概括地描述 I/O 中断的实际应用。

在安装鼠标的驱动程序时，它的中断处理程序也被安装到内核中。鼠标驱动程序负责监测位置移动和按键等事件，鼠标的中断处理程序则负责处理这些事件。以鼠标移动为例，当鼠标硬件检测出一个微小的位移时便会产生一个中断信号（触发中断的位移量大小取决于鼠标的分辨率，分辨率越高则鼠标越灵敏），该信号经过 PIC 提交给 CPU。CPU 响应此中断后便会转入鼠标中断处理程序。

鼠标中断的处理程序从设备接口中获取鼠标的位移数据，将位移数据和事件类型写入缓冲区，然后退出。内核会将这一事件通知负责界面显示的软件，显示软件从缓冲区读出数据，然后将原位置上的鼠标图标抹去，在新的位置上重新绘出。这样就实现了鼠标与界面显示的同步移动。当鼠标持续滑动时，硬件会触发一系列的中断。由于中断处理的速度足够快，视觉效果上就是鼠标在屏幕上平滑连续地移动了。当然，如果系统负载过重，中断不能被及时响应，就会造成中断丢失或合并处理，此时界面上鼠标的移动就显得磕磕绊绊了。

对鼠标按键中断的处理也是同样的原理，只不过实现的是点击、拖曳等功能。

7.2.2 缓冲与缓存技术

中断技术的引入，使得系统中各 I/O 设备之间以及 I/O 设备和 CPU 之间可以并行工作。但 I/O 设备与 CPU 的处理速度存在着较大的差异，这导致进程在需要传输大量数据时不得不经常等待。因此，I/O 设备与 CPU 之间的速度不匹配问题制约了系统性能的进一步提高。解决此问题的有效方法是缓冲技术。

1. 缓冲技术

缓冲（buffering）技术就是为了解决设备和 CPU 之间处理速度不匹配的问题而引入的。CPU 的数据传输速度可以达到纳秒级，而对于像磁盘这样的机电存储设备，其数据传输速度是毫秒级的。两者直接交换数据就如同将一个大口径的水管与一个小口径的水管连接起来，必然会产生性能上的瓶颈。结果就是，进程运行中在高速地产生或处理数据，却不得不时时等待低速的设备慢慢地输出或输入这些数据。

产生这一问题的根源在于 CPU 处理数据的速度与 I/O 设备处理数据的速度不相匹配。实际生活中，凡是存在输出与输入速度不匹配的地方都可以采用缓冲技术来解决。比如，为了缓解降水与用水的速度不匹配问题，可以修建水库来储存水。这就是缓冲的思想。对于 I/O 操作来说，缓冲的实现方法就是在内存或其他高速存储区中设置缓冲区（buffer）。进程要进行输出时，将数据高速地倾泻到缓冲区中，然后继续执行后续操作。输出设备则按自己的速度从缓冲区中取出数据并完成输出操作。对于数据的输入操作则正好相反。设备将输入数据写入缓冲区中，数据准备好后通知进程，进程直接从缓冲区高速地获取输入数据。这样就缓解了进程的等待现象，从而提高了 CPU 与外设之间的并行程度。

2. 缓存技术

与缓冲技术有着细微差别的另一个技术是缓存（caching）技术。缓存区（cache）是为了临时存放与设备交换的数据而设置的数据暂存区，通常位于内存或设备控制器的缓存芯片中。在数据传输过程中，缓存区起到 I/O 缓冲的作用，同时对通过缓存区的数据保留备份。当下一次访问数据时首先在缓存区中查找，如果命中则不需要启动外部设备就可以立即从缓存中得到数据，其读写速度是内存级的；如果查找没有命中，则启动设备进行数据 I/O 操作。这样，经过一段时间的积累，经常访问的数据基本都在缓存区中，系统启动设备的次数就会大大降低，系统的 I/O 效率因此而显著地提高，同时还可延长设备的使用寿命。

操作系统中广泛地应用了缓存技术，如文件系统中的页面缓存和目录项缓存等。内存管理中的快表和 slab 也是一种缓存。此外，应用软件中常用缓存技术来提高性能，如 Web 服务器将经常被访问的网页保存在缓存中，以提高网络访问速度，减少网络流量。

3．缓冲与缓存的差异

缓冲与缓存的基本原理和作用是相似的，如果不加区分的话，都可以称之为缓冲。但两者之间确实存在一定的差异：缓冲的作用在于协调速度不匹配的 I/O 传输过程，而缓存的作用在于减少对设备的实际访问次数。这个差异导致了两者的管理方法有所不同。

一般来说，缓冲区的生命期较短，当进程开始传输数据时建立，一旦数据传输完毕将立即释放。因此，缓冲区只起暂存数据的作用。而缓存区的生命期较长，缓存的数据可以长时间地保存在缓存区中，服务于各种应用目的。如文件系统中的页面缓存、目录项缓存等在整个系统运行期间都存在于内存中，由文件系统管理和使用。

另外，缓冲区的管理相对简单，系统只需提供简单的分配算法以及同步机制即可。而缓存区的管理则需要利用更复杂的算法，以提高访问的命中率，最大限度地发挥缓存的作用。例如，磁盘的缓存算法要确定哪些数据应存放在缓存中，哪些数据应从缓存中撤出等。

在应用上，进程间的通信多使用缓冲技术，而设备的 I/O 往往使用缓冲兼缓存技术。

4．缓冲的实现方式

根据缓冲区所在的位置，缓冲可以分为硬缓冲和软缓冲两种。硬缓冲就是设备自带的缓冲区，位于设备控制器或设备上；软缓冲是在内存中开辟的缓冲区。

1）软缓冲的实现方式

软缓冲是在内存中设置缓冲区，用于暂存数据供进程快速地获取或输出。根据设置的缓冲区的个数，缓冲区分为以下几种：

（1）单缓冲：只设置一个缓冲区。由于缓冲区属于临界资源，因此读写此缓冲区的进程必须串行访问。

（2）双缓冲：设置两个缓冲区，当一个进程写一个缓冲区时，另一个进程可以读另一个缓冲区，这样就在一定程度上实现了读写操作的并行性。

（3）环形缓冲：将多个缓冲区连接成一个环形队列，输入进程沿着环路顺序地写各个缓冲区，输出进程随后顺序地读各个缓冲区。只要后者没有追上前者，它们就可以并行地工作。环形缓冲提高了读写的并行化程度，缓冲的效果更好。

以上缓冲区都是为某个 I/O 进程设置的，属于专用缓冲区，利用率不高。

（4）缓冲池：设置一组公用缓冲区，由专门的管理程序统一管理，供多个 I/O 进程共享。进程需要时就申请，使用完毕后再释放。这种管理方法提高了缓冲区的利用率。

2）硬缓冲的实现方式

硬缓冲就是在设备上设置缓冲器，在设备内部存储和 I/O 接口之间起到一个缓冲和缓存的作用。以磁盘缓存为例，磁盘上带有一个存取速度极快的缓存芯片，用于暂存读写的数据块。在读取磁盘时，磁盘控制器会控制磁头把正在读取的数据块的下一个或者几个块中的数据读到缓存中。下次执行读操作时先在缓存中查找，如果命中则可立即送出数据，而不必启动磁盘操作。由于磁盘上数据存储是比较连续的，所以下一次的读取命中率会较高。写入数据时，磁盘并不会马上将数据写入到盘片上，而是先暂存在缓存里，然后发送给系统一个操作完成中断。而后，磁盘在空闲时再将缓存中的数据写入到盘片上。

从磁盘缓存的例子中可以看出，使用缓存可以减少访问设备的中断次数和延迟，提高设备的使用寿命。另外，缓存的大小直接关系到设备的传输速度，大的缓存能够大幅度地提高设备的整体性能。现今主流磁盘的缓存容量为 64~512 MB。

7.2.3 DMA 技术

用中断方式控制 I/O 传送时，每传送一个字节就要向 CPU 发一次中断请求，传输 1 KB 数据需要发一千多次中断请求，这对于块设备来说效率太低。为了减少 CPU 对 I/O 传输过程的干预，PC 机系统采用了 DMA 机制，用以控制块设备的批量数据传送。

DMA 即"直接存储器访问"（Direct Memory Access），其思想是用一个特殊的设备控制器来控制块设备，使其可以直接与主存交换数据。这个控制器就称为 DMA 控制器。

在以总线为中心的体系结构中，任何数据交换都要通过总线进行。总线控制权在 CPU，也就是说，所有的数据交换都需要 CPU 参与完成，外设无权使用总线直接访问内存。DMA 控制器的特殊之处在于它能从 CPU 那里暂时地获得总线控制权，在没有 CPU 的参与下控制外设与内存直接传送数据。直接的意思就是指数据传送不必经过 CPU 的寄存器，直接从设备写入内存或从内存送入设备。在整个传输期间，设备不产生任何中断，仅在全部数据传输完成后才向 CPU 发出中断。

受硬件特性的约束，DMA 方式要求所传输的磁盘区必须是相邻的扇区，但内存区可以不连续。也就是说，一次 DMA 读操作只能读一组相邻的扇区，但可以将这些数据分为若干个片段存放到内存中。同样地，一次 DMA 写操作可以从若干个内存区段中读取数据，合并写入到一组连续的扇区中。

一个完整的 DMA 传输过程需要经过以下 4 个步骤：

1. DMA 请求

CPU 通过 I/O 指令来初始化 DMA 控制器，为它设定 I/O 操作的参数。DMA 操作的参数包括设备标识、读写标识、起始扇区和扇区数、数据传输的内存区等。随后，CPU 向设备控制器发出操作命令，设备控制器把数据准备好，然后向 DMA 控制器提出请求。

2. DMA 响应

DMA 控制器对 DMA 请求予以判别，然后向 CPU 发出总线使用权的请求。CPU 在本机器周期执行结束后响应该请求，与系统总线脱离。而后，DMA 控制器接管数据总线与地址总线的控制，开始控制 DMA 传输。

3. DMA 传输

DMA 控制器获得总线控制权后，对设备控制器发出读/写命令，控制设备直接与内存进行数据传输。在传输过程中，DMA 控制器对传送的字节进行计数。当传输的数据达到预定的数目时传输完毕。

4. DMA 结束

完成规定的批量数据传送后，DMA 控制器即释放总线控制权，向设备控制器发出结束信号，并向 CPU 提出 DMA 中断请求。CPU 响应中断后转到中断处理程序处理 DMA 的结果。处理内容包括校验送入内存的数据是否正确，测试在传送过程中是否发生了错误，决定是否继续传送下去等。中断处理完成后，CPU 返回原来的进程继续执行。

可以看出，在 DMA 控制器的控制下，设备能够直接与内存传送批量数据，仅在传送的结束时才需要中断 CPU。因此，DMA 方式大大减少了 CPU 对 I/O 控制的干预，提高了 CPU

与设备的并行化程度。

实现 DMA 的方式主要有周期挪用方式和 CPU 停机方式，目前后者更为常用。无论哪种方式，在 DMA 传输过程中都会占用 CPU 的工作周期，CPU 的利用率自然会有所降低。因此，DMA 控制器能带的设备数量有限，只适用于 PC 机等低端机型。

7.3 I/O 控制方式

I/O 控制就是控制数据在 I/O 设备与 CPU、内存之间的传输，这是设备管理的一个主要功能。随着计算机技术的发展，I/O 控制方式也在不断地发展。从最早的程序 I/O 方式，发展到中断驱动方式、DMA 控制方式和通道方式，数据传输速率不断提高。而贯穿整个发展过程的一条宗旨就是尽量减少 CPU 对 I/O 传输的干预，把 CPU 从繁杂的 I/O 控制事务中解脱出来，提高 CPU 与外设的并行化程度。

7.3.1 程序 I/O 方式

在设备控制器的状态寄存器中有一个用于表示设备工作状态的"忙"（busy）标志位。该位为 1 表示设备忙，为 0 则表示闲。进程通过执行 I/O 测试指令可以检测这个标志位，获得设备的当前工作状态。程序 I/O 方式就是由执行 I/O 的进程直接访问这个标志位来控制设备的 I/O 操作。以输出为例，进程准备好要输出的数据，然后通过 I/O 命令启动设备，设备开始传输数据，并设置"忙"标志。在数据传输过程中，进程循环地检测"忙"标志位，直到设备完成了数据传输，并清除了"忙"标志。之后进程继续执行，准备下一批的输出数据。图 7-4 描述了程序 I/O 方式的操作时序。

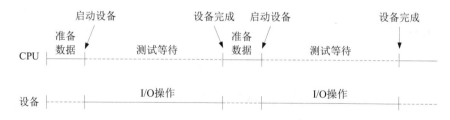

图 7-4 程序 I/O 方式的操作时序

在整个传输过程中，进程一直占用着 CPU，而 CPU 所做的大部分工作是在不断地查询设备的状态，所以这种传输方式也称为"轮询"（polling）方式。设备的速度比 CPU 要低很多，使得 CPU 的大量时间浪费在轮询上，CPU 的利用率非常低。

程序 I/O 方式是早期计算机系统采用的 I/O 方式。它不需要额外的硬件支持，甚至可以不需要驱动程序。目前只用在一些简易单片机系统中。

7.3.2 中断 I/O 方式

中断 I/O 方式的传输过程是：当进程需要数据传输时，CPU 为其启动设备进行 I/O 操作。此后 CPU 不是被动地测试等待，而是继续执行原进程或其他进程。设备控制器按照 I/O 命令的要求控制设备进行数据传输，当设备完成 I/O 操作后，采用中断方式向 CPU 报告。CPU 响应中断后，暂时停止当前进程的执行，转去进行中断处理。中断处理完成后，CPU 转到被中断的进程或新调度的进程继续执行。图 7-5 描述了中断 I/O 方式的操作时序。

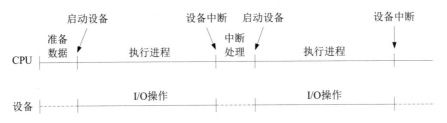

图 7-5 中断 I/O 方式的操作时序

中断 I/O 方式的优点是显而易见的。在中断 I/O 方式下，CPU 与 I/O 设备并行执行，CPU 和 I/O 设备都处于忙碌状态，这样就提高了整个系统资源的利用率和系统吞吐量。但中断过程中的保留和恢复现场以及中断处理都要耗费 CPU 的时间。因此，在进行大量数据交换时，频繁的中断会降低系统的性能。

7.3.3 DMA 方式

DMA 方式的传输过程是：当需要数据传输时，CPU 向 DMA 控制器发送传输参数和启动命令，启动 DMA 操作，然后继续执行进程。与此同时，DMA 控制器也开始工作，控制设备连续地与内存传输数据。待全部数据传输完成后，DMA 控制器用中断通知 CPU，CPU 进行相应的中断处理，然后继续执行进程。图 7-6 描述了 DMA 方式的 I/O 操作时序。

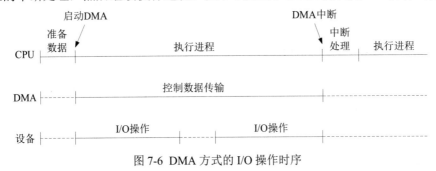

图 7-6 DMA 方式的 I/O 操作时序

在 DMA 方式中，整个数据块的传输过程不需要 CPU 的干预，较之中断方式又大大降低了 CPU 的负担，进一步提高了 CPU 和 I/O 设备的并行操作程度。

DMA 方式的缺点是会降低进程的运行效率，尤其是 DMA 设备较多时，需要占用较多的 CPU 工作周期，影响进程的运行效率。

7.3.4 通道方式

追求高效率的中大型机多采用具有独立处理器的通道来实现 I/O 传输控制。通道（channel）是一个专门用于控制 I/O 操作的处理器，它执行通道程序，控制外设与主存之间交换数据。通道的工作过程是：CPU 生成通道程序，启动通道执行，然后继续执行进程。这段时间中，通道与 CPU 是完全并行工作的，CPU 执行进程，通道执行通道程序，控制设备与内存传输一批数据。传输结束后，通道产生通道中断向 CPU 报告，CPU 处理完通道中断后就可以直接使用内存的数据了。

由于通道是可独立运行的硬件，所以它的运行不会影响到 CPU 的执行效率。通道承担了所有的 I/O 控制工作，使得 CPU 可以完全摆脱对 I/O 操作的干涉，因而采用通道结构的系统具有非常高的 I/O 性能。

7.4 设备的分配与调度

系统中所有的设备资源都是由 I/O 系统统一管理和调度的。进程需要进行 I/O 操作时，必须向系统提出申请，由系统为它分配设备。如果进程得不到所申请的设备资源，它将被放入等待队列中等待，直到所需的设备可用。

7.4.1 设备分配的方法

当进程提出 I/O 请求时，I/O 系统便按照一定的策略把设备分配给进程使用。设备分配的原则是要尽可能地满足进程的要求，同时又能充分发挥设备的使用效率。

1. 分配策略

设备的分配策略可分为独占分配、共享分配和虚拟分配。分配策略取决于设备的固有属性。独占设备应采用独占分配策略，也就是将一个设备分配给某进程后便一直由它独占，直至进程释放该设备。共享设备可被同时分配给多个进程使用，由 I/O 系统来调度各进程对设备的访问次序。

由于独占设备只能独占使用，因而设备的利用率低。解决这个问题的一个策略是采用虚拟分配，即为进程分配一个虚拟的设备，将独占设备转化为共享设备。

2. 独占设备的分配算法

当有多个进程同时请求独占设备时，系统应采用某种算法决定将设备分配给哪个进程使用。分配算法通常有先进先出法和优先级法两种。

先进先出法是根据进程对设备提出请求的先后次序，将设备分配给进程使用，暂时无法得到设备的进程将等待。这个算法实际上是不做分配，只需将独占设备作为临界资源，由进程互斥地使用即可。显然，先进先出法既简单又公平，因而为目前多数系统所采用。

优先级法用于那些对 I/O 响应时间有较高要求的系统。做法是对高优先级进程的 I/O 请求也赋予高优先权，并将它们排在队列前面。按这种排队顺序，优先级高的进程将优先得到设备，因而可以尽快完成。

3. 共享设备的调度算法

共享设备的分配采用的是 I/O 调度方式。共享设备主要是磁盘等块设备，其特点是允许多个进程同时访问。但由于多个访问的位置是随机的，执行的次序不当就会造成磁头频繁地移动，使效率大大降低，因此，并不是每个 I/O 请求都会立即被响应，它们必须经过 I/O 调度才能被执行。I/O 调度的原则是优化访问操作的次序，使磁头的移动减到最少，从而提高设备的执行效率。收到 I/O 请求后，I/O 调度程序会根据某种预排序的算法将其插入到一个请求队列中，达到一定数量时再提交给设备驱动程序去执行。

7.4.2 虚拟设备技术

独占设备在一个期间内只能被一个进程使用。由于设备的速度慢，因此其他要使用同一设备的进程不得不长时间地等待。例如，假设有多个进程要使用打印机，每个进程的打印时间以分钟计，当第一个获得打印机的进程正在打印时，排在后面的所有进程都必须长时间地等待。这样就严重影响了进程的执行速度，极端情况下还会引起死锁。因此，独占设备是 I/O 系统性能的瓶颈。

要解决独占设备分配所带来的问题，最有效的策略是将其转化为一个共享设备，而实现这种转换的方法就是"外设联机并行操作"（Simultaneous Peripheral Operation On-Line，SPOOLing）。SPOOLing 的思想是在高速共享设备上模拟出多台低速独占设备，从而提高系统 I/O 效率。这种模拟出来的设备称为虚拟设备，多用于实现虚拟打印机。

SPOOLing 系统的实现方案是在磁盘等外部存储器中开辟一些固定区域，称为"I/O 井"。当进程需要与设备交换数据时，只对 I/O 井高速读写数据，由 SPOOLing 系统控制在适当的时候将 I/O 井中的数据传输给实际设备。对用户进程来说，I/O 井就是一台高速的虚拟设备，它实现了类似于脱机 I/O 操作的效果。因此 SPOOLing 也被称为"假脱机"技术。

图 7-7 描述 SPOOLing 系统的工作原理。系统在外存开辟了一个打印机输出井和一个磁带机输入井。对用户进程来说，这就是一台虚拟打印机和一台虚拟磁带机。当进程需要从磁带机输入数据时，SPOOLing 系统就启动磁带机，将数据读入磁带机输入井中。随后进程直接从输入井提取数据，不需再等待。当进程需要打印输出时，它将数据高速地送入打印机输出井，然后继续运行。在输出井等待打印的数据形成打印队列，由 SPOOLing 系统控制在适当的时候完成实际的打印工作。

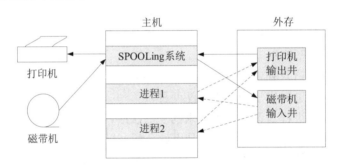

图 7-7 SPOOLing 系统工作原理示意图

虚拟设备除了可以减少进程对设备的等待时间外，还可以解决多个进程对独占设备的竞争问题。例如，在设置了虚拟打印机的系统中，每个进程都可以随时执行打印操作，好像系统的打印机是自己独占的。这就是说，使用虚拟设备永远不会引起进程死锁。

7.5 设备的驱动

设备的驱动是 I/O 系统最底层的功能，由设备驱动程序完成。设备驱动程序是操作系统内核中最底层也是最庞大的组成部分，在内核代码中占有 60% 以上的比例。

7.5.1 设备的驱动方式

设备驱动程序（device driver）是直接管理和操纵设备控制器的软件。从图 7-3 中可以看出，设备驱动程序位于 I/O 软件系统的底部，它们接收上层软件的 I/O 请求，将其转化为设备控制器的命令代码，操纵设备控制器完成数据传输的全过程。驱动程序是系统中唯一了解设备操作细节的软件，每个设备控制器都需要由一个特定的驱动程序来控制。

中断处理程序用于处理具体设备的中断，因此可以看作是设备驱动程序的一部分。中断处理程序随驱动程序一起安装和卸载。虽然两者都直接与控制器交互，但与系统内核的接口是不同的。设备驱动程序是与I/O系统接口的，由I/O系统触发执行，而中断处理程序是由系统的中断机构调用执行的。

设备驱动和中断处理程序都是内核代码，它们运行在核心态，可以访问控制器中的I/O端口、驱动和处置设备。它们与设备控制器之间的交互方式有以下几种：

（1）发送I/O命令：驱动程序将I/O操作命令发送到控制器的命令寄存器中，控制器根据命令启动设备执行操作。

（2）传输数据：驱动程序读写控制器中的数据寄存器或缓冲区，控制内存与控制器之间的数据传输；控制器则控制设备完成对外界的数据I/O。

（3）查询设备状态：控制器将设备的状态信息存入状态寄存器中，供驱动程序和中断处理程序查询。

（4）中断请求与处理：当设备产生中断时，控制器向中断机构发出中断请求；中断处理程序查询控制器中的状态信息，判断中断原因并进行处理。

7.5.2 驱动程序与中断处理程序

每个设备都需要有一个驱动程序和中断处理程序。所有的设备驱动程序连同中断处理程序都需要向系统登记注册，只有注册了驱动的设备才能被系统使用。

设备驱动程序是与具体设备接口的软件，通常由设备的开发者提供。驱动程序与普通的C程序没有太大区别，只是因为它们是内核代码，因此任何细微的编程错误都可能会导致内核崩溃。因此驱动程序的开发要遵循内核的设备驱动编程和接口规范。以下是对驱动及中断处理程序的概要介绍。

1. 设备驱动程序

设备驱动程序的功能会因设备不同而有或多或少的差别，但通常应包括以下几个：

（1）设备的初始化与复位：在执行I/O操作前首先要对设备进行初始化，使其准备就绪；在设备操作结束后应将其复位以备下次使用。

（2）设备的读写操作：进程通常使用读写操作来请求与设备传输数据。在读写过程中，驱动程序将根据具体的设备特性采取合适的I/O控制方式来控制数据的传输。

（3）设备的控制操作：除了读写操作外，设备还可能需要执行一些特定的控制操作。操作的含义及实现与具体的设备相关，在各自的驱动程序中定义。例如，光驱的控制操作可以是弹出光盘，摄像头的控制操作可以是释放快门等。

（4）设备的检测操作：在需要时，驱动程序要对设备进行某些常规或特定的检测。

2. 设备中断处理程序

设备中断处理程序的工作是对设备传输的结果进行必要的处理。最简单的处理就是对设备进行应答，通知它中断已被接收，可以继续工作了。复杂的处理还包括对数据进行分析和处理，以及对传输错误进行判断和处理等。

中断处理程序的编程除了需遵循内核编码规范外，还需要注意以下要点：

（1）中断处理时会关闭同一中断线上的中断请求，因此它必须尽快地完成工作，不然会造成后续中断的丢失。

（2）中断处理程序不与任何进程相关联，因此它不允许被阻塞，也不能访问用户进程的地址空间。这就是说，中断处理程序不能做任何会引起自己被阻塞的操作，如访问有竞争的资源等，也不能向用户进程直接传输数据。

7.6 Linux 设备管理

7.6.1 Linux 设备管理综述

Linux 设备管理的主要特点是把设备当作文件来看待，只要安装了设备的驱动程序，应用程序就可以像使用文件一样使用设备，而不必知道它们的具体存在形式和操作方式。也就是说，应用程序只与文件系统打交道，并不依赖于具体的设备，这就是设备独立性。

之所以能够将设备作为文件对待，是因为 Linux 文件的逻辑结构是字节流，而设备传输的数据也是字节流。如果将向设备输出数据看作是写操作，将从设备输入数据看作是读操作，就可以把设备 I/O 与文件读写操作统一起来，用同一组系统调用来完成。这样做的好处是简化了 I/O 系统的设计，同时也简化了应用软件的 I/O 编程。

并非所有的 Linux 设备都可以作为文件来处理。Linux 系统将设备分为 3 类，即字符设备、块设备和网络设备。字符设备和块设备都可以通过文件系统进行访问，因为它们传输的是无结构的字节流，而网络设备则是个例外。网络设备传输的数据流是有结构的数据包，这些数据包由专门的网络协议封装和解释，因此需要经过一组专门的系统调用进行访问。Linux 设备通常指的是字符设备和块设备，本节也只介绍这两类设备的管理技术。

1. Linux 设备的标识

在 Linux 系统中，每个设备都对应一个设备文件，位于/dev 目录下。设备文件是一种特殊类型的文件，字符设备的文件类型为 "c"，块设备的文件类型为 "b"。设备文件的权限模式就是对该设备的访问权限。

用户用设备文件的名称来指定设备，而内核则使用主设备号（major number）和次设备号（minor number）来标识一个具体的设备。一般来讲，主设备号标识设备的控制器，次设备号用来区分同一控制器下的不同设备实例。主设备号与设备的驱动程序相对应，而次设备号供驱动程序内部使用。Linux 系统支持高达 4096 个主设备号，每个主设备号可以有多于 100 万个次设备号，这足以支持高端企业系统的设备配置。

例 7.1 用 ls 命令查看打印机、终端和硬盘设备文件的详细信息。

```
$ ls -l /dev/lp0 /dev/tty /dev/sda
 crw-rw----.  1 root  lp    6, 0  May 12 15:13  /dev/lp0
 brw-rw----.  1 root  disk  8, 0  May 12 15:13  /dev/sda
 crw-rw-rw-.  1 root  tty   5, 0  May 12 15:13  /dev/tty
$ _
```

在上面的输出信息中，lp0 是打印机的文件名，类型是字符设备，主设备号是 6，次设备号是 0；tty 是当前使用的终端设备的文件名，类型是字符设备，主设备号是 5，次设备号是 0；sda 是磁盘驱动器的文件名，类型是块设备，主设备号是 8，次设备号是 0。

2. Linux 伪设备及其标识

除了实际设备外，Linux 系统还提供了一些"伪设备"（pseudo device）。伪设备是指没有对应任何实际设备，完全由驱动软件虚构出来的设备。常用的伪设备有如下几种：

- 空设备/dev/null：可写入，无输出，常用于丢弃不需要的输出流。
- 满设备/dev/full：写入时总返回"设备满"错误，常用于测试 I/O 程序。
- 零设备/dev/zero：输出 0 序列，常用于产生一个特定大小的空白文件。
- 随机数设备/dev/random：输出随机数，可以用作随机数发生器。

这些伪设备都是字符设备，主设备号均为 1，由 1 号驱动程序模拟实现。

3. 设备文件的描述结构

同普通文件一样，每个设备文件都有一个独立的 i 节点。不过设备文件的 i 节点与普通文件的 i 节点有所不同，其中包含了主次设备号和一些设备描述信息。设备文件与普通文件的另一个不同之处是它只有 i 节点，没有数据块，因为它并不包含任何实际数据。因此，设备文件也常被称为"设备节点"。

在 VFS 系统中，每个打开的设备文件也对应一个 file 对象。不同的是，普通文件的 file 对象的文件操作集 file_operations 上装配的是文件系统的操作函数，而设备文件的 file 对象的 file_operations 上装配的是设备专用的操作函数。正是这样的设计使得 VFS 可以将对文件的操作映射到对设备的操作上。

7.6.2 Linux I/O 系统的软件结构

Linux 实现设备独立性的手段是通过分层软件结构，把设备纳入文件系统的管理之下，使进程可以通过文件系统的接口来使用设备。因此，Linux 的 I/O 系统与文件系统以层次化的结构有机地结合在一起，形成了一个文件与设备共用的结构框架。图 7-8 描述了这个框架的结构。

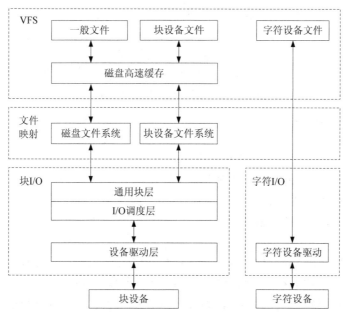

图 7-8 Linux 文件 I/O 系统的组成结构

在最上层的 VFS 文件系统中，除了那些实际存在于磁盘文件系统中的常规文件（包括普通文件、目录文件和链接文件），还包括了块设备文件和字符设备文件。也就是说，在这个层面上，设备被抽象成了文件，用户可以像使用普通文件那样，用文件系统的系统调用来打开、关闭和读写设备文件。例如，命令 echo "Hello!" > /dev/lp0 将会使打印机打印出一个字符串。这种将设备看作文件的设计十分有效，它使得内核可以用管理常规文件的同一机制对设备进行命名、保护与操作，从而大大简化了系统的结构。

磁盘高速缓存是在内存开辟的缓存区，主要用作 VFS 的页面缓存，同时也兼作为 I/O 系统的缓冲区缓存。除了直接 I/O 操作外，对块设备的访问都是经过磁盘高速缓存进行的。

在 VFS 系统之下是文件的映射层和 I/O 层。映射层的作用是将对文件的操作映射到实际的 I/O 操作上，生成 I/O 请求；I/O 层的功能是调度和实施对设备的 I/O 操作。不同类型的文件采用的 I/O 操作方式不同，对应的映射方式也不同。I/O 操作方式分为以下两种：

（1）字符 I/O 方式：字符设备文件采用字符 I/O 方式进行访问。字符设备是以字节为单位顺序读写的，读写位置就是字符设备当前传输的字节，因此字符 I/O 方式十分简单。VFS 将对字符设备文件的读写请求直接映射为对字符设备的 I/O 请求，并直接调用驱动程序完成所请求的 I/O 操作。

（2）块 I/O 方式：常规文件和块设备文件都采用块 I/O 方式进行访问。当用户访问文件时，VFS 通过映射层得到实际要访问的存储块，生成文件 I/O 请求，然后将其提交给块 I/O 子系统。块 I/O 子系统负责处理块 I/O 请求，实现对块设备的访问。出于对性能等因素的考虑，块 I/O 子系统采用了多层结构设计，包括通用块层、I/O 调度层和设备驱动层。

7.6.3 Linux 的设备管理机制

1. 设备注册管理

设备注册的工作就是在内核中为其建立有关设备、驱动和资源的描述结构，使其能被内核识别和使用。内核将登记和保管所有注册设备的注册信息，供相关进程查询使用。

1）设备模型

设备相关的描述信息构成了内核中最为繁杂的数据结构。为了有效地组织和管理这些信息，Linux 内核引入了统一设备模型（Unified Device Model），将设备的各种描述数据按预设的框架汇集在一起，构成一个统一的规范化的设备视图。有了这个设备模型，设备管理和驱动程序的开发都大大简化了。

统一设备模型运用了面向对象的思想，将描述数据封装为总线（bus）、设备（device）、驱动（driver）和类别（class）四类核心对象，并按硬件依赖关系将它们组织成层次结构的对象模型。这种模型的好处是便于实施智能化的电源管理，实现休眠、挂起等操作。模型的另一个好处是便于设备的动态管理。在模型中注册和注销设备就是简单的创建与删除对象，因而可以很好地支持设备的热插拔特性。

2）sysfs 文件系统

为了使用户进程也能获取内核中的设备信息，Linux 将设备模型的内容导出到一个称为 sysfs 的文件系统中，挂装在/sys 目录下。sysfs 是一个基于内存的文件系统。与磁盘文件系统不同，内存文件系统不能长久存在，关机后即消失，因此是一种临时性的文件系统。这种设计思想源于 UNIX/Linux 的一个重要设计哲学，即"一切皆文件"。在 Linux 系统中，许多并非文件的事物也被抽象成了文件，比如设备、进程、管道、网络套接字、内核数据等。这样做的好处是可以使用操作文件的系统调用来操作各种系统资源，达到简化内核代码和方便应用编程的目的。以 sysfs 为例，它将设备模型中的数据以文件的形式纳入到 VFS 之下。当进程用 read()系统调用读/sys 目录下的一个文件时，VFS 将此操作映射为 sysfs 的数据提取操作。sysfs 将动态地从设备模型中获取信息，生成文件数据，返回给进程。也就是说，访问一个 sysfs 文件实际上就是从内核获取数据。与此相类似的还有挂装在/proc 目录下的 proc 文件系统，以及挂装在/run 目录下的 tmpfs 文件系统等。通过它们可以获取有关系统运行的一些重要数据。

3）设备的注册与注销

在系统初始化时，内核将检测所有连到系统上的设备，加载它们的驱动。系统内部设备的驱动（如内置硬盘、终端等的驱动）是内核自带的，随内核一起加载；其他设备的驱动则以独立内核模块的形式加载到内核上。

驱动程序加载时将进行初始化并向内核注册，也就是将它的信息填入 sysfs 的设备模型中。注册的大致过程是：获得主设备号，申请和配置硬件资源，创建描述对象，将设备号和驱动程序的信息填入，然后插入到设备模型中。此后，进程就可以通过主设备号检索设备模型，获得该设备及其驱动的信息。

在驱动模块卸载时，它将向内核注销自己。注销是注册的反过程。设备注销后，它所占用的主设备号将被释放，它在设备模型中的注册信息也被删除，设备从此不再可用。

2. 设备文件管理

1）设备文件系统

设备文件是设备所对应的特殊文件，也称为设备节点。所有设备的设备节点都保存在一个称为 devtmpfs 的设备文件系统中。在系统启动时，devtmpfs 被挂装在/dev 目录下。

devtmpfs 负责创建和删除/dev 目录下的设备节点。创建设备节点时，设备名称由内核按检测顺序确定，权限为 0660，属主和属组均为 root。不过，用户也许希望使用有意义的设备名称和自主定义的权限属性，而不是系统设定的不确定的名称和预设的权限。udev 就是为满足用户的这个需求而设计的。

udev 是一个运行在用户空间的管理工具，它的功能是管理设备节点的名称和权限等属性。udev 允许用户定制设备节点的配置策略，比如为设备节点创建符号链接、更改它的权限和属主、重命名网络接口等。这些策略称为 udev 规则。例如，内核为系统中的第一个内置磁盘命名为/dev/sda，但用户想使用一个便于记忆的别名，比如/dev/boot_disk。解决这个问题的方法很简单，只需定义一个规则，让 udev 为其建立一个符号链接即可。

udev 配置了若干个规则文件，每个规则文件包含一组规则，每个规则与一个设备相匹配，所有配置文件构成了 udev 规则库。每次创建设备节点时，udev 都根据设备属性去检索规则库，如果找到与之匹配的规则就会执行规则所设定的操作。

2）设备节点的建立与删除

系统启动时，内核首先建立起设备模型，然后扫描 sysfs，识别出其中的每个设备，由 devtmpfs 逐一为它们创建设备节点。对于系统启动后出现的热插拔设备，内核采用动态方式进行处理。当检测到有设备插入时，内核将检测数据与设备模型中注册的驱动进行匹配，识别出设备，然后将其记录在设备模型中，再为其生成设备节点。设备拔出的操作与此相反，当检测到有设备拔出时，内核将识别此设备并让 devtmpfs 将它的设备节点删除。

每当设备节点创建时，内核都会将此事件通知 udev，udev 根据收到的设备信息在规则库中进行查找，如果找到与设备相匹配的规则就按规则的设定对设备节点进行设置，否则就保留设备节点的默认设置。

3. 设备的操作

设备文件首先要打开才能够进行读写等操作。打开设备文件和打开普通文件一样，都是通过 open()系统调用来完成的。打开设备文件主要包括三个层面上的操作：一是在文件系统层面上，要建立设备对应的 VFS 对象并将它们与进程关联上；二是在设备驱动层面上，要对驱动程序进行初始化，建立设备的描述结构并与 VFS 对象关联上；三是在设备层面上，要初始化设备，激活设备硬件的中断和 DMA。

设备文件打开后就可以读写了。设备文件的读写也是用 read()、write()、ioctl()等系统调用，VFS 通过 file 对象的文件操作集将读写操作映射到对设备的操作上。

设备使用完毕后应使用 release()系统调用来关闭设备文件。release()与 open()的作用相反，它将释放设备所占有的资源，解除设备文件与进程的关联，复位或关闭设备。

7.6.4 字符设备的管理与驱动

字符设备的管理相对比较简单，因为字符设备只支持顺序访问，不需要优化处理。另外，字符设备多是低速设备，对性能的要求不是很高，也不需要复杂的缓冲策略。

1. 字符设备的描述

字符设备驱动程序在向内核注册时，首先获得一个主设备号，然后生成一个 cdev，添加到设备模型中。因此，每个注册了的字符设备都对应一个 cdev 结构，如图 7-9 所示。

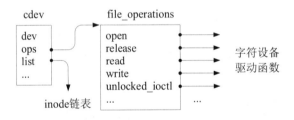

图 7-9 字符设备的描述结构

cdev 中包含了字符设备的所有注册信息，主要是主次设备号 dev、操作集指针 ops 和设备链表指针 list。dev 是 cdev 的标识，供内核在设备模型中检索时使用。ops 是指向设备操作集的指针，其中包含了由驱动程序提供的各个操作函数。list 指向该 cdev 所关联的设备文件的 inode。一个驱动程序可以带有多个设备，这些设备文件的 inode 将链接成一个链表，挂在 cdev 的 list 指针上。

字符设备的文件操作集 file_operations 中定义了设备驱动程序所需提供的一组设备操作函数，包括打开设备 open()、读设备 read()、写设备 write()、控制设备 unlocked_ioctl()、关闭设备 release()等。这个操作集是 VFS 与设备的接口规范。任何设备的驱动程序都要按照这个规范实现对应的操作函数，在驱动注册时装配到 cdev 的 ops 上。这个操作集指针将在设备打开时传给它的 file 对象，供 VFS 调用。并非每个驱动都要提供所有的操作函数。对于不适用的函数，操作集的相应项会被设置为NULL。例如，只写设备的 read()和只读设备的 write()

都应是空函数指针 NULL。

2. 字符设备文件

字符设备注册后，devtmpfs 会自动地为其在/dev 下创建一个设备节点 inode。字符设备的 inode 是为字符设备特殊设置的，与常规文件的 inode 有所区别。其中，i_mode 字段中的设备类型为 c；i_rdev 为设备号，它与 cdev 的设备号 dev 相对应；i_cdev 是连接 cdev 的指针；i_devices 是连入 inode 链表的指针。此外，字符设备的 i_fop 所装配的文件操作集是字符设备的默认操作集 def_chr_fops，此操作集中只有 open()和 llseek()两个函数，其中的 open()函数指向的是字符设备专用的打开函数 chrdev_open()。

3. 字符设备的打开

使用字符设备前要用 open()系统调用打开设备文件，参数是文件的路径名。操作的第一步是由 VFS 完成文件系统层面的打开操作，即根据设备节点的信息查找或建立文件的 dentry、inode、file 对象，增加 file 对象的引用计数 file.f_count，将其与当前进程相连接。这个过程与打开普通文件是一样的。此时，file 对象的文件操作集 file.f_op 上装载的是 inode.i_fop 所带的 def_chr_fops。

至此，设备文件的各个 VFS 对象都已建立，接下来就是调用 file.f_op->open()，也就是 chrdev_open()，执行驱动层面上的打开操作。chrdev_open()的工作可以概括为：首先通过 inode.i_rdev 在设备模型中找到对应的 cdev 对象，将其连到 inode 上，再将 inode 链入 cdev 的 list 链表中，然后用 cdev.ops 置换 file.f_op，使其指向驱动程序提供的操作函数。此时，设备的描述对象都已设置完毕，描述结构如图 7-10 所示。

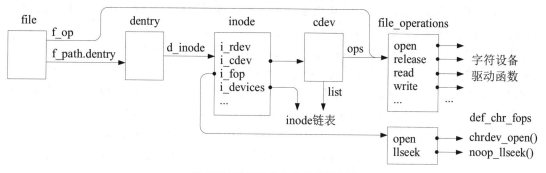

图 7-10 字符设备文件的描述结构

最后，chrdev_open()调用 file.f_op->open()，也就是设备驱动提供的 open()函数，完成具体设备层面上的初始化操作。至此，设备已准备就绪。

4. 字符设备的读写与控制

设备文件打开后，进程就可以像读写普通文件那样，使用 read()、write()、ioctl()等系统调用来操作设备了。通过设备文件的 file 对象，这些系统调用被映射到相应的设备驱动函数上，驱动设备完成指定的 I/O 操作。

字符 I/O 操作是不经缓存而直接与设备交换数据的。读设备时，驱动程序驱动设备将数据读入内核空间，再调用内核函数 copy_to_user()将数据传输到用户缓冲区中；写设备时，驱动程序先调用内核函数 copy_from_user()，将用户缓冲区中的数据传输到内核空间，然后驱动设备完成数据的输出。

5. 字符设备的关闭

关闭设备的过程也与关闭普通文件的过程类似：首先减少 file.f_count；如果 file.f_count 为 0 则调用 file.f_op->release()，实际地关闭设备，释放驱动程序所占有的资源和 file 对象；最后释放设备文件的 fd。

7.6.5 块设备的管理与驱动

与字符设备相比，块设备的管理与驱动技术要复杂得多。这有多个原因：一是块设备与字符设备的使用方法不同。裸的块设备通常不能直接使用，而是需要进行诸如 RAID、分区、分卷等操作，构造出若干个独立的分区或卷来使用。二是块设备与字符设备的操作方式不同。字符设备是顺序访问的，只需控制一个当前位置；块设备是随机访问的，访问的位置可以随机变化，因而需要更复杂的寻址技术。三是块设备与字符设备的作用不同。作为文件系统的基础存储设备，块设备的 I/O 效率对于系统的整体性能更为重要。因此，块设备的 I/O 操作需要涉及诸如缓冲缓存、I/O 调度等技术，这不是单靠设备驱动所能完成的，而是需要通过一个块 I/O 子系统来实现。

1. 块设备的概念与描述

从驱动程序的角度来看，块设备就是含有大量扇区的实际的硬件设备，如磁盘、闪存盘等。驱动程序懂得如何驱动它运转、寻址和读写扇区。这种被驱动程序直接操控的块设备就是物理块设备。然而，物理块设备并不能直接被文件系统使用。从文件系统的角度来看，块设备是可以存放数据块的逻辑上的存储设备，它可以是一个盘、一个分区或是一个卷。这种被文件系统使用的块设备就是逻辑块设备。文件系统对逻辑块设备的操作请求最终将被块 I/O 系统转化为对物理块设备的 I/O 操作。

逻辑块设备是在物理块设备上构造出来的，一个物理块设备通常对应多个逻辑块设备。它们具有相同的主设备号和不同的次设备号。例如，某个磁盘上划分了两个分区，则这个磁盘就对应了 3 个逻辑块设备，即 1 个整盘设备和 2 个分区设备。它们的主设备号都是 8，次设备号分别为 0、1、2，对应的文件名是/dev/sda、/dev/sda1 和/dev/sda2。

显然，块设备的描述比字符设备要复杂得多，不但要描述逻辑块设备和物理块设备，还要描述它们之间的关联关系。在 Linux 中，逻辑块设备就称为块设备，用 block_device 结构描述；物理块设备则称为通用块设备，用 gendisk 结构描述。它们之间的关联关系用分区表 hd_struct 结构描述。

块设备驱动向内核注册时，首先建立起设备的 gendisk，加入到设备模型中。然后扫描设备的分区表，建立 hd_struct 和各个块设备的 block_device，再将它们与 gendisk 连接上。图 7-11 描述了 gendisk 和 block_device 的描述结构以及它们之间的连接关系。

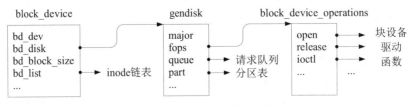

图 7-11 块设备的描述结构

gendisk 结构中包含了主设备号 major、块设备操作集指针 fops、请求队列指针 queue、分区表指针 part 等。块设备操作集指针的类型是 block_device_operations，其中定义了针对物理块设备的一组标准操作，如打开设备 open()、关闭设备 release()、控制设备 ioctl()等。这些操作函数的具体实现由块设备驱动程序提供。block_device 结构中包含了设备号 bd_dev、所属物理块设备的指针 bd_disk、块大小 bd_block_size、关联设备文件 inode 链表的指针 bd_list 等。文件系统只与 block_device 打交道，但所有访问操作最终是以 I/O 请求的方式提交给 gendisk 来完成的。

2. 块设备文件的概念与描述

块设备中包含有大量的存储块，Linux 将其抽象为一个含有全部块的文件，可以像普通文件那样访问，随意地读取其中的任意块。这种特殊文件就是块设备文件。访问块设备文件就是直接对块设备进行读写。

块设备上除了常规文件的数据外，还有一些文件系统的元数据，如超级块、块位图、索引节点等。这些元数据不包含在任何文件中，所以只能通过块设备文件来存取。块设备文件主要由内核和文件系统的管理程序使用。例如在执行文件系统挂装、文件空间分配、文件打开等操作时，都需要通过块设备文件来读写文件系统的元数据。还有一些针对整个文件系统空间的操作，如检查修复文件系统（fsck 命令）或复制磁盘（dd 命令）等，也需直接读写文件系统所对应的块设备文件。

1）块设备文件系统

用于管理块设备文件的文件系统是"块设备文件系统"bdev。bdev 中容纳了系统中的所有块设备，将它们当作文件进行管理，实现块设备的文件访问操作。与 ext4 等磁盘文件系统不同，bdev 是一个特殊的内存文件系统，在系统初始化期间由内核创建。它只供内核使用，用户不可见，所以被称为"伪"文件系统。

块设备操作的复杂之处在于块 I/O 都要用到缓存，因此需要特定的软件机制来管理缓存空间和实施地址映射。bdev 系统的做法是：为每个块设备建立一个 inode，通过 inode 中的地址空间与 VFS 的缓存接口，这样就可以借用 VFS 的缓存和映射机制实现对块设备的操作了。因此，bdev 中的每个 block_device 都配有一个 inode，用 bdev_inode 结构封装在一起，如图 7-12 所示。

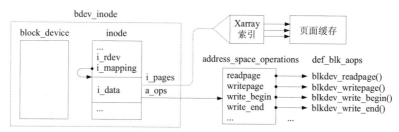

图 7-12 bdev 中块设备的 inode 结构

bdev 中的 inode 包含了一些块设备专有的信息，如设备号 i_rdev 等。此外，它的地址空间操作集 a_ops 上装配的是块设备默认的操作集 def_blk_aops。这个操作集中包含了块设备专用的缓存操作函数。

2）块设备文件的缓存操作

文件系统使用页面缓存（page cache）来缓存文件内容，单位是页；块 I/O 系统使用缓冲区缓存（buffer cache）来缓存磁盘 I/O 数据，单位是块。现在的内核已将缓冲区缓存并入页面缓存,也就是将缓存页面当作缓冲块来使用。假如块的大小为 1 KB,页面的大小为 4 KB,则一个缓存页中就可容纳 4 个缓冲块。这种用作缓冲块的页称为"缓冲区页"(buffer page)。每个缓冲块配有一个 buffer_head 结构,用于描述该缓冲块与磁盘块的映射关系。有了这个映射,块 I/O 系统就可以在页面缓存与设备之间传输数据块了。

块设备文件所用的所有缓冲块都以缓冲区页的形式挂在它的地址空间的 Xarray 上。当内核需要读取设备中的某些块时,只需通过 Xarray 检索它的地址空间。如果要访问的数据块已经存在就直接读出,否则就调用 readpage()函数去实际地读设备了。从图 7-12 中可以看到,块设备文件的 readpage()执行的是 blkdev_readpage()函数,它将根据 buffer_head 确定传输的缓存区地址与设备地址,生成 I/O 操作请求,将数据块从设备读入缓存。

3) 块设备文件的设备节点

每个块设备都在/dev 目录下有一个设备节点,也就是设备文件的 inode。块设备文件的 inode 中包含了一些块设备文件专有的特殊设置,其中,i_mode 字段中的设备类型为 b,i_rdev 为设备号,i_fop 指向的是块设备专用的操作集 def_blk_fops。

注意块设备文件的 inode 与块设备文件系统中的 inode 是不同的。前者是在/dev 下的 devtmpfs 系统中,它与 VFS 接口,为用户提供文件访问功能;后者是在 bdev 系统中,是专为块 I/O 系统的内部实现而设置的,用户不可见。两个 inode 都是在块设备注册时建立的,它们通过相同的设备号 i_rdev 相匹配,在打开设备文件时连接在一起。图 7-13 是打开后的块设备文件的 inode 描述结构,图中左侧是 devtmpfs 系统中的 inode,右侧是 bdev 系统中的 inode。为区分起见,我们称 bdev 中的 inode 为内部 inode。

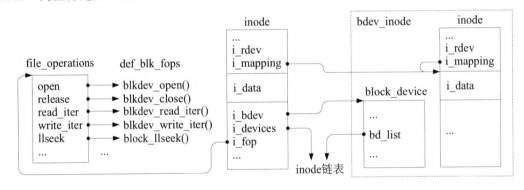

图 7-13 块设备文件的描述结构

4) 块设备文件的打开

打开块设备文件的过程与打开字符设备文件类似:首先是建立 file、dentry、inode 对象,将 file 对象的引用计数增 1,并将其与进程相连接。此时 file 对象的文件操作集 file.f_op 上装配的是 def_blk_fops。接着执行 file.f_op->open(),也就是 blkdev_open(),执行块设备的打开操作。blkdev_open()的主要操作是建立 inode 与 block_device 之间的连接,并将自己链入 block_device 的 inode 链表中,如图 7-13 所示。注意此时设备文件的 inode.i_mapping 指向的不是自带的缓存地址空间,而是内部 inode 的地址空间。随后,inode.i_mapping 被赋给 file,使 file.f_mapping 也指向内部 inode 的地址空间,这样就将对块设备文件的操作导向对块设备的操作了。最后,通过 block_device 得到 gendisk,调用 gendisk.fops->open(),执行通用块设备的打开操作。

7.6.6 块 I/O 系统的实现策略

如前所述，当文件系统需要实际读写块设备时，就会调用 readpage()、writepage()等函数，发起一次实际的 I/O 操作。块设备的 I/O 操作由块 I/O 子系统负责完成。块 I/O 子系统由通用块层、I/O 调度层和设备驱动层组成，它们将 I/O 操作请求逐层处理直到底层设备。

1. 通用块层

块 I/O 子系统的最上层是通用块层（generic block layer），它的作用是为 VFS 提供一个通用的块设备接口。当文件系统需要读写块设备时，需按通用块层的标准对 I/O 操作请求进行描述和封装，再提交给下层处理。

在构造 I/O 操作请求时，文件系统需要将要访问的文件区间转化为要读写的磁盘块号。由于文件在磁盘上不是连续存放的，因此求出的块也可能是不连续的。然而，一次 DMA 传送只能访问连续的扇区，所以在确定了要读写的块后，要将那些连续的块进行合并，形成若干个连续的扇区片段，再针对每个扇区片段构造一个块 I/O 请求。这个操作是通过调用通用块层的函数完成的。

概括地说，在通用块层面上，一个对文件的读写请求被转换为对块设备的多个"块 I/O"请求，每个"块 I/O"请求用一个 bio 结构描述。bio 是通用块层的核心数据结构，它封装了执行一次块设备 DMA 操作所需的所有信息，如读/写标志、目标块设备、I/O 传输的磁盘区域（起始扇区和长度）、I/O 传输的缓存区域（一个或多个连续的内存区段）。

bio 中的目标块设备是指文件系统所在的分区设备，这是通过文件的 inode 得到的。inode.i_sb 指向了文件系统的超级块 super_block，通过 super_block.s_bdev 即可得到块设备 block_device。

将文件读写操作转化为 bio 需要经过几个步骤：首先是缓存定位，就是将文件空间的读写地址映射为页面缓存的页地址。这是通过地址空间的 Xarray 实现的，属于缓存层的功能。然后是块地址映射，就是将缓存空间页地址转换为块号，再映射为块设备空间的块号，这是由实际文件系统的映射机制完成的，属于映射层的功能。最后是对块号进行聚合划分处理，生成 bio。这是通用块层的功能。图 7-14 示意了文件操作请求到 bio 的转化方式。

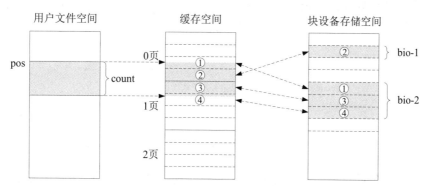

图 7-14 块 I/O 请求的构成示意图

在这个示例中，文件长度是 3 页，每个缓存页面容纳 4 个缓冲块。I/O 请求的产生过程是：用户进程发出文件读写请求，参数是文件读写位置 pos 和字节数 count；经过地址空间的映射，得到该段文件数据对应的缓存空间的页面号和页内位移；如果缓存没有命中的话，则根据缓存页面位置求出要访问的逻辑块，此例中是标记为①②③④的块；经过实际文件系统的映射机制（比如 Ext 文件 i 节点中的索引表），得到各逻辑块对应的块设备上的物理块；最后，对物理块按相邻扇区进行合并，就形成了两个块 I/O 操作的 bio，其中，bio-1 用于传输逻辑块②，bio-2 用于传输逻辑块①③④。由于①③④块所在的内存不连续，因此 bio-2 中包含了两个内存区段，分别为①和③④所在的内存区域。

生成的 bio 包含了 I/O 操作所需要的所有信息，将它们提交给 I/O 调度层后，I/O 调度将负责完成规定的 I/O 操作。

2. I/O 调度层

磁盘寻址是计算机中最慢的操作之一。如果直接按上层提交的顺序来读写磁盘，磁头就会来回移动，造成整体 I/O 性能低下。因此，为了优化寻址操作，I/O 系统既不会简单地按收到请求的次序提交给磁盘设备，也不会立即提交。相反，它会在提交前先执行合并与排序的预操作，对 I/O 操作序列进行优化，以便降低磁盘寻址时间，提高磁盘 I/O 性能。这个工作是由 I/O 调度层（I/O scheduler layer）来完成的。

I/O 调度层的核心是 I/O 调度程序，它的功能是接收通用块层提交的块 I/O 请求 bio，根据各个 bio 的目标设备和扇区地址对 bio 进行分类组合，形成针对具体块设备的操作请求，然后以最优的顺序派发给设备驱动去执行操作。实现 I/O 调度功能的要点是：设置请求队列来保存请求，实施调度算法来排序请求，选择调度时机来派发请求。

1）块设备的请求队列

I/O 调度层用到的设备是通用块设备 gendisk，每个设备都设有一个自己的请求队列。在打开通用块设备时，内核为其建立起请求队列，挂接在 gendisk 的 queue 指针上。

I/O 请求用 request 对象描述，其中包含了一组顺序的 bio，还有请求标志、请求状态、传送的扇区号、命令等信息。请求队列是一个双向链表，其中的每个节点都是一个对设备的 I/O 请求。请求队列用 request_queue 对象来描述，主要内容是队头指针 queue_head、I/O 调度算法指针 elevator 以及 I/O 请求处理函数指针 request_fn。I/O 调度算法用 elevator_queue 对象描述，主要包含了调度算法类型以及该调度算法的各种操作，如判断、合并、插入、取出请求等。I/O 请求处理函数是块设备驱动所提供的用于处理 I/O 请求的操作函数，也称为策略函数。图 7-15 是请求队列的结构描述。

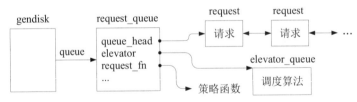

图 7-15 块设备的请求队列描述

I/O 调度程序负责向队列中插入请求。当收到上层提交的 bio 时，I/O 调度程序要将其转化为对设备的请求。这个请求可能被合并到队列中已有的请求中，也可能生成新的请求插入到适当位置上。具体怎么合并、怎么插入取决于 elevator 调度算法。请求队列会在适当的时候派发给块设备，此时驱动程序的策略函数将从队头依次取出请求，控制设备逐个执行相应的操作。由于队列中的请求是按性能优化的顺序排列的，因此设备只需按顺序执行操作即可达到最佳的效率。

2）I/O 调度算法

最知名的 I/O 调度算法是"Linus 电梯算法"，即采用类似电梯的工作方式，将磁头运动同方向上的相邻的请求组织在一起执行。当有新的请求要加入队列时，调度程序首先检查新请求是否可以合并到队列中。如果新请求所访问的扇区与队中已有的某个请求访问的扇区相邻，则将它们合并成一个请求。不能合并的话，就寻找合适的插入点将新请求插入。插入位置要遵照排序的原则，即保持队列中的请求按访问的扇区同方向增长的顺序排列，减少磁头的移动。该算法的缺陷是可能会导致"饥饿"现象，也就是有些请求的等待时间过长。所以，目前实际采用的 I/O 调度算法都是在电梯算法的基础上进行某种改进后的版本。

Linux 内核实现了如下 4 种 I/O 调度程序，可以由驱动程序选择使用。

（1）最终期限法（Deadline）：Deadline 调度法是对电梯算法的改进。调度程序为每个请求设置了一个超时时间，超时的请求将优先得到处理。Deadline 有效地改善了饥饿现象，但也降低了系统吞吐量。Deadline 适用于频繁的小文件访问的应用环境，如数据库系统。

（2）预测法（Anticipatory）：Anticipatory 在 Deadline 的基础上增加了预测启发能力，将预计出现的请求与现有请求合并处理，从而优化了 I/O 响应时间，同时也能提供良好的系统吞吐量。预测法适合于写入操作较多的应用环境，如文件服务器等。

（3）完全公平排队法（Completely Fair Queuing，CFQ）：其特点是按进程来划分和处理 I/O 请求。每个请求 I/O 的进程都有自己单独的请求队列，调度程序轮流地调度队列，处理请求。这种调度算法使得 CFQ 能够在进程间均匀地分配 I/O 访问的带宽，避免进程因"饥饿"而出现响应延迟，因而对于多媒体应用、桌面系统、多用户系统等都很适宜。CFQ 是目前新版内核默认的 I/O 调度程序。

（4）空操作法（Noop）：实际上是没有调度。它只做合并，不做排序，也就是"先来先服务"。对于那些能很好支持随机访问的块设备，如固态盘、Flash 盘、RAM 盘等，I/O 调度没有什么意义，用 Noop 更合适。因此，Noop 是嵌入式系统的最好选择。

3）I/O 请求的派发与处理

I/O 请求进入请求队列后并不会立即被处理，而是会有适当的延迟。延迟处理有利于把相邻块的请求进行集中，这就如同电梯在运行前进行短暂停留以等待更多的乘客一样。当请求队列中有了一定数目的请求时，或延迟了一定的时间段后，I/O 调度程序将触发设备驱动程序对请求进行处理。设备驱动注册在 request_fn 的策略函数将逐个处理请求队列中的各个请求，直到队空为止。在处理一个请求时，策略函数根据 request 中的信息生成控制器操作命令，启动 DMA，控制设备将数据从设备读到缓存，或从缓存写入设备。

可以看出，读写块设备与读写字符设备有着很大的不同。在读写字符设备时，实际的硬件 I/O 一般紧接着就发生了；而读写块设备时，实际的硬件 I/O 可能发生，也可能不发生或延时发生。

3. 文件的块 I/O 操作

如前所述，除了直接 I/O 方式外，常规文件和块设备文件都是通过缓存读写的。文件的地址空间 address_space 管理着文件在缓存中的所有页，并负责实施缓存与设备之间的块 I/O 操作。不过，常规文件与块设备文件的地址空间的设置不同，I/O 操作也就有所不同。

1）常规文件的 I/O 操作

常规文件的读写操作是由文件系统负责实施的。文件系统在挂装时要对其所在的块设备执行打开操作。打开块设备的过程是：根据块设备文件的路径名（如/dev/sda1）在 devtmpfs 系统中找到它的 inode，得到设备号 i_rdev；根据 i_rdev 在 bdev 系统里找到与其匹配的内部 inode，进而得到对应的 block_device；通过 block_device 找到所属的 gendisk；调用 gendisk.fops->open()，执行通用块设备的打开操作。至此设备已就绪，接下来是生成文件系统的 VFS 超级块 super_block，将 block_device 填入其中，然后执行 VFS 层面的挂装操作。挂装完成后，文件的 I/O 操作环境就搭建好了。

文件的 I/O 操作是由地址空间的操作函数执行的。以读文件为例，当要读的文件页不在缓存时，就会调用地址空间操作集中的 readpage()函数，发起实际的块设备读入操作。对于 ext4 文件来说，这个函数就是 ext4_readpage()。读入操作的执行过程是：从 super_block 中获得目标块设备 block_device；求出文件页在设备上的存储块号，生成 bio，传给 I/O 调度；I/O 调度对 bio 进行处理，形成 I/O 请求，加入到目标块设备 gendisk 的请求队列中；驱动程序从请求队列中取出请求，启动块设备的 DMA 操作，将指定的文件数据读入缓存；数据就绪后，唤醒读缓存的进程，将数据从缓存页复制到用户缓冲区。

2）块设备文件的 I/O 操作

块设备文件打开后就可以访问了。访问块设备文件与访问普通文件的区别体现在 file 对象的设置上。普通文件的 file.f_op 上装配的是实际文件系统的操作集，如 ext4_file_operations，而块设备文件的 file.f_op 上装配的是块设备专用的 def_blk_fops。因此，当读写块设备文件时，实际执行的是块设备的读写函数 blkdev_read_iter()、blkdev_write_iter()等。读写过程也是通过页面缓存进行的。不过，块设备文件没有自己的缓存地址空间，它使用的是对应的 bdev 中块设备 inode 的地址空间。块设备文件的读写位置与设备空间的读写位置一致，通过块设备地址空间的 Xarray 就可直接定位到要读写的页面和块了。

当要读的数据块不在缓存中，或需要将数据块内容回写到设备时，就要启动实际的 I/O 操作。对于块设备文件来说，此时调用的是地址空间操作集 def_blk_aops 中的函数，如 blkdev_readpage()、blkdev_writepage()等。以读操作为例，大致的过程是：首先构造 buffer_head，建立缓存空间与设备空间的映射，再根据 buffer_head 构造 bio，提交给 I/O 调度层。后续的操作就与普通文件的 I/O 操作一样了。

7.6.7 Linux 的中断处理

从中断信号产生到中断处理完毕需要经历中断请求、中断响应、中断处理和中断返回等几个步骤。整个过程是由硬件的中断机构与软件的中断系统共同实施的。其中，中断处理是软件操作，而中断请求、中断响应和中断返回则涉及硬件层面上的动作。本节以 x86/x64 硬件架构为例，介绍 PC 机上 Linux 系统的中断处理流程及实现原理。

1. x86/x64 架构的中断机制

1）中断向量与 IDT 表

x86/x64 CPU 共支持 256 种中断，每种中断都对应一个识别号，称为中断向量（interrupt vector）。其中，0~31 为异常和非屏蔽中断，32~47 为可屏蔽中断，48~255 为软件中断。

系统中设有一个中断描述符表 IDT，共有 256 个表项，对应着 256 个中断向量。每个 IDT 表项中都包含了该中断向量的中断处理程序的入口地址，因而被形象地称为"门"（gate）。CPU 在响应中断时就是穿越这些"门"进入到中断处理程序中的。IDT 表的起始地址保存在

CPU 的 idtr 寄存器中。与 Windows 系统不同，Linux 系统只有一个 IDT 表，所以即使有多个 CPU，每个 CPU 的 idtr 寄存器都指向同一个 IDT 表。

2）中断控制器

中断控制器 PIC 的作用是对中断信号进行收集、管理、转换和提交。所有可屏蔽外部中断都必须经过 PIC 提交。PIC 是可编程的，也就是可以通过修改内部寄存器的值来设置 IRQ 号与中断向量之间的映射关系，确定优先权，禁用或激活中断线等。

早期的 x86 系统使用的 PIC 是 8259A PIC，现已全面升级为 APIC（Advanced PIC）。APIC 适用于多 CPU 架构，可以在多个 CPU 之间分发中断，实现中断负载均衡。APIC 是一个结构化的模块组合，由本地 APIC（称为 LAPIC）和全局 APIC（称为 I/O APIC）组成。每个 CPU 集成了一个 LAPIC，通过总线连接到 I/O APIC 上。I/O APIC 通常只配置一个，可提供 24 条 IRQ 线。I/O APIC 负责接收外部中断信号，再将中断分发给各 CPU 的 LAPIC。LAPIC 再将中断信号传递给 CPU。在中断信号的传递过程涉及分发路由、中断协调等复杂策略，但从整体上看，APIC 就是一个用于多 CPU 架构的分布式 PIC。

3）中断响应机制

CPU 有两根外部中断线，即非屏蔽中断线 NMI 和可屏蔽中断线 INTR。非屏蔽中断经 NMI 直接传递给 CPU，无须请求而被直接响应。可屏蔽中断则需要通过 APIC，经 INTR 传递给 CPU。CPU 是否响应 INTR 线上的中断请求取决于 eflags 寄存器中的 IF（Interrupt-enable Flag）位，即中断响应允许位。当 IF 位为 0 时禁止 CPU 响应 INTR 线上的中断请求，当 IF 位为 1 时则允许 CPU 响应。关中断期间发生的可屏蔽中断将由 APIC 暂存。此外，当 CPU 在处理 NMI 的非屏蔽中断时不响应任何中断，此间发生的非屏蔽中断将由 CPU 锁存。

4）中断请求流程

APIC 按设置的优先级监视各条 IRQ 中断线，当检测到中断信号时执行以下操作：检查该 IRQ 中断线是否被禁止，是则忽略此中断信号，否则就将 IRQ 号转换成中断向量，向 CPU 发送中断请求信号，告知它有中断发生；CPU 在当前指令执行完后检查 INTR 线上是否有中断请求信号，如果有信号且中断状态为开放（IF 位为 1）则向 APIC 发送应答，然后获取中断向量，执行中断响应；APIC 得到 CPU 应答后，清除 INTR 线上的中断请求信号，继续监视 IRQ 中断线。

5）中断响应流程

CPU 在响应中断时顺序执行下述动作：

（1）确定中断向量 i，通过 idtr 寄存器找到 IDT 表，读取表的第 i 项。

（2）检查该表项记录的特权信息，判断是否是从用户态进入的，是则将进程的用户栈切换到内核栈。切换动作是在任务段 TSS 中找到当前进程的内核栈地址，用该地址设置 ss 和 esp 寄存器。内核栈设好后，将原用户栈的 ss 和 esp 值保存到内核栈中。

（3）保存当前进程的断点信息，就是将 eflags、cs 和 eip 寄存器的值保存到内核栈中。

（4）从该表项中获取中断处理程序的入口地址，加载到寄存器 cs 和 eip 中，将 eflags 寄存器中的 IF 等标志位清 0。这样，在下一个指令周期 CPU 就会跳转到中断处理程序的入口处，跳转的同时中断也被自动关闭。

6）中断返回流程

执行中断返回的指令是 iret。CPU 在执行中断返回时的动作就是恢复断点，即用中断响应时保存在栈中的寄存器值恢复 eflags、cs 和 eip 寄存器。如果是返回到用户态，则还需恢复 ss 和 esp 寄存器，将内核栈切换到用户栈。iret 指令完成后，下一个指令周期 CPU 将从断点处继续执行。由于在响应中断前 CPU 处于开中断状态，所以栈中保存的 eflags 值的 IF 位为 1，恢复断点后 IF 的值也就为 1。因此，无论之前是否开启了中断，在中断返回的同时中断也将自动开启。

2. Linux 的中断系统

在 Linux 系统中，所有 I/O 中断的总的中断处理程序是一个称为 do_IRQ() 的函数，而具体设备的中断处理程序则称为"中断服务例程"（Interrupt Service Routine，ISR）。每个要使用中断的设备都要有一个对应的 ISR。当响应中断后首先进入 do_IRQ() 函数，再由它调用与 IRQ 相对应的 ISR 来处理中断。

1）中断系统的描述

内核中定义了几个数据结构来描述中断处理系统的相关对象。其中，核心的数据结构是 IRQ 描述符 irq_desc，此外还有 ISR 描述符 irqaction 和 PIC 描述符 irq_chip。每个中断请求号 IRQ 都有一个 IRQ 描述符，其中包含了该 IRQ 中断线的属性、状态、所属的 PIC 以及所对应的 ISR 等信息。所有 IRQ 描述符构成一个 irq_desc[] 数组，下标就是 IRQ 号。每个已注册的 ISR 都有一个 ISR 描述符，其中包含了设备的名称、标识以及 ISR 的地址 handler 等。由于可能多个设备共享同一 IRQ 线，因此它们的 ISR 描述符连成一个 ISR 队列，挂在对应的 IRQ 描述符的 action 指针上。PIC 描述符封装了对 PIC 芯片的描述和一组操作函数，利用这组函数可以执行对 IRQ 线的激活、禁用和应答等操作。

这些描述结构之间的关系如图 7-16 所示。

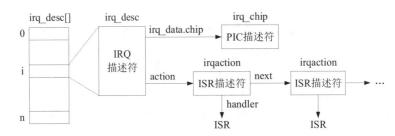

图 7-16 中断系统的描述结构

2）中断服务例程的注册与注销

中断服务例程是随着驱动程序一起安装的，由驱动程序完成注册。在首次打开设备时，驱动程序将进行初始化操作，获得所需的中断线 IRQ 等资源，并调用 request_irq() 函数来注册它的中断。request_irq() 函数向内核提供要注册的中断的 IRQ、ISR 地址以及相关的设备等参数，内核将该中断向量添加到系统的 IDT 表中，为其建立 IRQ 描述符等对象，然后将 ISR 挂到该 IRQ 的 ISR 队列中。之后，内核就可以调用 ISR 来处理相应的中断了。

在最终关闭设备时，驱动程序在释放资源的同时也将注销并释放相应的 IRQ 等资源，这是通过调用 free_irq() 函数来完成的。

3）中断处理流程

当中断被响应后，CPU 将转到 IDT 表中设置的中断入口地址处执行。Linux 系统的中断入口操作是将中断向量入栈，然后跳转到中断处理公共入口 common_interrupt 处执行。执行过程是先保存现场，然后调用 do_IRQ()程序处理中断，最后执行返回代码 ret_from_intr()，恢复现场并返回。

do_IRQ()执行的主要步骤是：从栈中取出中断向量，在 irq_desc[]数组中找到对应的 IRQ 描述符；向 PIC 做出应答，禁用该 IRQ 线上的中断；沿 ISR 队列逐个调用共享这个 IRQ 的所有中断服务例程 ISR 执行，当然只有与产生中断的设备相对应的 ISR 会成功处理，其他 ISR 都将无功而返；激活 IRQ 线，执行中断返回。

在 Linux 系统中，中断返回后不一定是继续执行那个被中断的进程。有时，中断处理程序可能会唤醒某些睡眠进程。比如，一个磁盘 I/O 中断处理完成后需要唤醒等待此批数据的进程。如果中断处理程序在 thread_info 中设置了重新调度 "need_resched" 标志，则在中断返回时会引发内核进行重新调度，选择一个新的进程运行。

3. Linux 的中断处理方式

Linux 的中断处理很有特色，它将整个中断的处理过程分为两部分，即"上半部"（top half）和"下半部"（bottom half）。上半部的工作由中断处理程序 do_IRQ()和 ISR 完成，下半部的工作推迟到合适的时机完成。之所以这样划分，完全是考虑到中断处理的效率。

中断是随机发生的，因此中断处理程序也就随时可能执行。中断处理程序不仅打断了其他进程的运行，而且在其运行期间还会关闭同一中断的请求，并且不允许进程调度，直到其运行结束。因此，中断处理程序必须在很短的时间内执行完，否则就会造成后续中断的丢失。

然而，通常的中断处理有很多工作要做，这与快速的处理要求产生了矛盾。Linux 采用了"下半部"机制来解决这个矛盾。在处理中断时，中断处理程序只完成与硬件相关的最重要、最紧迫的工作，也就是上半部，而所有能够允许稍后完成的工作会推迟到下半部，在合适的时机被执行。

中断处理程序（即上半部）的功能主要是应答硬件和登记中断。当一个中断发生时，中断处理程序立即开始执行，它的主要工作是对接收到的中断进行应答，将硬件产生的数据传送到内存，并对硬件进行复位。这相当于在告诉硬件"我收到了，你继续工作吧"。中断处理程序的另一个工作是登记中断，即把该中断处理的下半部挂到下半部工作队列中去，让它完成其余的处理工作。中断处理程序有严格的时限，因此它会很快地结束。只要这个上半部一结束，就可以立即响应设备的后续中断。

大部分的中断处理工作是由下半部完成的，它的工作是对上半部放到内存中的数据进行相应的处理，这些处理可能是相对不太紧迫而又比较耗时的。下半部是以内核线程的方式实现的，它们被中断处理程序生成并放入一个工作队列中，由内核在适当的时机调用执行。由于是内核线程，所以它可以被中断，也允许进程调度。因此，在下半部处理期间，如果本设备或其他的设备产生了新的中断，这个下半部可以暂时地被阻塞，等到那个设备的中断处理程序运行完后，再来运行它。这样就保证了对中断的响应速度。

以网卡为例，采用下半部机制进行中断处理的全过程是这样的：当网卡从网络上接收到流入的数据包时，用中断通知 CPU 有数据包到了。CPU 响应这个中断，执行网卡的中断处理程序。中断处理程序应答硬件，复制新到的数据包到内存，并将相应的下半部挂到工作队列中去。中断处理程序退出后，网卡可以立即产生新的数据包了，而它的下半部一般也可以立即开始执行。下半部对上半部放到内存中的原始数据包进行解包、组帧等操作，并将处理完的帧放入帧队列中，供用户进程使用。

Linux 内核提供了三种实现下半部的机制，这就是软中断（softirq）、小任务（tasklet）和工作队列（work queue）。前面介绍的是最易使用的工作队列方式，其下半部是以内核线程方式执行的，因此可以被中断并允许调度。其他两种方式实现的下半部是作为软中断的中断处理程序执行的，它可以被中断，但不允许被阻塞，因而性能较高，但限制也比较多，比如不能进行访问资源的操作等。

习 题

7-1 简述设备管理的基本功能。

7-2 什么是设备控制器？设备是怎样与 I/O 系统接口的？

7-3 I/O 传输控制方式有哪几种？比较它们的优缺点。

7-4 什么是中断？为什么要引入中断？中断处理过程包括哪些步骤？

7-5 什么是 DMA？简述 DMA 方式的数据传输过程。

7-6 什么是缓冲？什么是缓存？缓存与缓冲有什么区别？

7-7 什么是虚拟设备？实现虚拟设备的关键技术是什么？

7-8 试说明 SPOOLing 系统的工作原理。

7-9 什么是设备驱动程序？它的主要功能是什么？

7-10 什么是设备独立性？Linux 如何实现设备独立性？

7-11 简述 Linux 设备模型的特点和作用。

7-12 普通文件与块设备文件有什么区别？它们的访问方式有什么不同？

7-13 在 Linux 系统中，打开一个设备文件要涉及哪些层面上的初始化操作？

7-14 VFS 文件系统如何将针对设备的文件操作映射到设备驱动的操作函数上？

7-15 块 I/O 方式与字符 I/O 方式有哪些不同？

7-16 简述物理块设备与逻辑块设备的概念。

7-17 简述块设备文件的概念与管理方式。

7-18 Linux 通用块层的作用是什么？

7-19 I/O 调度程序的合并与排序操作为什么能优化磁盘访问性能？

7-20 Linux 的 I/O 调度算法有哪些？各适合于什么应用？

7-21 简述文件的 I/O 过程。

7-22 设备中断处理要完成哪些工作？为什么中断处理程序不允许被阻塞？

7-23 为什么 Linux 的中断处理要分为上半部和下半部？上下半部完成的操作有什么区别？

第 8 章 操作系统接口

从用户角度看，操作系统的功能就是为用户提供一个使用计算机系统的接口，使用户可以方便有效地完成自己的工作。改善系统接口的易用性一直是操作系统设计追求的主要目标之一。而对于用户来说，理解操作系统的接口原理可以更好地熟悉和驾驭系统。

8.1 操作系统接口概述

8.1.1 作业与作业调度

按操作系统的术语，用户是以"作业"的形式来使用系统的。因此，操作系统的接口可以看作是用户提交作业的接口。

1. 作业的概念

作业（job）是用户向计算机系统提交的一项工作。例如，用鼠标点击启动一个应用程序，或在 Shell 中输入一个命令行，都是在向系统提交作业。一个作业应当包括要执行的程序、要处理的数据以及执行的方式。例如，命令行"ls -l /etc > abc"这个作业告诉系统，执行 ls 程序，处理/etc 目录，执行方式是产生详细列表，存入 abc 文件中。

作业与进程的概念密切相关，但也有区别。用户提交一个作业后，系统会建立进程来执行这个作业。通常一个作业对应一个进程，此时进程与作业可以看作是同一个事物。但有时一个作业可能对应多个进程，例如"ls -s | sort -nr | more"这个作业就同时启动了 3 个进程，分别执行 ls、sort 和 more 程序，它们协作完成作业规定的任务。此时的作业与进程就是不同的事物了，作业对应的是这些进程的整体。总之，作业是用户的观点，是用户向系统提交工作的实体单位；进程是系统的观点，是系统完成工作时执行的实体单位。作业描述用户和操作系统之间的工作委托关系，而进程描述操作系统执行任务的过程。

2. 作业调度

作业调度的概念来自于批处理系统。在批处理系统中，作业是成批提交的。提交后的作业在外存的作业队列中等待，经过作业调度程序选中后，由外存进入内存，再以进程的形式运行。作业调度算法的目标是合理地搭配作业，以使系统资源的利用率达到最高。在这样的系统中，对 CPU 的调度分为了两级：作业调度是对 CPU 的宏观调度，即按照某种策略，选取合适的作业进入系统运行；进程调度则是对 CPU 的微观调度，即按照某种策略，选择合适的进程占用 CPU 运行。进入系统的作业宏观上处于运行状态，但微观上则是以进程的形式走走停停。

对于 UNIX/Linux 等交互式系统来说，并没有作业调度的概念。作业一旦被提交便立即进入内存开始运行。这意味着用户需要自己承担作业调度的任务。比如，不要同时启动多个需要竞争同一资源的作业（如多个网络应用）等。在作业的运行过程中，用户可以控制作业运行的方式，比如挂起一个作业，终止一个作业，将作业切换到后台或前台等。

8.1.2 操作系统的接口

操作系统接口的功能就是提供使用系统的界面。根据服务对象的不同，操作系统的接口可以划分为两类：一是供用户使用的用户接口，二是供程序使用的程序接口。

1. 用户接口

用户接口就是操作系统向用户提供的使用界面。在交互式系统中，用户直接通过终端与系统交互，交互界面有命令行和图形两种形式。

1）命令行用户接口

命令行用户接口（Command Line Interface，CLI）是以命令方式使用系统的用户界面。操作系统提供给用户一组操作命令，用户在文本方式的界面上输入命令与系统交互，执行程序。命令执行的结果也以文本方式显示在界面上。

命令接口的特点是执行效率高、灵活，可编程实现自动化。

2）图形用户接口

图形用户接口（Graphical User Interface，GUI）是以鼠标驱动方式使用系统的用户界面。操作系统将用户可执行的操作以图形元素（如窗口、图标、菜单、按钮等）的方式显示在图形界面上，用户通过鼠标点击或按键来操作界面上的图形元素，实现与系统的交互，运行程序。运行结果也以图形方式显示在界面上。

图形界面具有很好的直观性，用户不必记忆复杂的命令和语法就可以轻松地使用系统。

2. 程序接口

程序接口是为程序访问系统资源而提供的，它由一组系统调用组成。系统调用可以看作是由操作系统内核提供的一组广义指令。程序员在编写程序时，凡涉及系统资源访问的操作，如文件读写、数据输入/输出、网络传输等，都必须通过系统调用来实现。所以说，系统调用是操作系统提供给应用程序的唯一接口。

从层次上来看，用户接口属于高级接口，是用户与操作系统之间的接口。而程序接口则是低级接口，是任何核外程序（包括应用程序和系统程序）与操作系统内核之间的接口。用户接口的功能最终是通过程序接口来实现的。

8.1.3 Linux 系统的接口

Linux 系统提供了命令行和图形两种用户接口以及程序接口。Linux 的命令行接口是由命令解释程序 Shell 提供的文本方式的命令行用户界面。Linux 的图形接口是基于 X Window 或 Wayland 架构构建的窗口化图形用户界面。Linux 的程序接口是由 Linux 内核提供的一组系统调用接口。以下各节分别介绍这 3 个接口的组成结构和原理。

Linux 系统接口的设计继承了 UNIX 的设计哲学，即提供的是工具而非策略（tools, not policy）。这意味着接口不会试图去规定任务应该如何去完成，而是只给用户提供一些基本的工具，让用户自己决定如何去使用这些工具干自己的事情。UNIX/Linux 用户的"高手"与"新手"所采用的手法可能大相径庭。因此，学习使用 Linux 是一个持续深入的过程。

8.2 Shell 命令接口

Linux 系统的命令行接口是由 Shell 提供的文本方式的界面，也称为 Shell 界面。与图形界面相比，Shell 界面显得不够简单易用，但它的功能更强大，更成熟，也更可信赖。所以，无论是从事应用开发还是系统管理，Shell 都是必然要用到的界面。

8.2.1 Shell 界面的组成

Shell 界面由一组命令和称为 Shell 的命令解释程序组成。

1. 命令

Linux 系统提供给用户一组完备的命令，可以完成各种操作，如文件操作、进程控制、系统监控等。所有命令都需由 Shell 程序解释执行，所以也称为 Shell 命令。

Shell 命令分为内部命令和外部命令两类，它们的区别在于：内部命令是由 Shell 自己实现的，其代码包含在 Shell 程序内；外部命令是独立实现的，其代码以可执行文件的形式存在于文件系统中。内部命令是一些功能简单且使用频繁的命令，如 echo、cd、pwd 等。用 help 命令可查看所有的内部命令。外部命令主要位于/usr/bin 和/usr/sbin 目录下，它们用于完成比较复杂、耗时或特殊的功能。

Shell 允许给命令取别名。别名是为常用命令定义的快捷方式，用以简化命令的输入。例如"ll"是"ls -l"命令的别名。用 alias 命令可以显示出现有的命令别名。

2. 命令解释程序

Linux 的命令解释程序称为 Shell，其主要功能是解释和执行命令。Shell 从终端接收用户提交的命令行并对其进行解析。如果是内部命令，Shell 就调用该命令对应的函数执行；如果是外部命令，Shell 就创建一个子进程来执行它。

Shell 不仅是命令解释程序，还能用作解释性的编程语言。用 Shell 语言编写的程序称为 Shell 程序。Shell 提供了一些专用的命令和语法成分，如变量、条件测试、循环控制等，可以构造出各种程序结构和逻辑。第 9 章将专门介绍 Shell 编程的基本方法。

8.2.2 Shell 的版本

在 UNIX 诞生之初，系统只配有一个命令解释器，用来解释和执行用户命令。1979 年，AT&T Bell 实验室的 S. R. Bourne 开发出第一个 Shell 程序——Bourne Shell。以后又陆续出现了由 Berkeley 大学 Bill Joy 开发的 C Shell 和由 AT&T Bell 实验室 David Korn 开发的 Korn Shell。目前 Shell 的版本很多，但基本上是以上 3 种 Shell 的扩展与结合。各种 Shell 虽然在基本功能上是相同的，但附加功能不同，语法风格各异，彼此也不尽兼容。

常用的 Shell 版本有以下几种：

- Bourne Shell（sh、bsh）：最经典的 Shell，几乎每种 UNIX/Linux 上都有；
- C Shell（csh）：语法与 C 语言相似，交互特性较好；
- Korn Shell（ksh）：集合了 csh 和 bsh 的优点，与 bsh 完全兼容；
- Enhanced C Shell（tcsh）：Linux 上的 csh 的扩展；
- Bourne Again Shell（bash）：Linux 上的 bsh 的扩展；

- Public Domain Korn Shell（pdksh）：Linux 上的 ksh 的扩展；
- Z Shell（zsh）：结合了 bash、tcsh 和 ksh 的许多优点，功能强大。

Linux 系统中默认使用的是 Bourne Again Shell（bash）。bash 是基于 Bourne Shell 开发的 GNU 软件，与 Bourne Shell 完全兼容。bash 还包含了很多 C Shell 和 Korn Shell 的优点，如命令自动补齐、命令历史、别名扩展等，方便易用，在编程方面也十分出色。

要了解当前 Linux 系统中有哪些可用的 Shell，可以查看/etc/shells 文件。

8.2.3　Shell 的工作流程

终端用户所使用的 Shell 称为交互式 Shell，它运行在用户的终端界面中，守候和接收用户输入的命令，解释并执行命令，显示命令执行的结果。这种交互过程持续进行直到退出。具体的工作流程如下：

1. Shell 的启动

在字符控制台或图形界面登录时都会自动启动一个 Shell，这种在登录时启动的 Shell 称为登录 Shell（Login Shell）。不过图形界面的登录 Shell 被随后启动的桌面覆盖，无法使用。除了登录时启动的 Shell，用户还可以随时启动新的 Shell。例如，在桌面上打开一个终端窗口时会自动启动一个 Shell；在 Shell 中输入命令 bash 将启动一个 bash 子 Shell。这种无须口令而启动的 Shell 称为非登录 Shell（Non-login Shell）。它们都是登录 Shell 的子孙 Shell。

登录 Shell 与非登录 Shell 的主要区别在于它们的初始化和退出过程有所不同。

2. Shell 的初始化

Shell 启动时将执行一系列的环境配置文件，初始化自己的运行环境。运行环境由一组环境变量组成，它们记录了一些 Shell 运行时可用的信息，比如用户名、主目录、主机名、终端类型等。此外还有一些预定义的别名等，供 Shell 运行时使用。

初始化时，登录 Shell 与非登录 Shell 所执行的环境配置文件是不同的。这是因为登录 Shell 需要建立起完整的运行环境，而非登录 Shell 只需做少量必要的环境配置，其他则从登录 Shell 继承而来。具体的环境配置文件将在第 10.3.2 节介绍。

初始化完成后，Shell 显示命令提示符，等待用户输入命令行。

3. 读取解析命令行

用户输入一个命令行，按 Enter 键提交给 Shell。Shell 收到后，首先识别出其中的词法成分，然后进行解析。解析工作的目标是确定命令名、选项、参数和执行方式。解析时遇到别名则进行别名替换，遇到特殊字符则进行相应的处理，如替换变量和文件通配符，设置管道、重定向和后台进程等。有关 Shell 命令的特殊字符和解析意义将在第 9.2 节中做介绍。

4. 执行命令

解析完成后的命令就可以交付执行了，执行方式有以下几种情况：

1）内部命令与外部命令

如果是内部命令，Shell 就调用该命令对应的内部函数运行。由于不需要创建进程，因此内部命令的执行速度很快。内部命令结束后会立即显示命令提示符，等待下一条输入命令。但 exit 命令除外，它使 Shell 退出。

如果是外部命令，Shell 就在系统默认的搜索路径中查找该命令的可执行文件。找到后就创建一个子 Shell 进程，执行该命令；找不到则报错。外部命令由子 Shell 进程执行。如果是二进制可执行程序，子进程将更换进程映像，运行该命令。如果是 Shell 脚本程序，子 Shell 将逐条执行脚本中的命令。

2） 前台执行与后台执行

外部命令的执行方式分为前台运行和后台运行。前台运行的进程占据了 Shell 所在的终端，通过该终端与用户交互，响应用户的输入，并向用户显示输出结果。后台运行的进程则脱离了 Shell 所在的终端，在后台默默地运行。因此，需要交互的任务应放在前台运行，而一些非交互的、耗时的任务则应放在后台运行。

5. 命令结束处理

作为父进程，Shell 将负责所有命令子进程的回收工作。当命令交付执行后，Shell 有两种方式等待回收子进程：

（1）如果命令是在前台运行，则 Shell 将等待命令子进程的结束。等待的方式可以是循环等待或用 wait()函数等待。子进程运行结束后将唤醒等待的 Shell。Shell 回收子进程，然后等待接收下一条命令。

（2）如果命令是在后台运行（命令行尾有&字符），则 Shell 不等待子进程结束，立刻显示命令提示符，准备接收下一条命令。子进程运行结束后用信号通知 Shell 进行回收。通常的回收方式是捕获 SIGCHLD 信号，在处理信号时回收，然后继续运行。

在回收子进程时，Shell 将收集到的结束状态等信息存入 Shell 变量中，供后续判断使用。

6. 退出

当 Shell 执行到退出命令时将主动结束运行。登录 Shell 的退出将导致用户退出登录，非登录 Shell 的退出将结束本 Shell 进程。

退出 Shell 的命令是 exit。Ctrl+d 键的作用与 exit 命令相同。此外，在登录 Shell 中也可以使用 logout 命令退出。

8.3 Linux 图形用户界面

目前，Linux 系统的主流图形用户界面仍是基于 X Window 的窗口化图形界面，但一些前卫的 Linux 桌面系统则开始采用新一代的图形显示系统 Wayland。新旧技术和产品的更新换代仍在持续进行中。

8.3.1 X Window 系统概述

X Window 系统（简称 X 或 X11）是一个基于窗口的图形用户接口系统，1984 年由麻省理工学院发布。如今 X 已成为 UNIX/Linux 系统上的标准图形接口，并被广泛移植到各种操作系统上。目前使用的是自 2012 年 6 月以来发布的发行版本 X11R7.7。

严格地说，X Window 并不是一个图形接口软件，它是图形接口系统的标准体系框架。X 规定了构成图形界面的显示架构、软件成分及运作协议。遵照 X 的规范开发出的图形界面系统都可称为 X 图形界面，即使它们在功能、外观和操作风格上可能差异巨大。

X Window 系统有以下特点：

（1）独立于操作系统内核：X 图形界面与系统内核是相互独立的，X 系统也不与任何操作系统捆绑。在操作系统看来，它只是一个应用软件，可以被单独地安装和卸载。

（2）基于网络运行：X 系统采用"客户/服务器"（Client/Server）模式，基于网络运行。这种模式的独到之处是程序的运行与显示相分离，即在一台机器上运行而在另一台机器上显示。这使用户可以在网络上任意一台机器上启动程序运行，而将图形界面显示在自己面前的显示屏上。

（3）高度的可定制性：X 只为图形界面环境提供了基本的框架，许多开发商都提供了符合 X 标准的软件构件，如 X 服务器、窗口管理器等。这意味着用户可根据需要选择合适的软件来构造个性化的图形界面。因此，基于 X 的图形界面可以是各式各样的。

（4）高度的可移植性：基于 X 标准开发的应用程序与终端设备无关，可在任何支持 X 的终端上显示运行界面。

8.3.2　X 系统的体系结构

X 系统采用了"客户/服务器"的体系结构。一个完整的 X 系统由 3 个部分组成：X 服务器、X 客户和 X 协议。X 系统的体系结构如图 8-1 所示。

图 8-1　X Window 系统的体系架构

1. X 服务器

X 服务器（X Server）是构成 X 系统的核心成分。它是专门控制终端设备（显示器、键盘、鼠标）实现图形界面交互的软件。X 服务器的主要功能如下：

● 控制对终端设备的输入/输出操作，维护字体、颜色等相关资源。

● 响应 X 客户程序的请求，完成在显示屏上绘制图形和文字的操作。

● 跟踪鼠标和键盘的输入事件，将输入事件和状态信息返回给 X 客户程序处理。

总之，X 服务器包揽了所有对该终端的操作，X 客户只需关注要显示的内容和对输入事件的处理，而不需要了解显示器的硬件配备与操作细节。

运行了 X 服务器的终端称为 X 显示器（X display）。系统中可以有多个 X 显示器，每个显示器都需要独立地运行一个 X 服务器。当 X 客户需要显示界面时，它通过参数指定要使用的 X 显示器，该显示器上的 X 服务器就会与它通信，将它的界面显示出来。

对于操作系统而言，X 服务器只是一个运行级别较高的应用程序而已，可以像其他应用程序一样独立地安装、更换和升级。目前 Linux 系统常用的 X 服务器是由 X.Org 基金会主导开发的 Xorg。Xorg 是 X11R7.7 的完整实现，遵照 GPL 许可发布，是完全自由的软件。

2. X 客户

X 客户（X Client）是一些需要在屏幕上显示图形界面的程序。在 X 系统中，这些程序无法直接在显示屏幕上显示界面，它们只能作为 X 服务器的客户，请求 X 服务器完成指定的操作。同样它也不能直接接收用户的输入，而只能通过 X 服务器获得键盘和鼠标的输入。在这里，X 服务器是界面服务的提供者，X 客户是界面服务的使用者，两者共同完成界面的交互操作：在向界面输出时，X 客户决定要显示的内容，而 X 服务器完成实际的显示工作；在响应界面输入时，X 服务器发现并通知输入事件，X 客户处理输入事件。

X 客户多种多样，凡是带有图形界面的程序都是 X 客户。按功能可以把它们分为两类：
- X 工具：用于支持界面运行环境的程序，如窗口管理器、显示管理器、桌面环境等。
- X 应用：用于实现某个应用的程序，如浏览器 Firefox、终端 xterm、时钟 xclock 等。

3. X 协议

X 协议（X Protocol）是 X 客户与 X 服务器之间通信时所遵循的一套规则，它规定了通信双方交换信息的格式和顺序。X 客户在向 X 服务器发送请求，以及 X 服务器向 X 客户发送事件等信息时，都需遵照 X 协议才能彼此理解和沟通。

X 协议运行在 TCP/IP 协议之上，这意味着 X 客户和 X 服务器可以分别运行在网络上的不同计算机上。只要在用户所在的计算机上运行 X 服务器，则不论是在本地还是在远程计算机上运行 X 客户，都可以将它们的运行界面显示在用户面前的显示器上。在用户看来，它们没有区别，这就是 X 系统的网络透明性。

将应用与显示相分离是 X 的一大特色，这在某些环境下很有用。例如，用户需要运行远程服务器上的某个应用，只需远程登录到服务器上，启动应用程序运行，并将界面调到自己面前显示。更方便的是，用户可以启动不同机器上的多个应用，将它们的窗口界面都同时显示在本地屏幕上，还可以在这些来自不同系统的窗口之间随意地复制和粘贴数据，完全不用关心底层发生的网络传输。

8.3.3 X 图形界面的组成

基于 X 的图形窗口界面由一个 X 服务器和各种 X 客户组成。X 客户花样繁多，它们的各种搭配使得 X Window 系统的界面看起来多种多样，不拘一格。

1. 简单图形界面

最简单的图形界面是由一个 X 服务器和一个或多个 X 应用组成的界面。例如，图 8-2 就是由 X 服务器和一个 xcalc 应用构成的简单图形界面。

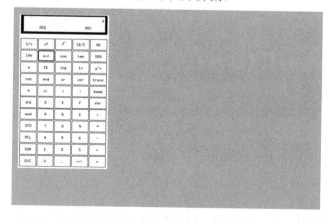

图 8-2 xcalc 的简单图形界面

这种简单界面的构成结构如图 8-3 所示。X 服务器与 X 客户之间按 X 协议进行通信，由服务器发起的通信称为"事件"（event），由客户发起的通信称为"请求"（request）。当 X 服务器从内核得到一个输入事件时，就将它转化为 X 事件，传递给 X 客户进行处理。当 X 客户需要显示输出时，就向 X 服务器发出请求，由 X 服务器驱动内核完成绘图和显示。

图 8-3 简单图形界面的结构

X 服务器与内核之间通过 I/O 接口交互。内核中处理输入事件的模块是输入事件驱动模块 evdev。evdev 负责将键盘、鼠标、游戏杆等各类硬件产生的输入转化为标准格式的 evdev 输入事件，传递给 X 服务器。内核中负责显示输出的是显卡驱动模块，X 服务器通过 I/O 系统调用控制显卡驱动，将图像绘制在显存中，再显示到屏幕上。

以 xcalc 应用为例，它与 X 服务器的交互过程大致如下：xcalc 启动后，向 X 服务器发出一系列请求，在屏幕上绘出计算器图形。当鼠标点击计算器上的按钮时，evdev 将此硬件动作转换为输入事件，传递给 X 服务器。X 服务器将这一事件通知给 xcalc。xcalc 请求 X 服务器绘出该按钮凹下的图形。当鼠标抬起时，X 服务器再通知 xcalc，xcalc 请求 X 服务器恢复该按钮的显示，同时对按钮对应的字符进行分析。如果是数字就请求 X 服务器在计算器显示屏上显示这个数字；如果是等号就开始计算，并将结果通过 X 服务器显示出来。

这种简单的图形界面有着明显的缺点：X 应用本身不具备管理自己的界面位置的能力，它无法移动、放大或缩小界面，因此，当多个 X 应用同时运行时，它们的界面很可能会重叠在一起，无法使用。图 8-4 就是启动了 xterm、xcalc、xclock 和 xbiff 四个应用的界面，由于初始位置和大小没有设定好，造成界面重叠，此时只有显露的界面可以正常工作。

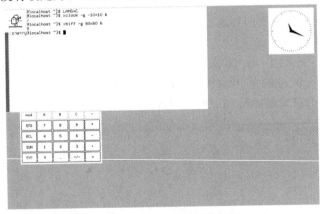

图 8-4 启动多个 X 应用的简单图形界面

简单图形界面只在特殊情况下使用，比如测试 X 系统，或在速度很低的网络上远程执行单个 X 应用。

2. 窗口化图形界面

当有多个程序需要同时显示在同一显示屏上时，需要采用窗口机制来管理应用程序的界面。窗口是应用程序的可管理的图形界面。每个窗口都有一个框架，窗口框架由边框、标题栏、控制按钮和控制菜单等元素组成。利用这些控件可以调整窗口尺寸，移动、缩放或关闭窗口。多个应用的窗口可以平铺或叠放，共享屏幕资源。

X 采用了树形结构来组织各个窗口。背景窗口称为根窗口（root window），所有的应用程序的窗口都作为子窗口显示在根窗口内。应用程序只能工作在自己的窗口范围内，即只能响应来自自己窗口区域的输入事件，也只能向自己的窗口区域输出信息。

与 Windows 系统不同，在 X 系统中，X 应用并不自己实现窗口管理功能。也就是说，应用程序中没有用于显示窗口框架和处理窗口控制事件的代码。所有的窗口框架绘制和窗口控制操作都统一由另一个程序来完成，这个程序就是窗口管理器。

窗口管理器（Window Manager）是管理窗口的一个 X 工具软件，主要负责窗口的打开、关闭、移动、缩放、切换等操作。窗口管理器为每个应用的界面加上一个窗口框架，通过这个框架来操控窗口。当鼠标点击框架上的控制按钮时，窗口管理器会收到输入事件并进行相应的处理。比如，点击最小化的按钮时就会把这个窗口隐藏起来，显示它的最小化图标；点击关闭窗口的按钮时就会通知那个应用程序退出。图 8-5 所示是启动了窗口管理器后的界面。显示的还是那 4 个 X 应用，但它们的界面已经是窗口化的了。

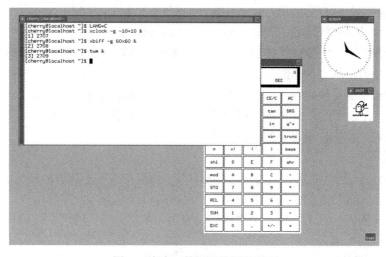

图 8-5 有窗口管理器的图形界面

将应用程序的界面操作与窗口管理操作相分离，这是 X 的优秀设计思想。这意味着即使一个程序挂起了，它的窗口仍然是可以移动的，可以被最小化和关闭。如果因错误导致 X 应用崩溃了，它也不会占据着屏幕无法退出，因为窗口管理器总是可以关掉它。

图 8-6 是窗口化图形界面的组成和结构关系。

图 8-6 窗口化图形界面的结构

窗口管理器是一个地位特殊的 X 客户。它工作在根窗口，所有的应用窗口都在它的管辖区域内，因而是 X 服务器与 X 应用之间的联系中枢。窗口管理器的主要功能是管理窗口位置和处理窗口操作。

X 服务器在与 X 客户交互时需要使用窗口的定位信息。X 服务器使用的定位信息是基于根窗口的绝对坐标，而应用程序使用的是自己窗口的相对坐标。因此，双方在传递事件通知或绘图请求前，需要先进行窗口映射（mapping），将应用窗口的坐标映射为根窗口的坐标。然而，在窗口化界面中，窗口的位置和大小是变化的，只有窗口管理器掌握所有应用窗口的位置信息，所以映射操作只能由它来处理。以窗口显示为例，当一个应用需要显示窗口时，它先向 X 服务器发出映射请求；X 服务器将此请求重定向到窗口管理器，让它进行处理；窗口管理器为应用生成一个包含应用子窗口的框架窗口，并建立好映射；X 服务器通知应用和窗口管理器，映射完成，可以绘图了；应用请求 X 服务器在应用子窗口中绘制出窗口内容，窗口管理器请求 X 服务器在框架窗口上绘制出窗口框架。至此窗口绘制完成。

处理窗口操作是窗口管理器的职责。由于工作在根窗口，因此窗口管理器可以接收所有的输入事件，并处理所有针对窗口框架和空白背景的输入事件，执行窗口缩放、移动、关闭、弹出菜单等操作，并更新窗口的位置信息。窗口操作通常会涉及整个界面的更新，窗口管理器将协调受影响的各窗口的应用，完成窗口与背景的合成与重绘。

界面装饰也是窗口管理器的设计要素。窗口管理器定义了窗口的一致的外观与行为，应用程序无须考虑。不同的窗口管理器具有不同的窗口样式和操作风格，可简约，可奢华。知名的窗口管理器有 twm、fvwm、sawfish、metacity、mutter 等。图 8-5 是 twm 的窗口风格。

窗口化图形界面是应用开发者和系统管理员常用的图形界面，经常用于访问远程 X 应用程序。例如，X 应用的开发者在远程的开发平台上调试程序，而在本地观察运行结果。对于普通用户来说，直接使用这样的界面并不方便。

3. 桌面环境

桌面（desktop）是一个集成化的图形界面环境，通过在屏幕上放置的图标、窗口、菜单、面板等图形元素来模仿人们的日常办公桌面。桌面的设计充分考虑了易用性。用户不需学习任何命令，只需用鼠标点击图标即可完成启动应用、配置系统、管理文件等操作。图 8-7 所示是一个轻量级的桌面。

图 8-7 Xfce 桌面环境

桌面环境是一整套 X 工具软件的集合，其核心是窗口管理器和桌面控制程序。桌面上所有应用的界面都受窗口管理器的管理，桌面控制器则负责配置桌面环境、控制桌面活动、管理桌面工具、启动应用程序等。桌面系统中集成了一套实用工具软件，最主要的桌面工具是一个图形化的文件管理器，它使用户可以轻松地进行文件管理操作。

桌面通常在系统本地使用，在高速局域网环境下也可以使用远程桌面。Linux 上最流行的桌面系统是 GNOME 和 KDE，将在 8.3.6 节做简单介绍。

4. 显示管理器

桌面应在用户登录后启动，用户退出后关闭。登录和启动桌面的操作可以在字符终端完成，但对用户来说却不方便。对此，Linux 系统的解决方案是建立一个图形终端，使用户可以直接在图形界面中登录，登录后就自动进入桌面系统。实现这个功能的软件称为显示管理器（display manager）。

显示管理器是一个管理 X 显示器的软件，它的作用是为用户提供一个完整的 X 会话周期，也就是在 X 系统中完成从登录进入桌面到退出桌面的全过程。显示管理器在系统启动时即开始运行，它首先在一个终端上启动 X 服务器，使其成为一个 X 显示器，然后在该显示器上启动登录管理应用，显示出一个图形化的登录界面。用户在此界面登录后，显示管理器按设定启动一个桌面系统，供用户使用。当用户退出桌面后，桌面系统随即关闭。本次 X 会话至此结束，系统回到登录界面，等待用户下次登录。

常用的显示管理器有 xdm、kdm 和 gdm。kdm 和 gdm 分别是为 KDE 和 GNOME 桌面而设计的显示管理器；xdm 则是用于启动设定的图形界面，常用于远程 X 终端的显示管理。除了验证用户口令外，登录界面还可以提供更多功能，比如选择要启动的桌面，以及关机、重启等。图 8-8 所示是 gdm 的登录界面。

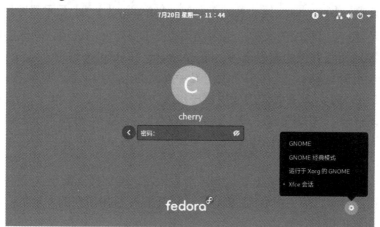

图 8-8 gdm 的登录界面

8.3.4 X 系统的启动与停止

启动 X Window 系统的方法很多，从手动到自动，适合不同人的不同需要。

1. 自动启动

自动启动是指在系统启动时自动地启动图形界面。是否自动启动图形界面取决于系统预设的默认运行级别（有关系统运行级别的介绍见 10.2.2 节）。如果默认运行级别设置为图形化（graphical），系统启动时会自动启动显示管理器的图形登录界面，登录后自动启动一个桌面；如果默认运行级别是多用户（multi-user），系统就不会启动任何图形界面。个人桌面系统通常运行在图形化级别，服务器系统则运行在多用户级别。

另外，从多用户级别切换到图形化级别时，图形界面将自动启动。反之，从图形化级别切换到多用户级别时，图形界面将自动关闭。切换命令如下：

```
$ systemctl isolate graphical.target      #切换到图形化运行级, 同 init 5
$ systemctl isolate multi-user.target     #切换到多用户运行级, 同 init 3
```

2. 手动启动

手动启动即用命令的方式启动 X 系统。在有些情况下可能需要这样做，比如，系统未启动图形界面，或需要启动多个图形界面，或需要访问某个远程 X 应用。手动启动方式比较灵活，但需要对 X 系统有较深入的了解。

手动启动 X 系统的方法是：登录进入一个字符终端，然后执行 X 系统的启动命令。启动操作包括启动 X 服务器和启动 X 客户程序两部分，既可以分别启动（X 服务器要先于 X 客户程序启动），也可以用一个命令合并启动。

1）启动 X 服务器

启动 X 服务器的命令是：

X [:显示器号] [选项]

选项用于指定界面的一些属性，如背景、颜色、字体、分辨率等；显示器号指定 X 服务器要控制的显示器编号，默认为 0，启动多个界面时可顺序编号。

2）启动 X 客户程序

启动 X 客户程序的命令格式如下：

命令名 [选项] [-geometry 宽 x 高+/-X+/-Y] [-display [主机]:显示器号]

命令名就是 X 应用程序的名称；选项是该命令本身定义的选项。除此之外，还有两个对几乎所有的 X 应用都有效的通用选项，即-geometry 和-display 选项。

-geometry（可简写为-g）选项用于指定显示界面的大小和位置，以像素为单位。其中，宽 × 高定义窗口的大小，缺省时采用应用程序定义的默认大小。X 和 Y 定义窗口相对屏幕的坐标位置的偏移量。<+X,+Y>、<+X,-Y>、<-X,+Y>、<-X,-Y>分别表示窗口相对屏幕左上角、左下角、右上角、右下角的坐标位置。缺省的位置为<+0,+0>，即窗口左上角位于屏幕的左上角坐标。

-display 选项用于指定显示输出要送到哪个显示器，即连接到哪个 X 服务器。其中，主机是显示器所在的计算机的主机名或 IP 地址，默认是 X 应用所在的本地机；显示器号是指要使用的 X 显示器的编号，默认是 0 号。

例 8.1 设系统中没有图形界面，用如下命令在 0 号显示器上启动一个图形界面。

```
$ X :0 -retro &                            #启动 X 服务器，背景为灰色底纹
$ xcalc -g +50+50 -display :0 &            #启动 xcalc，在<+50,+50>处显示
$ xterm -fn 9x15 -display :0 &             #启动 xterm，字体为 9x15
$ xclock -g -10+10 -display :0 &           #启动 xclock，在<-10,+10>处显示
$ xbiff -g 60x60 -display :0 &             #启动 xbiff，大小为 60x60
$ twm -display :0 &                        #启动 twm 窗口管理器
```

执行第 1 个命令后，终端切换到 0 号显示器，可看到一个带有鼠标指针的灰色根窗口。

切换回原字符终端，继续执行第 2 个命令，界面如图 8-2 所示。再依次执行第 3、4、5 个命令后，界面如图 8-4 所示。执行第 6 个命令后，界面如图 8-5 所示。如果将命令中的显示器号改为 1，则会在 1 号显示器启动另一个图形界面。

要关闭此图形界面，"kill"掉对应的 X 进程即可。

3）启动 X 系统

用 xinit 命令可以简化手工启动的过程。xinit 命令用于控制 X 系统的启动过程，它按命令行参数或配置文件的设定，启动指定的 X 服务器和 X 客户程序。xinit 命令的格式是：

xinit [X 客户启动命令] [--X 服务器启动命令]

例 8.2 用 xinit 命令启动指定的 X 应用的图形界面。

```
$ xinit /usr/bin/xterm -display :1 -- /usr/bin/X :1
```

此命令将启动 1 号显示器，显示 xterm 的图形界面。

如果没有指定 X 服务器参数，xinit 将用~/.xserverrc 文件中的命令来启动 X 服务器；如果没有这个文件，则 xinit 将缺省地用 X :0 启动 X 服务器。如果没有指定 X 客户参数，xinit 将用~/.xinitrc 文件中的命令来启动 X 客户程序；如果没有这个文件，xinit 将默认地执行 xterm -display :0。所以，如果用户未建立这两个文件，则不带参数的 xinit 命令将在 0 号显示器启动一个 xterm 应用。

如果用户希望 xinit 启动一个预先定制好的图形界面，可以编辑 xinit 的配置文件，指定要启动的应用程序和窗口管理器，并设计好初始布局。

例 8.3 用 xinit 启动预设的图形界面。

```
$ cat ~/.xinitrc
xsetroot -solid gray &              #设置根窗口背景为实底灰色
xclock -g 100x100-0+0 &
xbiff -g 60x60-0+130 &
xcalc -g 300x500-0-0 &
xterm -fn 9x15 -g 80x22+0+0 &
twm
$ xinit
```

此例中，只需执行一个 xinit 命令就可启动例 8.2 中的图形界面，既简单又快捷。

关闭界面也很简单。当 xinit 启动的最后那个应用退出时，xinit 将关闭界面退出。对例 8.3 来说，退出 twm（点击界面背景处，在出现的 twm 菜单中选 exit）将使整个界面关闭。

4）启动桌面系统

用 xinit 命令启动预设界面时需要先设置好配置文件。如果界面较复杂，配置的难度就会很高。更方便的做法是使用 startx 命令。startx 是 xinit 的前端，它负责读取和处理一系列配置文件，为 xinit 设置执行参数，然后调用 xinit 命令启动界面。startx 常用于配置较复杂的图形界面，如系统提供的桌面或用户自定义的桌面等。

startx 命令的格式和用法与 xinit 相同。区别在于：如果没有用户配置文件~/.xinitrc 和~/.xserverrc 可用，不带参数的 startx 命令将使用系统配置文件/etc/X11/xinit/xinitrc。这个文件配置为启动默认的桌面环境，比如 GNOME。这是启动桌面最简单的方法。

例 8.4 用 startx 启动桌面。

```
$ startx
```

按 Ctrl+Alt+Backspace 键或退出桌面时，桌面将关闭。

8.3.5 新一代图形系统

自问世以来，X Window 一直稳稳占据着 UNIX/Linux 系统的图形界面领域。但近年来，显示技术飞速发展，X 已渐渐显现出了它的不足。X 的主要问题在于效率。独立于操作系统内核和基于网络运行的特性，使得 X 的图形界面不可能有很高的运行效率。这对于服务器系统来说不是问题，但对于从事大型 3D 图形设计的工作站系统以及注重图形显示的桌面系统和移动设备来说则显得不足。正因为如此，新版的 Fedora 等系统已经开始尝试新一代的显示架构了。

1. DRI 显示技术

计算机在绘制一个图形时，首先要生成图形的模型数据，也就是描述图形的几何结构以及有关着色、纹理、光影等效果的数据，然后对这些数据进行计算整合，形成像素信息，写入显卡缓存，再刷新到屏幕上。其中将数据整合为图像的过程称为"渲染"（render）。在 X 系统中，X 客户只负责生成图形的模型数据，而 X 服务器则承担了所有的渲染工作。这种通过 X 服务器的渲染方式叫作间接渲染（indirect render）。

基于 Client/Server 方式的间接渲染需要经历多次请求和确认的网络通信过程，这是影响 X 系统效率的主要因素。早期的 2D 图形界面的渲染工作很简单，仅是矩形绘图和分块着色，因此效率问题并不突出。但现代的图形桌面已融入了许多新颖元素，像异形窗口、透明叠放、3D 特效等。这些特性都需要大量烦琐的渲染工作，令 X 服务器不堪重负。对于在本地运行的 X 客户来说，如果直接访问本地的显示设备执行渲染操作，就可省却与 X 服务器之间的频繁交互，渲染效率将得到显著的提高。这种不经过 X 服务器的渲染称为直接渲染（direct render），实现直接渲染的软件架构称为 DRI（Direct Rendering Infrastructure）。

为了改善图形显示的性能，Linux 对 X 系统进行了扩展，将 DRI 引入其中。有了 DRI 的支持，X 应用可以直接完成自己窗口的渲染，窗口管理器也可以直接完成图像的合成渲染，无须 X 服务器参与。X 服务器只需在渲染完成后通知内核进行重绘即可。可以看出，在这样的架构中，X 服务器的大部分功能都被绕过，它只是与内核的一个接口，而这项工作也完全可以被别的组件取代。这表明，对于 DRI 之类的新一代显示技术来说，X 已不再是理想的显示架构了。

2. Wayland 显示架构

2012 年，一个旨在取代 X 的全新的图形显示架构 Wayland 发布了。准确地说，Wayland 是一个协议，它定义了图形显示系统的构成结构以及它们之间的交互方式。在这一点上它与 X 是一样的。与 X 的不同之处在于，Wayland 取消了传统的"X 服务器/X 客户"的模式，而代之以"显示服务器/客户"模式。Wayland 图形显示系统的架构如图 8-9 所示。

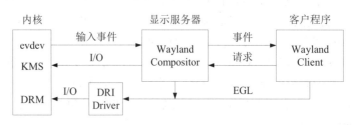

图 8-9 Wayland 图形显示系统架构

Wayland 架构的核心是一个称为"Wayland 合成器"（Wayland Compositor）的显示服务器，它的客户程序称作"Wayland 客户"（Wayland Client）。显示服务器与客户之间通过 Wayland 协议进行通信，由服务器发起的通信称为"事件"（event），由客户端发起的通信称为"请求"（request）。在这里，显示服务器取代了原来的 X 服务器和窗口管理器。这不仅是结构上的简化，也是功能上的简化。显示服务器只负责图像合成和与内核接口，窗口边框和装饰的绘制等都交给客户程序自己完成。也就是说，Wayland 赋予了客户程序更多的自主权，使得它们可以自行确定窗口的显示效果，并直接将其渲染出来。

支持客户程序直接渲染的架构包含有几个构件：

（1）开放式图形库（Open Graphics Library，OpenGL）。OpenGL 是开放式的直接渲染函数库，Linux 采用的是 OpenGL ES（OpenGL for Embedded System）版本。应用程序通过调用 OpenGL ES 就可以方便地进行各种渲染操作。

（2）本地平台图形接口（Embedded-System Graphics Library，EGL）。OpenGL ES 是与平台无关的，它无法与本地绘图系统直接交互。EGL 的作用就是建立两者之间的连接。EGL 是管理本地图形资源的函数库，它的主要功能是设置绘图使用的缓存，此外还负责管理绘制参数和设备信息，同步绘制操作。应用程序在使用 OpenGL ES 绘图前，需要先调用 EGL 搭建一个绘图环境。如果将 OpenGL ES 比作画笔的话，EGL 提供的就是画布。

（3）直接渲染模块（Direct Rendering Module，DRM）。DRM 是 DRI 框架中的核心模块，它的功能是控制显卡硬件完成实际的渲染操作，也就是由画笔驱动在画布上绘图。DRM 是内核模块，需要通过 I/O 系统调用 ioctl()来驱动。为方便应用编程，DRI 提供了一个用户空间的应用接口 DRI driver。DRI driver 是一个封装了 DRM 操作的函数库，应用程序（也就是 OpenGL ES 代码）只需调用 DRI driver 的函数即可驱动 DRM 完成渲染操作。

（4）内核模式设置（Kernel Mode Setting，KMS）。KMS 是用于控制显示屏的内核模块，其功能是设置显示参数和刷新显示屏。当需要输出图像时，显示服务器向 KMS 发出 ioctl()系统调用，让它执行刷屏（page-flip）操作，将显存中的图像发送到显示屏上。

在 Wayland 系统中，一次图像更新的交互过程是：内核从输入设备获得一个事件，经 evdev 转换后传递给 Compositor；Compositor 对事件进行判断，确定哪个窗口应接收这个事件，然后传递给那个窗口的 Client；Client 处理该事件，生成必要的图像更新数据，驱动 DRM 直接渲染在缓存中；Client 将渲染后的缓存提交给 Compositor，请求它更新此区域；Compositor 收集各 Client 的更新请求，对它们的更新图像进行合成，并处理边界效果（如阴影、透明等），生成屏幕图像，存入系统显存中；最后，Compositor 驱动 KMS，将显存中的图像刷新到屏幕上。在整个交互过程中，Compositor 与 Client 之间采用的是本地进程间通信，效率远高于 Client/Server 方式的网络通信。

总的来说，Wayland 是一个精简、高效的图形显示架构。它去除了 X 架构中的多余设计，充分利用了现代图形的显示技术，将 Linux 的桌面环境提升至一个新的境界。从目前的发展趋势看，X Window 还会在一个相当长的时间内得到支持，而 Wayland 则会逐步发展完善，最终也许能够取代 X 的地位，成为 Linux 桌面系统的主流图形显示架构。

8.3.6 Linux 桌面系统简介

目前 Linux 系统最流行的桌面系统是 GNOME（GNU Network Object Model Environment）

和 KDE（Kool Desktop Environment）。KDE 桌面精致华丽，集成了丰富的应用程序和桌面工具，操作风格也与 Windows 类似，因而拥有众多个人用户。GNOME 桌面简洁、精细，可定制性好，而且是完全自由的软件，因而获得了更多的商业和社区开发者支持。目前，这两大平台已经实现了高度的互操作性，两者在功能、性能和外观上不相上下，均已达到足够完美的境地。除了这两个重量级桌面之外，还有一些轻量级的桌面也很流行，如 Xfce、LXDE 等。轻量级桌面具有简约低调、占用资源少和灵活高效的特点，很受老牌 Linux 用户的青睐。

对于普通用户来说，桌面的选择关乎品位，因而无从推荐。受篇幅所限，在此只对GNOME 桌面系统作一简单的介绍。

1. GNOME 概况

1999 年，墨西哥程序员 Miguel de Icaza 率领众多开发者共同开发出了桌面系统 GNOME 1.0。GNOME 是 GNU 计划的一部分，它基于开源的 GTK+图形软件工具包开发，遵照 GPL 许可发行，是完全自由的软件。正因为如此，GNOME 得到了 Red Hat 的大力支持，成为 Red Hat、Fedora、Debian、Ubuntu、SUSE 等许多 Linux 发行版的默认安装桌面。GNOME 桌面以风格简洁而著称，十分注重稳定、易操作和可定制性。GNOME 的最新版本是 2011 年发布的 GNOME3，它摒弃了传统的桌面设计，引入了全新的外观界面和交互模式，使界面更加前卫，操作更加高效和便利，成为新一代 Linux 桌面系统的典范。

新版 Fedora 的 GNOME3 已默认使用 Wayland 来替代 Xorg，但仍保留了基于 Xorg 的GNOME 系统。GNOME3 默认使用的显示管理器是 GDM（GNOME Display Manager），如图 8-8 所示。在 GDM 的登录界面中，用户可以根据需要选择不同的桌面。可选桌面包括新版 GNOME、经典 GNOME 和基于 Xorg 的 GNOME，还可以是其他已安装的桌面，如 KDE（Plasma）、Xfce 等。

2. GNOME 桌面系统的构成

GNOME 桌面系统由桌面控制器 GNOME Shell、窗口管理器、文件管理器和可选的桌面工具及应用软件等构成。

1）GNOME Shell

GNOME Shell 是 GNOME 的核心，它决定了桌面的风格和操作特性，提供了桌面的各项基本功能，如切换窗口、加载应用程序等。用户可以利用 GNOME Shell 的配置工具gnome-tweak-tool 对桌面进行定制，还可以从网上选择各种扩展包，扩展 GNOME Shell 的功能。这种设计赋予了 GNOME 高度的可定制性和可扩展性。

2）窗口管理器

新版 GNOME3 默认使用 Wayland 版的 Mutter 窗口管理器，它在 GNOME 桌面中的角色就是 Wayland Compositor。Mutter 窗口的风格简洁质朴，且不失精美，特别是它具有 Wayland 的新技术优势，能支持 3D 加速和各种视觉特效。

3）文件管理器

GNOME 的图形化文件管理器是 Nautilus，其作用相当于 Windows 系统的 Explorer。Nautilus 不仅具有所有文件管理的功能，它还将文件类型与应用关联起来，从而实现图片浏览、音频/视频播放、应用启动、网络访问等功能。

4）桌面小工具

GNOME 包含了一组桌面专属的小应用程序，如日历、音量控制工具等。还有更多的实用小工具是以 GNOME Shell 扩展包的形式提供的，如邮件到达通知、媒体播放、网速显示、系统监视、垃圾桶等，用户可根据需要选择安装。

5）GNOME 应用软件

GNOME 集成了一套功能完善、运行稳定的应用程序。常用的 GNOME 应用软件有：

- LibreOffice：办公软件，兼容 Windows Office 文件格式。
- Evolution：电子邮件客户软件，具备灵活的日历（调度器）功能。
- Firefox：Web 浏览器，各 Linux 发行版默认已安装。
- Gimp：图像编辑器，被誉为 GNU 的"PhotoShop"。
- Empathy：即时通信软件，支持多种协议，如 MSN、Messenger、Skype、ICQ 等。
- Totem：视频播放器，支持网络视频播放。
- Rhythmbox：音频播放器。

3. GNOME 桌面的外观与使用

GNOME 在桌面外观、布局与操控设计上引入了许多新的设计元素，给用户带来了全新的视觉效果和流畅的操控体验。

1）桌面外观

GNOME 桌面外观的设计采用了极简设计思想，将桌面环境简化至最低限度。桌面上除顶栏之外没有其他元素，所有的桌面设施都被隐藏，直到需要时才显示。这样做的目的是尽量减少桌面上的杂物对用户的干扰。

在外观上，GNOME 采用了桌面主题这种新型的表达方式。桌面主题（theme）是对桌面的外观的一组设置，包括桌面的整体布局，窗口、应用程序、光标、图标、按钮、菜单等的样式。主题的作用是为桌面的风格定调。GNOME 的主题有很多种，默认安装的是 Adwaita。用户可以选择下载自己喜欢的主题进行更换。

2）桌面的设施与布局

GNOME 桌面以壁纸为背景，桌面顶部设有一个顶栏，顶栏下面的全部区域都是用户可用的桌面区域，用于放置应用程序的窗口、图标和其他桌面设施。

与传统桌面的最明显的区别在于，GNOME 并不是将窗口和图标等都放置在桌面上，而是把它们分别表现在不同的视图中。当用户与应用程序打交道时，比如编辑文档、浏览网页等，桌面上只有打开的应用程序的窗口，没有其他杂物，如图 8-10 所示。当用户需要与桌面系统打交道时，比如启动一个应用，查找某个窗口等，只需将桌面切换到"活动概览"视图。在活动概览视图中，所有的窗口和应用图标都会排列出来，供用户选择操作，如图 8-11和图 8-12 所示。活动概览的引入使得桌面更加整洁，整体布局更加有序。

以下是对桌面的主要构成元素的概要介绍。

（1）顶栏（top bar）：位于桌面的顶端，用于放置一些最常用的桌面访问工具。左端是"活动"按钮，用于切换桌面的视图；中间是日历，右端是一些系统工具的图标（如通用访问设置、语言设置、音量调节、蓝牙管理、网络管理等）；最右端是用户名，在它的下拉框中可设置用户和系统的属性，执行锁屏、注销、休眠或关机等操作。

（2）桌面（desktop）：顶栏下面的全部区域都是可用的桌面区，用于放置用户正使用的应用窗口，也就是当前工作区中的内容。进入活动概览视图后，桌面内容将被活动概览覆盖。退出活动概览后桌面即恢复。

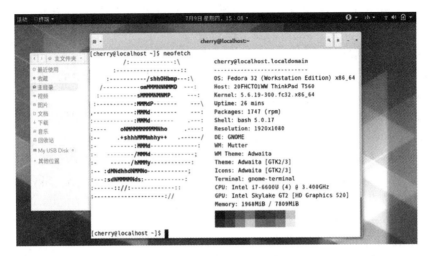

图 8-10 GNOME 桌面视图

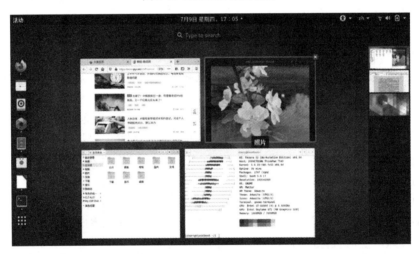

图 8-11 GNOME 活动概览视图——窗口概览

图 8-12 GNOME 活动概览视图——应用程序概览

（3）工作区（workspace）：工作区对桌面上的应用窗口进行分组划分。一个桌面可以拥有多个工作区，每个工作区容纳一组窗口。桌面上显示的是当前工作区的内容。如果有多个工作区的话，通过切换操作可以将它们分别地显示在桌面上，从而形成一个比实际桌面区域更大的"虚拟桌面"。当打开的应用窗口较多时，应将它们分类放置在多个工作区，以减少桌面的凌乱感，便于快速定位应用窗口。

（4）活动概览（activity overview）：当需要与桌面系统交互时，点击顶栏左边的"活动"按钮即可将桌面切换到活动概览视图。活动概览是关于运行窗口和应用程序的全局视图，通过它用户可以查看和管理所有运行中的窗口，浏览和启动所有可用的应用程序。活动概览包括如下几个功能区：

- Dash 栏：位于视图的左侧，用于存放最常用的和正在运行的应用程序的图标。
- 搜索栏：位于视图上方，用于搜索窗口或应用。
- 概览区：位于视图的中间区域，用于显示概览的内容。

概览的内容分为两类，即"窗口概览"和"应用程序概览"。最初进入的是窗口概览，它显示出当前工作区中的所有应用窗口的平铺缩略图，最右侧还有一个工作区选择器，里面包含了现有的工作区的缩略图，见图 8-11。点击一个窗口或工作区即可将其切换为当前窗口或当前工作区。拖动一个窗口到工作区上就可将其移入到那个工作区中。工作区的数量将随着使用情况动态地增减。点击 Dash 栏最下面的点阵样按钮将进入应用程序概览，它显示出系统中所有已安装的应用，见图 8-12。点击某个应用的图标将打开该应用的窗口。

3）桌面操控

用户登录到桌面时，首先看到的是一个空的桌面视图。启动应用后，桌面上出现应用的窗口。利用窗口中的设施可以对其进行各种操作，如移动、调整大小、平铺、还原和关闭等。需要时，可以通过切换窗口和工作区来变换当前工作窗口和桌面。在启动应用和切换窗口时可以借助搜索工具快速地定位目标。以下是几个操作要点：

- 启动应用：进入活动概览，在 Dash 栏或应用程序概览中点击应用的图标。
- 最大化/还原窗口：用鼠标拖动窗口碰触桌面上沿将其最大化，拖离上沿则还原。
- 切换窗口/工作区：按 Alt+Tab 键，或进入窗口概览点击选中的窗口/工作区。
- 查找窗口或应用：进入活动概览界面，在搜索栏中输入要查找的名字。

8.4 Linux 系统调用接口

系统调用接口是操作系统的程序接口。从某种意义上来说，系统调用定义了操作系统的原始功能，操作系统的所有功能都是由系统调用衍生而来的。所以，要想深入了解一个操作系统的操作特性，就要熟悉该系统提供的各种系统调用，这是一个系统程序员的必备条件。

8.4.1 系统调用接口概述

操作系统的内核进程需要访问核心数据结构和硬件资源，所以它们运行在核心态。用户级的进程，包括 Shell、vi、X Window 等，它们都只能在用户态下运行。这种限制保护了系统不会受到来自用户进程的有意或无意的破坏。

但是在很多情况下，用户进程也需要执行一些涉及系统资源的操作，比如打开、关闭或读写文件，进行 I/O 传输等。这些操作是无法在用户态下完成的，因此需要进行运行模式的切换。当用户进程需要完成在核心态下才能完成的功能时，必须按照内核提供的一个接口进入内核，然后调用内核函数完成所需的功能。这些供用户进程调用的内核函数就是系统调用（system call）。

打个比方，这就像在图书馆中，读者可以自由地检索目录、阅读开架图书、复印资料等。但他们无法直接去书库取书，也无权修改图书馆内部的图书管理资料。当他们想借出或归还图书时，需要到指定的柜台办理。图书馆的工作人员会按照读者的请求完成登记和取还书的工作。从行为模式上看，图书管理人员工作在特权状态，他们有权访问和修改图书馆的各种资源；读者工作在非特权状态，只能在有限的权力和范围内活动。

使用系统调用来访问系统资源的主要目的是保护系统资源和内核的安全，提高资源利用率。系统调用的另一个作用是方便用户使用，使用户不必了解操作系统的内核运作和有关硬件的细节问题。这就像读者在借书时只需提供一个索书号，而不必了解目前书库的布局、图书的具体摆放位置以及取书的操作流程一样。

8.4.2 系统调用接口的组成

Linux 的系统调用接口的组成和结构如图 8-13 所示。

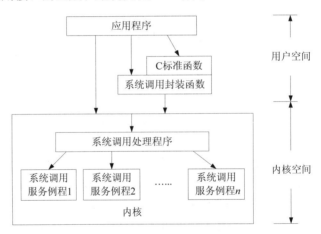

图 8-13 Linux 系统调用接口示意图

1. 系统调用服务例程

Linux 内核提供了一组用于实现各种系统功能的内核函数，称为系统调用服务例程（syscall routine）。这些内核函数在形式上与普通 C 函数相同，调用格式也基本相同。主要区别在于它们运行在核心态，具有访问系统资源的特权。

Linux 的每个系统调用服务例程都有一个编号，同时在内核中保存了一张系统调用表 sys_call_table，表中保存了各系统调用的编号和其对应的服务例程的入口地址。

2. 系统调用处理程序

系统调用处理程序是系统调用陷入内核的入口程序，它负责将系统调用派发到它们各自的服务例程。进程在要执行系统调用时，先把系统调用号和调用参数存入 CPU 寄存器中，再执行一个陷入指令就会进入到系统调用处理程序。这个程序会根据系统调用号在系统调用表中查找相应的服务例程，然后调用它执行。服务例程执行结束后都会返回一个返回值，0

表示成功，负数表示出错。系统调用处理程序负责将返回值存入 CPU 寄存器，然后执行一个返回指令，返回到用户进程。

3. 系统调用封装函数

编写应用程序时，直接用陷入指令来执行系统调用的难度较大。所以，Linux 随内核一起还提供了一套系统调用的封装函数（wrapper）。系统调用封装函数是用 C 库函数的形式封装的系统调用，其作用是将内核的系统调用服务例程发布到用户空间，供应用程序直接调用。应用程序可以像使用普通 C 函数一样在用户态下调用这些封装函数，由封装函数来完成系统调用的陷入及返回过程的处置，这将大大方便应用程序的编程。

系统调用封装函数与系统调用服务例程是一对一的关系。在不加区分的情况下，它们都可以被称作系统调用。但习惯上程序员所说的系统调用通常是指前者，即在程序中直接使用的系统调用封装函数。在函数命名方式上，两者的对应关系通常是：服务例程的名字是系统调用名加"sys_"前缀，如 write()系统调用对应的服务例程名是 sys_write()。

4. 标准库函数

系统调用提供了系统的一个基本功能集，但编程者更多是通过 C 标准库函数来使用系统调用的。C 库函数是对系统调用的更高一级的引用和封装，它与系统调用不是一对一的关系，可能会引用多个系统调用，或进行一些额外的处理步骤。比如 printf()函数引用了 write()系统调用，同时还提供了格式化的功能，使用起来更加方便。

如果还用图书馆来比喻的话，系统调用服务例程就是图书馆的内部工作人员。他们各司其职，承担着图书管理的各项内部操作；系统调用处理程序相当于书库窗口的接单员，他们负责接收读者提交的业务申请单，再派发给适当的内部工作人员进行处理；系统调用封装函数是面向读者的柜台业务人员，不同的柜台办理不同的图书业务，然后向书库提交业务申请单；标准库函数如同读者服务人员，他们为读者提供更方便的代理服务，比如可以代理读者检索资料、办理借阅、摘录整理等。

C 标准函数库以及系统调用封装函数库就构成了 Linux 系统的应用编程接口（Application Programming Interface，API）。从图 8-13 中可以看出，应用程序可以用 3 种方式使用系统调用：一是调用 C 标准函数，二是调用系统调用，三是陷入指令。第一种方式最简单也最常用，但如果没有合适的 C 函数可用，或对性能有特殊要求，则需要使用第二种方式。第三种方式需要对系统调用的接口细节有深入了解，因此仅在特殊情况下，比如做某些特定底层软件开发时才会用到。

8.4.3 系统调用的分类

Linux 的系统调用继承自 UNIX，这些系统调用都是千锤百炼的力作，简洁而高效。不过，Linux 也做了许多改进。它省去了 UNIX 系统中一些冗余的系统调用，仅保留了最基本和最有用的部分。目前的 Linux 内核提供了 300 多个系统调用，它们的具体名称与编号定义在/usr/include/asm/目录下的 unistd_32.h 和 unistd_64.h 文件中，前者是 32 位系统的，后者是 64 位系统的。注意：两者在数量与编号上均有所不同。

归纳起来，Linux 系统调用可以按功能划分为以下几类：

1. 进程控制类

进程控制类系统调用用于对进程进行控制，如创建进程 fork()、终止进程 exit()、等待进程 wait()、更换映像 exec()、获得进程号 getpid()、设置优先级 setpriority()等。

2. 进程通信类

进程通信类系统调用用于在进程之间传递消息和信号，如向进程发信号 kill()、设置信号处理器 sigaction()、获得消息队列 msgget()、发送消息/接收消息 msgsend()/smgrcv()、创建管道 pipe()、创建信号量 semget()、操作信号量 semop()等。

3. 内存管理类

内存管理类系统调用用于对内存进行管理，如建立/解除内存映射 mmap()/munmap()、改变数据段大小 brk()、页面加锁/解锁 mlock()/munlock()、内存缓存写回磁盘 sync()等。

4. 文件系统类

文件管理类系统调用用于对文件、目录和设备进行操作，如打开/关闭文件 open()/close()、读/写文件 read()/write()、改变文件模式/属主 chmod()/chown()、改变目录 chdir()、建立/删除链接 link()/unlink()、复制文件描述符 dup()、获取文件信息 stat()，设备控制 ioctl()等。

5. 系统控制类

系统控制类系统调用用于设置或读取系统状态及内核配置，如获取/设置系统时间 time()/stime()、重新启动系统 reboot()、获取/设置主机名 gethostname()/sethostname()等。

6. 其他类

其他系统调用包括用于进行网络管理、套接字控制、用户管理的系统调用。

有关各个系统调用的用法请查看 man 手册页的第 2 节，命令是：

man 2 系统调用名

8.4.4 系统调用的执行过程

系统调用在本质上是应用程序请求内核完成某项任务的一种特殊的过程调用，这种过程调用在用法上和一般的函数调用很相似，但二者是有本质区别的。函数调用不会引起运行态的转换，而系统调用会引起运行态的转换。因此，系统调用需要使用特殊的指令，在控制转移的同时切换 CPU 的运行模式。

1. 系统调用指令

系统调用的陷入与退出是由系统调用指令实现的，主要动作是切换运行模式、栈和指令地址。具体的实现方式依赖于体系架构。在 x86 架构上，陷入/退出系统调用的方式有两种：一种是用传统的中断指令 int/iret，另一种是用新的系统调用指令 sysenter/sysexit。在 x64 架构上，系统调用指令是 syscall/sysret。

早期 x86 架构的系统调用是用中断指令 int $0x80 实现的，它将产生 128 号中断，陷入内核，处理完成后用 iret 指令返回用户态。这种以中断方式陷入内核的过程需要经历一系列的特权检查，因此切换的速度较慢。为解决这个问题，新的 x86 CPU 中增加了"快速系统调用指令"sysenter/sysexit。类似地，x64 架构的 CPU 也设置了"快速系统调用指令"syscall/sysret。这类指令针对系统调用的切换动作进行了优化，提高了系统调用的执行速度。优化的方法是利用 CPU 中的一组特殊寄存器 MSR 预存好目标代码和堆栈的段选择符及指令地址，当执行系统调用时，sysenter 或 syscall 指令直接将 MSR 寄存器中的内容装入 cs、ss、eip、esp/rsp等寄存器中，这样就可以将 CPU 状态直接切换到预定义的内核状态。由于切换的状态都是系统预定义的，因而无须进行特权检查，效率也就大大提高了。

目前的 Linux 内核都已支持快速系统调用指令，32 位 Linux 系统使用 sysenter/sysexit 指令，64 位 Linux 系统则使用 syscall/sysret 指令。为支持快速系统调用指令，内核中增加了与指令动作相配合的系统调用处理程序，包括入口代码和返回代码。系统调用封装函数也做了更新，以执行 vsyscall 代码的方式陷入内核。

2. 调用参数的传递

运行模式的切换带来的另一个问题是参数传递的方式。函数调用需要使用栈来传递参数和返回值，用户代码中的函数调用使用的是用户栈，内核代码中的函数调用使用的是内核栈。但系统调用的前后跨越了两种运行态，因此既不能使用用户栈，也不能使用内核栈。

在系统调用时，调用参数是通过 CPU 的寄存器来传递的。在发出系统调用指令前，调用参数被写入 CPU 的寄存器。在 x86 系统中，系统调用号存放在 eax 中，参数按顺序存放在 ebx、ecx、edx、esi 和 edi 中。进入内核后，系统调用处理程序将寄存器中的参数压入内核栈中，服务例程则从内核栈中取得参数，然后按参数执行。服务例程返回时，系统调用处理程序会将它的返回值存入 eax 寄存器中，在返回用户态后传递给用户进程。x64 CPU 中的寄存器数量增多了，因此可以使用更多的寄存器来传递参数。在 x64 系统中，系统调用号存放在 rax 中，第 1~6 个参数依次保存在 rdi、rsi、rdx、rcx、r8、r9 中。系统调用服务例程可以不必通过栈，直接从寄存器中获取参数，这样就提高了函数调用的效率。

3. 系统调用的执行过程

图 8-14 以 x64 系统上的 syscall/sysret 方式为例，描述 write()函数的执行过程。从中可以看到系统调用执行的全过程。

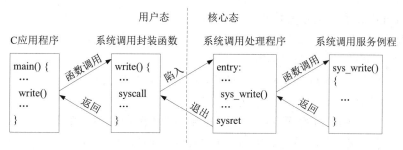

图 8-14 系统调用的执行过程

忽略实际函数调用中的多重嵌套和宏替换等处理，这个系统调用的概略执行过程如下：

（1）某应用程序要向一个文件中写入一些信息。它需调用 write()函数来完成这件工作。write()是一个向文件写入数据的系统调用封装函数，参数是文件描述符 fd、缓冲区地址 buf 和字节数 count。这是一个普通的函数调用。

（2）write()函数将几个在系统调用中会被使用的寄存器的值保存在用户栈中，将自己的系统调用编号（64 位系统上 write()的编号为 1）存入 rax 寄存器中，将 3 个参数分别存入 rdi、rsi 和 rdx 寄存器中，然后执行 syscall 指令，陷入内核。

（3）syscall 指令的动作是用 MSR 寄存器传递的值装载 eip、cs、ss、rsp 等寄存器，建立内核运行环境。装载后，eip 为系统调用的入口地址，ss 和 cs 被设置为内核段，rsp 则指向内核栈。此时 cs 中的特权级别提升为 ring0，CPU 已切换到核心态，并将在下一条指令开始执行系统调用的入口处理程序。这个步骤是由硬件完成的。

（4）系统调用的入口处理程序开始执行，它首先将进程的用户态程序现场压到栈中，以便返回时使用，然后根据 rax 中的系统调用编号确定要调用的服务例程，调用该例程执行。此例中它调用的是 1 号系统调用服务例程 sys_write()。这是一个普通的内核函数调用。

（5）sys_write()服务例程从寄存器中取得调用参数，执行实际的写文件操作，然后返回。

（6）系统调用的返回处理程序将 sys_write()的返回值保存在 rax 寄存器中，用内核栈中的用户态程序现场恢复 CPU 的执行环境，将用户栈地址和要返回的指令地址传给 sysret 指令，执行该指令退出。

（7）sysret 指令的动作是将设定的用户栈地址和指令地址分别赋给 rsp 和 eip 寄存器，并将 cs、ss 设置为用户段。此时 cs 中的特权级别降为 ring3，CPU 切换到用户态，返回到 write()函数中。这个步骤也是硬件动作。

（8）write()函数从返回点处继续运行。它首先恢复陷入前（步骤（2））保存在用户栈中的几个寄存器。此时除 rax 外的寄存器都恢复到陷入前的状态，而 rax 中则存放了系统调用的返回值。随后 write()从 rax 寄存器取出返回值，处理后返回到应用程序。

习　题

8-1　简述字符命令接口与图形接口的特点。

8-2　什么是作业？作业和进程有什么关系和区别？

8-3　Shell 的主要功能是什么？

8-4　Shell 内部命令与外部命令有何区别？

8-5　X Window 系统的主要特点是什么？

8-6　解释名词"X 服务器""X 客户""X 协议"的含义。

8-7　什么是窗口？一个窗口由哪些部分组成？

8-8　窗口管理器、桌面环境和显示管理器的功能各是什么？

8-9　简述 Wayland 显示系统的架构与特点。

8-10　Linux 系统的流行桌面有哪些？比较和评价你所用过的桌面系统。

8-11　什么是系统调用？系统调用与一般的函数调用有哪些区别？

8-12　Linux 的系统调用主要分为哪几类？

8-13　x64 系统中的系统调用指令是什么？系统调用的参数和返回值是如何传递的？

第三部分 应用篇

第 9 章　Shell 程序设计

Shell 语言不仅仅是一种交互式命令语言，它还是一种可编程的程序设计语言。在 Linux 系统中，Shell 程序被广泛地应用于系统的初启、配置、管理和维护工作。因此，熟练地掌握 Shell 语言可以更深入地理解系统的运行机制，更有效地使用和管理系统。

9.1　Shell 语言概述

Shell 是命令语言的解释器，它定义了 Shell 命令的语法和语义规范。只有遵守这种规范的命令行才能被 Shell 理解和执行。Shell 命令所使用的语言称为 Shell 语言，它具备了编程语言的基本要素，如定义参数与变量、使用控制结构等，因而可以实现各种复杂的处理逻辑。

9.1.1　Shell 语言的特点

与其他编程语言相比，Shell 语言具有如下特点：

（1）Shell 是一种解释性语言。这就是说，用 Shell 语言写的程序不需编译，可以直接由 Shell 进程解释执行。解释性语言的特点是快捷方便，可以即编即用，但运行速度比编译性语言的要低一些。

（2）Shell 是基于字符串的语言。Shell 只做字符串处理，不支持复杂的数据结构和运算。Shell 的输出也全部是字符方式的。

（3）Shell 是命令级语言。Shell 程序全部由命令而不是语句组成，几乎所有的 Shell 命令和可执行程序都可用在 Shell 程序中。Shell 命令十分丰富，命令的组合功能也很强大。

需要说明的是，不同版本的 Shell 程序不完全兼容，差别可能是细微的，也可能是明显的。本章介绍的是 bash 的编程，它的应用较广泛，兼容性也很好。

9.1.2　Shell 程序

Shell 程序是由一系列 Shell 命令构成的文本文件，也称为 Shell 脚本（script）。简单的 Shell 程序可以只是一个命令序列，高级 Shell 程序中还可以包含复杂的命令组合和控制结构。

例 9.1　第 1 个 Shell 程序。

```
$ cat hello                    # hello 程序
# This is a shell script to say hello.
echo Hello World!
echo -n "Today is "
date "+%A, %B %d, %Y."
$ . hello                      # 运行 hello 程序
```

```
Hello World!
Today is Saturday, JUNE 27, 2020.
$_
```

这个 hello 程序的第 1 行是注释，后面 3 行是命令。在执行此程序时，Shell 依次执行这 3 个命令并输出显示信息。

9.1.3 Shell 程序的建立与执行

Shell 脚本是文本文件，因此可以用任何文本编辑器来编辑脚本。Shell 脚本文件的名称没有限定的后缀名，通常不带后缀名或带 ".sh" 后缀名。

Shell 脚本的执行方式主要有 3 种：

（1）将脚本作为可执行文件直接执行：

```
$ chmod a+rx hello
$ ./hello
```

这种方式是将脚本作为 Shell 的外部命令来执行的。用文本编辑器生成的脚本文件默认没有 x 权限，因此不可直接执行。赋予 r 和 x 权限后，脚本就可以被 Shell 读取和执行了。如果脚本不在系统搜索命令的默认目录下，则在执行时需要指定它的路径名，如上例所示。为方便执行当前目录下的脚本，可以将当前目录添加到系统默认搜索路径中（设置方法见例 9.30），这样在执行时就不用加路径前缀 "./" 了。

（2）派生一个 Shell 执行脚本文件：

```
$ bash hello                    #或 bash < hello
```

此命令将启动一个 bash 子进程，专用于执行参数指定的脚本。在这种方式中，作为参数的脚本只是 bash 的输入文件，因此不必有执行权限。这种方法也常用于运行一个其他版本的 Shell 脚本。例如，要执行一个用 C Shell 写的脚本 chello，可以用 csh chello 命令，启动一个 csh 进程来执行它。

（3）让当前 Shell 执行脚本文件：

```
$ source hello                  #或. hello，注意.后面的空格
```

source 命令（也可以写作 "." 命令）是 Shell 的内部命令，功能是读取参数指定的文件，执行其内容。此命令就是让当前 Shell 执行脚本，而不是派生子 Shell 去执行。

在前 2 种方式中，无论是作为命令还是作为命令参数，脚本实际都是交由子 Shell 来执行的。专门用于执行脚本的子 Shell 都是非交互式 Shell，它们直接从脚本中获取命令，逐条执行直到结束。脚本结束后子 Shell 进程也就终止了。

通常情况下，以上 3 种方式都可以使用，但需注意到可能存在的差异。如果脚本中有对 Shell 环境的修改操作，比如执行 cd 命令改变当前目录，则前 2 种执行方式不会对当前 Shell 产生影响，而第 3 种方式会直接作用于当前 Shell。

9.2   Shell 特殊字符

Shell 定义了一些特殊的字符，称为元字符（meta-characters），它们对 Shell 有特殊的含义。Shell 在读入命令行后，要先对命令行进行扫描，找出元字符并进行相应的替换或处理。恰当地运用元字符能使命令的功效充分发挥。以下分类介绍这些元字符的含义和用法。

9.2.1 通配符

通配符用于描述命令行中的文件名参数。当 Shell 遇到带有通配符的文件名模式时，它将当前目录中的所有文件与该模式进行匹配，并用匹配的文件名替换命令行中的文件名模式。表 9-1 列出了常用的通配符。

表 9-1 常用的文件名通配符

符号	格式	含义
*		匹配任何字符串，包括空字符串
?		匹配任何单个字符
[ ]		匹配方括号内列出的某个单个字符
,	[字符 1,字符 2,…]	指定多个匹配的字符
-	[开始字符-结束字符]	指定匹配的字符范围
!	[!字符]	指定不匹配的字符

用通配符构造的文件名模式与文件名之间的匹配关系如例 9.2 所示。

例 9.2 通配符的匹配作用。

```
zip*        匹配以字符 zip 开始的任何字符串；
*zip        匹配以字符 zip 结尾的任何字符串；
rc?.d       匹配以 rc 开始、以.d 结束、中间为任何单个字符的字符串；
[a-d,x,y]   匹配字符 a、b、c、d、x、y；
[!Z]        匹配不为 Z 的单个字符；
[a-f]*      匹配字符 a 到 f 开头的字符串，如 abc，d2，e3.c，f.dat；
*[!o]       匹配不以 o 结尾的字符串。
```

9.2.2 输入/输出重定向与管道符

输入/输出重定向和管道符的作用是改变命令的输入/输出环境。当 Shell 在命令行中遇到输入/输出重定向或管道符时，它将对命令的标准输入/输出文件作相应的更改，然后再执行命令。表 9-2 列出了常用的输入/输出重定向与管道符。

表 9-2 常用的输入/输出重定向与管道符

符号	格式	含义
<	命令 < 文件	标准输入重定向
>	命令 > 文件	标准输出重定向
2>	命令 2> 文件	标准错误输出重定向
&>	命令 &> 文件	标准输出合并重定向
2>&1	命令 2>&1 文件	将标准错误输出归并到标准输出流中
1>&2	命令 1>&2 文件	将标准输出归并到标准错误输出流中
>>	命令 >> 文件	标准输出附加重定向
2>>	命令 2>> 文件	标准错误输出附加重定向
<<	命令 << 字符串	here 文档重定向
|	命令 | 命令	管道
|tee	命令 |tee 文件 | 命令	T 型管道

1. 标准输入/输出重定向

"<"是标准输入重定向符，它将标准输入 stdin 重定向到一个文件。">"是标准输出重定向符，它将标准输出重定向到一个文件。为了区分是哪种输出重定向，可以在符号前加一个文件描述符 fd。stdout 的 fd 是 1，stderr 的 fd 是 2，所以"1>"表示标准输出重定向，"2>"表示标准错误输出重定向。未指定 fd 时，默认地表示是"1>"。

例 9.3 将标准输入改为 infile 文件，标准输出改为 outfile 文件，标准错误输出改为 errfile 文件。

```
$ myproc > outfile 2> errfile < nfile
```

2. 合并重定向与归并重定向

"&>"是标准输出合并重定向符，它将标准输出与标准错误输出合在一起重定向到一个文件。">&"是标准输出归并重定向符，它将一种标准输出归并到另一种标准输出流中。符号的前后各用一个 fd 来表示归并的方式。"1>&2"或">&2"表示将 stdout 归并到 stderr 流中；"2>&1"表示将 stderr 归并到 stdout 流中。

例 9.4 将标准输出和标准错误输出改向到 out 文件。

```
$ myprog &> out
```

例 9.5 将标准输出改向到 out 文件，并将标准错误输出并入到标准输出中。

```
$ myprog > out 2>&1                #等价于 myprog &> out
```

例 9.6 将标准输出并入标准错误输出流。

```
$ myprog > out 2>&1                #等价于 myprog &> out
```

3. 附加重定向

">>"是标准输出附加重定向符，它将标准输出或标准错误输出用追加的方式重定向到一个文件。"1>>"或">>"表示 stdout 附加重定向；"2>>"表示 stderr 附加重定向。

例 9.7 在.bash_profile 文件的尾部添加一行。

```
$ echo 'PATH=$PATH:.' >> .bash_profile
```

4. here 文档

"<<"是一种特殊的标准输入重定向机制，称为"here 文档"（here document）。here 文档的表示格式是"<< 结束标记字符串"，它的作用是指示 Shell 将本命令行后面的输入行作为命令的标准输入传给命令，直到遇到结束标记字符串为止。

例 9.8 here 文档的使用。

```
$ sort << End
> Jone Doe
> David Nice
> Masood Shah
> End
David Nice
Jone Doe
Masood Shah
$ cat here-doc_test
sort << End
Jone Doe
David Nice
Masood Shah
```

```
End
$ here-doc_test
David Nice
Jone Doe
Masood Shah
$_
```

here 文档主要用在 Shell 脚本中。它允许将脚本中某个命令的标准输入直接写在该命令行之后，如例 9.8 中的 here-doc_test 脚本那样。当执行到该命令行时，它不再去等待标准输入，而是在本文档内直接获取输入进行处理，这就是 here 的含义。

5. 管道

"|"是管道符，它将前一命令的标准输出作为后一命令的标准输入。"| tee"是 T 型管道符，它将前一命令的标准输出存入一个文件中，并传递给后一命令作为标准输入。

例 9.9 将/dev 目录下的文件列表按名逆序排序后浏览。

```
$ ls /dev | sort -r | more
```

例 9.10 将一个文件的内容排序后保存并统计其行数。

```
$ sort mylist | tee sort-list | wc -l
```

9.2.3 命令执行控制符

命令执行控制符用于控制命令的执行方式，指示 Shell 该如何执行命令。表 9-3 列出了常用的命令执行控制符。

表 9-3 常用的命令执行控制符

符号	格式	含义
;	命令 1; 命令 2	顺序执行命令 1 和命令 2
&&	命令 1 && 命令 2	"逻辑与"执行。若命令 1 执行成功则执行命令 2；否则不执行命令 2
||	命令 1 || 命令 2	"逻辑或"执行。若命令 1 执行成功则不执行命令 2；否则继续执行命令 2
&	命令&	后台执行命令

1. 顺序执行

";"是顺序执行符，它将两个或多个命令组合在一个命令行中，指示 Shell 顺序执行这些命令。

例 9.11 转到上一级目录，显示目录的路径名和目录的文件列表。

```
$ cd ..; pwd; ls
```

2. 条件执行

"&&"是逻辑与执行符，它将两个或多个命令组合在一个命令行中，指示 Shell 依次执行这些命令直到某个命令失败为止。"||"是逻辑或执行符，它将两个或多个命令组合在一个命令行中，指示 Shell 依次执行这些命令直到某个命令成功为止。

例 9.12 将文件 file1 复制到 file2，如果成功则删除 file1。

```
$ cp file1 file2 && rm file1
```

例 9.13 将文件 file1 复制到 file2，如果失败则显示 file1。

```
$ cp file1 file2 || cat file1
```

3. 后台执行

"&"是后台执行符，它指示 Shell 将该命令放在后台执行。后台执行的命令不占用终端与用户交互，因此 Shell 在执行后台命令后可以立即返回提示符。

例 9.14 在后台运行 yes 命令，丢弃输出。

```
$ yes > /dev/null &
```

9.2.4 命令组合符

命令组合符的作用是指示 Shell 将多个命令组合在一起执行。组合的目的是对这些命令统一进行某种操作，如管道、后台运行、输入/输出重定向等。

命令的组合形式有以下两种格式（注意括号两侧的空格）：

{ 命令 1; 命令 2; ...; }

(命令 1; 命令 2; ...)

两种组合形式的区别在于前者是在本 Shell 中执行命令列表，不派生子 Shell 进程，命令执行的结果会影响当前的 Shell 环境；后者是派生一个子 Shell 进程来执行命令列表，其执行的结果仅影响子 Shell 环境，不会影响当前的 Shell 环境。

例 9.15 在后台顺序执行两命令，5 分钟后跳出提示信息 "Tea is ready"。

```
$ ( sleep 300; echo Tea is ready ) &
```

例 9.16 将两命令的输出送到 mydoc。mydoc 的第 1 行是 Report，后面是 file 的内容。

```
$ ( echo Report; cat file ) > mydoc
```

例 9.17 统计两个命令的输出行数。这个数字就是常规命令的数目。

```
$ { ls /usr/bin; ls /usr/sbin; } | wc -l          #注意{}组合中最后命令后的分号不能省
```

例 9.18 两种括号的区别。

```
$ pwd
/home/cherry
$ { cd book; pwd; }              #由本Shell进程执行命令表
/home/cherry/book
$ pwd
/home/cherry/book               (本Shell进程的当前目录改变了)
$ ( cd ..; pwd )                #生成一个子Shell进程执行命令表
/home/cherry                    (子进程的当前目录已改变)
$ pwd
/home/cherry/book               (本Shell进程的当前目录没有变)
$_
```

9.2.5 命令替换符

当一个字符串被括在反撇号中，如`字符串`，则该字符串将先被 Shell 作为命令解释执行，然后用命令执行后的输出结果替换`字符串`。

例 9.19 命令替换符的用法。

```
$ echo Today is `date +%A`          #替换后为echo Today is Thursday
Today is Thursday
$_
```

Shell 在解析这个命令行时遇到命令替换符，于是先执行了 date 命令，用它的输出替代了原 date 命令所在的位置，然后执行 echo 命令。

9.2.6 其他元字符

表 9-4 列出了其他几个常用的元字符。

表 9-4 其他元字符

符号	含义
#	注释符，其后的内容被忽略
$	变量引用符
空格	分隔符，分隔命令名、选项和参数
回车	命令行结束符

空格是命令行元素的分隔符，用于指示 Shell 识别和拆分完整的命令名、选项及参数。"$"字符的作用将在第 9.3 节中介绍。"#"字符用于注释，它告诉 Shell 忽略其后的内容。

例 9.20 使用注释符对命令进行说明。

```
$ echo hello                          # say hello
hello
$ _
```

9.2.7 元字符的引用

当需要引用元字符的原始含义，而不是它的特殊含义时，就必须用引用符对它进行转义，消除其特殊含义。当 Shell 遇到引用符时，它将该引用符作用范围内的字符看作是普通字符。常用的引用符有 3 种，即转义符、单引号和双引号。表 9-5 列出了它们的含义。

表 9-5 引用符

符号	含义
\	转义符，消除其后面的单个元字符的特殊含义
"…"	消除双引号中的大部分元字符的特殊含义，不能消除的字符有$、`、"、\
'…'	消除单引号中的所有元字符（'本身除外）的特殊含义，即单引号内的内容不变

例 9.21 在命令行中引用元字符。

```
$ echo "* is a wildcard."             #消除*字符的特殊含义
 * is a wildcard.
$ echo 'The prompter is "$"'          #消除双引号字符的特殊含义
 The prompter is "$"
$ echo "Don't do that! "              #消除单引号字符的特殊含义
 Don't do that!
$ echo "Name   ID   Age   Class"      #消除空格符的特殊含义
 Name   ID   Age   Class
$ echo Name   ID   Age   Class        #未转义的空格被看作是分隔符
 Name ID Age Class
```

```
$ echo \\\*                              #第1个和第3个\字符是转义符
 \*
$_
```

9.3   Shell 变量

Shell 提供了定义和使用变量的功能。变量是具有名字的一块存储空间，用于保存程序中要用到的数据。Shell 是基于字符串的编程语言，因此 Shell 变量只有两种类型，即字符串和字符串数组。

9.3.1 变量的定义与使用

1. 定义变量

定义变量时要注意变量的命名规则。变量的名字必须以字母或下画线开头，可以包括字母、数字和下画线。例如：user1、birth_day、_time 都是合法的变量名，而 2user、birth-day 则不是。在 Shell 中，对变量的定义与赋值是同时完成的。通常可采用两种方式，即用赋值命令直接赋值，或用 read 命令从终端读入赋值。格式如下：

变量名=字符串

read 变量名 [变量名...]

例 9.22 用变量赋值命令定义变量。
```
$ nodehost=beijing.WEB               #注意赋值号"="两边不能有空格
$ user="zhang ming"                  #如果字符串中含有空格，应用引号将字符串括起
$ path=/bin:/usr/bin:/etc/bin
$ count=10
```
例 9.23 用 read 命令定义 3 个变量并为它们输入值。
```
$ read usera userb userc
 joe  zhao  ming
$_
```
执行该 read 命令时，它将等待用户的输入。用户为每个变量输入一个字符串值，中间用空格分开。

2. 引用变量

引用变量即是求出变量的值（字符串），替换在发生引用的位置。引用变量的方法是在变量名前加引用字符 "$"，格式是：

$变量名

或 ${变量名}

当命令行中出现$字符时，Shell 将紧跟其后面的字符串解释变量名，并对其进行求值和替换。若$字符后面没有合法的变量名，则 Shell 将此$字符作为普通字符看待。

例 9.24 在命令中引用变量。
```
$ dir=/home/cherry/cprogram
$ echo $dir                          #实际执行 echo /home/cherry/cprogram
 /home/cherry/cprogram
```

```
$ cd $dir/hello                      #实际执行 cd /home/cherry/cprogram/hello
$ pwd
/home/cherry/cprogram/hello
$ echo $ dir                         #这里的$被看作普通字符
 $ dir
$_
```

在执行 echo 命令时，Shell 先识别出变量名 dir，然后求出 dir 的值，替换到$dir 的位置，最后执行 echo。在执行 cd 命令时，Shell 也是先识别出变量名为 dir（因为后面的"/"字符不是变量名的合法字符），然后引用该变量的值形成实际运行参数。最后的 echo 命令中，$后面是空格，而不是合法的变量名，因此$被作为普通字符对待。

注意：引用未定义的变量将得到一个空字符串。若变量名后紧随有字母、数字或下画线，则应将变量名用{}括起。

例 9.25 引用变量的方法。

```
$ echo $dir_1                        #dir_1变量未定义，实际执行echo
 （空串）
$ echo ${dir}_1                      #实际执行echo /home/cherry/cprogram_1
/home/cherry/cprogram_1
$ str="This is a string"
$ echo "${str}ent test of variables"
This is a stringent test of variables
$ echo "$strent test of variables"   #实际执行echo "test of variables"
test of variables
$_
```

3. 设置只读变量

为了防止变量的值被修改，可以用 readonly 命令定义只读变量，格式是：

readonly 变量名[=字符串]

带有赋值字符串时表示为变量赋初值并设置其属性为只读，否则直接设置为只读。

例 9.26 设置只读变量。

```
$ readonly myid=110101               #定义只读变量myid，同时赋予初值
$ echo $myid
 110101
$ myid=100100                        #对只读变量进行赋值，结果失败
 bash:  myid: readonly variable
$_
```

4. 清除变量

用 unset 命令清除变量。清除后的变量变为未定义变量，引用其值将得到空字符串。注意，只读变量是不能被清除的。unset 命令的格式是：

unset 变量名 [变量名...]

例 9.27 清除变量。

```
$ echo $str
 This is a string
$ unset str                          #清除变量str
```

```
$ echo $str

$_
```

9.3.2 变量的作用域

变量的作用域是指变量可以被引用的范围。根据变量的作用域来划分，Shell 变量可以分为两类，即本地变量和导出变量。

1. 本地变量

在一个 Shell 中定义的变量默认只在此 Shell 中才有意义，也就是说它们的作用是局部的，这种变量称为本地变量。本地变量只在本 Shell 中有定义，在子 Shell 中是不存在的。

例 9.28 本地变量的作用域。

```
$ dir=/home/cherry/cprogram
$ echo $dir
 /home/cherry/cprogram
$ bash                          #进入子Shell
$ echo $dir

                        (空串表示变量未定义)
$_
```

2. 导出变量

当 Shell 执行一个命令或脚本时，它通常会派生出一个子进程来执行命令。如果希望 Shell 的变量在其子进程中也可用，可以通过导出操作将变量传递给子进程。导出的变量称为导出变量，它与本地变量的区别在于：导出变量可以被任何子进程引用，而本地变量仅在定义它的进程环境下才能使用。导出变量的命令是 export，格式是：

export 变量名[=字符串]

命令中带有赋值字符串时，表示为变量赋初值并导出，否则直接导出。

当 Shell 的一个子进程开始运行时，它继承了该 Shell 进程的全部导出变量。子进程可以修改继承来的变量的值，但修改只对自己的变量副本进行，不影响父进程中的变量的值。也就是说，变量继承是单向的值传递。

例 9.29 导出变量与本地变量的使用。

```
$ name=Zhang; export name       #定义变量name,然后导出它
$ export title=Dr.              #定义并导出变量title
$ greeting="Good morning"       #定义变量greeting
$ cat var_test
 name=Wang
 echo "$greeting $title $name!"
$ bash var_test                #在子Shell中引用变量
 Dr. Wang!
$ echo "$greeting $title $name!"  #在本Shell中引用变量
 Good morning Dr. Zhang!
$_
```

从执行 var_test 的子 Shell 进程的输出可以看出，子进程继承了父进程的两个导出变量，但没有继承父进程的本地变量 greeting。在子进程中修改了 name 的值。它的输出显示 title

变量与父进程相同，name 变量已被修改，greeting 变量则是未定义的。最后一个 echo 命令显示子进程对 name 的修改不影响父进程的 name 变量值。

用 export 命令还可将已导出的变量"收回"，方法是使用-n 选项。例如，要将 name 变量收回可使用 export -n name 命令。收回的变量变回为本地变量，不再为子进程可用。

9.3.3 变量的分类

根据用途不同，Shell 变量可以大致分为 3 类，即用户变量、环境变量和特殊变量。

1. 用户变量

用户变量是用户为实现某种应用目的而定义的变量。例如，用户可以将一个目录的路径名记在一个变量中，在命令行中可以直接引用该变量，从而避免冗长的输入。根据需要，用户变量可多可少，可有可无。必要时可以将用户变量导出，使其为子进程可用。

2. 环境变量

环境变量是由系统预定义的一组变量，用于为 Shell 提供有关运行环境的信息。环境变量定义在 Shell 的启动文件中，Shell 启动后这些变量就已经存在了。在随后的 Shell 的运行过程中，用户可以直接引用环境变量，也可以对其重新赋值以改变环境设置。大多数环境变量都是导出的，可被 shell 的子进程继承使用。有关环境变量的介绍见 9.3.4 节。

3. 特殊变量

特殊变量是由 Shell 自定义的一组变量，用于记录有关 Shell 当前运行状态的一些信息，如运行参数、进程号等。特殊变量是本地的、只读的，用户可以引用这些变量，但不能修改它们的值，也不能导出它们。有关特殊变量的含义和使用方法的介绍见 9.3.5 节。

9.3.4 环境变量

1. 环境与环境变量

Shell 执行时需要了解一些有关系统和用户的基本信息以及一些默认设置信息。这些信息以变量的形式提供，称为环境变量。环境变量的全体就称为 Shell 的执行环境。

系统环境变量是系统预定义的，用户也可以根据需要添加自己的环境变量。系统环境变量的名称是系统预留的，全部为大写。表 9-6 列出了常用的系统环境变量。

表 9-6 常用的几个环境变量

变量名	含义	说明
HOME	用户的主目录	用户的主目录的绝对路径名
HOSTNAME	主机名	系统的主机名
LANG	使用的语言	Shell 使用的语言，zh_CN.UTF-8 为中文，C 为英文
USER、LOGNAME	用户名	本用户的用户名、登录名
MAIL	用户邮箱	用户的邮箱的路径名，默认为/var/spool/mail/登录名
TERM	终端类型	Shell 使用的终端的类型
PS1	主命令提示符	Shell 命令提示符，普通用户默认为$，root 默认为#
PS2	次命令提示符	命令后续行的输入提示符，默认为>
PWD	当前目录	Shell 所处的当前目录
PATH	命令搜索路径	Shell 命令的搜索路径，多个路径名中间以冒号分隔

表 9-6 中除 PS1 和 PS2 之外的环境变量都是导出变量，可以在命令子进程中直接使用。

2. 环境变量的定义与使用

环境变量定义在 Shell 的配置文件中，Shell 启动时会执行这些配置文件，建立起运行环境。启动完成后，这些环境变量都已经被赋值，在随后的命令中可以直接使用。

用户可以定制自己的 Shell 环境，比如添加自己的环境变量，或修改某个系统环境变量。不过这些定义和修改只在本次 Shell 会话中有效。若要使定制长久有效，则需要修改 Shell 的配置文件。关于环境配置的方法介绍见 10.3.2 节。

例 9.30 在 Shell 中引用和修改环境变量。

```
$ echo "Hello $LOGNAME!"              #使用 LOGNAME 变量
 Hello cherry!
$ echo $PATH                          #显示 PATH 变量的当前值
 /usr/local/bin:/usr/local/sbin:/usr/bin:/usr/sbin
$ myprog                              #运行当前目录下的一个程序
 bash: myprog: command not found... （在 PATH 指定的搜索路径中找不到命令）
$ ./myprog                            #指定命令的路径
 （执行命令）
$ PATH=$PATH:.                        #修改 PATH 变量，使其包含当前目录
$ echo $PATH
 /usr/local/bin:/usr/local/sbin:/usr/bin:/usr/sbin:.
$ myprog                              #在当前目录下搜索到命令
 （执行命令）
$ echo PS1 is "$PS1", PS2 is "$PS2"
 PS1 is $, PS2 is >
$ cat << End > namelist               #将后续行的输入写入文件，显示次命令提示符
> Jone Doe
> David Nice
> End
$ PS1="[\u@\h \W]$"                   #修改主命令提示符为[用户名@主机名 当前目录名]
[cherry@localhost ~]$ PS2=!           #修改次命令提示符为!
[cherry@localhost ~]$ cat << End > namelist
! Jone Doe
! David Nice
! End
[cherry@localhost ~]$_
```

3. Shell 命令的执行环境

Shell 的所有导出的变量都可以被 Shell 的子进程继承使用，这些导出变量的全体构成了该 Shell 的命令执行环境。用 env 命令或 export -p 命令即可显示执行环境中的所有变量。

Shell 命令的可执行代码有两种形式，即脚本文件和二进制的可执行文件，它们均以 Shell 的子进程方式运行。命令子进程通过访问命令执行环境可以获取有关运行环境的信息，并将其应用在自己的处理逻辑中。因此，通过对导出变量的设置可以改变 Shell 命令的执行环境，从而影响命令的执行结果。

命令程序访问执行环境的方法是：脚本程序可以直接引用或修改其执行环境中的变量；C 程序可以用 setenv() 和 getenv() 函数访问其执行环境中的变量。

例 **9.31** 在脚本中访问执行环境。

```
$ export WORKDIR=$HOME/project/src
$ cd ~/scripts
$ cat env_test
 echo "I am $LOGNAME@$HOSTNAME."
 cd $WORKDIR
 echo "I am now in $PWD."
$ ./env_test
 I am cherry@localhost.
 I am now in /home/cherry/project/src.
$ echo $PWD
 /home/cherry/scripts
$_
```

脚本中不加定义地引用了 4 个环境变量，其中 LOGNAME、HOSTNAME 和 PWD 是系统环境变量，WORKDIR 是用户定义的导出变量。它们构成了该脚本命令的执行环境。注意：执行脚本前的 cd 命令设置了 PWD 变量的值，执行脚本中的 cd 命令时修改了 PWD 的值，但这种修改只在子 Shell 内有效，它不会影响父 Shell 的 PWD 的值。

9.3.5 特殊变量

Shell 中有一组预定义的特殊的变量，其功能是记录 Shell 当前的运行状态的一些信息，如运行参数、进程标识和命令退出状态等。特殊变量的变量名和值由 Shell 自动设置。这些变量都是只读变量，因此在程序中可以引用这些变量，但不能直接对它们赋值。表 9-7 列出了几个常用的特殊变量。

表 9-7 常用的特殊变量

变量表达式	含义
$#	命令行中的参数的个数
$*	所有参数字符串组成的字符串
"$*"	所有参数组成的一个字符串
$@	所有参数字符串组成的字符串
"$@"	各个参数字符串组成的字符串序列
$i	位置变量，$i 是命令的第 i 个参数
$?	命令的退出状态
$$	当前进程的进程号

注意：由于都是只读变量，因此表 9-7 中列出的是变量的引用表达式，而不是变量名。用户可以用$*、$#等来引用变量，但不能将*或#等看作变量名来进行赋值、导出等操作。

1. 参数变量

向 Shell 脚本传递数据的途径有两种：一种是通过导出变量进行传递，另一种就是用命令行参数来传递。Shell 在解析命令行时首先将命令的参数识别出来，存入专门设置的变量中，这些记录运行参数的变量就称为参数变量。命令在其执行期间可以直接引用这些变量，获得此次运行的参数。

参数变量主要有以下几个：

（1）$#：记录命令行参数的个数。

（2）$*：记录命令行的整个参数。

（3）$@：记录命令行的各个参数。

（4）$i：称为位置变量，是按位置记录命令参数的一组变量，分别为$0，$1，$2，…，$9，${10}，…。其中，$0为命令名本身，$1为命令的第1个参数，$2为命令的第2个参数，…。所有超过参数个数的位置变量i（i>$#）的值为空字符串。

例如，某命令的名称为myprog，执行时的命令行是myprog -s "How are you!" joe jean。当该命令被执行时，Shell隐含地为它建立起一系列参数变量，各参数变量的内容如下：

$#:	4
$0:	myprog
$1:	-s
$2:	How are you!
$3:	joe
$4:	jean
$*:	-s How are you! joe jean
"$*":	"-s How are you! joe jean"
$@:	-s How are you! joe jean
"$@":	"-s" "How are you!" "joe" "jean"

例 9.32 在程序中引用参数变量。

```
$ cat para_test
echo My name is $0, I have $# parameters, they are $@
echo The first of them is \"$1\"
$ ./para_test How are you
My name is ./para_test, I have 3 parameters, they are How are you
The first of them is "How"
$ ./para_test "How are you" cherry
My name is ./para_test, I have 2 parameters, they are How are you cherry
The first of them is "How are you"
$ _
```

$*与$@变量之间有着细微的差别。在不带引号的情况下，两个变量的作用相同，都等价于$1 $2 $3 …。但在带有双引号时，它们的表现就不同了。$@的各参数之间的分隔符在双引号下仍然有效，因此"$@"是由各个独立的参数字符串构成的字符串序列，等价于"$1" "$2" "$3" …。$*的各参数之间的空格在双引号下失去了分隔作用，因此"$*"是一个含有普通空格字符的字符串，等价于"$1 $2 $3 …"。当需要逐个处理参数字符串时（例如在for循环中，见9.5.3节），使用"$@"更为安全，因为只有它能正确地区分出各个参数。

2. 设置参数变量

参数变量是只读的，因此用户不能直接对参数变量重新赋值，但却可以通过Shell提供的命令来设置这些变量。

1）用set命令设置位置变量

用set命令可以对位置变量及其他参数变量强制赋值，格式是：

set 字符串 1 字符串 2 ...

设 i 是第 i 个参数，则字符串 i 是要赋给第 i 个位置变量的值。注意：不能对$0 赋值。对位置变量赋值后，参数变量$#、$@、$*等也相应地被重新赋值。

用 set --命令可以清除所有的位置变量。相应地，$@和$*变量也被清除，$#变量被清 0。

例 9.33 设置位置变量。

```
$ date
 Mon Jun 29 23:42:07 CST 2020
$ set `date`
$ echo "Today is $2. $3, $6"
 Today is Jun. 29, 2020
$ _
```

date 命令输出了 6 个字符串，它们被依次赋给了$1~$6 变量。随后的 echo 命令引用了其中的 3 个变量。

2）用 shift 命令移动位置变量

shift 命令的功能是将位置变量与命令行参数的对应关系右移指定的位数，格式是：

shift [位移量]

未指定位移量参数时右移 1 位。

注意：shift 只移动$1 及其后面的位置变量的值，$0 变量的值保持不变。移位的同时，$#变量的值将减去相应的数，$@、$*等也相应地被重新赋值。

例 9.34 用 shift 命令移动位置变量的值。

```
$ cat proc1
echo $0: $#: $1: $2: $3: $4: $5:
shift
echo $0: $#: $1: $2: $3: $4: $5:
shift 2
echo $0: $#: $1: $2: $3: $4: $5:
$ bash proc1 A B C D E
 proc1: 5: A: B: C: D: E:
 proc1: 4: B: C: D: E: :
 proc1: 2: D: E: : : :
$ _
```

3. 其他特殊变量

其他常用的特殊变量是记录命令退出状态和进程 PID 的变量。

1）退出状态变量

在 Linux 系统中，每个命令在执行结束退出时都要返回给系统一个状态码。在 C 程序中是调用 exit(*status*)函数退出，在 Shell 脚本中则是用 exit *status* 命令退出。其中的 *status* 就是返回给系统的状态码。通常的约定是，程序成功结束时返回 0 状态值；程序出错时返回非 0 的状态值（比如 1、2、-1 等）。

$?变量记录了最近一条命令执行结束后的退出状态。当一个命令子进程退出时，它的退出码存放在自己的进程描述符中。随后，Shell 处理子进程的善后工作，将它的退出码保存在$?变量中。命令结束后，Shell 可通过这个变量来判断该命令执行成功与否。

例 9.35 从$?变量获得命令的退出状态。

```
$ rm file1
$ echo $?
 0                          (删除文件成功)
$ rm file2
 rm: cannot remove 'file2': No such file or directory
$ echo $?
 1                          (删除文件失败)
$ _
```

2）命令的进程号

$$变量记录了本命令进程的进程号 PID。当一个命令以子进程的方式开始运行时，Shell 将它的进程号 PID 存入$$变量中。

例 9.36 从$$变量获得命令的进程号。

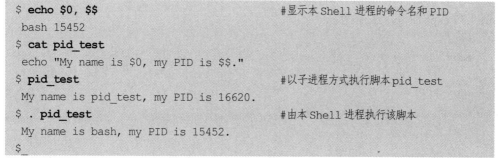

```
$ echo $0, $$              #显示本 Shell 进程的命令名和 PID
 bash 15452
$ cat pid_test
 echo "My name is $0, my PID is $$."
$ pid_test                 #以子进程方式执行脚本 pid_test
 My name is pid_test, my PID is 16620.
$ . pid_test               #由本 Shell 进程执行该脚本
 My name is bash, my PID is 15452.
$ _
```

从例 9.36 可以看出，当以命令方式直接运行脚本时，它是由一个子进程执行的，具有自己的 PID；当用 "." 命令执行脚本时，它是由本 Shell 进程执行的，其报出的 PID 就是本 Shell 进程的 PID。

9.4 Shell 表达式

Shell 语言支持表达式计算。Shell 表达式主要有两种形式：一种是用于数值计算的算术表达式，其结果是数值；另一种是用于进行条件测试或判断的逻辑表达式，其结果是真假值。

9.4.1 数字运算表达式

与高级语言中的变量不同，Shell 变量只有字符类型，所以只能存放整数数字字符串，如 "127" 等。Shell 本身也没有数字运算的能力，必须借助某些命令来进行算术运算。expr 就是用来进行数字表达式计算的命令。

expr 命令

【功能】计算表达式。

【格式】expr 数值 1 运算符 数值 2

【参数】expr 支持以下运算符：

+、-、*、/、%   加、减、乘、除、取余。

&、| 逻辑与、逻辑或。

=、==、!=   等于、等于、不等于。

>、<、>=、<= 　　　大于、小于、大于等于、小于等于。

【输出】+、-、*、/、%运算输出结果数值；&运算当两个数值都非 0 时输出第 1 个数值，否则输出 0；| 运算当第 1 个数值非 0 时输出第 1 个数，否则输出第 2 个数；比较运算为真时输出 1，否则输出 0。

【退出状态】算术运算返回状态 0；逻辑和比较运算结果为真（非 0）时返回状态 0，为假（0）时返回状态 1；出错时返回状态 2。

【说明】

（1） 运算符两侧必须留有空格，与运算数分开。

（2） 算术运算的数值必须是整数，可以是数字字符串常量，如"123"，也可以是数字字符串变量，如$a。expr 命令负责将数字字符串解释为整数，然后进行运算。

（3） 运算符如果是 Shell 的元字符，如*、\、&、|、>、<等，必须用转义符"\"使其失去特殊意义，不被 Shell 解释执行。

例 9.37 expr 命令用法示例。

```
$ a=13
$ expr "$a" - 4 + 2              # 13-4+2，注意运算符两旁要留有空格
 11
$ expr 4 \* 5                    # 4*5
 20
$ expr 5 + 7 / 3                 # 5+7/3，/运算优先于+运算，结果取整
 7
$ expr `expr 5 + 7` / 3          # (5+7)/3，用命令替换改变运算次序
 4
$ expr $a \>= 3; echo $?         # 13 >= 3?
 1
 0
$ expr 5 \& "$a"; echo $?        # 5 and 13
 5
 0
$ expr 5 \& 0; echo $?           # 5 and 0
 0
 1
$ expr 5 \| $a; echo $?          # 5 or 13
 5
 0
$ a=`expr $a - 2`                # a=a-2
$ echo $a
 11
$_
```

9.4.2 逻辑测试表达式

除了数字表达式的计算，Shell 还支持逻辑表达式的测试。逻辑表达式由运算符和运算对象组成。运算符可以是逻辑运算（与、或、非）、比较运算（大于、小于、等于等）或真假判断（是、非），运算对象可以是字符串、整数、文件等。逻辑表达式的测试结果为真假

值，常用在控制结构中进行条件判断。

执行逻辑表达式测试的命令是 test。表 9-8 列出了 test 命令的常用逻辑表达式。

表 9-8 test 命令的常用逻辑表达式

测试类型	表达式	测试含义
字符串 测试	$str1 = str2$、$str1 \,!= str2$	$str1$ 与 $str2$ 是否相等、不等
	$str1 > str2$、$str1 < str2$	按字典顺序，$str1$ 是否后于、前于 $str2$
	-n str、-z str	str 长度是否不为 0、为 0
	str	str 是否非空，同-n str
整数 测试	$n1$ -eq $n2$、$n1$ -ne $n2$	$n1$ 与 $n2$ 是否相等、不等
	$n1 = n2$、$n1 \,!= n2$	$n1$ 与 $n2$ 是否相等、不等
	$n1$ -gt $n2$、$n1$ -lt $n2$	$n1$ 是否大于、小于 $n2$
	$n1$ -ge $n2$、$n1$ -le $n2$	$n1$ 是否大于等于、小于等于 $n2$
文件 测试	-d $file$、-f $file$	$file$ 是否存在并且是目录、普通文件
	-r $file$、-w $file$、-x $file$	$file$ 是否存在并且可读、可写、可执行
	-e $file$、-s $file$	$file$ 是否存在、存在并且长度大于 0
	$file1$ -nt $file2$、$file1$ -ot $file2$	$file1$ 是否新于、老于 $file2$
逻辑 测试	! exp	exp 是否为假
	(exp)	exp 是否为真
	$exp1$ -a $exp2$、$exp1$ -o $exp2$	$exp1$ 与、或 $exp2$ 是否为真

test 命令

【功能】测试表达式的真假值。

【格式】test 有以下两种等价的表达格式：

  test 表达式

  [表达式]

第 2 种格式更接近于编程语言的形式，多用在脚本中。注意"["和"]"两侧的空格。

【退出状态】测试结果为真时返回状态 0，为假时返回状态 1，出错时返回状态 2。

【说明】

（1）运算符两侧必须留有空格，与运算数分开。

（2）表达式中若使用 Shell 的元字符，如">""<""("")"等，必须用转义符"\"使其失去特殊意义，不被 Shell 解释执行。

1. 字符串测试表达式

例 9.38 字符串测试。

```
$ user=smith
$ test "$user" = smith          #测试两字符串是否相等,等价于[ "$user" = smith ]
$ echo $?                       #显示测试结果
 0                              （是）
$ test -z "$user"               #测试字符串是否为空串
$ echo $?
 1                              （否）
$_
```

例 9.39 含有空格的字符串及空字符串的测试。

```
$ user1="Tom Smith"
$ test "$user1" = "Tom Smith"              # test "Tom Smith" = "Tom Smith"
$ echo $?
 0                                         (真)
$ test $user1 = "Tom Smith"                # test Tom Smith = "Tom Smith"
 bash: test: too many arguments
$ echo $?
 2                                         (出错)
$ test "$user2" = smith                    # test "" = smith
$ echo $?
 1                                         (假)
$ test $user2 = smith                      # test  = smith
 bash: test: =: unary operator expected
$ echo $?
 2                                         (出错)
$_
```

当表达式中使用变量时，最好将其用双引号括起，如"$var"。经过变量替换后，双引号会消除字符串中特殊字符的作用，使其成为一个单一的字符串。例 9.39 中，变量 user1 的字符串中含有空格，"$user1"被替换为一个字符串"Tom Smith"，而$user1 替换后成为两个字符串 Tom 和 Smith。变量 user2 为空，"$user2"被替换为一个空串""，而$user2 则被替换为空。所以，空串或带空格的串在没有双引号的情况下都会导致 test 报错。

2. 数字测试表达式

例 9.40 数字比较测试。

```
$ x1=5
$ test "$x1" -eq 5; echo $?               # test "5" = 5
 0                                         (真)
$_
```

3. 文件测试表达式

例 9.41 文件测试。

```
$ test -f /home/cherry/message; echo $?    #检查指定的文件是否存在
 0                                         (真)
$ gcc myprog.c 2> err                      #编译，错误信息记入 err 文件
$ test -s err && echo "Errors found"       #检查 err 文件是否为空
$_
```

第 2 个 test 命令测试为真时，表示有编译错误发生，继续执行 echo 命令；否则不执行。

例 9.42 目录测试。

```
$ cat dir_test
 test -d $1 && echo "$1 is a directory" && exit 0     #测试参数 1 是否是目录
 echo "$1 is not a directory" ; exit 1
$ dir_test proc
 proc is a directory
$_
```

如果 test -d $1 命令测试为真，则顺序执行第 1 行的后 2 个命令，以 0 状态退出；如果测试为假，则执行第 2 行命令，以 1 状态退出。

4. 逻辑测试表达式

例 9.43 带有逻辑运算符的表达式测试。

```
$ test -f file -a ! -s file          #测试 file 是否为空的普通文件
$ echo $?
 1                                    （否）
$ read a b c
 （输入 2 7 5）
$ test \( $a -eq 0 -o $b -gt 5 \) -a $c -le 8        #测试($a=0 或$b>5)且$c<=8
$ echo $?
 0                                    （是）
$ cat check_input                     #测试输入的数字是否有效
echo -n "Input a number(1-10): "
read a
test $a -lt 1 -o $a -gt 10 && echo error! && exit 1
echo ok
exit 0
$ bash check_input
 Input a number(1-10): 5
 ok
$ bash check_input
 Input a number(1-10): 15
 error!
$_
```

9.5 Shell 控制结构

Shell 提供了几个专门的内部命令来构造控制结构，用它们可以构造出任意的分支与循环。这些命令可以分为以下几类：

- 分支结构：if、case；
- 循环结构：while、until、for；
- 循环控制：break、continue；
- 结束：return、exit。

9.5.1 条件与条件命令

控制结构需要根据某个条件作出控制转向的决策。在 Shell 语言中，条件是某命令的退出状态。当命令执行成功时，它返回一个 0 状态（即$?为 0），此时条件为真；若命令失败，返回一个非 0 状态（即$?不为 0），则此时条件为假。

用于进行条件判断的命令就称为条件命令。任何 shell 命令都具有退出状态，因而都可以作为条件命令使用。此外，Shell 还提供了 3 个内部命令：:、true 和 false。它们不作任何操作，只是返回一个特定的退出状态。:和 true 返回 0；false 返回非 0。它们可作为恒真和恒假条件命令使用。

9.5.2 分支控制命令

分支控制命令用于控制程序在不同的条件取值下执行不同的流程。用于分支控制的命令有 if 和 case，if 命令用于两路分支控制，case 命令用于多路分支控制。

1. if 命令

if 命令根据条件命令执行的结果决定后续命令的执行路径。if 命令的一般形式为

```
if  条件命令
    then  命令列表 1         #若$?为 0，执行此分支
    [else  命令列表 2]       #否则，执行此分支
    fi
```

if 命令的执行过程是：首先执行条件命令，然后根据条件命令的退出状态决定后续的执行路径。若条件为真则执行命令列表 1，否则执行命令列表 2。

条件命令通常是一个 test 表达式命令，但也可以是任何其他的命令或命令列表。如果条件命令是一个命令列表，则 Shell 将依次执行其中的各个命令，并将最后一个命令的退出状态作为条件。命令列表可以是一个或多个命令，也可以是另一个 if 命令，从而形成嵌套 if 结构。另外，if 结构可以没有 else 分支，但不能省略 then 分支。

例 9.44 判断参数 1 是否存在且是普通文件。

```
if  [ -f $1 ]
  then  echo "$1 is an ordinary file."
  else  echo "$1 is not an ordinary file or not exists."
fi
```

例 9.45 检查某用户是否登录。

```
echo -n "Enter User Name: "
read user
if  who | grep $user
  then  echo "$user is logged in."
  else  echo "$user is not logged in."
fi
```

例 9.45 中的条件命令为 who | grep 命令，以 grep 命令的执行结果作为条件。若 grep 在 who 的输出中找到指定的用户名，则条件为真，显示用户已登录信息；否则，条件为假，显示用户未登录信息。

2. case 命令

用 case 命令进行多路条件测试，结构更清晰。case 命令的格式是：

```
case  测试字符串  in
    模式 1)   命令列表 1;;
    模式 2)   命令列表 2;;
      ⋮
    模式 n)   命令列表 n;;
    esac
```

case 命令的执行过程是：先将测试字符串与各个模式字符串逐一比较，若发现了一个匹配的模式则执行该模式对应的命令列表。若有多个匹配的模式，只执行最前面的那个分支。

例 9.46 根据参数个数进行相应处理。

```
case $# in
    0)  DIR="." ;;
    1)  DIR=$1 ;;
    *)  echo "Usage:  $0 [directory name]"; exit 1 ;;
esac
rm -i $DIR/*.bak
exit 0
```

该脚本的功能是清除参数指定的目录下的所有.bak 文件。若没有带参数则默认为当前目录；若带有 1 个参数则它就是指定的目录；若参数个数多于 1 个则提示命令的用法。

例 9.47 按时间显示问候语。

```
hour=`date +%H`
case $hour in
    08|09|10|11|12)  echo "Good Morning!" ;;
    13|14|15|16|17)  echo "Good Afternoon!" ;;
    18|19|20|21|22)  echo "Good Evening!" ;;
               *)    echo "Hello!" ;;
esac
```

该脚本先用 date 命令求出当前的小时数，然后根据这个数字按时间段显示不同的问候语。模式中的"|"是或的意思，用于将多个模式合并到同一个分支；"*"表示任意，当前面没有匹配的模式时执行此分支。

9.5.3 循环控制命令

循环控制命令用于重复执行某个处理过程。Shell 提供了 3 种循环结构的循环控制命令，即 for、while 和 until。这些命令既可以用在脚本中，也可以在 Shell 下直接执行。

1. for 命令

for 命令常用于简单的、确定的循环处理，命令的格式是：

> for 变量 [in 字符串列表]
>
> do
>
>   命令列表
>
> done

for 命令的执行过程是：定义一个变量，它依次取字符串列表中的各个字符串的值。对每次取值都执行命令列表，直到所有的字符串都处理完。当没有指定字符串列表时，默认指脚本的参数列表，即 for i 等同于 for i in "$@"。

例 9.48 循环处理一组文件。

```
$ cat countlines
 sum=0
 for i in `find -name "*.c"`          #对当前目录树下的每个.c 文件做循环处理
 do
    lines=`wc -l < $i`
```

```
    sum=`expr $sum + $lines`
 done
 echo $sum
$ countlines
 857
$_
```

这是统计 C 源文件行数的脚本，它逐个求出当前目录及子目录下的每个.c 文件的行数，并将它们累加起来输出。

例 9.49 循环处理参数列表。

```
# cat lock-users
 for i in "$@"                              #对参数行中的每个参数做循环处理
 do  passwd -l $i
 done
# lock-users fred joe
 locking password for user fred.
 passwd: Success
 locking password for user joe.
 passwd: Success
#_
```

这是 root 用于批量封锁用户的脚本。脚本对参数指定的用户依次执行 passwd -l 命令，使其口令失效。关于 passwd 命令的介绍见 10.3.2 节。

2. while 命令

while 命令的作用是进行有条件的循环控制，当条件为真时执行循环体命令列表，直到条件为假时结束。while 命令常用于循环次数或循环处理的对象不够明确的循环过程。while命令的格式是：

      while 条件命令
      do
          命令列表
      done

例 9.50 生成所需物品清单。

```
$ cat make_list
 item="Item list: "
 while [ "$item" != "q" ]                           #当$item不是q时
 do
   echo $item >> item_list                          #附加在清单尾
   echo -n "Enter an item [q for end] : " ;  read item    #读入item
 done
 cat item_list
$ make_list
 Enter an item [q for end] : apple
 Enter an item [q for end] : milk
 Enter an item [q for end] : q
 Item list:
 apple
```

```
    milk
$_
```

该脚本循环地从标准输入读入物品名称，存入 item_list 文件中。当读入"q"时结束循环，显示清单内容并退出。

3. until 命令

until 命令的作用与 while 命令类似，只不过是在条件不成立时执行循环体命令，直到条件成立。until 命令常用于监视某事件的发生，命令的格式是：

  until 条件命令

  do

   命令列表

  done

例 9.51 监视某用户是否登录。

```
$ cat watchfor
if [ ! $# -eq 1 ]                    #检查参数个数
    then echo "Usage: watchfor user"; exit 1
fi
until who | grep $1                  #搜索已登录的用户，直到被监视的用户登录
do
    sleep 60
done
$ watchfor joe
joe     tty1    Dec  21  09:46
$_
```

该脚本运行时需要带一个用户名参数。脚本首先检查参数个数，如果不是 1 的话则提示命令的用法并退出。如果检查通过，则每隔 60 秒在已登录的用户中搜索一次参数指定的用户，直到其登录。

9.5.4　退出循环命令

break 和 continue 命令的作用是在必要时跳出循环。break 用于终止整个循环。当执行 break 时，控制转移到循环体后（done 之后）的命令执行。continue 用于终止本轮循环，进入下一轮循环。当执行 continue 时，控制转移到循环体开始处（do 之后）的命令执行。

另外，break 和 continue 命令只能应用在 for、while 和 until 命令的循环体内。

例 9.52 用 break 命令终止循环。

```
$ cat break_test
while  :                    # always true
do
    echo "Continue? [y/n]: "
    read replay
    if [ $replay = n ]
        then break
    fi
done
$ break_test
```

```
Continue? [y/n]: y
Continue? [y/n]: n
$_
```

该脚本中的循环条件为恒真，这是个无限循环结构，但在循环体中使用了 break，使其在输入"n"字符时退出循环。

例 9.53 用 continue 命令跳过某轮循环。

```
$ cat continue_test
cd $1
for file in *                #针对当前目录下的所有文件
do
   if [ -d $file ]
      then continue
   fi
   ls -l $file
done
$ continue_test /home/cherry
-rwxr-xr-x.  1  cherry  faculty  564  Jan 31 08:59  memo
-rwxr-x--x.  1  cherry  faculty   91  Jan 04 17:05  routine
$_
```

该脚本运行时将逐个检查参数 1 指定的目录中的各个文件，略过子目录文件，列出其他文件的详细列表。

9.5.5 退出命令

exit 命令是 Shell 的退出命令，用在 Shell 脚本中时表示退出脚本程序，返回到其父 Shell。exit 命令的格式是：

exit [退出码]

其中，退出码是返回给父进程的退出状态码。如果程序中没有显式地使用 exit 命令退出的话，脚本的退出状态将是其退出前执行的最后一条命令的退出状态。显式地给出退出码是一个好的编程习惯。

例 9.54 利用 exit 命令退出。

```
if [ ! -d $1 ]
   then echo error ;  exit 1
   else ls $1
fi
exit 0
```

该脚本接收一个目录名作为参数。当判断参数不是目录时报错退出，否则显示目录列表后正常退出。

9.6　Shell 程序综合举例

本节通过几个实用的例子来展示 Shell 基本编程技术的综合应用，更复杂的应用需要涉及 Shell 高级编程的一些特性，读者可参阅专门的 Shell 编程教程。

例 **9.55** 一个批量处理文件的程序。

```
$ cat procfile
#!/bin/bash
#usage: procfile files
for i do
  while true
  do
      echo -n "$i: Edit, View, Remove, Next, Quit? [e|v|r|n|q]: "
      read choice
      case $choice in
          e*) vi $i;;
          v*) cat $i;;
          r*) rm $i && break;;
          n*) break;;
          q*) exit 0;;
          *) echo Illegal Option;;
      esac
  done
done
$ procfile file1 file2 file3
file1: Edit, View, Remove, Next, Quit? [e|v|r|n|q]: n
file2: Edit, View, Remove, Next, Quit? [e|v|r|n|q]: v
... (显示 file2 的内容)
file2: Edit, View, Remove, Next, Quit? [e|v|r|n|q]: r
file2: Edit, View, Remove, Next, Quit? [e|v|r|n|q]: n
file3: Edit, View, Remove, Next, Quit? [e|v|r|n|q]: q
$_
```

脚本的第 1 行的以#!打头的注释行指示 Shell 应使用 bash 来执行此脚本。脚本执行时需要带若干个文件名作为运行参数。for 循环用于依次处理参数中的各个文件。对每个文件的处理过程是一个 while 循环，它先列出可执行的操作的菜单，然后读取用户的输入，再通过 case 结构根据输入对文件进行指定的操作。当输入"n"时结束对这个文件的处理，进入下一个文件的处理过程。输入"q"时退出程序。

例 **9.56** 一个求数字累加和的程序。

```
$ cat addall
#!/bin/bash
if [ $# = 0 ]
   then echo "Usage: $0 number-list"
   exit 1
fi
sum=0                              # sum of numbers
count=$#                           # count of numbers
while [ $# != 0 ]
do
   sum=`expr $sum + $1`
   shift
```

```
 done
 #display final sum
 echo "The sum of the given $count numbers is $sum."
 exit 0
$ addall
 Usage: addall number-list
$ addall 1 4 9 16 25 36 49
 The sum of the given 7 numbers is 140.
$ _
```

addall 脚本以一系列整数为参数，对它们求和。脚本首先检查参数个数，如果没有参数则提示命令的用法并退出。脚本通过 while 循环将参数表中的参数一个个累加到 sum 变量中，然后显示累加结果。

例 9.57 groups 是一个 Linux 命令，用于求用户所在的用户组名称。该命令有 C 程序和 Shell 脚本两种实现版本。以下是一个 Shell 脚本版的 groups 命令。

```
$ cat groups
#!/bin/sh
usage="Usage:
$0 --help          display this help and exit
$0 --version       output version information and exit
$0 [user]...       print the groups a user is in"
fail=0
case $# in                                    #识别选项参数
   1) case "$1" in
        --help) echo "$usage"||fail=1; exit $fail;;
        --version) echo "groups GNU coreutils 4.5.3"||fail=1;exit $fail;;
             *) ;;
        esac;;
   *) ;;
esac

if [ $# -eq 0 ]; then id -Gn; fail=$?          #求当前用户的组名
else
   for name in "$@"; do                        #逐个求出参数指定用户的组名
     groups=`id -Gn $name`
     if test $? = 0; then echo "$name : $groups"
     else fail=1
     fi
   done
fi
exit $fail
$ ./groups --version                           #用./确保执行此版本的groups命令
groups GNU coreutils 4.5.3
$ ./groups --help
 Usage:
 ./groups --help          display this help and exit
 ./groups --version       output version information and exit
```

```
 ./groups [user]...        print the groups a user is in
$ ./groups cherry zhao
 cherry: faculty wheel
 zhao: guest
$_
```

注意该脚本对于参数的判别。该脚本允许带一个选项或 0 至多个用户名参数。对于--help 选项，它显示帮助信息；对于--version 选项，它显示版本信息；若是用户名参数，则调用 id 命令求出组名；若没有指定用户名则求出当前用户的组名。

例 9.58 一个简单的文本文件打包程序。

```
$ cat bundle                                    #打包程序
 #bundle: group files into distribution package
 echo "# To unbundle, bash this file"
 for i do
    echo "cat > $i << 'End of $i'"
    cat $i
    echo "End of $i"
 done
$ bundle file1 file2 file3 > bundlefile         #打包 3 个文件
$ cat bundlefile                                #打好的包文件
 # To unbundle, bash this file
 cat > file1 << 'End of file1'
 ...
 ...（file1 的内容）
 ...
 End of file1
 cat > file2 << 'End of file2'
 ...
 ...（file2 的内容）
 ...
 End of file2
 cat > file3 << 'End of file3'
 ...
 ...（file3 的内容）
 ...
 End of file3
$ cp bundlefile newdir/
$ cd newdir
$ bash bundlefile                               #在另一个目录中解包
$ ls
 bundlefile      file1      file2      file3
$_
```

bundle 脚本的功能是将参数指定的多个文本文件打包成一个文件以便发行。打包后的包文件具有自解包的功能。打包的方法是：将每个文件的内容前加上一行 cat 命令，尾部加一行结束标记，附加到打包文件中。解包时，依次执行包文件中的 cat 命令，利用 here 文档机制将文件的内容复原出来。

习 题

9-1 什么是 Shell 脚本？写出执行 Shell 脚本的 3 种方法。

9-2 解释以下两个命令有何不同：

find . -name '[A-H]*' -print   find . -name '[A,H]*' -print

9-3 解释以下命令有何不同：

wc wc   wc < wc   wc > wc   wc ｜ wc

9-4 以下命令可完成什么任务？

cat > letter 2> save < memo

cat > letter < memo 2>&1

cat 2> save < memo ｜ sort > letter

9-5 根据引用符的作用写出下列命令的输出：

echo who ｜ wc -l

echo `who ｜ wc -l`

echo 'who ｜ wc -l'

echo "who ｜ wc -l"

9-6 根据引用符的作用写出下列命令的输出：

echo 'My logname is $LOGNAME'

echo "My logname is $LOGNAME"

9-7 如何用 echo 命令将字符串"/home/$user/*"显示出来？

9-8 什么是 Shell 变量？如何定义 Shell 变量？如何引用 Shell 变量？

9-9 按照用途，Shell 变量分为哪几类？各类的用途是什么？

9-10 哪个环境变量用于保存命令的搜索路径？如何修改搜索路径，使其包含"~"目录和"."目录？这样的修改有什么作用？

9-11 编写一个 Shell 程序，它以立方体的边长作为参数，显示立方体的体积。

9-12 编写一个 Shell 程序，它删除参数指定的目录下的所有长度为 0 的文件。

9-13 编写一个 Shell 程序，它将第 2 个参数及其后的参数指定的文件复制到第 1 个参数指定的目录中。要求对输入的参数做必要的检查。

9-14 编写一个 Shell 程序，将指定目录及其子目录中包含字符串"root"的文本文件找出来。

9-15 修改例 9.50 中的 make_list 脚本，增加数量统计功能。

9-16 根据例 9.56 中的 addall 脚本编写一个脚本，它带有若干个文件名作为运行参数，脚本的功能是统计这些文件的大小之和。

第 10 章 Linux 系统管理

系统管理是指针对系统进行的一些日常管理和维护性工作，以保证系统安全、可靠运行，保证用户能够合理、有效地使用系统资源来完成任务。本章将介绍基本的系统管理技术，适用于个人用户维护和使用系统。专业的系统管理员需要学习更多的专业知识。

10.1　系统管理概述

Linux 系统管理工作的内容较多，大致可分为基本系统管理、网络管理和应用系统管理等部分。其中，基本系统管理包括开关机、用户管理、文件与设备管理、系统监控和软件维护等操作。这些是每个 Linux 用户都应了解和掌握的技能。

10.1.1　系统管理账号

系统管理工作可以由一人完成，也可以由一人负责、多人完成。拥有 root 账号的系统管理员对系统有着最高权限，这就是 root 账号的权威性与危险性。

与 Windows 系统的 Administrator 账号相比，Linux 赋予 root 更多的权限。root 几乎可以对系统做任何事情，他拥有对系统内所有用户的管理权，对所有文件和进程的处置权，以及对所有服务的控制权。Linux 系统总是假设 root 知道自己在干什么，而不会加以限制。这种信任对于熟练的系统管理员来说是权威和自由，而对于初学者来说则可能是潜在的灾难。因为一旦某个操作失误，就有可能给系统造成重大损失以至崩溃。

由于 root 账号的权威性，黑客也以获取 root 口令作为系统攻击的最高目标。因此，系统管理员应严格保护 root 口令，防止口令泄露。口令应足够复杂、足够长，并经常更换。此外，系统管理员还应具有一个普通用户的账号，登录时（尤其是远程登录时）应以普通用户身份进入系统，只在必要时用 su 命令变换成 root，见 10.3.1 节的介绍。

在需要时，root 用户可向其他用户授权，使其具有执行某些管理操作的特权，这样就可以将管理工作分派给多人执行。具体的授权方式见 10.3.4 节的介绍。

10.1.2　系统管理工具

系统管理员通常使用以下三种方法来管理和维护系统：

（1）直接编辑系统配置文件和脚本文件。Linux 系统的配置文件都是纯文本文件，大多数系统配置文件位于/etc 和/usr/etc 目录下，可以用 vi 等编辑器直接修改。这是最基本的，有时也是唯一可用的手段。

（2）使用 Shell 命令。Linux 系统提供了丰富的系统管理命令,大多数管理命令位于/sbin

和/usr/sbin 目录下。这些命令是最安全、最有效、最灵活的系统管理工具。

（3）使用图形化管理工具。Linux 的各个发行版都提供了一些图形界面的系统管理工具。这类工具使用起来简单方便，能完成大部分管理工作。

应当指出的是，图形化的系统管理工具虽然非常易用，但不能完全替代命令方式的操作。这是因为：第一，这些工具依赖于发行版本，缺乏一致性；第二，它们受图形界面操作方式的限制，无法获得命令所具有的高效率、高灵活性和自动化的特性；第三，服务器系统的管理员通常采用远程登录系统，无法使用图形化工具；第四，当系统发生故障时，图形化工具对于诊断和修正问题往往没有太大的帮助。所以，作为 Linux 系统管理员，掌握前两种方式，尤其是命令方式是非常必要的。

10.2 启动与关闭系统

启动与关闭系统是最基本的日常维护工作。系统管理员应了解系统的引导机制与初始化机制，并利用初始化工具来正确地启动系统，安全地关闭系统。

10.2.1 Linux 系统的引导机制

引导（boot）是指从计算机加电到操作系统初始代码进入内存开始运行的整个过程，包括硬件引导和操作系统引导两个阶段。目前 PC 机的硬件引导大多采用 UEFI 方式，其作用是加载操作系统的引导加载程序（boot loader）。这步操作是由固件完成的，与操作系统无关。UEFI 引导完成后，控制就交给操作系统的引导加载程序了。

Linux 系统的引导机制是 GRUB（GRand Unified Bootloader），引导加载程序是 grub2。grub2 由固件加载执行，它的主要任务是加载 Linux 系统的内核。所有与引导相关的文件都位于/boot 分区中，包括各个可引导的内核、各内核的引导项以及引导配置文件。grub2 执行的引导过程是：读取引导配置文件 grub.conf，确定要加载的内核；根据引导项的设置将该内核映像装入内存；初始化内核的运行参数，启动它运行。至此 GRUB 引导完成，内核接过控制权，执行全系统的初始化。

GRUB 的设计符合多重引导规范（Multiboot Specification），不仅可以引导各种发行版本的 Linux 系统，也可以引导 Windows 等其他操作系统。GRUB 还允许用户选择不同的内核版本来引导 Linux 系统。关于多重引导的更多描述见附录 A.3.4 节。

10.2.2 Linux 系统的初始化机制

操作系统启动时的主要步骤是加载内核，设置系统环境，挂装文件系统及启动系统服务进程，形成一个初始化的可用的系统环境。相反地，关闭系统时将停止所有的服务进程，拆卸文件系统，最后停止内核的运行。Linux 系统的启动和关闭过程都由初始化系统来完成。Linux 系统的初始化机制主要有传统的 SysVinit 以及现代的 Systemd。

1. SysVinit 初始化机制

在 Linux 系统中，历史最为久远的初始化系统是源自 UNIX System V 的 SysVinit，目前仍有一些 Linux 发行版在使用。SysVinit 是一个基于脚本的初始化系统，初始化的各项操作是用一系列启动脚本来实现的。脚本的灵活性使得系统的启动过程很容易配置。

1) 系统的运行级别

Linux 系统是面向各种应用环境的，因此有着多种运行模式。在不同的运行模式下系统中运行的服务进程不同，提供的系统功能也就不同。比如，作为服务器与作为桌面系统的运行模式会有很大差异。SysVinit 用运行级别（runlever）来刻画这种差异，见表 10-1。

表 10-1 Linux 系统的运行级别定义

运行级别	运行模式
0	停止运行
1、s、S	单用户模式，仅供 root 在系统维护时使用
2	多用户模式，无网络支持
3	完全多用户模式，服务器系统多在此级运行
4	保留
5	带图形界面的多用户模式，桌面系统默认在此级运行
6	重新启动

系统通常工作在 1~5 级。各级别对应的启动脚本有所不同，每一级都是在上一级的基础上增加启动了某些特定的服务。比如，2 级比 1 级增加了多用户支持，3 级又增加了网络支持，5 级又增加了图形界面的支持。在系统启动后，root 可以用 init 命令改变系统的运行级别。命令格式是：

init　运行级别

例如：init 3 是停止图形界面，init 6 为重新启动，init 0 为关机，init 1 为进入单用户模式。注意：对于普通用户来说，进入单用户模式就等同于关机。

2) 系统的启动过程

Linux 内核开始运行后，首先进行初始化，装载必要的设备驱动，然后调用一系列初始化函数建立起内核的运行环境。运行环境建好后就创建 0 号进程 idle 并挂装 root 文件系统。至此，内核已具备执行用户进程的能力。内核初始化的最后阶段将创建出 init 进程，由它执行后续的系统初始化工作。

init 是系统内核启动的第一个用户级进程，其 PID 为 1，PPID 为 0。init 是所有用户进程的祖先，它在系统运行期间始终存在，在系统的启动和关闭时起着重要的作用。在启动阶段，init 进程负责完成系统初始化，包括挂装各文件系统和启动一系列后台进程，将系统一步步地引导到默认的运行级别。系统初始化完成后，在各控制台上的终端守护进程都已启动运行，守候用户登录。

2. Systemd 初始化机制

近年来，系统启动的效率一直是操作系统设计者的研究热点之一。面对不断增长的硬件技术与系统服务，传统的 SysVinit 系统已显现出它的不足。主要问题在于 SysVinit 系统的启动过程是根据静态脚本预定的顺序串行进行的。串行导致了启动速度较慢，静态则固化了启动的过程，不适合于现代硬件的动态运作方式。事实上，对于那些较少用到的服务，或那些所依赖的硬件尚未就位的服务，在系统启动时启动它们将浪费和拖延系统的启动时间，造成启动过程的低效。鉴于这些问题，SysVinit 正逐渐被更优秀的初始化系统取代。目前最流行的取代方案是 Systemd。

Systemd 诞生于 2009 年。Systemd 对系统服务之间的依赖关系进行了更优化的定义，并引入一些技术实现了系统服务的并行启动，即一次同时启动尽可能多的服务进程。并行启动可以充分利用 CPU 和 I/O 系统的效率，从而加快了启动过程。Systemd 还允许服务的延时加载，即对于那些暂时不用的服务不是放在启动过程中启动，而是推迟到其第一次被访问时启动。例如，蓝牙服务仅在蓝牙适配器被插入时才会启动。这样就减少了不必要的启动负载。此外，Systemd 还支持快照、待机、休眠、唤醒等现代化系统特性。

在目前的大多数新版 Linux 系统中，Systemd 已替代了 init，成为默认的系统初始化和服务管理程序。在这样的系统中，1 号进程不再是 init，而是 systemd。

为了与 SysVinit 保持兼容，Systemd 引入了运行目标（target）的概念。target 也是用来描述系统的运行模式的，它与 runlevel 有着基本的对应关系，但它是用名称来命名的。此外，target 在表达运行模式方面也比 runlevel 更加灵活和强大。表 10-2 列出了 Systemd 的运行目标及其与运行级别的对应关系。

表 10-2 Systemd 的运行目标及其与运行级别的对应关系

运行级别	运行目标	运行模式
0	poweroff.target、runlevel0.target	停止运行
1	rescue.target、runlevel1.target	单用户模式
2	multi-user.target、runlevel2.target	自定义的多用户模式，默认等同于 3 级
3	multi-user.target、runlevel3.target	多用户模式
4	multi-user.target、runlevel4.target	自定义的多用户模式，默认等同于 3 级
5	graphical.target、runlevel5.target	带有图形界面的多用户模式
6	reboot.target、runlevel6.target	重新启动
	sleep.target	待机，系统挂起到内存
	hibernate.target	休眠，系统挂起到硬盘
	emergency.target	应急修复模式，启动 Emergency Shell
	default.target	默认启动模式

由于上述的兼容性，传统的 init 命令在 Systemd 系统中仍可使用，不过 Systemd 提供的原生命令 systemctl 的功能更为强大。systemctl 不仅可以控制系统的运行模式，还可以实现对单个服务的控制。systemctl 命令的格式是：

systemctl 控制命令

systemctl 的控制命令有很多种类，其中用于切换运行模式的操作命令是 isolate *target*。例如，systemctl isolate graphical.target 命令将使系统进入图形界面模式。用于服务控制的操作命令包括查询（status）、启动（start）、停止（stop）、重启（restart）等。例如，修改网络设置后重启网络服务的命令是 systemctl restart network.service。用于电源控制的操作命令包括关机（halt、poweroff）、重启（reboot）、挂起（suspend）和休眠（hibernate）等。例如，重启系统的命令是 systemctl reboot。关于 systemctl 命令的更多用法介绍见 man 手册。

10.2.3 系统的启动与关闭操作

1. 启动系统

系统启动的过程是自动进行的，系统管理员不能直接干预，但可以通过修改系统的启动配置文件来改变系统的默认启动方式。对于 SysVinit 系统，默认的运行级别定义在/etc/inittab 文件中。桌面系统的默认级别通常是 5，服务器系统通常是 3。修改此文件即可改变系统的默认运行级别。对于 Systemd 系统，默认启动的目标由/etc/systemd/system/default.target 定义，它是到某个 target 文件的符号链接。通常桌面系统链接到 graphical.target，服务器系统链接到 multi-user.target。修改 default.target 的链接目标即可改变默认启动目标。

例 10.1 改变系统的默认启动目标为多用户模式。

```
# cd /etc/systemd/system/
# ls -l default.target
 lrwxrwxrwx. 1  root  root  40  Jun 25 09:03  default.target -> /usr/lib/
 systemd/system/graphical.target
# ln -sf /usr/lib/systemd/system/multi-user.target default.target
```

此例中，原默认目标为图形多用户模式 graphical.target，重新建立 default.target 后，默认目标变为字符多用户模式 multi-user.target。重启后，系统将进入字符界面运行。同样地，要改回图形模式，只需将 ln 命令中的 multi-user.target 改为 graphical.target 即可。

2. 关闭与重启系统

当系统需要停机维护或停止服务时需要关机。当系统添加了新的硬件、软件或出现问题不能复位时，通常需要重新启动系统。当修改了某些与内核相关的配置文件时，为使修改生效，也需要重启系统。

关闭 Linux 系统应执行系统的关机操作。这主要是因为 Linux 利用磁盘缓冲区缓存了要写入磁盘的数据。在关机的过程中，系统要将缓冲区中的数据写进硬盘，以保持文件数据的一致性。此外，服务器系统的关机和重启还涉及其他登录用户以及服务对象，更应谨慎操作。在多用户工作的环境下，妥善的关机过程是提前发出警告，提醒用户及时保存文件和退出系统，避免因意外中断而造成损失。

在多用户模式下最安全的关机或重启方法是用 shutdown 命令。命令首先向各登录用户的终端发送信息，通知他们退出，并冻结 login 进程。在给定期限到达后，向 init 或 Systemd 进程发信号，请求其改变系统的运行模式。init 或 Systemd 进程向各个服务进程发送信号，要它们终止运行，将磁盘缓冲区内容写入磁盘，然后拆卸文件系统，进入关机或重启模式。

shutdown 命令

【功能】关闭或重启系统，默认是关闭。

【格式】shutdown [选项] [时间] [警示消息]

【选项】

　　　-h　　　关机；

　　　-r　　　重新启动；

　　　-c　　　取消关机操作。

【参数】时间参数可以是关机的绝对时间，格式为 hh:mm，也可以是关机的延时时间，即以分钟为单位的延时数字，还可以是 now，表示立即关机；警示消息参数指定向登录用户发出的关机警示信息。

例 10.2 10 分钟后关机。

```
# shutdown 10 "It's time for routine maintenance, please logout now."
```

此时，所有登录用户的登录终端上都会出现 root 的关机警示以及系统的关机提示：

```
Broadcast message from root@nichost on tty3 (Fri 2020-06-10 23:00:20 CST):
It's time for routine maintenance, please logout now.
The system is going down for poweroff at Fri 2020-06-10 23:10:20 CST!
```

以上提示信息将每分钟出现一次，直至关机时刻。此间 root 可以用 shutdown -c 命令取消关机操作。

在没有多个用户登录的情况下，root 可以使用其他更简单的关机和重启命令，如 halt、poweroff、reboot 等。

3. 启动与停止服务

Linux 系统中的很多部分可以单独地对待，比如 X Window 系统，比如网络服务。它们没有与内核捆绑，因而可以独立地启动、关闭或重启。系统管理员应尽量针对某个服务进行停止或重启操作，非必要时避免系统级的关机或重启操作。在 SysVinit 系统中，控制某个服务启动和停止的命令是 service 命令，在 Systemd 系统中则应使用 systemctl 命令。具体用法请参见相关手册页。

10.3 用户管理

Linux 是一个多用户系统，为确保系统的安全性和有效性，必须对用户进行妥善的管理和控制，这是系统管理的一项重要工作。用户管理的工作包括建立、删除用户和用户组，配置用户环境，以及管理用户的口令和权限等。

10.3.1 用户与用户组

用户管理就是对用户账号进行管理。用户账号是用户在系统中的标识，用以鉴别用户身份，限制用户的权限。

1. 用户

系统中每个用户拥有一个唯一的用户名和用户标识符（UID）。用户名供用户登录系统使用，而系统则通过 UID 来识别用户，并以此定义文件和进程的归属关系。

系统将用户分为以下 3 类：

（1）超级用户：每个系统都有一个超级用户账号，在安装系统时建立。超级用户的用户名为 root，UID 是 0。

（2）普通用户：普通用户是指除 root 外的可登录的用户，由 root 建立。一般情况下，普通用户的 UID 大于或等于 1000。

（3）特殊用户：特殊用户是系统内部使用的账号，不能登录使用。特殊用户的 UID 为 1~999。这些账号只能被系统进程使用，用来访问具有特殊 UID 的文件。

系统为每个用户都建立了一个账户，保存在/etc/passwd 文件中。root 和普通用户还拥有自己的主目录和邮箱。

用户登录后可以用 su（switch user）命令改变身份，常用于系统管理员在必要时从普通用户身份改变到 root。

su 命令

【功能】转变为另一个用户。

【格式】su [-] [用户名]

【说明】不指定用户名时，转换到 root；指定"-"选项时，同时变换环境；普通用户执行 su 时，需输入要转变为的用户的口令。

例 10.3 转变为 root。

```
$ su -                          #转变为 root
  password:（输入 root 的口令）
#（转换为 root 账号，环境也变为 root 的环境）
  ...
# exit
$_（回到原来用户账号）
```

su 命令将启动一个子 Shell，然后改变用户身份在这个 Shell 中执行，直到退出。没有指定"-"选项时，启动的是一个非登录 Shell，其运行环境不变；带有"-"选项时启动的是一个登录 Shell，运行环境将同时改变为该用户的登录环境。

2．用户组

用户组是可共享文件和其他系统资源的用户集合。分组的原则可以是按工作关系或用户性质来划分。例如，参与同一个项目的用户可以形成一个组。一个组中可以包含多个用户，同组用户具有相同的组权限。一个用户也可以归属于多个组，享有各个组的权限。

用户组用唯一的组名和组标识符 GID 标识，每个用户组有一个组账户，保存在/etc/group文件中。

10.3.2　用户管理

1．用户管理的相关文件

1）passwd 文件

/etc/passwd 是用户账户文件，存放用户账户的基本信息。每个用户账户占一行，每行由 7 个域组成，用冒号分隔各个域，格式如下：

登录名:口令:用户标识符 UID:组标识符 GID:用户信息:主目录:登录 Shell

passwd 文件的属主为 root，权限为 644，即任何人可读，root 可读写。

例 10.4 一个 passwd 文件的部分内容。

```
root:x:0:0:root:/root:/bin/bash
bin:x:1:1:bin:/bin:/sbin/nologin
daemon:x:2:2:daemon:/sbin:/sbin/nologin
...
cherry:x:1000:1002::/home/cherry:/bin/bash
zhao:x:1001:1003::/home/zhao:/bin/bash
```

口令域用于存放用户登录口令。但由于 passwd 文件未加密，且所有人可读，因此现在这里只用一个 x 字符替代，真正的口令经加密后存放在只有 root 可读的 shadow 文件中。

用户信息域用于存放用户相关的信息，如真实姓名、办公室地址、电话等。这些信息可以用 usermod 或 chfn 命令修改，用 finger 命令查看。此域可以不填写。

主目录域中存放的是用户的主目录。当用户登录时，Shell 自动将主目录作为它的当前目录。普通用户的主目录一般放在/home 下，也可以指定其他位置。

登录 Shell 域指定用户登录时运行的程序，通常是某个版本的 Shell 程序，但也可以是其他某个程序。若未指定则默认为/bin/bash。

2）shadow 文件

/etc/shadow 是用户口令文件，保存了所有用户口令的加密信息以及口令的有效期信息。每个用户一行，每行由如下 9 个域组成，用冒号分隔各个域：

登录名:加密口令:口令上次更改时间:口令再次更改的最小天数:口令再次更改的最大天数:口令失效前警告用户的天数:口令失效距账号被封的天数:账号被封时间:保留字段

shadow 文件的属主为 root，权限为 000，一般用户无法读取。

例 10.5 一个 shadow 文件的部分内容。

```
root:$6$EMz8V0Y4lAteQcLG$PU6xvtBVWYriuBqniUG59pvmaPBklEyIH9bv76s9MykYm5IbE
06YzgvlOBHKpSmGv1U6zWhl3IovF0J3W9GFQ0:15516:0:99999:7:::
bin:*:15382:0:99999:7:::
daemon:*:15382:0:99999:7:::
...
cherry:$6$56HntCgi$KudqTFk2OukK0em2uSkznZn14HRJYu6PbiC1M5kNNPqOSyOmfx1bH5o
xRIfgfDAvSwh4drRtBBhhjTkB/1zdI0:15529:0:99999:7:::
...
```

其中，第 2 字段为加密口令，采用的是 SHA512 加密算法；第 4 字段为 0，表示用户可以随时更改口令；第 5 字段为 99999，表示口令永不失效；第 6 字段为 7，表示口令失效前 7 天系统会警示用户口令即将失效；其余字段为空，表示没有相应的设置。

2. 添加用户

添加用户的命令是 useradd，它主要完成以下工作：

（1）向 passwd、shadow 和 group 文件写入用户信息。

（2）建立用户主目录，默认是在/home 目录下。

（3）将/etc/skel 目录下的文件复制到用户主目录下，作为用户的环境配置文件。

（4）在/var/spool/mail 目录下建立用户的邮箱文件。

useradd 命令

【功能】添加一个新用户。

【格式】useradd [选项] 用户名

【选项】

    -d 目录   指定用户的主目录，否则使用默认的主目录/home/用户名。

    -e 日期   指定用户账号的终止日期，格式为 yyyy-mm-dd。

    -g 组名   指定用户的用户组，否则默认使用与用户名相同的组名。

    -s *shell*   指定用户的登录 Shell，否则默认使用 bash。

例 10.6 用 useradd 命令添加用户。

# **useradd zhaoxin**	#添加新用户 zhaoxin
# **useradd -e 2022-12-31 liuliu**	#添加新用户 liuliu，到 2022 年底终止

3. 设置用户口令

新建立的用户还不能登录，因为其在 shadow 文件的口令是无效的口令字符串"!!"。root 需为新用户设置初始口令。此后用户可以修改自己的口令，root 可修改任何用户的口令。

有些时候，root 需要对用户的口令设置某些限制。比如，设置用户口令的期限，以督促用户定期更换口令。还有些时候，出于用户本身的原因或者系统安全的需要，root 需要封锁某个账号。被封锁的账号的口令会暂时失效，不能再登录，直至解封。所有这些针对口令的操作都可以通过修改 shadow 文件来完成，不过最好还是使用 passwd 命令。

passwd 命令

【功能】设置用户口令。

【格式】passwd [选项] [用户名]

【选项】

-d	删除用户的口令，使用户登录时不需要口令。
-e	设口令过期，强制用户下次登录时修改口令。
-l	封锁用户账号，使用户暂无法登录。
-u	解除封锁用户账号，使用户恢复登录。
-xn	设置口令的有效期限为 n 天。口令到期后必须重新设置才可登录。

【说明】没有指定用户名时则是修改自己的口令。

例 10.7 用 passwd 命令设置口令。

```
# passwd zhaoxin                        #为新用户 zhaoxin 设置口令
Changing password for user zhaoxin.
…（输入口令）
# passwd -e zhaoxin                     #强制 zhaoxin 下次登录时修改口令
Expiring password for user zhaoxin.
passwd: Success
#_
```

4. 设置用户登录环境

Shell 启动时会自动执行一些初始化配置文件，为用户建立 Shell 运行环境。以下是用于 bash 环境配置的几个主要文件：

（1）/etc/profile：系统级环境配置文件，用于建立系统级的环境变量及启动脚本。

（2）/etc/bashrc：系统级别名设置文件，用于设置系统级的别名。

（3）~/.bash_profile：用户级环境配置文件，用于设置个人的环境变量及启动脚本。

（4）~/.bashrc：用户级别名设置文件，用于设置个人的别名。

（5）~/.bash_logout：用户级退出文件，用于执行个人设定的退出操作。

以上文件中，前 2 个系统级配置文件只有 root 可以修改，后 3 个用户级配置文件可由用户自行定义。用户级配置文件的初始版本存放在/etc/skel 目录下，在创建用户时被复制到用户的主目录下。root 可以通过修改前 2 个文件来改变全系统的环境设置，也可以通过修改后 3 个文件的初始版本来设置默认的用户级环境。不过，没有特殊需要最好不要改动它们。

登录 Shell 启动时首先执行/etc/profile，然后执行~/.bash_profile。~/.bash_profile 将执行 ~/.bashrc，~/.bashrc 将执行/etc/bashrc。非登录 Shell 将只执行~/.bashrc（包括执行/etc/bashrc），其他部分则从登录 Shell 的环境中继承。登录 Shell 退出时将执行~/.bash_logout（如果有的话），非登录 Shell 则直接退出。

用户可以按需要设置自己的环境配置。例如，在~/.bash_profile 中定义自己的环境变量或登录脚本，在~/.bashrc 中设置非登录 Shell 的环境，在~/.bash_logout 中设定退出操作等。

例 10.8 定义用户自己的环境变量和登录时要执行的脚本。

```
$ echo "export PROJ=$HOME/project/hoc >> ~/.bash_profile
$ echo "~/routine" >> ~/.bash_profile
$ cat ~/routine
 echo "Hello $USER!"
 date >> login_log
$ . .bash_profile
 Hello cherry!
$_
```

此例中用 echo 命令向~/.bash_profile 文件尾添加了两行：一行是定义变量 PROJ，另一行是执行主目录下的 routine 脚本。routine 是用户自定义的一个登录脚本，它先显示问候语，然后在 login_log 文件中记录下此次登录的时间。在下次登录时，这个修改即可起作用。为了立即看到它的执行结果，可以用"."命令执行它，如例中所示。注意：在图形界面登录时无法看到~/.bash_profile 的输出，但其所作的设置对后续启动的应用都是生效的。

5. 修改用户信息

修改用户账户信息的命令是 usermod，它有许多选项，可以修改 passwd 文件中的各项，以及 shadow 文件中的第 2、7、8 项。关于该命令的用法，读者可参看 man 手册。

6. 删除用户

删除用户的命令是 userdel，它主要完成以下工作：删除 passwd 和 shadow 文件中此用户的行，修改 group 文件，如果该用户是组中唯一的成员则删除该组。

userdel 命令

【功能】删除用户。

【格式】userdel [-r] 用户名

【说明】-r 选项表示在删除用户的同时删除其主目录及 mail 邮箱。

例 10.9 用 userdel 命令删除用户。

```
# userdel -r zhaoxin        #删除用户 zhaoxin，不保留其主目录和邮箱
```

10.3.3 用户组管理

1. 用户组管理的相关文件

/etc/group 是组账户文件，保存了各个组的账户信息。每个组占一行，每行包括 4 个域，用冒号分隔，格式如下：

组名:口令:组描述符 GID:用户列表

group 文件的属主为 root，权限为 644。

例 10.10 一个 group 文件的部分内容。

```
root:x:0:
bin:x:1:
daemon:x:2:
...
wheel:x:10:cherry
...
faculty:x:1002:
...
```

2. 建立与删除用户组

如果创建用户时不指定用户组的话，系统默认地为用户生成一个组，其组名与用户名相同。如果需要分组的话则应先建立起用户组，然后向组中添加用户。

建立一个用户组的命令是 groupadd，格式是：

groupadd 组名

向组中添加用户的方法有多种：一种是在建立新用户时指定该组的 GID，另一种是用 usermod 命令修改一个已有用户的组属性。从组中删除一个用户的方法与此类似。

删除一个用户组的命令是 groupdel，格式是：

groupdel 组名

删除组时，若该组中仍包含有用户，则必须先将这些用户从组中删除，或改变他们的组，然后才能删除组。

10.3.4 用户权限管理

Linux 使用属主和属组概念来描述文件的归属关系，在此基础上定义用户对文件的访问权限。通常，当用户启动了一个进程时，该进程的属主与属组就被设置为用户的 UID 和 GID。这两个属性限制了该进程的权限：它只能以它的 UID 和 GID 所拥有的权限来访问文件。例如，某用户执行 cat 命令读一个他无读取权限的文件时，cat 进程将报错。为了系统的安全起见，那些涉及系统的运行及配置的文件和程序都具有特权，只有 root 和被赋予了特权的用户才可以访问，普通用户则不能执行那些特权命令，也不能访问那些特权文件。

有时，系统管理员需要分配给普通用户一些合理的权力，让他们执行一些常规的但需要特权的任务，如安装软件，挂装 CD/USB 设备，开关机等。虽然 su 命令可以使普通用户变身为 root，但因需要 root 口令，故这种变身只应由系统管理员自己使用。比较安全的方法是单独地为某个或某些用户分配临时特权，又称为 sudo 特权。临时特权可以随时授予、随时收回，这样既减轻了系统管理员的负担，又不会泄露 root 口令。

1. sudoers 文件

定义 sudo 特权的文件是/etc/sudoers。该文件规定了哪些用户可以执行哪些命令。只有文件中列出的用户才允许使用临时特权执行指定的特权命令。

例 10.11 某系统的 sudoers 文件片段。

```
...
## Allow root to run any commands anywhere
root    ALL=(ALL)    ALL
## Allow people in group wheel to run all commands
%wheel  ALL=(ALL)    ALL
## Allow zhao to run halt command
zhao    ALL=/sbin/halt
...
```

该文件中，root 和用户组 wheel 被赋予了全部特权，用户 zhao 被单独赋予了执行关机命令的权限。

root 可以通过修改 sudoers 文件来管理特权。对单个用户或用户组的授权可以单独添加到 sudoers 文件中。若要为某用户授予全部管理权可将其加入到 wheel 组中。wheel 用户组是系统默认的管理员用户组，该组中的用户都可临时获取 root 权限，执行任何特权命令。注意：编辑 sudoers 文件应使用带有格式检查的 visudo 命令，不要直接用 vi 命令。

2. sudo 命令

获取临时特权的命令是 sudo，常用格式是：

sudo 命令

用 sudo 执行一个特权命令时，用户将临时性地获得 root 权限，执行该命令直到结束。刚开始执行 sudo 命令时，sudo 会要求用户输入自己的口令来验证身份，之后的一段时间内（默认约 5 分钟）再使用 sudo 就不需要输入口令了。

例10.12 设 sudoers 文件如例 10.11 所示，不同用户用 sudo 执行特权命令的结果如下所述。

用户 cherry 是 wheel 组的成员，他可以用临时特权执行所有命令。

```
$ cat /etc/shadow              #查看一个系统文件，未使用特权
 cat: /etc/shadow: Permission denied
$ sudo cat /etc/shadow         #用 root 权限查看文件
 [sudo] password for cherry:
 …（执行 cat 命令）
$ sudo su -                    #变身为 root，无须输入 root 口令
#_
```

用户 guest 未在 sudoers 列出的用户范围中，他在使用 sudo 特权时被拒。

```
$ sudo cat /etc/shadow         #使用 root 特权被拒
 [sudo] password for guest:
 guest is not in the sudoers file. This incident will be reported.
$_
```

用户 zhao 在 sudoers 文件中被授予执行关机的特权，他只能执行关机命令。

```
$ sudo su -                    #变身为 root 被拒
 [sudo] password for zhao:
 Sorry, user zhao is not allowed to execute '/bin/su -' as root.
$ sudo halt                    #使用 root 特权关机
 [sudo] password for zhao:
$_
```

注：所有的电源管理命令，如 shutdown、halt、reboot、init 等，最终都是由 systemctl 命令执行的。个人系统中的 systemctl 命令通常设置为 755 模式，因此普通用户无须授权即可执行关机、重启等操作。服务器系统中通常限制普通用户对该命令的执行权，只有 root 和 sudo 授权用户才可以执行。

10.4 文件系统维护

文件系统的维护工作包括创建文件系统，挂装和拆卸文件系统，监视文件系统的使用情况，必要时对文件系统进行修复。

10.4.1 文件系统的目录结构

Linux 文件系统的目录结构是树形可挂装的结构。与同是树形结构的 Windows 的文件系统相比，Linux 文件系统有着一些独有的特征。首先，Linux 的目录树是唯一的，所有分区

都要挂装到根文件系统下的某个挂装点上，然后通过根目录来访问。另外，在 Linux 系统中，文件是根据类别而不是按所属的软件来划分的。软件包中的各个文件应安放到哪些目录中由操作系统决定。例如，可执行文件放在/usr/bin 目录下，文档放在/usr/share/doc/目录下，手册页放在/usr/share/man/目录下等。这种文件的分类存储方式给管理提供了方便。

在早期的 UNIX 系统中，关于文件如何存放的问题，各个发行版都有自己的观点。为了避免产生混乱，在 Linux 面世不久就开始了对文件系统的标准化活动，之后又扩大到 UNIX 系统，逐渐形成了文件系统层次标准（Filesystem Hierarchy Standard，FHS）。FHS 得到众多 Linux 发行版的支持，目前使用的 FHS 的版本是 2004 年发行的 FHS2.3。表 10-3 列出了基于 FHS 的 Linux 目录树的重要部分。

表 10-3　Linux 文件系统的标准目录树

目录	内容
/	根目录
/bin	供用户使用的必需的命令
/boot	内核及引导内核的程序与文件
/dev	设备文件
/etc	系统配置文件
/home	用户的主目录
/lib	系统运行必需的库文件和内核模块
/media	可移动媒体（如 CD-ROM）的挂装点
/mnt	临时的文件系统挂装点
/opt	可选的附加应用软件包
/proc	有关系统设备和进程的实时状态信息
/root	root 用户的主目录
/sbin	供 root 使用的必需的系统管理命令
/tmp	应用程序的临时文件，系统重启后自动清除
/usr	可共享的、只读的文件和程序
/usr/bin	供用户使用的大部分命令
/usr/include	C/C++程序的标准头文件
/usr/lib	编程使用的库文件
/usr/sbin	非必需的系统管理命令
/usr/share	与平台无关的、可共享的数据，如手册页
/usr/src	C/C++程序源代码
/var	随系统运行而变化的数据和文件
/var/lib	有关系统或应用程序的各种状态信息
/var/log	各种日志文件
/var/mail	用户电子邮件
/var/run	系统运行信息
/var/opt	/opt 目录下的软件包的可变的数据
/var/spool	应用程序的假脱机数据

根目录是在系统启动时建立的，其他目录都可以用挂装的方式挂在根目录下的某个位置。根目录下一般不含任何非目录文件。/usr 目录是文件系统中最大的系统目录之一，它存放了所有的命令、运行库等。/usr 目录下的内容与特定系统无关，在系统运行期间保持不变，因而可以建在独立分区中，通过网络共享，以只读方式挂装。/var 目录存放假脱机文件、日志文件、记账信息等各种随系统运行而增长变化的信息。这些信息与系统的运行密切相关。所以，如果是一个运营的系统，最好把/var 建在一个独立的分区中。

在遵照标准的基础上，新版的 Linux 系统对文件目录结构做了一些改进，使得目录结构的划分更加合理，更加符合新技术的模型。主要的改变是：

（1）用/run 目录替代了/var/run 目录。/var/run 目录是供系统服务进程保存其运行信息的。但它是二级目录，在系统启动阶段的后期才被挂装，因此无法被先于它启动的服务进程利用。/run 目录则不同，它在系统最初启动时即被挂装在根目录下，因而能被早期启动的服务进程所使用。在新系统中，/var/run 目录只是到/run 的一个符号链接。

（2）增加了/sys 目录。新版内核引入了统一设备模型，因此有关设备的信息被从/proc 中分离出来，独立地呈现在/sys 目录中，/proc 目录就只包含与进程相关的内核信息了。

有关文件系统结构的具体描述可参看 hier 的手册页（man hier）。

10.4.2 文件存储设备及命名规则

计算机系统中的存储设备主要是磁盘（disk），即磁介质的硬盘。磁盘具有容量大和价格低的优势，因此成为文件系统的首选存储设备。此外，其他块存储设备也可以被文件系统所使用，包括磁介质的磁带，闪存介质的固态盘和 U 盘，光介质的 CD、DVD 盘等。为简化叙述，以下将主要针对磁盘来介绍文件系统的操作方法。不过，由于在通用块层上各种设备之间的差异已被屏蔽了，所以这些操作也全部或部分地适用于其他块设备。

1. 磁盘设备的命名

系统中的每个磁盘都有一个设备名，对应的设备文件是"/dev/磁盘设备名"。

按接口类型分，目前 PC 机常用的磁盘主要是 SCSI 盘、SATA 盘和 USB 盘。Linux 对所有盘均采用 sd（SCSI driver）方式驱动，命名规则是"sd+顺序字母"，如 sda、sdb、sdc 等。命名的顺序以内核检测到的顺序为准。

2. 磁盘分区设备的命名

一个磁盘必须划分为分区后才可以被操作系统使用。分区是磁盘上的可独立管理的区域。一个盘可以划分为 1 到多个分区，每个分区都有一个独立的设备文件名。分区的设备名为"磁盘设备名+分区号"，对应的设备文件是"/dev/分区设备名"。注意此处所说的分区是指标准分区，而对于卷类型的分区则另有命名规则，在后面单独介绍。

目前 PC 机磁盘的分区格式有 MBR 与 GPT 两种，命名方式也有所不同。

1）MBR 分区及命名方式

MBR（Master Boot Record）是传统的分区格式。MBR 格式盘的第一个扇区是主引导记录 MBR，其中包括了引导代码和分区表。一个 MBR 盘可以分为 1~3 个主分区和 0~1 个扩展分区，扩展分区又可以划分为多个逻辑分区。扩展分区本身无法用来存放数据，它的作用是"扩展"出若干个逻辑分区以增加分区的数目。操作系统只能使用盘上的主分区和逻辑分区，且必须指定一个主分区为活动分区，用于系统引导。MBR 的分区表决定了它只支持 2 TB

以下的磁盘，所以目前只有 U 盘或小容量磁盘使用 MBR 分区格式。

MBR 盘的分区命名规则是：主分区或扩展分区对应的分区号为 1~4，如 sda1~sda4。逻辑分区则从 5 开始编号，如 sda5、sda6、…。

2）GPT 分区及命名方式

为突破 MBR 磁盘分区容量的限制，Microsoft 和 Intel 开发了全局唯一标识分区表（GUID Partition Table，GPT）。GPT 分区表的表达范围可达到 18 EB。此外，GPT 对磁盘的分区数量没有限制（默认设置为 128 个），也没有扩展分区、逻辑分区和活动分区的概念。

对于 GPT 盘来说，由于它的分区都是主分区，所以编号很简单，即从 1 开始，按检测到的顺序依次编号，如 sda1、sda2、sda3、…。

3．LVM 卷及其命名方式

在传统的存储管理方案中，分区的大小是在创建时指定的。若在使用中发现分区大小不合适或空间耗尽等情况，系统管理员需要停机对分区进行调整。调整分区往往需要进行系统备份、重新分区、数据恢复等复杂且高风险的操作，现有的分区调整工具也不能解决根本问题。因此，对于大中型运营系统来说，如何灵活而高效地进行文件系统空间的维护是个至关重要的问题，而 LVM 正是这一问题的一个解决方案。

LVM（Logical Volume Manager）即逻辑卷管理，现已广泛用于 Linux 系统。LVM 的基本思想是在磁盘分区之上建立一个抽象层，将文件系统与底层存储设备相隔离，从而提高磁盘管理的灵活性。有了 LVM，系统管理员可以在不停机的前提下，仅用几个命令就完成文件系统空间的动态调整，大大提高了系统的可用性和可维护性。

以下是 LVM 的几个术语：

- 物理存储介质（physical media）：物理存储设备，通常是磁盘。
- 物理卷（physical volume）：LVM 的底层存储部件，通常由磁盘分区（也可以是整盘）转化而成。与基本磁盘分区的不同之处是物理卷中包含有一些 LVM 的管理数据。
- 卷组（volume group）：是由一个或多个物理卷组成的抽象盘。
- 逻辑卷（logical volume）：是在卷组上创建的一个或多个逻辑分区。每个逻辑卷可以容纳一个文件系统。

图 10-1 描述了 LVM 物理卷、卷组、逻辑卷和文件系统之间的关系：

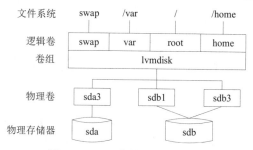

图 10-1 LVM 存储结构示意图

在图 10-1 中，LVM 将跨越两个磁盘的 3 个磁盘分区做成物理卷，将它们合并起来形成一个卷组 lvmdisk，再在此卷组上划分出了 4 个逻辑卷。这里起关键作用的是卷组，它就像一个抽象的盘，屏蔽了物理存储空间的变化对文件系统的影响。当需要调整存储空间时，系统管理员可以动态地向卷组中添加或删除分区，轻松地调整卷组和逻辑卷的大小。

LVM 设备的命名规则是：物理卷与其所对应的分区同名；卷组和逻辑卷的名称可由创建者根据需要命名。卷组对应的设备文件名是"/dev/卷组名"，卷对应的设备文件是"/dev/卷组名/卷名"或"/dev/mapper/卷组名-卷名"。例如，图 10-1 中 swap 卷的设备文件名可以是"/dev/lvmdisk/swap"或"/dev/mapper/lvmdisk-swap"。

4. CD 设备的命名

CD-ROM 设备的命名规则是"sr+序号"，如 sr0、sr1、sr2、…。通常为便于用户操作，系统还为 CD-ROM 设备设置了别名，如 cdrom、cdrw、dvd 等。

例 10.13 查询系统的 CD-ROM 的别名。

```
# ls -l /dev/cd* /dev/sr*
 lrwxrwxrwx. 1 root  root        3 May 27 23:03 /dev/cdrom -> sr0
 brw-rw----+ 1 root  cdrom 11, 0 May 27 23:03 /dev/sr0
#_
```

可以看出，在该系统中，设备文件/dev/cdrom 是到实际设备文件/dev/sr0 的符号链接，也就是 CD-ROM 的别名。

10.4.3 建立文件系统空间

如果现有的存储空间不能满足系统的需求，系统管理员需要对其进行扩充。扩充的方法可以是建立新的文件系统空间，或对已有空间进行扩充和重组。本节介绍创建新文件系统空间的步骤和方法。

1. 查看存储空间配置

文件系统的存储设备是块设备，存储空间可以是标准磁盘分区，也可以是 LVM 的逻辑卷。要了解系统中存储设备的配置和分区分布情况，可以用 lsblk（list block）命令。

例 10.14 查看系统中所有块设备的信息。

```
# lsblk
 NAME          MAJ:MIN RM   SIZE RO TYPE MOUNTPOINT
 sda             8:0    0 465.8G  0 disk
 ├─sda1          8:1    0   260M  0 part
 ├─sda2          8:2    0    1G   0 part /boot
 └─sda3          8:3    0 404.5G  0 part
   ├─mainvg-root 253:0  0 398.5G  0 lvm  /
   └─mainvg-swap 253:1  0     6G  0 lvm  [SWAP]
 sdb            8:16    1   7.4G  0 disk
 └─sdb1         8:17    1   7.4G  0 part /mnt/usb
 sr0           11:0     1  1024M  0 rom
#_
```

lsblk 命令的输出显示，此系统中有 3 个块设备，即 sda 盘、sdb 盘以及 CD-ROM 设备 sr0。sda 中有 3 个分区。其中，sda1 和 sda2 是标准分区；sda3 为 LVM 分区，构建有 2 个 LVM 逻辑卷 mainvg-root 和 mainvg-swap。sdb 盘中只有一个 sdb1 分区。

对现有分区的大小进行计算，可以看出 sda 盘尚有空闲空间可以利用。利用的方式是在空闲空间中建立一个新的分区。

2. 建立磁盘分区

磁盘分区信息记录在盘首的磁盘分区表中。Linux 用于操作磁盘分区表的命令是 fdisk。

fdisk 的功能十分强大，可以支持 MBR、GPT、SUN、BSD 等多种磁盘分区表，建立包括 Ext、Btrfs、FAT、NTFS、Minix、BSD、AIX 等几十种流行操作系统的分区格式。

fdisk 命令

【功能】建立和操作磁盘分区表。

【格式】fdisk [-l] [设备]

【说明】带有 "-l" 选项时，fdisk 列出指定设备的分区表信息。设备可以是磁盘、分区或 LVM 卷。未指定设备时，默认为系统中可检测到的所有块设备。不带 "-l" 选项时，fdisk 以交互方式运行，执行用户输入的操作命令。常用的操作命令包括 p（显示分区表）、F（显示空闲区域）、n（建立新分区）、d（删除分区）、t（修改分区类型）、w（保存修改退出）、q（放弃修改退出）。注意：w 命令将改写分区表，必须确认无误后再使用。

例 10.15　fdisk 命令的用法示例。

```
# fdisk /dev/sda                    #进入交互式界面，查看 sda 盘的分区
Command ( m for help ): p
Disk /dev/sda: 465.78 GiB, 500107862016 bytes, 976773168 sectors
...

Disklabel type: gpt
Disk identifier: 7F85DB6C-E1EB-4E3F-8E62-362BA238A497
Device       Start      End     Sectors   Size  Type
/dev/sda1     2048    534527     532480   260M  EFI System
/dev/sda2   534528   2631679    2097152     1G  Linux filesystem
/dev/sda3  2631680 850943999 848312320 404.5G  Linux LVM
...

Command (m for help): F
Unpartitioned space /dev/sda: 60 GiB, 64424516608 bytes, 125829134 sect
ors
...

Command (m for help):n
Partition number (4-128, default 4):4
...

Created a new partition 4 of type 'Linux filesystem' and of size 60GiB.
Command (m for help):w
# fdisk -l /dev/sdb                 #显示 sdb 盘的分区
Disk /dev/sdb: 7.41 GiB, 7948206080 bytes, 15523840 sectors
...

Disklabel type: dos
Disk identifier: 0x5b7c751a
Device     Boot Start      End   Sectors   Size  Id  Type
/dev/sdb1       2048  15518789  15516742   7.4G   b  W95 FAT32
#_
```

从 fdisk 命令的输出中可以看到有关磁盘分区的更多信息。此例中，sda 盘的分区表类型为 GPT，sda1 是 EFI 分区，sda2 是 Linux 标准分区，sda3 是 LVM 分区。此外还有一个 60 GB 的空闲区域。随后在这个空闲区中建立了一个新分区 sda4，类型为 Linux 标准分区。sdb 盘的分区表类型是 MBR（dos），sdb1 分区是 Windows 的 FAT32 格式。

3. 建立 LVM 逻辑卷

如果采用 LVM 卷方式，需在标准分区的基础上构建 LVM 卷。LVM 的管理命令较多，在此只简单介绍创建 LVM 卷的几个命令。更多命令介绍请参看 LVM 手册页（man lvm）。

创建物理卷的命令：

pvcreate 分区设备…

创建卷组的命令：

vgcreate 卷组名 物理卷设备…

创建逻辑卷的命令：

lvcreate -L 卷大小 -n 卷名 卷组名

创建一个 LVM 卷的步骤是：先用 pvcreate 命令在分区上创建物理卷（可以指定多个分区设备，创建多个物理卷）；再用 vgcreate 命令在一个或多个物理卷上构建一个卷组；最后用 lvcreate 命令在卷组上创建逻辑卷。

例 10.16 设/dev/sda4 是一个空闲分区，现将它做成一个 LVM 卷。

```
# pvcreate /dev/sda4                    #在标准分区上建立物理卷
 Physical volume "/dev/sda4" successfully created.
# vgcreate extravg /dev/sda4            #在物理卷上建立卷组 extravg
 Volume group "extravg" successfully created.
# lvcreate -L 60G -n backup extravg     #在 extravg 卷组上建立逻辑卷 backup
 Logical volume "backup" created.
#_
```

建好的逻辑卷在逻辑上等同于分区，所有针对分区的操作也同样适用于卷。

10.4.4　建立文件系统

建立文件系统就是用该文件系统的格式对分区进行格式化。例如，建立 Ext 文件系统就是在分区中划分出块组，建立超级块、组描述符、i 节点区、数据区等结构，并生成文件系统的元数据写入其中。建立文件系统的命令是 mkfs（make file system）。建好后的文件系统就可以挂装使用了。

mkfs 命令

【功能】建立文件系统。

【格式】mkfs [选项] 设备

【选项】

-t *fstype*	指定文件系统类型为 *fstype*。默认类型为 ext4。
-c	格式化前查找坏块。
-v	产生详细的输出。

例 10.17 mkfs 命令用法示例。

```
# mkfs -t ext3 -c /dev/sdc2            #在 sdc2 分区中建立 ext3 文件系统
# mkfs -c /dev/extravg/backup          #在 backup 卷中建立 ext4 文件系统
```

10.4.5　挂装与拆卸文件系统

系统管理员可以根据需要挂装或拆卸某个文件系统，从而实现文件系统的动态组合。挂装的文件系统可以是本地磁盘或移动设备上的分区，也可以是网络上的文件系统。

1. 文件系统标识

在针对文件系统进行诸如挂装、拆卸、查询、修复、引导等操作时都需要指定目标文件系统。由于文件系统与其所在的分区或卷相对应，因此使用文件系统所在的分区或卷的设备名作为标识即可。然而，分区的设备名并非总是不变的，它们依赖于系统启动时内核检测到的顺序。如果系统中添加或删除了某个存储盘就可能会造成设备名称变动，导致系统找不到启动设备或挂装不上文件系统。另外，移动存储设备插入系统时分配的设备名与插入顺序有关，这种不确定性会给挂装带来麻烦。

解决设备命名问题的方案是使用"通用唯一识别码"（Universally Unique Identifier，UUID）。UUID 具有时间和空间的唯一性，应用到文件系统上可以永久唯一地标识一个分区。无论分区顺序怎样变化，文件系统的 UUID 都不会变。文件系统的 UUID 是在创建文件系统时生成的。mkfs 命令在格式化分区的同时会计算并生成 UUID，记录在文件系统的超级块中。用 blkid（block id）命令可查看已挂装的文件系统的 UUID。

例 10.18 查看文件系统的 UUID。

```
# blkid -s UUID /dev/sda1 /dev/sda2        #查看 sda1 和 sda2 分区的 UUID
/dev/sda1: UUID="F23D-BA97"
/dev/sda2: UUID="39addc4c-815d-4dfa-bdd2-540d729058bb"
#_
```

Linux 文件系统的 UUID 长度为 128 位，用 32 个字符表示；Windows 文件系统的 UUID 长度为 64 位（NTFS 格式）或 32 位（VFAT 格式），用 16 个或 8 个字符表示。可以看出，UUID 标识较长且不易记忆，并不方便在命令中使用。UUID 通常用在系统配置文件中，在系统进行 GRUB 引导、自动挂装文件系统等操作时就可以避免名称变化带来的混乱。

2. 挂装文件系统

文件系统必须先挂装才可访问。挂装的方式有自动挂装和手工挂装两种。

1）自动挂装

自动挂装就是在系统启动时根据配置文件自动地完成对指定文件系统的挂装。系统启动时，内核会读取挂装配置文件/etc/fstab，自动挂装文件中指定的文件系统。

fstab 文件中描述了每个文件系统应挂装在何处以及执行挂装时所使用的参数。每行对应一个文件系统，分为 6 个字段，格式如下：

　　文件系统标识　　挂装点　　文件系统类型　　挂装选项　　dump 标志　　fsck 顺序

文件系统标识可以是分区设备名、卷名或 UUID 标识，最好避免使用设备名。

挂装选项指定文件系统的挂装方式。常用的挂装选项有 ro/rw（只读挂装/读写挂装）、auto/noauto（自动挂装/不自动挂装）、user/nouser（普通用户可挂装/只 root 可挂装）、umask（权限掩码）、defauls（默认选项挂装）。自动挂装是指在系统启动时或使用 mount -a 命令时自动挂装；不自动挂装则是必须用 mount 命令显式地对其挂装。默认选项挂装就是采用默认的选项（包括 rw、auto、nouser 等选项）进行挂装。

dump 标志指示 dump 备份程序是否备份该文件系统，1 表示要备份，0 表示不要。fsck 顺序表示当 fsck 程序进行文件系统检查时的执行顺序，值为 1 的首先被检查，然后是值为 2 的，0 表示不检查。

例 10.19 一个/etc/fstab 文件的示例。

```
/dev/mapper/mainvg-root        /            ext4   defaults        1  1
UUID=39addc4c-815d-4dfa-...    /boot        ext4   defaults        1  2
UUID=F23D-BA97                 /boot/efi    vfat   umask=0077,...  0  2
/dev/mapper/mainvg-swap        none         swap   defaults        0  0
/dev/mapper/extravg-backup     /backup      ext4   noauto,user     0  2
```

该文件列出了 5 个文件系统，用卷名或 UUID 标识。前 4 项在系统启动时自动挂装，其中 1、2、4 项采用默认方式挂装，/boot/efi 分区以屏蔽权限方式挂装，即不允许普通用户访问。第 5 项是 backup 卷，需显式挂装，且允许一般用户挂装。

2）用 mount 命令挂装

挂装文件系统的命令是 mount。

mount 命令

【功能】挂装文件系统。

【格式】mount [选项] 设备 挂装点

【选项】

　　-t *vfstype*　　指定文件系统的类型。-t auto 表示由系统自行测定类型。

　　-o *options*　　指定挂装的方式，与 fstab 文件中挂装选项的定义相同。

　　-a　　　　　　挂装 fstab 文件中所有不带 noauto 选项的文件系统。

【说明】

（1）设备是文件系统标识，可以是卷名、分区设备名或 UUID。

（2）挂装点目录必须存在。如果挂装点目录不为空，新挂装的文件系统会暂时覆盖挂装点目录下的原有文件。拆卸文件系统后，这些文件将被恢复。

（3）若某个文件系统已在 fstab 文件中做了描述，则挂装时只需指明它的标识或挂装点。mount 命令会搜索 fstab 文件，找到匹配的那行，再用该行指定的方式进行挂装。

例 10.20　设 fstab 文件如例 10.19 所示，则挂装 backup 卷时只需指明挂装点，且允许普通用户挂装。

```
$ ls -ld /backup                              # 确认挂装点已存在
drwxrwxrwx. 2 root root 4096 Jul  2 19:07 /backup
$ mount /backup                               # 挂装 backup 卷
```

例 10.21　挂装 U 盘文件系统，设备名为 sdb1，文件系统类型为 VFAT。

```
# mkdir -m 0777 /mnt/usb                       # 首次挂装时先建立挂装点
# mount -t vfat -o rw /dev/sdb1 /mnt/usb       # 挂装 sdb1，可读写
```

例 10.22　挂装 CD-ROM。

```
# mkdir /media/cdrom
# mount -t auto -o ro /dev/cdrom /media/cdrom  # 挂装 cdrom，只读
```

例 10.23　挂装光盘映像文件 something.iso。

```
# mkdir /mnt/iso
# mount -o loop something.iso /mnt/iso         # 将 iso 文件模拟为块设备挂装
```

3．拆卸文件系统

拆卸是挂装的反操作。系统关闭时会自动拆卸所有已挂装的文件系统，如需手动拆卸文件系统可使用 umount 命令。注意拆卸文件系统时必须先退出挂装点目录，否则系统会报错。

umount 命令

【功能】卸下一个文件系统。

【格式】umount 设备|挂装点

例 10.24 拆卸 CD-ROM 文件系统。

```
# umount /dev/cdrom
```

10.4.6　检查文件系统

检查文件系统的命令是 fsck（file system check）。系统启动时，内核会在挂装文件系统前执行 fsck，对在 fstab 文件中"fsck 顺序"标记不为 0 的文件系统进行检查。此外，当发生文件系统因故障不能挂装的情况时，系统管理员可以用 fsck 命令对其进行检测和修复。修复的文件放在/lost+found 目录下。

fsck 命令

【功能】检查文件系统并尝试修复错误。

【格式】fsck [选项] [文件系统...]

【选项】

　　-t *vfstype*　　　指定文件系统的类型。

　　-a　　　　　　　自动修复文件系统，不要求用户确认。

　　-r　　　　　　　交互式修复文件系统，修复动作前要求用户确认。

【退出码】0 表示无错误；1 表示有错误已修复；2 表示系统需要重启；4 表示有错误未修复。

【说明】执行此命令前应先拆卸被检查的文件系统。

例 10.25 检查/dev/sdc2 分区的文件系统是否正常，如果有异常便自动修复。

```
# umount /dev/sdc2
# fsck -t ext3 -a /dev/sdc2
```

10.5　系统备份

计算机系统在运行过程中不可避免地会发生各种意外状况，造成系统崩溃或文件丢失。常见的意外状况包括硬件故障、软件异常、操作失误、外来攻击等。虽然现在的系统具有一定的容错和安全措施，但都不能替代简单可靠的备份操作。备份（backup）是指定期地把系统和用户数据打包复制到脱机介质上，制成一系列副本保存。常用的备份介质有磁带、光盘和移动硬盘。恢复（restore）指一旦系统出现故障或其他原因造成数据丢失，就可以从备份介质上把数据复制回硬盘，减小损失。对于服务器系统来说，严格的备份措施是保证系统正常运行的必要手段。个人用户也应经常地备份自己主目录下的重要文件。

10.5.1　备份策略

备份的方式可以分为以下几种：

（1）完全备份：一次备份所有数据。这是最基本的备份方式，备份的工作量较大，需要的介质也多，但恢复时比较容易。

（2）更新备份：备份上一次完全备份后改变的所有数据。更新备份的工作量居中，恢复时需要先恢复上一次的完全备份，再恢复最近一次的更新备份。

（3）增量备份：备份上一次备份后改变的所有数据。增量备份工作量小，但恢复较费力，需要从上一次的完全备份开始，逐级恢复随后的各个增量备份。

系统管理员应根据系统的使用情况制订备份方案并严格执行。常用的方案是每月一次完全备份，每周末做一次更新备份，每个工作日做一次增量备份。备份的范围也要根据系统的使用情况来决定，原则是对改动多的文件应备份更频繁一些。例如，/home 目录下的用户文件和/var 目录中的系统运行数据都是经常变化的，这些目录需要每天备份；/etc 中的配置文件不常变化，只需在配置更改时进行备份即可；/usr 和/opt 中的程序文件很少发生变化，安装后做一次备份即可。另外，有些目录如/tmp、/mnt、/media 等是没有必要备份的，有些动态生成的文件系统如/proc、/dev、/run 等是不应该备份的。

10.5.2 备份命令

备份工具包括归档命令和压缩命令两类。表 10-4 列出了一些常用的命令。

表 10-4 常用的压缩归档命令

命令	文件后缀名	功能
compress	*.Z	压缩和解压文件
zip、unzip	*.zip	压缩和解压文件
gzip	*.gz	压缩和解压文件
tar	*.tar	归档工具，用于归档和提取文件
tar -Z	*.tar.Z	归档和提取文件时，用 compress 压缩和解压文件
tar -z	*.tar.gz	归档和提取文件时，用 gzip 压缩和解压文件
cpio	*.cpio	归档工具，更适合作系统备份
cpio -Z	*.cpio.Z	归档和提取文件时，用 compress 压缩和解压文件

归档命令的功能是将要备份的文件打包成一个档案文件，写到存档介质上或备份目录下。在需要恢复时，用归档命令可以从档案文件中提取出文件，写回文件系统中。在对文件进行归档和提取操作时，可配合使用压缩命令对文件进行压缩和解压。

以下仅对最常用的 gzip 和 tar 命令做介绍，其他命令可参看 man 手册。

1. gzip 命令

gzip（GNU zip）命令用于对文件进行压缩和解压缩，其压缩率高于 compress 和 zip 命令，且可以和归档命令 tar 配合使用。

gzip 命令

【功能】对文件进行压缩和解压缩。

【格式】gzip [选项] [文件]

【选项】

-d	解压缩。
-l	列出压缩文件的大小和压缩比例等信息。
-r	递归地压缩子目录。
-v	显示详细操作信息。

【说明】没有-d 和-l 选项时执行压缩。

例 10.26 gzip 命令用法示例。

```
$ ls
 hoc     hoc.c    hoc.h    init.c     math.c
$ gzip -v *.c                    #压缩当前目录下的每个.c文件
 hoc.c:   -17.9% -- replaced with hoc.c.gz
 init.c:  -27.1% -- replaced with init.c.gz
 math.c:  -45.6% -- replaced with math.c.gz
$ ls
 hoc     hoc.c.gz   hoc.h    init.c.gz    math.c.gz
$ gzip -l math.c.gz              #显示压缩文件的信息，不解压
  compressed    uncompressed     ratio   uncompressed_name
       274             458       -45.6%   math.c
$ gzip -dv math.c.gz             #解压缩math.c.gz文件，显示详细信息
 math.c.gz:  -45.6% -- replaced with math.c
$_
```

2. tar 命令

tar（tape archive）命令用于将一组文件打包成一个文件，称为档案文件（archive）。归档是为了便于对这些文件进行统一处理，如转储、传输、发布和下载等。档案文件比单个文件更节省存储空间，因为它消除了各个文件最后一个存储块内的空闲空间。如果配合压缩命令则会进一步节省存储空间，减少传输时间。

tar 命令

【功能】文件归档工具，可备份整个目录、分区或文件系统。

【格式】tar [选项] [文件/目录列表]

【选项】

-c	创建档案文件。
-C 路径	指定解包的目录路径名。
-f 文件	指定档案文件或归档设备。
-p	归档时保持文件的访问权限。
-r	向档案文件中添加文件。
-t	列出档案文件中的内容。
-T 文件	从指定的文件中读取要备份的文件列表。
-u	更新档案文件。
-v	显示详细操作信息。
-x	从档案文件中提取并还原文件。
-z	使用 gzip 得来压缩/解压缩文件。
--exclude 目录/文件	不备份指定的目录或文件。

【参数】归档时，需要用参数来指定要备份的对象。参数可以是文件，也可以是目录。有-T选项时，命令将从该选项指定的文件中获取要备份的对象的列表。解包时不需参数，默认在当前目录下解包。若要在其他目录下解包可用-C选项指定解包路径。

例 10.27 打包文件。

```
$ tar -cf ~/bak/src.tar *.[c,h]          #打包*.c和*.h文件，生成档案文件src.tar
$ tar -tf ~/bak/src.tar                   #显示档案文件内容
```

```
hello.c
print.c
print.h
$ tar -xf ~/bak/src.tar hello.c          #从档案 src.tar 中提取出 hello.c 文件
$ tar -xf ~/bak/src.tar -C /tmp          #在另一目录下解包
$ _
```

用户可以用这种方式打包和保存自己的文件，然后在必要时在某个目录下恢复这些文件。这种方式也常用来复制一个目录树到另一个位置。与用 cp -r 命令复制目录树的不同之处在于，tar 命令可以保持文件的归属权和修改时间等属性不变。在以 root 身份进行复制操作时，这一点可能尤为有用。

例 10.28 把 cherry 的主目录备份并压缩，按用户名和备份日期命名，存入/backup 目录。

```
# tar -czf /backup/cherry-`date +%m-%d`.tar.gz /home/cherry      #打包
# ls /backup
cherry-07-21.tar.gz
# tar -xzf /backup/cherry-02-21.tar.gz                           #解包
# _
```

注意：使用-z 选项打包的档案在进行显示、更新、解包等操作时也需使用-z 选项。

例 10.29 完全备份根文件系统。备份档案写到/archive 文件系统上（/archive 可以是任何已挂装的备份设备），不备份/run、/mnt、/proc、/dev、/sys 和/archive 目录。

```
# tar -cvpzf /archive/full-bak.tar.gz --exclude=/run --exclude=/mnt --exc
  lude=/proc --exclude=/dev --exclude=/sys --exclude=/archive /
```

此备份对应的恢复命令为 tar -xvpzf /archive/full-bak.tar.gz -C /。恢复过程将覆盖系统所有重要文件，必须慎重使用。

例 10.30 更新备份/home 目录，备份 5 日内被修改过的文件。

```
# find /home -mtime -5 -print > /tmp/list
# tar -zcf /archive/home-update-bak-`date +%d-%m-%Y`.tar.gz -T /tmp/list
```

此例先将/home 目录下修改日期小于 5 日的文件列表写入一个临时文件，再用-T 选项将这个文件中的文件备份到/archive 中，并在档案文件名中加入日期作为标识。

10.6 系统监控

系统监控的任务是监视 CPU、内存和文件系统的使用情况，及时发现系统在安全、性能和资源使用等方面的问题。系统监控的手段是使用专用命令或图形监控工具。

10.6.1 监控进程的运行

监控 CPU 的工作就是监视进程的活动状况，并在必要的时候控制进程的活动，如终止、挂起以及恢复进程运行、修改进程优先级等。

1. 监视进程的运行

监视进程活动的常用命令是 ps 和 top。ps 命令提供进程在当前时刻的一次性"快照"，top 命令则实时地展示系统内进程活动的"全景"信息。

top 命令

【功能】实时显示系统中的进程活动，并提供交互界面来控制进程的活动。

【格式】top [选项]

【选项】

    d 间隔秒数   以指定的间隔秒数刷新。

    n 执行次数   指定重复刷新的次数，默认是一直执行，直到按 q 键退出。

【说明】top 命令运行后，将显示屏分为上下两部分：上部分是关于系统内的用户数和进程数的统计，以及 CPU、内存和交换空间的资源占用率的统计；下部分是所有进程的当前信息，通常是按 CPU 使用率排列的，最活跃的进程显示在顶部。这些信息动态地刷新，反映出系统的实时运行状况。中间的分隔行是命令交互行，可以在此处输入 top 的命令字符。常用的是："?"显示命令列表；"k"杀死进程；"r"改变进程优先级；"q"退出。

例 10.31 用 top 监视进程的运行，界面显示如图 10-2 所示。

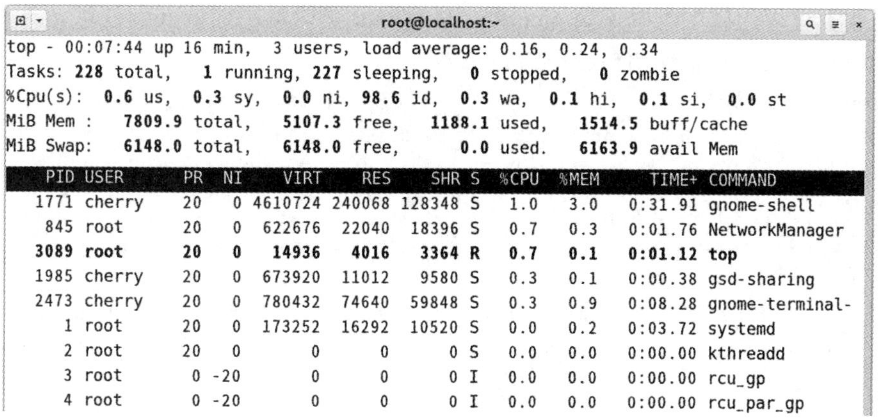

图 10-2　top 命令的显示界面

2. 改变进程优先级

进程的优先级取决于它的"谦让数"nice。nice 数较高的进程具有较低的优先级，因而对待其他进程较为谦让；nice 数较低的进程具有较高的优先级，因而有更多的机会抢占 CPU。nice 的取值范围为-20～19，默认值是 0。用户可以为进程指定一个 0~19 间的 nice 数，只有 root 可以为进程指定负值。

为进程设置 nice 值的命令是 nice，改变进程 nice 值的命令是 renice。在 top 命令的界面中也可以用 r 命令调整进程的 nice 数。

nice 命令

【功能】以调整的 nice 数执行命令。

【格式】nice [-n 增量] [命令行]

【说明】指定-n 选项时，在 Shell 的当前 nice 数上加上指定的增量来运行指定的命令；未指定-n 选项时，默认增量为+10。只有 root 可以指定负数增量。未指定命令行时，显示 Shell 的当前 nice 数。

例 10.32 用指定的 nice 数执行命令。

```
$ nice                       #显示当前的nice数
0
$ nice -n 5 yes > /dev/null &    #降低优先级运行一个yes进程
```

```
 [1]   4907
$ ps -o pid,ni,args                           #显示进程号、nice 数和命令
  PID   NI    COMMAND
 1978    0    bash
 4907    5    yes
 4908    0    ps -o pid,ni,args
$_
```

例 10.32 中，用 nice 命令执行的 yes 进程的 nice 数是指定的 5，而直接执行的 ps 进程的 nice 数是默认的 0。

renice 命令

【功能】调整正运行的进程的 nice 数。

【格式】renice nice 数   进程号

【说明】进程的属主可以调高 nice 数，只有 root 可以调高或调低到任意 nice 数。

例 10.33 用 renice 命令调整进程的 nice 数。

```
$ renice 10 4907                              #调整 4907 号进程的 nice 数
 4907 (process ID) old priority 5, new priority 10
$ ps -o pid,ni,args | grep yes               #查看 4907 号进程的 nice 数
 4907   10    yes
$_
```

3. 作业控制

进程和作业都是对任务的描述，只不过进程是基于系统的视角，而作业则是用户的视角。因此，用户若需对任务的运行情况进行干预，其实施控制的对象应是作业。在多数情况下，一个作业就对应一个进程，控制进程与控制作业并没有什么区别。不过，如果一个作业对应了多个进程，比如用管道连接的多个命令，则用户应针对作业进行操作，不应单独控制作业中的某个进程。

字符终端用户在同一时间只能运行一个前台作业，但可以运行多个后台作业。用户可以在需要时控制这些作业的运行，比如，挂起一个作业使其暂停运行，将其放到前台或后台恢复运行等。这在有些时候很有用。例如，当用 vi 编辑一个文件时，如需暂停编辑去做些其他操作，可以先将 vi 挂起，回到 Shell 执行其他命令，完成后再恢复 vi 的运行。

1）显示作业的信息

用 jobs 命令可以显示当前 Shell 所启动的所有作业及其活动状态。由于 jobs 命令本身占据了前台运行，因此它所显示的是所有挂起的和在后台运行的作业。

jobs 命令

【功能】显示 Shell 的作业清单。

【格式】jobs [-l]

【说明】jobs 的输出包括作业号、作业当前状态以及作业执行的命令行，有-l 选项时还显示作业的进程号 PID。作业的状态可以是 running、stopped、terminated、done 等。

例 10.34 jobs 命令用法示例。

```
$ yes > /dev/null &                          #在后台执行一个命令
 [1]   25054                                  （显示作业号、进程号）
$ vi abc                                      #启动 vi 程序
 <Ctrl+z>                                     （运行期间按 Ctrl+z 挂起）
```

```
[2]+  Stopped     vi abc
$ sleep 60 &
[3]  25122
$ jobs -l                    #显示所有作业
[1]   25054  Running      yes > /dev/null &
[2]+  25120  Stopped      vi abc
[3]-  25122  Running      sleep 60 &
$_
```

作业号后有一个"+"符号的是当前的作业，有"-"符号的是当前作业的下一个作业，其他作业没有这些符号。

2）挂起进程/作业

挂起进程就是让它暂停运行，进入暂停态。挂起的方法是用 kill 命令向进程发 SIGSTOP 信号，即 kill -SIGSTOP 进程号。挂起前台作业的方法是用 Ctrl+z 键。若要挂起后台作业，可把它先切换到前台再挂起。

3）切换作业

将前台作业切换到后台的方法是先用 Ctrl+z 挂起作业，然后用 bg（background）命令使这个作业在后台恢复运行。bg 命令的格式是 bg [作业号]。未指定作业号时默认为当前作业。

将后台作业切换到前台的方法是用 jobs 命令列出作业的作业号，然后用 fg（foreground）命令将其放到前台运行。fg 命令的格式是 fg [作业号]。未指定作业号时默认为当前作业。

4）恢复进程/作业

恢复进程就是让处于暂停态的进程进入可运行态，继续运行。恢复进程的方法是用 kill 命令向它发 SIGCONT 信号，即 kill -SIGCONT 进程号。恢复已挂起作业的方法是使用 bg 或 fg 命令，使其在后台或前台恢复运行。

5）终止进程/作业

终止进程就是让它终止运行。方法是用 kill 命令向它发 SIGTERM 信号，即 kill 进程号。终止前台作业用 Ctrl+c 键，终止后台作业用命令 kill %作业号。

例 10.35 作业控制示例。

```
$ cat > text.file              #在前台执行一个 cat 进程
1st line.
2nd line.
<Ctrl+z>                       (挂起 cat 进程)
[1]+  Stopped     cat > text.file
$ yes > /dev/null &            #在后台执行一个 yes 进程
[2]  5551
$ jobs                         #显示当前所有作业
[1]+  Stopped     cat > text.file
[2]-  Running     yes > /dev/null &
$ fg 1                         #将 1 号作业带到前台恢复运行
cat > text.file
3rd line.
<Ctrl+d>                       (结束 cat 进程)
$ cat text.file
1st line.
```

```
 2nd line.
 3rd line.
$ jobs
 [2]+  Running              yes > /dev/null &
$ kill %2                                    #终止 2 号作业
 [2]+  Terminated           yes > /dev/null &
$ jobs
$_
```

10.6.2　监视内存的使用

监视内存使用情况的命令是 free 命令。监视对象包括实体内存（Mem）和交换内存（Swap）。

free 命令

【功能】显示内存的使用情况。

【格式】free [选项]

【选项】

  -b|-k|-m|-g   以指定的单位显示内存使用情况。

  -s 间隔秒数   持续观察内存使用状况。

例 10.36　查看内存使用情况。

```
$ free -k                        #以 k 为单位显示内存的使用
          total       used       free     shared   buff/cache   available
Mem:    7997304    1093916    5641208     159456      1262180     6484300
Swap:   6295548          0    6295548
$_
```

命令的输出分为 6 列，依次是内存总量、已占用空间、空闲空间、共享空间、内核使用的高速缓存空间以及可用空间。可用空间是可被进程使用的空间，包括空闲空间以及必要时可被释放的高速缓存空间。

10.6.3　监视文件系统的使用

监视文件系统空间的使用情况可以使用 df 和 du 命令。df（disk free）根据存储块的使用情况来计算存储空间；du（disk usage）则以文件和目录的大小为依据统计空间的使用量。

df 命令

【功能】统计文件系统空间的使用情况。

【格式】df [选项] [文件]

【选项】

  -a   显示所有文件系统的信息。

  -h   用易于阅读的方式显示文件系统的信息。

  -i   显示文件系统的索引节点的使用量。

  -T   显示文件系统的类型。

  -t *type*   只显示 *type* 类型的文件系统。

  -x *type*   不显示 *type* 类型的文件系统。

【说明】带有文件参数时将显示该文件所在的文件系统的信息，否则显示所有已挂装的文件系统的信息。

例 **10.37** df 命令用法示例。

```
$ df -h -x tmpfs                      #显示文件系统的使用信息,不包括临时文件系统
  Filesystem                  Size    Used   Avail   Use%  Mounted on
  devtmpfs                    3.8G      0    3.8G      0%  /dev
  /dev/mapper/mainvg-root     404G    7.3G    395G      2%  /
  /dev/sda2                   976M    262M    647M     29%  /boot
  /dev/sda1                   256M     53M    204M     21%  /boot/efi
$_
```

在此例中，sda1、sda2 分区和 mainvg-root 卷是普通的文件系统，devtmpfs 是存放设备节点的临时文件系统。

du 命令

【功能】统计目录和文件占用的磁盘空间。可以递归显示子目录的磁盘使用情况。

【格式】du [选项] [文件/目录]

【选项】

-a 统计指定目录下的所有目录及文件的大小。

-s 只产生一个总的统计信息。

-h 用易于阅读的方式显示信息。

-k|-m 指定块大小的单位。

【参数】指定文件为参数时，显示文件占用的磁盘空间；指定目录为参数时，显示目录占用的磁盘空间，并递归地显示所有子目录占用的磁盘空间；不指定参数则默认为当前目录；如果有-a 选项的话显示各文件与目录占有的空间。

例 **10.38** du 命令用法示例。

```
$ du -hs /home/cherry                #显示/home/cherry 目录占用的磁盘空间
  398M   /home/cherry
$ du -ha ~/pictures                  #显示~/pictures 目录下所有文件及目录占用的空间
   96K   /home/cherry/pictures/20-52-28.pnp
  480K   /home/cherry/pictures/21-00-05.pnp
  116K   /home/cherry/pictures/21-10-45.pnp
  696K   /home/cherry/pictures
  ...
$_
```

注：无论文件或目录的实际长度如何，它所占用的磁盘空间总是磁盘存储块的大小（比如 4 KB）的整数倍。

10.7 软件安装

在 Linux 系统安装时，安装程序完成了基本系统和附加软件的安装。在随后的运行期间，系统管理员可以根据需要添加或删除某些软件，并保持软件版本的更新。

10.7.1 软件的打包与安装

软件通常以软件包（package）的形式发行。软件包是将组成一个软件的所有程序和文

档打包在一起而形成的一个具有特定格式的文件。软件包中带有安装需要的各种信息，如安装位置、版本信息、依赖关系、安装和卸载时要执行的命令等。

与 Windows 系统不同，Linux 的软件通常没有类似 setup.exe 那样的安装和配置程序，也不需要向系统注册。软件安装的过程就是将软件包中的文件复制到适当的目录下，修改配置文件即可。所以，简单的安装工作完全可以用 Shell 命令手工完成。不过，系统中的各软件之间往往有着复杂的依赖关系，在安装软件时需要检测和解决软件包之间的依赖与冲突等问题。因此，为方便安装，多数发行软件包都会提供一个安装脚本，它可以完成依赖检测、解包、复制和配置等工作步骤，使安装工作变得轻松。

Linux 软件主要采用以下几种方式发行和安装：

（1）采用传统方式打包发行。传统的软件打包方式是用 tar 命令打包软件，安装时用 tar 解开到某个目录下。通常这种软件包解开后都有一个 Install 脚本文件，直接运行就可完成安装。另外还会有 Readme 之类的帮助文件，提供详细的安装说明。

（2）利用专门的软件包管理工具打包发行。这是现在流行的软件发行方式。大多数 Linux 系统都提供一个专门的软件包管理工具，开发者用这个工具将软件打包，用户则用它来安装软件包。有了软件包管理工具，用户不必再关心安装的细节问题，使得软件包的安装和维护变得非常方便。常用的软件包格式有 Red Hat/Fedora 的 RPM 软件包和 Debian/Ubuntu 的 DEB 软件包。

（3）通过网络实现在线软件发布与更新。目前，多数 Linux 系统都提供了在线方式的软件包管理工具。它们的功能十分强大，能自动检索软件的新版本，自动下载、安装和处理软件依赖关系，大大方便了软件的更新和维护操作。最为流行的两个在线软件包管理工具是基于 RPM 包的 DNF 和基于 DEB 包的 APT。

10.7.2 RPM 软件包管理工具

RPM（Red Hat Package Manager）是 Red Hat 开发的软件包管理软件，它的功能比较完善而且易于使用。除了 Red Hat Linux 外，RPM 还广泛地应用于其他 Linux 发行系统，如 Fedora、Mandrake、SUSE、CentOS、YellowDog 等。

RPM 工具用于管理以 RPM 格式打包构建的软件包。使用 RPM 工具构建的软件包具有特定的命名规则。典型的 RPM 软件发行包的名称如下：

软件名-主版本号-次版本号.发行版本.硬件平台.rpm

其中，"软件名"和".rpm"后缀名不可缺少，其余项为可选，顺序也可能不同。例如：gzip-1.10-2.fc32.x86_64.rpm 表明该软件包名为 gzip，主版本号为 1.10，次版本号为 2，发行版本为 fedora32，适用于 x86_64 架构的硬件平台。注意：安装后的软件包的名称没有了 rpm 后缀名。例如，上例的 gzip 软件包在安装后的包名为 gzip-1.10-2.fc32.x86_64。

除了构建软件包功能外，RPM 具有全面的软件包管理功能，可以完成软件包的安装、升级和卸载等各项软件维护操作。另外，RPM 将所有的已安装软件的信息记录到一个 RPM 数据库中，因而可以利用这个数据库对系统中已安装的软件包进行查询、校验等操作。所有这些操作都是由 rpm 命令实现的。

rpm 命令

【功能】管理 RPM 软件包。

【格式】rpm [选项] RPM 包

【选项】

-i   安装软件包。

-U   升级软件包。

-q   查询软件包信息。

-V   校验软件包。

-e   卸载软件包。

-v   显示执行过程的详细信息。

-h   显示执行的进度。

1. 安装与升级 RPM 包

安装软件包其实就是文件的复制，即把软件的各个文件复制到特定目录下。用 RPM 安装软件包也是如此，只不过它更聪明一些。RPM 将所有已安装的软件包的信息记录在一个数据库中（位于/var/lib/rpm），在以后的安装、升级、查询、校验和卸载操作中，RPM 都要用这些信息自动地进行检测，以防止出现依赖错误和版本冲突。

安装软件包的操作主要有以下几个步骤：

（1）根据软件包中对依赖和冲突关系的描述进行检查，不符合要求就中止安装。

（2）执行软件包中的"安装前"脚本，为安装作准备。

（3）解压软件包并将其中的文件复制到正确的位置，设置好文件的权限等属性。

（4）执行软件包中的"安装后"脚本，做安装后处理。

（5）更新 RPM 数据库，将所安装的软件及相关信息记录到数据库中。

升级软件包与安装软件包的操作是一样的，只不过安装后要卸载掉所有的旧版本。RPM 采用了智能化的处理，它可以尽量地保留旧版本中用户所做的配置，使其适应于新版本。

安装或更新软件包前，需先将 RPM 包下载到本机，然后执行 rpm 命令。安装使用-i 选项，升级使用-U 选项，参数为软件包的发行包全名。

例 10.39 安装开源中文字体包 wqy。

```
# ls wqy-*                              #已下载的 wqy 软件包
 wqy-bitmap-fonts-1.0.0-0.11.rc1.fc26.noarch.rpm
 wqy-microhei-fonts-0.2.0-0.18.beta.fc26.noarch.rpm
 wqy-unibit-fonts-1.1.0-18.fc26.noarch.rpm
 wqy-zenhei-fonts-0.9.46-16.fc26.noarch.rpm
# rpm -ivh wqy-*                        #安装 wqy 软件包，显示安装信息与进度
 Preparing...
 ##################################### [100%]
 Updating / installing...
   1:wqy-zenhei-fonts-0.9.46-16.fc26
 ##################################### [ 25%]
   2:wqy-unibit-fonts-1.1.0-18.fc26
 ##################################### [ 50%]
   3:wqy-microhei-fonts-0.2.0-0.18.beta.fc26
 ##################################### [ 75%]
   4:wqy-bitmap-fonts-1.0.0-0.11.rc1.fc26
 ##################################### [100%]
```

```
#_
```

2. 查询 RPM 包

RPM 数据库中记录了所有已安装的软件包的信息，通过 rpm 命令可以查询这些信息。查询软件包用-q 选项，配合其他选项可以完成各种查询操作。常用选项如下：

-qa   查询所有已安装的软件包。

-qf   查询某文件属于哪个软件包（注意：必须指定文件的绝对路径名）。

-ql   查询包中文件的安装位置。

-qi   列出软件包的综合信息。

例 10.40 查询安装了哪些 gcc 相关的软件包。

```
$ rpm -qa | grep gcc
gcc-gdb-plugin-10.1.1-1.fc32.x86_64
libgcc-10.1.1-1.fc32.x86_64
gcc-10.1.1-1.fc32.x86_64
$_
```

例 10.41 查询 gzip 包中的文件的安装位置。

```
$ rpm -ql gzip
/etc/profile.d/colorzgrep.csh
/etc/profile.d/colorzgrep.sh
/usr/bin/gunzip
/usr/bin/gzexe
/usr/bin/gzip
/usr/bin/zcat
...
$_
```

例 10.42 查询 gzip 程序属于哪个软件包。

```
$ rpm -qf /usr/bin/gzip          #或 rpm -qf `which gzip`
gzip-1.10-2.fc32.x86_64
$_
```

3. 校验 RPM 包

校验软件包就是将已安装的软件包中所有文件的信息与存储在软件包数据库中的原始软件包中的文件信息相比较，看是否和最初安装时一样。如果没有问题就不输出任何结果，如果任何一个文件有问题，就会输出该文件的路径名和一个 9 位字符组成的字符串，依次是：S M 5 D L U G T P。9 个字符分别代表文件的 9 个属性，即文件大小、模式、校验和、设备号、符号链接、属主、属组、修改时间和访问特权。若该文件的某个属性发生了改变，则在相应的位上会显示出代表该属性的字符，没有发生改变的位就显示"."。

校验软件包使用-V 选项，参数可以是软件名或软件包名。

例 10.43 校验 gzip 软件包。

```
$ rpm -V gzip
.M.........    /usr/bin/zcat
$_
```

输出结果表明，gzip 包中的 zcat 文件目前的权限模式与安装时的权限模式不同。

4. 卸载 RPM 包

卸载软件包并不是将原来安装的文件逐个删除那样简单，因为软件包之间存在依赖关系。A 软件包依赖于 B 软件包做某些工作，若将 B 卸载了，则 A 就不能正常运行了。

RPM 在卸载软件包时，主要进行以下几步操作：

（1）根据软件包中的依赖关系描述进行检查，确保没有任何软件包依赖于此软件包。

（2）执行软件包中的"卸载前"脚本，做卸载前处理。

（3）按照软件包中的文件列表，将文件逐个删除。

（4）执行软件包中的"卸载后"脚本，做卸载后处理。

（5）更新 RPM 数据库，删除该软件包的所有信息。

卸载 rpm 软件包用-e 选项，参数可以是软件名或软件包名。

例 10.44 卸载软件包 open-vm-tools。

```
# rpm -e open-vm-tools
 error: Failed dependencies:
    open-vm-tools(x86-64) = 10.1.10-1.fc26 is needed by (installed) open-
 vm-tools-desktop-10.1.10-1.fc26.x86_64
# rpm -e open-vm-tools-desktop
# rpm -e open-vm-tools
#_
```

此例中，直接卸载 open-vm-tools 包没有成功，因为有 open-vm-tools-desktop 包依赖于这个包。将该包卸载后再次执行卸载命令，卸载成功。

10.7.3　DNF 软件包管理工具

使用 rpm 安装和卸载软件包时经常会遇到依赖性问题。比如，用 rpm 安装一个软件包时，rpm 会检测该软件包与其他软件之间的依赖关系，若发现问题则放弃安装操作并给出提示。此时就需要用户自己来处理，先安装上被依赖的软件包，然后再安装此软件包。对于简单的依赖关系，手工处理尚可，但在遇到多级递归依赖时，处理起来会很麻烦。

为方便软件的安装与卸载操作，各个 Linux 系统都提供了更高层的软件包管理工具，如 Fedora 系统上的 DNF 和 YUM、Ubuntu 系统上的 APT。这类工具的最大特点是能够自动解决软件包的依赖性问题。当安装一个软件包时，所有其所依赖的软件包也将一并安装上，卸载软件时也是如此。这类工具的另一个特点是可以灵活地获取在线软件资源。用户只需指定要安装的软件包名，它就会自动地搜索、下载和安装。因此，使用这些工具可以十分轻松地完成软件包的安装、卸载和更新。

DNF（Dandified Yum）是一个基于 RPM 的软件包管理工具，它的前身是 YUM。目前，DNF 已广泛地应用于使用 RPM 包的各个 Linux 发行版本。DNF 不仅功能更强大，而且软件资源库也十分丰富。通过配置，DNF 可以使用多个位于互联网上的资源库。默认的资源库中包含了官方发布的各种最新版本的 RPM 软件包。通过添加其他资源库，DNF 还可以获取各种第三方应用软件。

dnf 命令

【功能】管理 RPM 软件包。

【格式】dnf [选项] [命令] [软件包]

【选项】

-y 　　　　　　对运行过程中的提问全部选择"yes"。

-q 　　　　　　不显示输出信息。

【命令】

install 　　　　　安装指定的软件包。

remove 　　　　卸载指定的软件包。

update 　　　　升级指定的软件包，未指定软件包时表示升级全系统。

list [选项] 　　　搜索本地和资源库，列出指定的软件包，未指定软件包时显示所
有软件包。可用选项来限定显示的类别：installed 为已安装的；
available 为可安装的；update 为有更新版本的。

search 字符串 　根据关键字查找软件包。当不能确定软件包名称时使用。

info 　　　　　　显示指定软件包的信息。

group 命令 　　对软件包组执行指定的 dnf 命令，命令可以是 install、remove、
list、info 等。

例 10.45 用 dnf 命令安装与更新软件。

```
# dnf -y install vim-enhanced          #安装vi 增强包
...
Installed:
  gpm-libs-1.20.7-21.fc32.x86_64
  vim-common-2:8.2.993-1.fc32.x86_64
  vim-enhanced-2:8.2.993-1.fc32.x86_64
Complete!
# dnf -yq update                       #升级全系统
#_
```

dnf 的组操作命令 group 对于安装软件包组非常有效。软件包组由一组相关软件包组成。
例如：办公软件包组 LibreOffice 中包括了 Writer、Calc、Impress 等多个软件包。用 group
命令即可一次性地完成软件包组的安装或卸载。

例 10.46 用 dnf 命令安装软件包组。

```
# dnf group info xfce                  #查看xfce 桌面软件包组中的软件包
… (142 个软件包)
# dnf group install xfce               #安装xfce 桌面
...
Complete!
#_
```

从以上例子可以看出，用 dnf 安装、升级或卸载软件都是非常方便的。但 dnf 并不能完
全取代 rpm。若要进行诸如软件包的校验、依赖查询和文件提取等操作，用 rpm 更为灵活有
效。在有些情况下，将两者配合使用效果更佳。

例 10.47 用 rpm 和 dnf 命令清理旧内核包。

```
# uname -r                             #查看内核版本号
5.6.19-300.fc32.x86_64
# rpm -q kernel                        #查询已安装的内核包
kernel-5.6.13-100.fc30.x86_64
kernel-5.6.19-200.fc31.x86_64
```

```
 kernel-5.6.19-300.fc32.x86_64
# rpm -qa kernel* | grep 5.6.13              #查询5.6.13旧内核的所有包
 kernel-core-5.6.13-100.fc30.x86_64
 kernel-modules-extra-5.6.13-100.fc30.x86_64
 kernel-modules-5.6.13-100.fc30.x86_64
 kernel-5.6.13-100.fc30.x86_64
# dnf remove kernel-core-5.6.13-100.fc30.x86_64      #删除旧内核的核心包
Dependencies resolved.
================================================================
 Package              Arch      Version          Repository    Size
================================================================
Removing:
 kernel-core          x86_64    5.6.13-100.fc30  @anaconda     72 M
Removing depended packages:
 kernel               x86_64    5.6.13-100.fc30  @anaconda     0
 kernel-modules       x86_64    5.6.13-100.fc30  @anaconda     28 M
 kernel-modules-extra x86_64    5.6.13-100.fc30  @anaconda     1.9 M
Transaction Summary
================================================================
Remove  4 Packages
......
Complete!
#_
```

内核升级后，旧内核并不会被自动清除，而是需要手动清除。注意，升级完成后需要重启系统，确认运行正常后再清除旧内核。建议保留一个最近的旧内核以备升级失败。

习 题

10-1 系统管理的基本任务是什么？

10-2 查看文件/etc/passwd，看系统中有多少个可登录的普通用户。

10-3 编写一个 Shell 脚本 addusers，其功能是添加一批用户。要添加的用户名以参数形式给出，组名为 temp。

10-4 封锁用户 joe 用什么命令？

10-5 某 Linux 系统需要扩充文件存储空间。现有一个空闲磁盘空间，设备名为 sdc2。要在此分区建立 ext3 文件系统并挂装到根文件系统中需要执行哪些命令？

10-6 为什么在复制目录结构时 tar 命令比 cp -r 命令更好？

10-7 以下命令最终生成了一个什么文件（文件路径名及内容）？

    # find /home -type f -group project > /tmp/files

    # tar -cf projectfile.tar `cat /tmp/files`

    # gzip projectfile.tar

10-8 从网上下载了一个 foo.iso 文件，如何将该文件以光盘方式挂装到文件系统上？

10-9 从网上下载了一个 tcsh-6.06.tar.gz 文件，如何解开这个文件？

10-10 如何用一个命令显示当前系统中所有进程的总数？如何用一个命令显示正处于可执行态的进程的总数？

附录 A Linux 系统的安装

本附录以 Fedora 为例介绍 Linux 系统的安装方法，其他版本的 Linux 系统的安装过程可能有所不同，但要点步骤是基本相同的。本附录还介绍了虚拟机软件 VMware，以及在虚拟机中安装 Linux 系统的方法。

A.1　安装准备

A.1.1　获得安装映像

获取 Fedora 安装映像的主要途径是从其官网上下载系统的 ISO 安装映像文件。映像文件有多种类型，可根据以下几点进行选择：

（1）系统类型：Fedora 提供了 Workstation 和 Server 等几种系统类型的安装映像。个人应用或开发应选择 Workstation 类型，服务器应用应选择 Server 类型。

（2）平台类型：Fedora Workstation 系统是面向 64 位的 x86_64 架构设计的，适用于现代大多数个人电脑。Fedora 也提供了 aarch64 版本，供 AArch64 架构的计算机使用。

（3）映像类型：为适应不同的安装需要，Fedora 提供了 Live、DVD 和网络安装等几种映像类型。Workstation 版本采用 Live 映像发布，可以直接运行或进行系统安装。

（4）桌面类型：Fedora Workstation 系统默认的桌面是 GNOME。如果偏爱其他桌面环境可以选择定制版。Fedora 提供了多种桌面定制版，常用的有 KDE、Xfce 和 Lxde。

本附录使用的是映像文件名是 Fedora-Workstation-Live-x86_64-32-1.6.iso。

A.1.2　确定安装方式

安装 Linux 系统通常可采取以下方式：

（1）硬盘安装：将系统安装在独立的硬盘分区中。这是最基本的操作系统安装方式，特点是能够充分利用硬件性能，令系统运行顺畅。不过这种安装方式涉及硬盘分区及引导机制等问题，适合有一定经验的用户。A.3 节将介绍硬盘安装方式的基本步骤与要点。

（2）虚拟机安装：将系统安装在虚拟机中。这是目前很流行的一种方式，特点是灵活易用，便于实现多系统并存，尤其适合学习、研究、开发以及日常工作使用。这种安装方式比较简单，但对机器的配置要求高一些。A.2 节将介绍虚拟机安装方式的具体步骤。

（3）免安装：在光盘或 USB 盘上构建一个 Live 系统，引导启动后即可直接运行，无须安装。Live 盘具有使用方便和便携的优点，但系统功能、性能和软件的配备都有所限制，常作为系统试用、硬件测试或系统修复之用。A.3.1 节将介绍如何制作 Live 引导盘。

A.2　在虚拟机中安装 Linux 系统

在虚拟机中安装 Linux 系统是一种简单且安全的安装方式，可以避免因设置错误导致的数据毁坏等麻烦，因此尤其适合新手使用。

A.2.1　虚拟机技术简介

虚拟机（Virtual Machine）是由虚拟机软件在一台物理计算机上模拟出来的逻辑上的计算机。运行虚拟机软件的物理计算机称为宿主机（Host），由虚拟机软件模拟出的虚拟机称为客户机（Guest）。在一台宿主机上可以虚拟出一台或多台客户机。虚拟机具有自己完整的硬件系统，包括 CPU、内存、硬盘、设备、BIOS 等，能够像物理计算机那样安装操作系统和运行应用软件。对于运行在虚拟机中的客户系统来说，虚拟机就像是一台真正的计算机，而对于宿主机系统来说，虚拟机只是运行在其上的一个应用程序，它通过分享宿主机的硬件资源而获得其计算能力。

近年来，随着计算机硬件性能的提升，虚拟机技术得到充分的发展，现已广泛应用于服务器管理以及软硬件开发和测试等环境。对于学习 Linux 的用户来说，虚拟机技术提供了一些独特的便利之处。在虚拟机中运行 Linux，不必担心错误操作导致的系统崩溃，因为虚拟机系统的崩溃只是一个应用的崩溃，不会影响到宿主机系统。虚拟机的另一个便利特性是"快照"功能，对初学者尤为有用。在执行修改虚拟机系统配置等关键操作前，可以先用"快照"记录下系统此时的状态。一旦系统发生故障，利用"恢复到快照"功能就可立即将系统恢复到快照所定格的系统状态。除此之外，利用虚拟机技术还可以轻松实现多系统的操作，如系统切换、系统间文件复制、连网实验等。

不过，虚拟机毕竟是分享了宿主机的资源，这一方面限制了虚拟机的性能，另一方面也导致宿主机的性能下降。因此，在使用虚拟机时应根据系统的配置进行调整。例如，一些豪华桌面在虚拟机中的运行效果可能不佳，此时可选择轻量级桌面的定制版，比如简约的 Xfce 在小内存虚拟机中运行得更为顺畅。

A.2.2　安装虚拟机软件

目前最为流行的虚拟机软件是 VMware。VMware 有许多版本，用于个人桌面系统的是专业版的 VMware Workstation Pro 和免费版的 VMware Player。VMware Workstation Pro 的功能全面，VMware Player 则体积小巧，功能精简实用。

这里使用的虚拟机软件是 Workstation 15.5 Pro for Windows，可以在 VMware 官网下载。软件的安装过程很简单，只要顺序点击『下一步』即可。安装完成后启动 VMware，进入它主界面，如图 A-1 所示。

VMware 窗口的上方是工具条，其中包含了一些菜单和操作按钮，可以执行各种虚拟机操作，如虚拟机配置、电源操作、快照与恢复、屏幕设置等。窗口的右侧是主界面，用于显示 VMware 的主页以及打开了的虚拟机的界面。窗口的左侧是虚拟机库，所有已创建的虚拟机都列在其中。点击一个虚拟机即可打开它的界面，执行对该虚拟机的操作。在"选项卡"菜单中可以打开主页，执行创建虚拟机等操作。

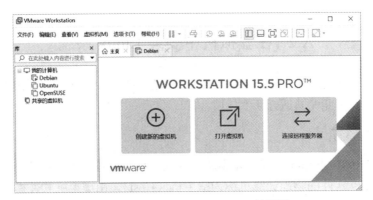

图 A-1　VMware Workstation Pro 的界面

A.2.3　创建虚拟机

打开 VMware，在主页中点击『创建新的虚拟机』图标，启动虚拟机创建向导。向导启动后将显示一系列界面，供用户选择和输入建立虚拟机的参数。具体的创建步骤如下：

1．选择创建方案

向导给出了"典型"与"自定义"两种创建方案。这里选择"典型"即可。

2．选择安装来源

新建的虚拟机在首次启动时将运行操作系统的安装程序，选择安装来源就是告诉虚拟机如何引导安装程序。VMware 提供了 3 个选项，如图 A-2 所示。在此选择"安装程序光盘映像文件"并指定映像文件的位置，创建向导会自动检测出其类型和版本。

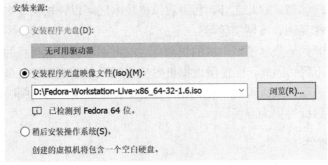

图 A-2　选择操作系统的安装来源

3．为虚拟机命名

每个虚拟机都是以文件的形式存放在宿主机中的。为了标识虚拟机，需要为其指定名称和存放位置。在『虚拟机名』框中可以定义虚拟机的名字，如"Fedora"，在『位置』框中选择虚拟机文件的存放位置。

4．设置磁盘容量

在『最大磁盘大小』框中指定磁盘空间的容量，可采用默认值或做适当增减。

5．设置与调整硬件

至此，创建向导已将创建参数设置完毕，显示在参数汇总界面中，如图 A-3 所示。此时用户应检查参数设置是否合适，如果需要调整则点击『自定义硬件』，进入硬件设置界面，如图 A-4 所示。

图 A-3 虚拟机参数汇总界面

图 A-4 虚拟机硬件设置界面

在硬件设置界面中，左侧栏中列出可以调整的项，选中一项后就可在右边窗口中进行设置。设置完成后，点击『关闭』返回到参数汇总界面。

常做的调整项目如下：

1）调整硬件参数

如果计算机的配置较高，可以适当调高虚拟机的内存、CPU 和显卡等设备的参数，以提高虚拟机的性能。如有需要还可以压缩或扩展硬盘容量。本例中将 CPU 核心数调整为 2。

2）设置 CD/DVD 驱动器

虚拟机的 CD/DVD 驱动器可以设置为使用物理光盘或虚拟光盘。新建的虚拟机默认使用虚拟光驱，加载的是安装映像文件。如果要使用物理光盘安装则选择前者，并将光盘插入到宿主机的光盘驱动器中。

3）设置网络适配器

设置网络适配器的要点是选择虚拟机的连网方式。VMware 提供了多种虚拟机网络的连接方式，常用的方式有以下 3 种：

（1）桥接模式（Bridged）：设立虚拟交换机 VMnet0，将虚拟机的虚拟网卡桥接到宿主机的物理网卡上。这样的虚拟机就像宿主机一样，直接连在了外网上。这种模式最简单，但前提是必须为虚拟机提供一个独立的 IP 地址，所以通常只用于服务器系统。

（2）NAT 模式（NAT）：设立虚拟交换机 VMnet8，将虚拟机的虚拟网卡以 NAT 方式连接到宿主机的物理网卡上。VMnet8 自带 DHCP 和 NAT 服务，实现了 IP 地址分配和内外网地址转换的功能。因此，只要宿主机与外网连通，虚拟机就可以上网了。宿主机也可以通过虚拟网卡 VMware Network Adapter VMnet8 连接到 VMnet8 上，形成宿主机与虚拟机之间的内部网，相互通信。这种模式最适合用于个人桌面系统。

（3）仅主机模式（Host-only）：设立虚拟交换机 VMnet1，将虚拟机的虚拟网卡与宿主机的虚拟网卡 VMware Network Adapter VMnet1 相连，形成一个宿主机与虚拟机之间的内部网。VMnet1 不提供任何 NAT 服务，因此虚拟机默认只能与宿主机和其他虚拟机连通，不能访问外网。不过，用户可以自行控制 VMnet1，定制实现各种内部与外部连网方案。最简单的连接外网的方法是设置宿主机物理网卡的属性，使其允许 VMware Network Adapter VMnet1 共享。这种模式最灵活，适合组建企业内部网。

建议桌面系统用户采用 NAT 模式，若需要进行网络实验可采用 Host-only 模式。

6．创建虚拟机

一切就绪，点击『完成』开始创建虚拟机。创建完成后，新建的虚拟机"Fedora"出现在 VMware 界面左侧的虚拟机列表中。选中该虚拟机后，它的页面就在右侧窗口中打开，显示出该虚拟机的屏幕图像、状态和配置等信息，如图 A-5 所示。

图 A-5 新建虚拟机的界面显示

在虚拟机的界面中可以启动虚拟机运行，也可以编辑虚拟机设置，即修改虚拟机的硬件以及其他选项设置。注意编辑虚拟机设置必须在虚拟机停机状态下进行。

A.2.4 在虚拟机中安装 Linux

打开虚拟机，在它的界面上点『开启此虚拟机』，启动虚拟机运行。新建的虚拟机在首次启动时将从光盘引导，执行操作系统的安装映像。应确保此时 CD/DVD 驱动器的设置正确，可以加载安装映像。

启动后首先出现的是 Fedora 的引导菜单。按下 Enter 键即可引导 Live 系统运行。Live 系统的运行界面如图 A-6 所示。

图 A-6　Fedora Live 系统运行界面

Live 系统首先弹出一个窗口，让用户选择是试用还是安装到硬盘。这里点击"Install to Hard Drive"，安装程序随即开始运行。

Fedora 的安装程序是 Anaconda。在安装过程中，Anaconda 会通过一系列界面与用户交互，每个界面都含有一些配置选择项，只需按界面的提示信息操作即可。

安装过程主要包括以下步骤：

1．选择安装程序的语言

首先进入的是欢迎界面，在此界面选择一种语言作为安装程序使用的语言。桌面系统通常选择"简体中文"，服务器系统通常选择"English"。

2．设置安装选项

Anaconda 将所有的安装选项设置集中在一个主界面，如图 A-7 所示。此界面中列出了安装过程所需的所有设置项。其中，带有感叹号标记的设置项是需要用户关注的，用户必须对其进行设置或确认；其余部分是安装程序自动设置好的，用户可以不理会，或根据需要进行调整。如需设置某个设置项，点击它的图标即可进入相应的设置界面，设置完成后点『完成』即返回到这个主界面。

图 A-7　安装设置主界面

Fedora Workstation 的设置项已十分简化，只有本地化和系统两类。

1）本地化设置

本地化设置包括了时间和日期以及键盘的设置项。时间默认为当前时间，时区和键盘布局都是根据在欢迎界面所选择的语言默认设置的，通常情况下不用修改。

2）系统设置

系统设置的内容之一是设置网络连接。Fedora Workstation 的安装界面中并没有列出此项，而是默认地按照 Live 系统的网络设置来配置新装系统的网络。因此，网络设置工作应在 Live 系统中进行。

Live 系统的网络是根据虚拟机的连网模式自动设置的。如果虚拟机的连网模式是 NAT，则 Live 系统启动时网络已经连通，无须另外设置。其他连网模式则需用户自行设置。设置方法是在 Live 系统顶栏右侧的下拉菜单中找到"有线设置"项，打开网络设置窗口。这项工作也可以推迟到系统安装后进行。

系统设置的另一个内容是设置安装位置，也就是选择磁盘和存储配置方案，规划系统的存储空间。点击"安装目的地"进入其设置界面，如图 A-8 所示。

图 A-8 选择安装目标位置

通常虚拟机只有一个磁盘，因此只需选择分区方式，也就是分区的配置方案。分区配置可以采用自动或手动方式。如果选择"自动"则安装程序将采用默认方案自动完成分区的配置。默认分区配置方案是将全部空闲空间划分为引导区"/boot"、根区"/"和交换区"swap" 3 部分，其中引导区为普通分区，根区和交换区为 LVM 卷。

3．安装软件

全部选项设置完成后，按『开始安装』即进入安装界面，执行实际的安装步骤。根据安装软件的多少，这个过程可能需要几分钟到几十分钟的时间。安装完成后退出，回到 Live 系统，然后点 Live 系统顶栏右侧的电源图标，重新启动系统。

4．安装后操作

安装后首次登录时，GNOME 桌面的初始化工具开始运行，它会提示用户进行一些个人设置，如用户名和口令等，为用户建立起个人账户。最初建立的用户的属组是 wheel 组，因而具有系统管理的特权，可以进行系统升级等操作。

图 A-9 是安装后的 Fedora 系统界面，正在运行一个终端窗口。

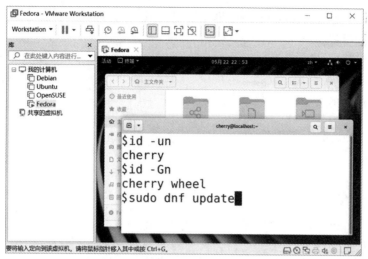

图 A-9 在虚拟机中运行的 Linux 系统

新安装的系统可以做一次软件更新，方法是打开一个终端窗口（点顶栏左侧的『活动』，在搜索栏中键入"Terminal"即可找到终端窗口），执行以下命令：

```
$ sudo dnf update
```

如果需要使用 root 身份的话，应先为其设置初始口令。设置命令是：

```
$ sudo passwd
```

安装完成后最好留一份系统快照，以备系统崩溃时进行恢复。拍快照的方法是点击虚拟机顶栏上的"拍摄此虚拟机的快照"图标。

A.3　在硬盘中安装 Linux 系统

安装在硬盘分区中的 Linux 系统是直接运行在硬件平台上的，因而可以充分利用硬件资源，发挥出 Linux 的强劲性能。不过在硬盘中安装 Linux 系统具有一定的难度，尤其是要与其他操作系统并存时，一旦操作失误可能会导致数据丢失或系统无法启动的严重后果，因此需格外谨慎。

由于硬件与系统的差异很大，因此安装方法无法一一概括。本节将以一个典型的安装环境为例，对硬盘安装 Linux 系统所涉及的问题、方法和关键步骤进行描述。

A.3.1　制作安装引导盘

安装引导盘是用于引导系统进入安装程序的介质。最常使用的安装介质是 CD/DVD 光盘和 USB 盘。光盘引导盘适用于那些不支持 USB 启动的旧式电脑，而对目前大多数的电脑来说，使用 USB 引导盘更为便利。

制作 USB 引导盘很简单，前提是选择了合适的工具。目前用于制作 USB 引导盘的工具有多种，并不是每种都能保证引导成功。对 Fedora 的 Live 映像来说，由于其本身已兼容各种硬件引导机制，所以最好选择那些不改动映像的直接写盘工具。这里使用的写盘工具是 Fedora 的 Media Writer。注意：直接写盘是破坏性的操作，U 盘中原有的数据会被清除。

使用 Media Writer 制作 USB 引导盘的方法是：先将 U 盘中的分区删除，使之成为裸盘，然后将 U 盘插入，启动 Media Writer，界面如图 A-10 所示。

图 A-10 用 Media Writer 制作 USB 引导盘

在此界面中列出了多种最新版的 Fedora 映像，选择一项点击即可启动该映像的下载、验证和写盘的一系列操作。如果已经自行下载了映像到硬盘，可以点击"自定义镜像"，在随后的界面中指定映像文件的位置，然后启动写盘操作。

A.3.2 安装前操作

本安装实例示范了一种多系统并存的安装方式，硬盘中已安装有 Windows10 系统，现要将 Fedora 系统安装于同一硬盘中。安装前最主要的操作是设置硬盘分区和引导方式。

1. 规划硬盘分区

规划硬盘分区的目的是为要安装的系统在硬盘上划定空间区域。大部分个人电脑上都预装了其他操作系统，为确保安装操作不破坏已有的系统和数据，需要在安装前调整分区的布局，为要安装的 Linux 系统预留出空间。Windows 系统可使用自带的磁盘管理工具或第三方工具来调整分区。图 A-11 是本例中 Windows10 系统的硬盘分区分布图，采用的是 GPT 分区方式，其中的未分配空间是通过压缩 D 盘的空间而获得的，用来安装 Linux 系统。

图 A-11 为安装 Linux 系统调整硬盘分区

2. 设置引导方式

目前的 PC 机主板大多采用 UEFI 引导方式，同时也支持兼容的 BIOS 方式。若需要确认的话可进入 BIOS，查看主板是否支持或是否开启了 UEFI 模式。

新版的 64 位 Linux 系统都是支持 UEFI 引导的。所以，如果硬件支持的话，应优先选择 UEFI 方式，否则只能采用 BIOS 方式。另外，如果是多系统共存的安装方式，Linux 系统的引导方式应与已有系统的引导方式一致。本例的软硬件都满足 UEFI 的条件，且已有的 Windows10 系统是 UEFI 方式的，因此 Linux 系统也将采用这种方式。

3．设置引导顺序

接下来的操作是设置引导顺序，确保系统将优先从引导盘位置（CDROM 或 USB）引导运行。设置方法取决于具体的计算机，通常是在开机画面出现时按下启动热键（比如 F12 键），进入 BOOT 菜单，在菜单中指定此次启动的引导设备。若没有 BOOT 菜单的话，则需进入 BIOS 进行设置。

4．连接网络

如果是在有网络的环境中安装，先将计算机与网络连通，安装程序将会自动检测网络并进行网络连接配置。

A.3.3 安装过程

在硬盘中安装系统的过程与在虚拟机中安装基本相同，以下仅对需要注意的几个步骤做重点说明。

1．测试安装介质

新制作的安装介质（尤其是 USB Live 盘）在首次使用时应对映像进行完整性检查，即在 Live 启动菜单中选择 "Test this media & start"。Live 系统启动后也最好先检查一下系统的运行状况，确认系统运行正常后再执行 "Install to Hard Drive"。

2．配置网络

配置网络的操作是在 Live 系统中进行的。如果所在网络上有 DHCP 服务，Live 系统会自动获得 IP 地址等连网参数并设置好网络；如果没有 DHCP 服务则需手工配置网卡数据，包括 IP 地址、子网掩码、网关地址以及 DNS 服务器的地址、WiFi 连接等。

3．设置存储空间

在安装位置设置界面（见前面的图 A-8），安装程序将列出检测到的所有本地磁盘以及 USB 存储设备，从中选定一个磁盘作为安装的目标磁盘，注意不要选错。分区方式选择 "自定义" 更为可靠。选择完成后点『完成』即进入手动分区界面，如图 A-12 所示。

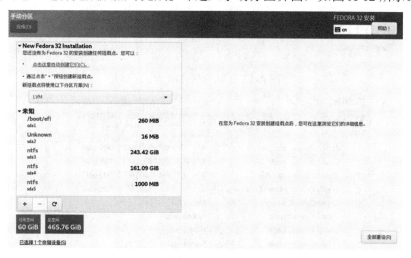

图 A-12 手动分区界面（分区前）

界面左侧框中列出了磁盘中现有的分区，按系统划分排列。本例中，"新装 Fedora 系统" 项下尚没有分区，"未知" 项下列出的是检测到的 Windows 系统的分区。手动分区的简单方式是点击"自动创建"链接，按默认方式建立起基本的分区方案，再手工调整分区方案，添加或删除分区。如有需要还可以调整各分区的参数，如类型、容量、名称等。

分区的个数取决于系统需求。根文件系统分区"/"和交换分区"swap"是必需的，其他分区视情况而定。通常将"/boot"单独分出来放在一个分区中，以便于内核更新。如果是服务器系统，应将存放常变数据的部分，如"/var""/home"等独立出来，以便实施备份、加密等措施。此外，采用 UEFI 引导方式的系统还应有一个 EFI 分区。如果磁盘上已有则不必再单独建立，只需将它挂装到"/boot/efi"上即可。

设备类型可以是标准分区、Btrfs 或 LVM。部分有特殊使用要求的分区必须采用标准分区，如"/boot"和 EFI 分区，其他分区的类型可选。Fedora 32 默认的设备类型是 LVM，文件系统是 ext4，如想使用 Btrfs 文件系统可选设备类型为 Btrfs。分区的容量可按需要做适当调整，但要满足系统最低容量要求。

本实例采用了自动创建方式建立了的默认分区，除了卷名外未做调整，结果如图 A-13 所示。点『完成』后弹出分区更改摘要窗口，该窗口列出了将要执行的分区操作，如图 A-14 所示。

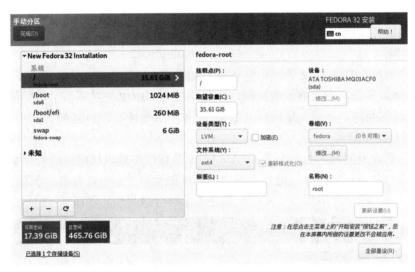

图 A-13 手动分区界面（分区后）

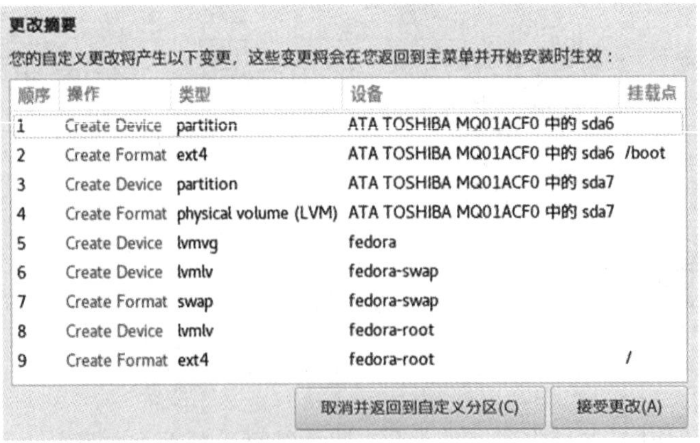

图 A-14 分区更改摘要

从图 A-11 至图 A-14 中可以读出此分区方案的全部信息。本例中，已有的 Windows 系统占用了 sda1~sda5 分区（分区命名规则见 10.4.2 节）。其中，sda1 是 EFI 分区；sda2 是微软保留分区 MSR，这是一个隐藏分区；sda3~sda5 分别是 C 盘、D 盘和恢复分区。新安装的 Linux 系统创建了 2 个分区，其中 sda6 用作"/boot"分区，sda7 用作 LVM 物理卷。在物理卷上构建了逻辑卷组"fedora"，又在该卷组上构建了 2 个逻辑卷"/"和"swap"。注意，新装的 Linux 系统并没有单独创建"/boot/efi"分区，而是挂装了 Windows 系统已有的 EFI 分区 sda1。多系统共用一个 EFI 系统分区的好处是便于多系统切换引导。

分区更改操作的第 1~2 步是建立 sda6 分区，将其格式化为 ext4 并挂装在/boot；第 3~5 步是建立 sda7 分区，格式化为 LVM 物理卷，然后在该物理卷上建立了一个 LVM 卷组 fedora；第 6~9 步是在 fedora 卷组上建立 2 个逻辑卷，其中 fedora-swap 卷用作交换分区"swap"，格式化为 swap 格式；fedora-root 卷用作根分区，格式化为 ext4 格式，挂装在"/"。

手动分区完成后应仔细检查列出的分区方案和分区更改操作，确认无误后再点『接受更改』。如有任何疑问应选择『取消』，重新检查配置情况。

A.3.4 设置系统引导

在多系统并存的情况下，安装完成后还需要设置多系统的引导方案。最常见的是 Windows 与 Linux 系统并存，以下针对这种情况介绍引导方案和引导设置方法。

1．UEFI 引导机制

传统的 32 位 PC 机普遍采用 BIOS 引导方式，但因技术上的限制，这种方式已不能满足 64 位 PC 机的需求，逐渐被 UEFI 所替代。UEFI 简化了引导设计，引导速度更快，引导功能也更强。更为关键的是，UEFI 支持 GPT 硬盘格式，因而适合现代 PC 机的硬盘配置。

UEFI 的功能部件和配置数据位于 UEFI 固件中，另外还需有一个 FAT 格式的分区来存放它的驱动、应用和引导文件，这个分区称为 EFI 分区。UEFI 的引导文件是后缀名为".efi"的可执行文件，可被 UEFI 固件直接运行。每个可引导的系统（包括可引导的 U 盘、光盘以及硬盘分区中的系统）都有对应的 efi 引导文件，其主要功能是加载系统自己的引导加载程序。Windows 的 efi 文件是 bootmgr.efi，加载的是 Windows 的引导管理程序 bootmgr；Fedora 的 efi 文件是 shim.efi，加载的是 Linux 的引导加载程序 grub2。

UEFI 的主要功能部件是引导管理器，它负责控制完成 UEFI 的引导过程。UEFI 的引导配置数据包括若干个引导项以及它们的引导顺序。每个可引导的系统都有一个引导项，通过它可以找到 EFI 分区中对应的 efi 引导文件。

UEFI 的引导过程是：计算机加电后，UEFI 执行初始化，加载 EFI 驱动和 EFI 应用；在引导管理器的控制下，读取引导配置数据，按顺序选择一个可用的引导项，再根据引导项的设置从 EFI 分区中找到指定的 efi 文件；执行 efi 文件，加载操作系统的引导程序。到此 UEFI 的引导过程结束，操作系统的引导程序接过控制，开始引导系统。

2．操作系统引导机制

Windows 系统与 Linux 系统的引导机制有所不同，不过两者都可以实现多系统引导。

1）Windows 的引导机制

Windows 系统采用的是 BCD 引导机制，引导管理程序是 bootmgr，引导配置数据是 BCD。BCD 中记录了所有可引导系统的引导项以及它们的引导顺序。当 bootmgr 被加载执行后，它将读取 BCD 数据，确定要引导的引导项，然后根据该引导项的设置找到具体操作系统的引导加载程序，加载其运行。Windows 的引导项中设置的引导加载程序是 winload，它将加载 Windows 内核，再由内核加载整个 Windows 系统；Linux 的引导项中设置的引导加载程序是 grub2，它将开启 GRUB 引导过程。

2）Linux 的引导机制

Linux 系统采用的是 GRUB 引导机制，引导加载程序是 grub2，引导配置数据是/boot 目录下的配置文件和所有可引导系统的引导项。grub2 运行时首先读取引导配置文件，确定要引导的引导项，然后根据引导项的设置来加载系统。Linux 的引导项设置为加载 Linux 内核，再由内核加载整个 Linux 系统；Windows 的引导项设置为加载 bootmgr，再由 bootmgr 完成后续的 BCD 引导过程。

3．多系统引导设置

装有多个系统的电脑在初启时会提供给用户选择的机会。在 UEFI 引导阶段，如果用户按下启动热键（如 F12 键）则会显示出引导菜单，供用户选择；否则就按设定的顺序依次尝试，直到找到一个可用的引导项。在 BCD 或 GRUB 引导阶段也会显示各自的引导菜单，并停留数秒供用户选择。如果用户未做选择则默认地按菜单顺序逐项尝试引导，直到引导成功。也就是说，在没有用户干涉的情况下，排在引导菜单前面的系统就是默认引导的系统。

如果 Linux 系统是新装的，它的引导项通常会排在已有系统的引导项之前，那么每次电脑启动时就会默认地进入 Linux 系统。要想进入 Windows 系统就要在 UEFI 菜单或 GRUB 菜单中手动选择。如果经常使用的是 Windows 系统的话，最好重新设置 UEFI 的引导顺序，让 Windows 成为默认引导的系统。

修改 UEFI 设置需要使用专门的工具，Linux 系统下可使用 efibootmgr 命令，Windows 系统下可使用 EasyUEFI 工具。用 EasyUEFI 调整引导顺序的做法是：重启电脑，按启动热键进入 UEFI 引导菜单，选择进入 Windows；启动 EasyUEFI 运行，它将列出所有 UEFI 引导项，按引导顺序排列；从列表中选择 Windows 的引导项，将其移到 Fedora 引导项的前面。

附录 B Linux C 编程基础

　　C 语言是 Linux 系统的标准编程语言，绝大多数的 Linux 系统程序都是用 C 语言开发的。因此，每位 Linux 程序员都需要掌握 C 编程技能。本章主要介绍在 Linux 平台进行 C 程序开发的基础知识，包括基本的开发步骤、方法和工具，并不涉及 C 语言的基础知识。

B.1　Linux C 开发环境概述

　　一个应用程序的完整开发过程包括编辑、编译、连接、调试、发行、维护等环节，每个环节都要有相应的工具来支持。这些工具的集合就构成了软件的开发环境。软件开发环境大致可分为集成式与非集成式两类。集成式开发环境是将所有的开发部件集成在一个应用界面中，在功能上追求大而全，操作上追求方便易用；非集成式开发环境则是由一个个独立的开发工具构成的工具集，注重的是效率与灵活性。

　　Linux 系统上也有一些很成熟的集成开发环境软件，但它的主流开发环境却是非集成式的工具集合。集合中的每个工具都是解决专门问题的利器，具有小而精、专而强的特点。重要的是，这些小工具之间有很好的互操作性，可以通过 Shell 和 make 机制有机地结合在一起，从而形成一个功能强悍且灵活易用的编程环境。因此，熟练使用这些开发工具是 Linux 开发者的必备技能。

　　归纳起来，Linux 开发工具可以分为以下几类：

　　1. 编辑器

　　编辑器（editor）用于书写程序源代码。适合编程使用的编辑器需要有很高的编辑效率，并且能提供一些编程帮助，如语法高亮、自动补齐、自动缩进、括号配对检查等。另外，编辑器还应具有较高的可配置性和可扩展性，可以与其他工具软件协同工作。

　　vi 和 emacs 都是符合上述条件的编辑器，而后者在编程方面更具有优势。此外，一些图形界面的编辑器（如 gedit 等）也很流行。它们无须专门学习，更便于初学者使用。

　　2. 编译器

　　编译器（compiler）用于将程序源代码转换为目标系统的可执行代码。Linux 系统上的标准编译器集是 GCC（GNU Compiler Collection），它是 GNU 项目的一个主要成果。GCC 的特点是功能强大且灵活，不仅可以编译 C 和 C++语言，还可以通过不同的前端模块来支持其他各种流行语言，如 Java、Ada、Pascal、Fortran 等。

　　GCC 中的 gcc 是 Linux 系统的默认 C 编译器。关于 gcc 的介绍见 B.2 节。

3. 构建工具

软件构建是指从源代码加工产生最终软件产品的全过程。构建工具（builder）是用于控制完成软件构建的工具。Linux 系统上的构建工具是 GNU make，它能处理与软件构建相关的各种问题，使许多复杂的判断和操作流程一步到位。关于 make 的介绍见 B.3 节。

4. 调试器

调试器（debuger）是用于在软件运行状态下发现和修改软件错误的工具。Linux 系统上的标准调试器是 GNU gdb。gdb 是一个命令行模式的调试器，它包括了调试所需的所有功能，且性能优秀。此外，GNU 还提供了一个图形模式的调试工具 ddd，它常作为 gdb 的图形化前端，与后端的 gdb 相结合形成一个在功能、性能和易用性方面都很完美的图形化调试器。

5. 联机帮助工具

联机手册（manual）是 Linux 的标准联机技术文档。每个 Shell 命令、系统调用、C 标准库函数、配置文件等都有相应的手册页。许多为 Linux 开发的应用都以 man 手册页的方式提供联机技术文档。创建手册页的常用工具是 GNU groff，查看手册页的工具是 man 命令。

联机手册按内容分为 9 节，每节对应一种类型的手册页。其中第 1 节是 Linux 命令手册，涵盖了所有 Shell 命令；第 2、3 节是 Linux 程序员手册，分别包含了所有的系统调用和 C 库函数的手册页。这些手册页提供了开发 C 程序所需的最准确、最完整的资料，因而是编程者的有力工具。

用 man 命令查看 C 手册页的格式是：man i 名称。名称指定要查看的对象；i 指定在第 i 节中查找，未指定时则是按节号顺序查找，显示第一个与名称相匹配的手册页。例如：查看 exit 命令的命令是 man 1 exit 或 man exit；查看 exit()系统调用的命令是 man 2 exit；查看 exit()函数的命令是 man 3 exit。

B.2 编译工具介绍

GCC 编译集中的 gcc 是 Linux 系统上的 C 编译器。它是免费的、符合 ANSI C/C++标准的多平台编译系统。gcc 的性能表现十分优越，编译出的目标代码具有很高的运行效率。

B.2.1 gcc 编译过程

编译器的工作是将源代码翻译成可执行代码。gcc 编译的全过程分为 4 个阶段进行，包括预处理、编译、汇编和连接，如图 B-1 所示。

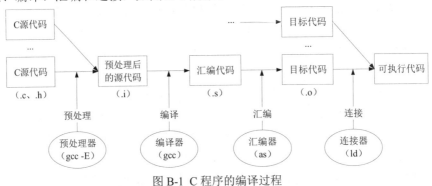

图 B-1 C 程序的编译过程

以上编译过程可以一次完成，也可以分阶段进行。通过 gcc 命令的过程控制选项可以灵活地控制整个编译过程。

1. 预处理

源代码中包含着一些预处理语句，如#include、#define 等。预处理的任务是解析和处理源码中的预处理语句，执行如文件包含、宏替换、条件编译等预处理工作。预处理的输入是若干个源代码文件，后缀名是".c"或".h"。预处理的结果是生成一个后缀名为".i"的不含有预处理语句的源代码文件。这步工作由 gcc 完成。

编程者需要了解 gcc 对于 include 预处理语句的处理方式，使 gcc 能够正确地找到头文件的存放位置。C 语言定义了两种头文件的说明方式：一种是系统标准头文件，用尖括号括起，如#include <***.h>；另一种是用户自定义的头文件，用双引号括起，如#include "***.h"。两者的区别在于 gcc 搜索头文件的默认路径不同。对于标准头文件，gcc 将在系统默认的头文件目录（通常是/usr/include）中搜寻；对于用户自定义的头文件，gcc 将先在被编译的源文件所在的目录中搜寻，如果没有再到系统默认的头文件目录中搜寻。如果头文件放在其他目录中，需要在编译时使用头文件选项，指示 gcc 增加头文件的搜索路径。

2. 编译与汇编

编译的工作是对预处理后的源代码进行词法和语法分析，生成目标系统的汇编代码文件，后缀名为".s"。这步工作由 gcc 完成。汇编的工作是对汇编代码进行优化，生成目标代码文件，后缀名为".o"。这步工作由 gcc 调用汇编器 as 完成。

在默认情况下，gcc 会按照源代码中的语句直接编译生成目标代码。也就是说，编译后的代码的执行次序与源代码相同，没有经过优化处理。这种目标代码易于调试，且编译的时间也最短。若要生成更紧凑和更快速的目标代码，可以在编译时使用代码优化选项。对于大型程序来说，优化可以大幅度提高运行速度，减小代码的尺寸。不过，代码优化是以牺牲代码的易调试性和编译时间为代价的，所以通常只用于生成最终产品。

另外，若要使用调试工具对生成的代码进行调试，需要在编译时加入调试选项，指示 gcc 在生成的代码中加入额外的调试信息。

3. 连接

目标代码是机器语言的代码，但还不是可执行的代码，因为模块化程序通常会有多个源文件，每个都对应一个目标代码。另外，程序中还要引用一些库函数，它们的目标代码存放在系统库的目录下。这些目标代码模块之间存在着某种引用关系，需要建立连接后才可以工作。连接的任务就是解析目标代码中的外部引用，将多个目标代码文件连接为一个可执行文件。可执行文件的默认名称是 a.out，可以用 gcc 的输出选项为它指定一个名字。Linux 不限定可执行文件的后缀名，通常不带后缀名。

连接工作由 gcc 调用连接器 ld 完成。在进行连接时，ld 会在系统默认的函数库目录，也就是/lib 和/usr/lib 中寻找并加载所需的库文件。如果要使用放在其他目录下的库文件，需要用 gcc 的连接库选项指示 ld 到指定的目录中去寻找。

对每个 C 程序，ld 都将自动加载 C 标准库 libc，它包含了 ANSI C 所定义的所有标准 C 函数。如果程序中用到了其他库，如数学库、图形库、线程库、套接字库等，则需要用 gcc 的连接库选项显式地指示 ld 加载该库。

C 函数库分为静态库（后缀名为".a"）和共享库（后缀名为".so"）两种。两者的区别在于，当程序与静态库连接时，所有程序中用到的库函数的目标代码都被复制到最终的可执行文件中；而当程序与共享库连接时，可执行文件中只包含程序中用到的函数的引用表，而不是函数的目标代码。这些函数的目标代码只有在有程序调用它们时才被调入内存，并且可以被多个程序共享。因此，连接共享库的可执行文件比较小，节省磁盘空间和内存空间。由于共享库的优点，在两种版本的库都存在的情况下，ld 将优先使用共享库进行连接。如需要使用静态库的话，必须在 gcc 命令行中用连接库选项指定。

B.2.2 gcc 命令

gcc 命令用于实现 C 程序编译的全过程，命令格式是：

gcc [选项] 文件列表

文件列表参数指定了 gcc 的输入文件，选项用于定制 gcc 的行为。gcc 根据选项的规定将输入文件编译生成适当的输出文件。gcc 的选项非常多，这里只介绍一些常用的选项，它们大致可以分为以下几类：

1. 过程控制选项

过程控制选项用于控制 gcc 的编译过程。无过程控制选项时，gcc 将默认地执行全部编译过程，产生可执行代码。常用的过程控制选项有：

-E   预处理，产生预处理过的源代码，不编译。

-S   预处理+编译，产生汇编代码，不汇编。

-c   预处理+编译+汇编，产生目标代码，不连接。

2. 输出选项

-o *filename* 指定生成文件的文件名为 *filename*。无此选项时使用默认的文件名。各编译阶段有各自的默认文件名。可执行文件的默认名为 a.out，其他阶段的默认输出文件名是由输入文件名更换相应的后缀名后得到的。如输入文件为 foo.c，则预处理输出的默认文件名为 foo.i，编译输出的默认文件名为 foo.s，汇编输出的默认文件名为 foo.o。

-Wall   显示所有的警告信息，而不是只显示默认类型的警告。建议使用。

3. 头文件选项

-I*dirname*   将 *dirname* 目录加入到头文件的搜索目录列表中。

4. 连接库选项

-L*dirname*   将 *dirname* 目录加入到库文件的搜索目录列表中。

-l*name*   加载名为"lib*name*.a"或"lib*name*.so"的函数库。例如，-lm 表示连接名为"libm.so"的数学函数库。

-static   使用静态库。注意：在命令行中，静态加载的库必须位于调用该库的目标文件之后。

5. 代码优化选项

gcc 提供了几种不同级别的代码优化方案，分别是 0、1、2、3 和 s 级，用 -O*level* 选项表示。默认是 0 级，即不进行优化。典型的优化选项是：

-O   对代码进行基本优化（1 级优化）。在大多数情况下，这种优化会使程序执行得更快。

-O2　　　　对代码进行深度优化，产生尽可能小和快的代码。这是 GNU 发布软件的默认优化级别。如无特殊要求，不建议使用 O2 以上级别的优化。

-Os　　　　生成最小的可执行文件，适合用于嵌入式软件。

6. 调试选项

-g　　　　产生能被 GDB 调试器使用的调试信息。-g 可以和-O 和-O2 连用，以便在与最终产品尽可能相近的情况下调试代码。

-pg　　　　在程序中加入额外的代码，执行时产生供性能分析工具 gprof 使用的剖析信息，以便了解程序的耗时情况。

B.2.3　gcc 应用举例

以下用几个简单的"say hello"程序来说明 gcc 的用法。

例 B.1 最简单的 hello1 程序。

```
$ ls
 hello.c
$ cat hello.c                    #源文件
 #include <stdio.h>
 int main()
 { printf("Hello world!\n");
 }
$ gcc -o hello1 hello.c          #编译，生成可执行文件 hello1
$ ls
 hello1     hello.c
$ ./hello1                       #运行
 Hello world!
$_
```

此例中，gcc 的输入文件为源文件 hello.c，选项-o hello1 指定了输出文件的名称。

例 B.2 有多个源文件和自定义头文件的 hello2 程序。

```
$ ls
 hello.c     print.c        print.h
$ cat print.h                    #print.h 源文件
 #define borderchar    '*'
 void my_print(char *);
$ cat hello.c                    #hello.c 源文件
 #include "print.h"
 int main ()
 { char my_string[] = "Hello world!";
  my_print(my_string);
 }
$ cat print.c                    #print.c 源文件
 #include <stdio.h>
 #include <string.h>
 #include "print.h"
 void my_print(char *str)
 { int i;
```

307

```
    for (i=0; i<strlen(str)+4; i++) printf("%c", borderchar);
    printf("\n");
    printf ("%c %s %c\n", borderchar, str, borderchar);
    for (i=0; i< strlen(str)+4; i++) printf("%c", borderchar);
    printf("\n");
}
$ gcc -c hello.c                        #编译 hello.c, 生成 hollo.o
$ gcc -c print.c                        #编译 print.c, 生成 print.o
$ gcc -o hello2 hello.o print.o         #生成 hello2
$ ls
 hello2    hello.c    hello.o    print.c    print.h    print.o
$ ./hello2
    ****************
    * Hello world! *
    ****************
$ mkdir include                         #创建 include 目录
$ mv print.h include/                   #移动 print.h 文件到 include 目录下
$ gcc -o hello2 hello.c print.c         #编译, 输出错误信息
 hello.c:1:19:  print.h: No such file or directory
 print.c:3:19:  print.h: No such file or directory
 ......
$ gcc -o hello2 -Iinclude hello.c print.c   #编译, 指定头文件目录
$ ls
 hello2    hello.c    hello.o    include    print.c    print.o
$_
```

此例中，编译过程分为 3 步完成，先分别编译两个源文件，再将它们的目标代码连接起来。这 3 个 gcc 命令可以合并写为一个命令，即 gcc -o hello2 hello.c print.c。例 B.2 中显示，当 hello.c 与 print.h 都在当前目录中时，gcc 执行正确。将 print.h 移到子目录中后，gcc 因找不到头文件而报错。使用-I 选项指定头文件目录后，gcc 得以正确进行编译。

例 B.3 使用特定的函数库的 hello3 程序。

```
$ cat hello.c                       # hello.c 源文件
 #include "print.h"
 int main ()
 { char my_string[] = "Hello world!";
   my_print(my_string);
 }

$ cat print.h                       # print.h 源文件
 void my_print(char *);
$ cat print.c                       # print.c 源文件, 全屏显示字符串
 #include <stdio.h>
 #include <curses.h>
 #include <unistd.h>
 void my_print(char *str)
 { initscr();                        /* 进入 curses 全屏显示模式, 清屏幕 */
   move(5,15);                       /* 移动光标到屏幕 (5,15) 坐标处 */
   printw ("%s", str);               /* 向 curses 屏幕输出字符串 */
```

```
    refresh();                      /* 刷新物理屏幕，显示出字符串 */
    sleep(5);                       /* 程序暂停 5 秒 */
    endwin();                       /* 结束 curses 全屏显示模式，恢复行模式显示 */
}
$ gcc -o hello3 hello.c print.c            #编译，ld 报错
/tmp/ccJGBIxr.o: In function 'my_print':
print.c:(.text+0xd): undefined reference to 'initscr'
……
collect2: ld returned 1 exit status
$ gcc -o hello3 hello.c print.c -lcurses   #编译，使用 libcurses.so 库
$ ./hello3
（全屏显示 Hello world! 字符串，如图 B-2 所示。5 秒后屏幕复原）
$_
```

图 B-2 hello3 执行时的屏幕显示

此例中使用了 curses 函数库（需安装该库的软件包，命令是 dnf install ncurses-devel），
用于实现字符方式的全屏幕输入/输出。在第 1 个 gcc 命令中，连接时 ld 因无法找到 curses
函数的目标代码而报错。加入-lcurses 选项后，ld 加载 libcurses.so 库使连接成功。

B.3 make 工具介绍

一个软件项目通常由多个源文件组成，这些源文件与由此生成的目标文件、可执行文件
之间存在着编译上的依赖关系，即一个文件是由另一个或一些文件编译产生的。当某个文件
发生了变化时，依赖它而产生的文件也要重新生成。一般来说，可执行文件依赖于目标文件，
目标文件依赖于源文件。因此，修改任何一个源文件都需要重新构建软件。

例 B.4 设一个 hello 程序由以下三个源程序组成，分析这个程序的构建问题。
print.h 源文件：

```
#define borderchar '*'
void my_print(char *);
```

hello.c 源文件：

```
#include "print.h"
int main()
{ char my_string[] = "Hello world!";
  my_print(my_string);
}
```

print.c 源文件：

```
#include <stdio.h>
#include <string.h>
#include "print.h"
void my_print(char *str)
{ int i;
  for (i=0; i<strlen(str)+4; i++) printf("%c", borderchar);
  printf("\n");
  printf("%c %s %c\n", borderchar, str, borderchar);
  for (i=0; i< strlen(str)+4; i++) printf("%c", borderchar);
  printf("\n");
}
```

这个 hello 程序就是例 B.2 中的 hello2 程序。这个程序的源文件数量较少，修改后重新构建软件并不困难，只要重新编译全部或部分代码即可。例如，如果修改了 print.h，则执行 gcc -o hello hello.c print.c 即可重新编译全部代码；如果修改了 hello.c，可执行 gcc -o hello hello.c print.o 重新编译受影响部分的代码。

然而，对于一个稍有规模的软件来说，由于其包含的源文件数目众多，文件之间的包含和依赖关系也比较复杂，因此重新构建软件是件很复杂的事情。全部重新编译费时费力，而部分编译则要判定清楚哪些文件需要重新编译生成，一点疏忽就会造成代码更新出错。

解决上述难题的方法是使用工具来自动完成软件的构建，这个工具就是 make。make 的思想是：根据代码文件之间的依赖关系制订出一系列规则，记录在一个叫作 makefile 的文本文件中。make 启动时会读取 makefile 文件，根据其中定义的规则判断出哪些文件需要重新编译，并自动执行所有必要的构建操作。

利用 make 工具可以有效地处理多文档复杂项目的创建与重建，使程序员能够专注于代码编写工作。除非是小编程练习，任何程序都应该使用 make 工具来构建。因此，make 是所有 Linux 系统编程人员所必须掌握的工具。

B.3.1 makefile 文件

makefile 是一个文本文件，通常放在源代码目录树的顶层目录中，文件名可以是 makefile 或者 Makefile。

1. makefile 规则

makefile 的内容主要是一组规则（rules）。规则用来描述软件包中文件之间的更新依赖关系，以及完成更新所需的命令。makefile 规则的一般形式如下：

　　　target: dependency1 dependency2 ...
　　　<Tab>command1
　　　<Tab>command2

　　　...

具体地说，每条规则包含以下内容：

1）目标（target）

每条规则都有一个目标，它通常是要求 make 创建或更新的文件，如目标"hello"表示要生成可执行文件 hello，目标"hello.o"表示要生成目标代码文件 hello.o。目标也可以是要求 make 完成的某个动作，如目标"clean"通常表示清除编辑过程的中间文件，目标"install"表示安装软件等。总之，目标就是该规则所要达到的目的。

2）依赖（dependency）

每条规则都有一个或多个依赖，依赖是实现该规则的目标所依赖的文件。目标与依赖描述了代码文件间的依赖关系。例如，生成可执行文件 hello 需要依赖目标代码文件 hello.o，而生成目标代码 hello.o 需要依赖源文件 hello.c。

规则的依赖关系是判断目标文件是否需要更新的依据。如果目标文件较所有依赖文件都新（即目标文件的修改时间新于所有依赖文件的修改时间），则该目标无须更新；反之，如果至少有一个依赖文件较目标文件新，则该目标就需要被更新。

依赖关系具有层次性，一个规则的依赖可能是另一个规则的目标。在实现本规则的目标时，先要实现依赖的目标。

3）命令（command）

每个规则都有一系列命令。命令是实现该规则的目标所要执行的操作。最常见的命令是编译命令，但也可以是任何 Shell 命令。需要注意的是，makefile 的语法规定每个命令行的起始字符必须是制表符 Tab。

2. 编写 makefile 文件

makefile 文件可以看作是 make 工具的一个重要配置文件，只有 makefile 文件正确才能保证 make 的更新操作正确。因此，使用 make 的重点和难点是编写 makefile 文件。小规模的项目可以手工编写，大型项目可以采用 autoconf 等工具来辅助生成。

下面以例 B.4 中的 hello 程序为例，为它编写一个 makefile 文件。首先找出这个程序的代码依赖关系，这个工作可以借助 gcc 命令来辅助完成。gcc 的-MM 选项用于列出目标代码对源代码的依赖关系。

例 B.5 用 gcc 生成 hello 程序的依赖清单。

```
$ gcc -MM hello.c print.c          #找出目标代码对源代码的依赖关系
 hello.o:  hello.c  print.h
 print.o:  print.c  print.h
 $_
```

在以上清单中添加上可执行代码对目标代码的依赖关系，就形成一棵依赖关系树，如图 B-3 所示。在依赖树中，父节点依赖于子节点，根节点是最终目标，中间节点是目标，叶子节点是源文件。任何一个叶子节点的更新都会引起从该节点到根节点路径上的目标被更新。

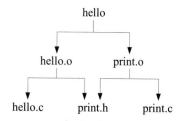

图 B-3 hello 程序的 make 依赖树

从图 B-3 中可以看出，makefile 文件中应包含 3 个目标的 make 规则。第一个目标是 hello，另两个目标是 hello.o 和 print.o。

例 B.6 为 hello 程序生成 makefile 文件。

将 gcc -MM 的输出重定向为 makefile 文件，然后再编辑这个文件，添加上最终规则，并为每个规则添加上命令，就形成了以下 makefile，它是构造 hello 的最简单的 makefile 文件。其中，以#开头的行是注释行。

```
# a simple makefile for hello
hello: hello.o print.o
    gcc -o hello hello.o print.o
hello.o: hello.c print.h
    gcc -c hello.c
print.o: print.c print.h
    gcc -c print.c
```

makefile 不仅仅用于编译软件，它还可以定义与软件开发相关的其他操作，如清除编译过程产生的中间结果文件，安装软件等。这些操作可以用"动作"目标来定义。

例 B.7 带有动作目标的 makefile。

```
# a makefile for hello
hello: hello.o print.o
    gcc -o hello hello.o print.o
hello.o: hello.c print.h
    gcc -c hello.c
print.o: print.c
    gcc -c print.c
clean:
    rm -f *.o
install: hello
    cp hello /usr/local/bin/
    chmod a+x /usr/local/bin/hello
    echo "Installed in /usr/local/bin"
```

以上 makefile 文件里定义了两个动作目标：clean 和 install。其中，目标 clean 不依赖任何文件，实现该目标的命令是删除当前目录下的所有.o 文件；目标 install 依赖于可执行文件，实现它的命令是将可执行文件复制到系统的标准命令目录下并修改文件属性使所有人可直接执行。这只是一个简单的 makefile 文件，实际项目中的 makefile 可能会包含一些更高级的特性以实现各种复杂的软件构建功能。

B.3.2 make 命令

make 命令的一般形式是：

make [-f 文件名] [目标]

1. make 命令的执行过程

make 命令的执行过程如下：

（1）读取 makefile 文件。如果命令行有-f 选项，make 就读取该选项指定的文件作为 makefile 文件，否则 make 默认地在当前目录下读取名为 makefile 或 Makefile 的文件。如果没有找到该文件 make 将报错退出。

（2）确定要更新的目标。make 在 makefile 文件中查找参数指定的目标的更新规则。如果没有指定目标参数，则默认地更新第一个目标。通常，makefile 的第一个目标称为"最终目标"，它是 make 最终要创建的目标，也就是该软件的最终产品。例如，在前面的 makefile 中，第一个规则的目标是"hello"。因此，当修改了任何源文件后，执行 make 或 make hello 将会重新构建可执行文件 hello。

（3）更新目标。make 在更新一个目标前，先要更新其依赖的所有文件。更新目标（设为 A）的步骤如下：

① 找到目标 A 对应的规则。

② 对目标 A 的每一个依赖文件 Di 做：如果 Di 有对应的更新规则，则更新目标 Di。

③ 判断目标 A 是否需要更新，如果需要更新，则执行 A 的更新规则中的命令。

可以看出，这是一个递归的过程，其中，"更新目标 Di"的过程与"更新目标 A"的过程是完全一样的。这个过程保证了更新是从依赖关系的最底端开始逐步进行的，直到最后更新命令参数指定的目标或最终目标。例如，在更新 hello 前，先要更新 hello.o 和 print.o。

2. make 应用举例

例 B.8 以 hello 程序为例，说明 make 的用法。

```
$ ls
 hello.c  makefile  print.c  print.h
$ make                              #首次更新 hello 程序
 gcc -c hello.c
 gcc -c print.c
 gcc -o hello hello.o print.o
$ ls
 hello  hello.c  hello.o  makefile  print.c  print.h  print.o
$ make                              #再次更新 hello 程序
 make: 'hello' is up to date.
$ touch print.c                     #更新 print.c 文件的修改时间
$ make                              #再次更新 hello 程序
 gcc -c print.c
 gcc -o hello hello.o print.o
$ make clean                        #清除所有目标代码
$ ls
 hello  hello.c  makefile  print.c  print.h
$ sudo make install                 #安装可执行程序,注意此操作需要特权
 ......
 Installed in /usr/local/bin
$ hello
 ****************
 * Hello world! *
 ****************
$_
```

在这个例子中，当首次执行 make 时，由于目标代码文件和可执行文件都还不存在，因此 make 逐个编译生成了所有的目标代码文件和可执行文件。当随后再次执行 make 时，由于没有修改过任何文件，所以 make 也就没有做任何更新操作。在修改了 print.c 文件后（这里只是改变了它的修改时间），再执行 make 时，所有依赖于 print.c 的文件都被更新了。

当执行 make clean 时，由于目标 clean 不依赖任何文件，因此 make 要无条件地执行 clean 规则中的命令，清除.o 文件。执行 make install 时，由于目标 install 依赖于最终的代码 hello，因此，make 将首先检查 hello 是否需要更新，如果它不是最新的就重新构建它，然后执行本规则中的命令，安装 hello 程序。此例中，在执行 make install 时 hello 已是最新的了，所以 make 只执行了 install 的操作。此操作将可执行文件 hello·复制到了 Shell 默认的标准路径 /usr/local/bin 目录下，使其可以像其他 Shell 命令一样直接运行，无须指定路径前缀。

参考文献

[1] SILBERSCHATZ A, GALVIN P B, GAGNE G. 操作系统概念. 9 版. 邓扣根, 唐杰, 李善平, 译. 北京: 机械工业出版社, 2018.

[2] BOVET D P, CESATI M. 深入理解 Linux 内核. 3 版. 陈莉君, 张琼声, 张宏伟, 译. 北京: 中国电力出版社, 2008.

[3] LOVE R. Linux 内核设计与实现. 3 版. 陈莉君, 康华, 译. 北京: 机械工业出版社, 2011.

[4] MAUERER W. 深入 Linux 内核架构. 郭旭, 译. 北京: 人民邮电出版社, 2010.

[5] STEVENS W R, RAGO S A. UNIX 环境高级编程. 3 版. 戚正伟, 张亚英, 尤晋元, 译. 北京: 人民邮电出版社, 2019.

[6] 张玲. Linux 操作系统: 基础、原理与应用. 2 版. 北京: 清华大学出版社, 2019

[7] 张玲. Linux 操作系统原理与应用. 西安: 西安电子科技大学出版社, 2009.

[8] 陈莉君, 康华. Linux 操作系统原理与应用. 2 版. 北京: 清华大学出版社, 2012.

[9] SOBELL M G. Linux 命令、编辑器与 Shell 编程. 3 版. 靳晓辉, 译. 北京: 清华大学出版社, 2013.

[10] QUIGLEY E. UNIX shell 范例精解. 4 版. 李化, 张国强, 译. 北京: 清华大学出版社, 2007.

[11] MATTHEW N, STONES R. Linux 程序设计. 4 版. 陈健, 宋健建, 译. 北京: 人民邮电出版社, 2010.

[12] Bootlin. Elixir Cross Referencer for the Linux Kernel Source (version 4.20). https://elixir.bootlin.com/linux/v4.20/source.

[13] Wikimedia Foundation. 维基百科. https://www.wikipedia.org.

[14] Fedora. Installation_Guide. ttps://docs.fedoraproject.org/en-US/fedora/f32/install-guide.

[15] VMware, Inc. VMware Workstation Pro 文档. https://docs.vmware.com/cn/VMware-Workstation-Pro/.